可持续建筑实践

——从用户角度考虑

可持续建筑实践

——从用户角度考虑

[英] 乔治 · 贝尔德 著
刘可为 吴寒亮 译

中国建筑工业出版社

著作权合同登记图字：01-2011-5815 号

图书在版编目（CIP）数据

可持续建筑实践——从用户角度考虑 /（英）贝尔德（Baird，G.）著；刘可为，吴寒亮译 .—北京：中国建筑工业出版社，2013.8
ISBN 978-7-112-15602-3

Ⅰ.①可… Ⅱ.①贝…②刘…③吴… Ⅲ.①建筑设计 - 可持续性发展 - 研究 Ⅳ.① TU2

中国版本图书馆 CIP 数据核字（2013）第 171041 号

Sustainable Buildings in Practice : What the Users Think/George Baird, ISBN-13 978-0415399326

责任编辑：董苏华　何玮珂
责任设计：董建平
责任校对：姜小莲　赵　颖

可持续建筑实践——从用户角度考虑
[英] 乔治·贝尔德　著
刘可为　吴寒亮　译
*
中国建筑工业出版社出版、发行（北京西郊百万庄）
各地新华书店、建筑书店经销
北京嘉泰利德公司制版
北京君升印刷有限公司印刷
*
开本：880×1230 毫米　1/16　印张：21　字数：550 千字
2013 年 10 月第一版　2013 年 10 月第一次印刷
定价：68.00 元
ISBN 978-7-112-15602-3
（24038）

目录

前言和致谢

本书的完成并非偶然，并且没有众人的支持与合作也无法完成。本书是3000多人共同努力的结果，其中包括所有发表过看法的人、所有我采访过的建筑设计师、带领我参观的大厦经理，以及所有无论以何种方式参与的合著者。

本书是一个“系列”著作的最新力作，该系列包含两部著作，由我与惠灵顿维多利亚大学建筑学院的同事合著完成，第一本著作专注于建筑能效，第二本则是建筑评价技术概述（Baird et al.，1984；Baird et al.，1996）。而本书是上述系列著作的后续，通过大量的案例研究，我试图说明，在建筑中，无论是主动环境控制系统还是被动环境控制系统，它们是如何被表现的（Baird，2001）。

对于本书，其中令人欣慰的一个方面是看到被动系统的使用趋势有所增加——被动系统是可持续建筑的流行说法——并且在这些建筑的开发过程中，几乎普遍采用综合设计流程；而其中令人遗憾的一个方面是我无法从用户的角度收集更多关于这些建筑性能的证据。因此萌生了以下的想法，调查当下某些建筑的用户感受，而这些建筑均是采用可持续原则的先锋。

本书所采用的调查工具是由Building Use Studies公司开发的标准调查问卷，可用于拥有良好记录的PROBE研究（Lorch，2001，2002）。不仅如此，我很快发现，在我希望调查的某些建筑中，有一批学者和从业者均使用过该工具。于是，这些项目便成为了合作项目。

虽然后面我会对每一位关键合作者进行简短的介绍，并且在相关的章节中也会介绍他们的贡献，但是在这里，我同样想提及所有的人。

在普特拉贾亚的能源、水和通信部大楼的调查中，吉隆坡国际伊斯兰大学的迈沙拉·阿里博士和希琳·雅恩·卡西姆帮助我派发和收集问卷。后者还因其博士学位对梅纳拉UMNO大厦进行了调查，调查结果对我来说是可用的。

朱迪·狄克逊使用调查问卷评估了澳大利亚新南威尔士州纽卡斯尔大学五幢大楼的性能，作为其硕士论文的部分内容。本书包含其中的两栋大楼，学生服务中心和通用大楼。

日建设计有限公司的远藤　顺子和庆应义塾大学的伊香贺　俊治教授是我在横滨东京煤气公司和东京日建设计总部大楼的合作者。

悉尼科技大学的蕾娜·托马斯对艾哈迈达巴德的托伦特研究中心展开了调查，并且在新南威尔士大学语言学院的调查中，我们在一起工作过。莫妮卡·范登堡和蕾娜·托马斯则负责南墨尔本艾伯特街40号建筑的研究工作。

苏·特平－布鲁克斯对英国伊甸基金会大楼展开了调查，他当时是英国普利茅斯大学的高级讲师。

最后，我还要感谢奥雅纳咨询公司的巴里·奥斯汀和亚历克斯·威尔逊，当时他们已经完成了奥雅纳园相关建筑的调查工作，但是他们仍然允许我完全使用相关的数据，使我可以开展进一步的研究分析。

该项目的工作乐趣还在于可以和这么多志同道合的人一起合作，他们不仅认识到建筑用户的重要性，并且使用了特殊的方法学。

我还必须感谢所有建筑的拥有者和经营者，感谢他们给予我调查权限。在某些情况下，虽然我有些忐忑不安，但是相信调查结果会证明我事先的保证，我并不是在从事一些挑毛病的工作，会为难他们或他们所在的机构。而当这种情况发生时，往往是因为我太急于将这些评价添加到他们已经开展过的研究和示范中去。同样，我还必须要感谢所有的建筑师和工程师，他们贡献了自己的宝贵时间，向我描述了整个设计过程，并且在正式（录制和转录）采访时，还详细解释了每个建筑的细节部分。在相关的案例研究中我会进行注明和告知。

当然，还有大约3000个幕后英雄，就是这些建筑的使用者，并没有进行太多的劝说，他们便欣然完成了调查问卷。

虽然我很感激世界各地的合作者，但是在项目的各个阶段，惠灵顿建筑学院的许多优秀的研究助理均给予了我大量的帮助，我欠她们特殊的人情。从研究和选择“目标”建筑物，到调查问卷的数据录入和录音采访的转录，再到重新设定计划和成套数据分析，曾经协助过我的人有劳伦·克里斯蒂（Lauren Christie）、杰西·菲利斯（Jessie Ferris）、夏洛特·戈盖尔（Charlotte Goguel）、丝芙兰·勒沙（Sephorah Lechat）以及海达·奥斯特霍夫（Hedda Oosterhoff）；这些优秀的年轻女性，现在均以优异的成绩毕业，并且在建筑实践和研究领域拥有光明的前途。我还必须感谢建筑学院所有同事的支持——特别是，当我在外开展此项研究时，迈克尔· 邓恩（Michael Donn）博士帮我完成了教学任务，而保罗·希利尔（Paul Hillier）则提供了摄影建议和支持。

我也很感谢惠灵顿维多利亚大学的资金援助。特别是一系列的大学研究基金、一个为期6个月的调查及研究假期，加上一些战略性的定期海外会议，使得我能够亲自访问所有的建筑物，其中一些还不止一次。拍摄它们的主要特点，进行调查（那些合作者调查的除外），并对相关的设计师进行采访。

感谢泰勒和弗朗西斯（Taylor and Francis）集团的责任编辑卡罗琳·梅琳达（Caroline Mallinder）和项目编辑凯瑟琳·莫顿（Katherine Morton），同样感谢制作编辑菲斯·麦克唐纳德（Faith McDonald）及其同事。

我将向Building Use Studies公司的阿德里安·利曼（Adrian Leaman）表达我最后和最诚挚的谢意，并献上本书。多年以来，如果没有他在开发和完善建筑评价技术应用方面［他是《建筑评价技术》（Building Evaluation Techniques）的编著者—— Baird et al.，1996］的热情，以及没有他乐于同我及所有编著者分享专业知识的态度，这个项目便不会成功。该项目的关键工具是一个稳定、高度完善和集中的调查问卷，并拥有完全透明、可靠的分析程序和行之有效的基准。这就是阿德里安所能提供的，并且他也乐在其中（见www.usablebuildings.co.uk）。尽管这听起来像是客套话，但也是我真实和毫无保留的想法。

至于这类项目的完成过程，我已经提到过几个相关的步骤。其中最重要并常伴随争议的是获得对目标可持续建筑业主或用户开展调查的许可。尽管难免有时候事与愿违，或者因为这样或者那样的原因变得不合时宜，但随着我的联系网络发展壮大，有几个建筑最终还是获得了许可；一小部分建筑是我以前著作中所研究的对象。

走访、调查，并拍摄建筑；采访设计团队的成员；输入数据，并且寄送给Building Use Studies公司进行分析（再次感谢阿德里安）和解释结果，下一步就是为案例研究章节制定连贯和一致的结构——为了自己和合作者的方便使用，以及读者的最终受益。最后一步是试图概括所有建筑物的数据。

因此，用户对该系列可持续建筑的看法如何？为了找到答案，请继续阅读。

参考文献

Baird, G. (2001) *The Architectural Expression of Environmental Control Systems*, London: Spon Press.

Baird, G., Donn, M. R., Pool, F., Brander, W. D. S. and Chan, S. A. (1984)*Energy Performance of Buildings*, Boca Raton, FL: CRC Press.

Baird, G., Gray, J., Isaacs, N., Kernohan, D. and McIndoe, G. (1996) *Building Evaluation Techniques,* New York: McGraw-Hill.

Lorch, R. (ed.) (2001, 2002) 'Post-occupancy Evaluation', Special Issue of *Building Research and Information,* 29(2): 79–174; and subsequent Forumsin 29(6): 456–476 and 30(1): 47–72.

编著者简介

迈沙拉 · 阿里（Maisarah Ali）马来西亚国际伊斯兰大学Kulliyyah建筑与环境设计学院建筑环境中心的主任。她的研究方向是可持续建筑、环境指标、可再生能源、能效、资产维护管理，以及混凝土结构的维护和修复。

巴里 · 奥斯汀（Barry Austin）从事建筑工程服务30余年。现在，他领导着奥雅纳建筑性能和系统小组的工程师团队，对建筑性能设计的相关问题提供专业的咨询。他专注于建筑能效的各个方面，特别是制冷设备、热回收冷水机组和热泵的能效运行。

朱迪 · 狄克逊（Jodie Dixon）澳大利亚新南威尔士州纽卡斯尔的一名建筑师，从事建筑使用后评价。她在新南威尔士州的纽卡斯尔大学获得了建筑学学士和硕士学位。她的低能耗餐厅的获奖设计方案，以及她对校园节能建筑的研究和管理，使其具备了最佳环境设计实践方面的知识。她设计的建筑强调为低能耗建筑提供可接受的、自适应水平的用户舒适度。

远藤　顺子（Junko Endo）目前是东京日建设计有限公司的高级顾问。在日建设计公司工作期间，她已经参与了全球环境战略研究所的环境规划项目，并且参与建立了几个建筑环境评价方法，包括CASBEE在内。

伊香贺　俊治（Toshiharu Ikaga）庆应义塾大学的教授。在日建设计有限公司工作了21年，并在东京大学担任了两年的副教授。他设计和评估了许多先进的可持续建筑，并且为国家和地方政府制定了可持续设计准则和生命周期评估工具。

希琳 · 雅恩 · 卡西姆（Shireen Jahnkasim）马来西亚国际伊斯兰大学（IIUM）建筑学院建筑技术中心的主任，在国内和国际上已发表文章30余篇。作为IIUM和LEED AP环境和虚拟现实研究组的协调员，她目前正在参与热带气候下可持续设计战略决策可视化和虚拟现实工具的研究和开发。

蕾娜 · 托马斯（Leena Thomas）悉尼科技大学的高级讲师，负责建筑学院的环境研究部分。在澳大利亚和印度，她专门从事可持续建筑、综合设计过程，以及建筑的环境性能和使用后用户评价工作。

苏 · 特平 – 布鲁克斯（Sue Turpin-Brooks）2008年5月，在法尔茅斯加入了RTP Surveyors公司，成为见习经理。自1989年以来，作为一个特许建筑测量师，她在伦敦私人执业。直到1993年底，她开始了在利兹索尔福德大学的学术生涯，之后又到了普利茅斯大学，从事包括建筑和设施管理方面的健康和安全工作。

莫妮卡 · 范登堡（Monica Vandenberg）是Encompass Sustainability公司的负责人，主要工作包括通过战略规划、文化变革、创新和学习协助企业将可持续性纳入自身的业务规划中。她是澳大利亚可持续建筑环境理事会的执行主任，她最近的研究生工作集中在建筑环境的预测上。

亚历山德拉 · 威尔逊（Alexandra Wilson）物理学家，她是奥雅纳建筑性能和系统团队的成员，她主管该团队对建筑热响应和能源利用的监测活动。她还在奥雅纳园项目起到了主导作用，涉及建筑性能和用户满意度调查的相关工作。

奥雅纳园内一个建筑的山墙，及其上方的采光/通风舱（见第9章）

本书献给

Building Use Studies公司的

阿德里安·利曼

MSCS 大楼其中一个学术塔的北立面 – 盛夏时节的一个正午（见第 14 章）

导言

我们都深知，“如果建筑做工精良的话，它能提高我们的生活、我们的社区以及我们的文化”（Baird et al.，1996），或者正如温斯顿·丘吉尔（1943）意味深长地说过，“我们塑造建筑，建筑再塑造我们。”

本书的主要目的是推动环保可持续建筑设计的实践。本书将会描述30个商业和公建建筑，这些建筑采用混合模式系统、被动系统和环境可持续性的设计（或者我们如何塑造），并且会详细报告这些建筑的用户评价（或者我们如何被塑造），同时指出从它们的性能所得到的一些经验教训。

10年前，我和同事在《建筑评价技术》概述中写道：

> 建筑评价是一个公认的概念。在过去的20年里，通过一定的发展和完善，本书中所描述的大部分技术已经达到了当前的复杂水平。进一步创新的机会主要在于这些技术的应用。通过评价，人们获得了商业、组织、运行和设计方面的知识，并且对建筑及其内部的运行能够树立信心和进行成功的决策。在我们管理、设计和使用单个建筑物方面，几乎没有其他的工具能够提供如此根本性的改善。
>
> （Baird et al.，1996：xxi）

我们坚信获取和共享建筑性能知识的根本重要性。在许多方面，本书是我对“进一步创新的机会主要取决于《建筑评价技术》的应用”的个人认知。

背景

我没有理由应用一项关注于建筑用户的技术。“1∶10∶100规则”受到生命周期分析师的青睐，大致的比例为运行成本（1）∶租售成本总和（10）∶整个生命周期内的用户总薪酬（100），这下就很清楚哪里应该受到重点关注了。

再次引述《建筑评价技术》：

> 薪酬是与商业建筑有关的一个主要成本。在建筑使用寿命内，薪酬超过租金或购买成本，并且远远大于能源和维护成本。有越来越多的证据表明，在工作表现和工作场所的各种物理属性之间存在着重要的联系。如果员工的表现低于他们的全部潜力，而原因又是因为其工作场所不能完全满足他们的需求，那么企业所花费的成本是相当可观的。
>
> （同上：xxiii）

最近，尤德森（Yudelson）解释得更加清楚：

> 这里有一组数字可以帮助记忆：300-30-3。每平方英尺[北美]雇员的平均薪酬和福利为300美元（或更多）；每平方英尺的租金为30美元（或更少）；以及每平方英尺的能耗为3美元。为了最大限度地提高企业收益，我们应该着眼于提高300美元每人的产出，而不是在30美元的租用空间或者更少的3美元的能耗上绞尽脑汁。
>
> （Yudelson，2008：151）

意思仍然保持不变。

然而，由于越来越多的人意识到建筑对环境具有重大的影响，在过去的20年左右，大家对发展更可持续建筑设计的兴趣也在不断增加。这一点我相当清楚，源于20世纪90年代我对另一本著作《环境控制的建筑表现》（*The Architectural Expression of Environmental Control Systems*）所做的案例研究（Baird，2001）。最初的设想是为了推荐暖通空调系统的建筑表现，但很快，许多新近的建筑环境控制均采用被动系统和混合模式系统相结合的方式来完成，并且其中的许多建筑都拥有可持续性的雄心壮志——

这同样值得推荐。

然而，科尔（Cole）在2003年撰写这方面的文章时就发出了警告。尽管部分设计师得到了赞许和关注，但是科尔所强调的是技术系统及其在“减少资源使用和由此产生的生态负荷”方面的潜力（Cole，2003：57）。在全球可持续评价工具的发展中，科尔的强调尤为明显，这些可持续评价工具目前主要与新设计的技术特点一起而受到关注。科尔所关注的是“由于规范和技术不能充分考虑居民的需求、期望和行为，按照杰出“绿色”性能标准设计的建筑往往达不到要求”。

宗旨和目标

我的总体任务是针对用户如何看待最近的一些可持续建筑做出独立和公正的评价。我仍然感到惊讶，建筑设计师（除了极少数例外）并没有系统评估过他们项目对其自身实践的益处。我明白这点，设计师的费用可能并未直接包括此类活动，而且在规避风险的时代，他们也不愿意公开这些设计缺陷。然而，人们可能会认为，提高自身实践的利益驱动已经提供了一定的动机－毕竟，从错误中学习通常被认为是最好的一种经验教训。涉足这一领域的学者们更倾向于建筑性能的技术方面，如能耗或生命周期成本，或者是特殊元素或材料的性能。不过，也有令人鼓舞的地方，越来越多的学者（包括与我合作此书的几位学者）也从用户的角度来研究建筑的性能。

鉴于我的首要目标是推动环保可持续建筑设计实践，所以我找到并评估了一系列世界各地的商业和公建建筑，所有的这些建筑都具有公认的可持续性凭据。我想找出这些项目的企业和气候背景，以及他们如何和为什么要以一个特别的方式来设计这些建筑，并且最重要的是获取在实践中用户对这些建筑性能的看法。

从长远来看，在未来的建筑可持续性评级工具（Building Sustainability Rating Tools）（BSRTs）中，我打算评估包含基于用户角度评级的潜力。针对建筑设计和施工阶段，所有的工具都证明了该系列建筑的可持续性。然而，随着BSRTs向着建筑运行阶段发展时，我预计有机会将用户评价纳入其中——如前所述，尤其当薪酬通常是建筑成本的许多倍时。

整体方法和方法论

在过去的5年中（虽然主要是在2005—2007年），我已经研究过世界各地的一系列商业和公共建筑的性能。大约涉及11个国家的30栋建筑——在所有的案例中，每个建筑都获得了可持续性评价工具的国家奖。在某些情况下，我能够与这一领域的其他学者进行合作。

一般来说，这些调查需要我对每个建筑进行一到两次的访问。访问期间，需要对设计团队的一个主要建筑师和一个环境工程师进行层次分明的采访记录（之后进行转录），对每个建筑和设施进行了详细的巡视，拍摄主要的特点，并收集相关的文件。

这些调查还包括一个调查问卷的派发和收集，调查问卷是为了寻求用户对一系列影响因素的看法。问卷已经发展了几十年，从20世纪80年代所使用的一个16页的格式发展到一个更简洁的两页版本，前者曾在英国用于病态建筑综合症的调查。这个两页的版本由Building Use Studies公司（BUS，2004）开发，用于PROBE的调查中（BRI，2001/2），并且可以授权给其他的调查人员。60个左右的问题涵盖了一系列的问题。15个相关的背景信息，涉及受访者的年龄和性别、他们通常在建筑中所花费的时间，以及他们是否认为环境条件的个人控制很重要。

然而，绝大多数的调查问卷要求受访者基于一个7分制的评定量表进行反馈，通常是从“不满意”到“满意”或从“不舒适”到“舒适”，其中“7”分最高，其他的“1”分最高。

包括以下几个方面：

- 运行因素——空间需求、家具、清洁、会议室的可用性、贮储布置、设施和形象；
- 环境因素——不同季节的温度和空气质量、光线、噪声和整体舒适度；
- 个人控制——采暖、制冷、通风、光线和噪声；
- 满意度——设计、需求、生产力和健康。

通过对这些反馈进行分析，每个变量都产生了一个平均值（基于7分制量表）。除了计算这些平均值以外，分析也计算了大量的评级和指数，试图提供建筑特殊方面的性能指标或者建筑的“整体”性能指标。

被调查的建筑物

以下是被调查的建筑，按照国家进行排列：

- 澳大利亚：莱斯特街60号，墨尔本；艾伯特大街40号，南墨尔本；红色中心大楼，新南威尔士大学，悉尼；语言学院，新南威尔士大学，悉尼；学生服务中心，纽卡斯尔大学，新南威尔士州；通用大厦，纽卡斯尔大学，新南威尔士州；斯科茨代尔森林生态中心，塔斯马尼亚
- 加拿大：计算机科学与工程系（CS & E）大楼，纽约大学，安大略省，刘氏研究所，不列颠哥伦比亚大学，温哥华；军人家庭资源中心，多伦多；温哥华交通设施工程中心，温哥华
- 德国：科技园，盖尔森基兴
- 印度：托伦特研究中心，艾哈迈达巴德（传统建筑和蒸汽式空调建筑）
- 爱尔兰：圣玛丽信用社，纳文
- 日本：东京煤气公司，横滨；日建设计大厦，东京
- 梅纳拉UMNO大厦，槟城，马来西亚；水、能源和通信部（MEWC）大楼，普特拉贾亚
- 新西兰：校园接待及行政大楼，奥克兰理工大学；土地保护研究实验楼，奥克兰；数学与统计学及计算机科学（MSCS）大楼，基督城
- 新加坡：工艺教育学院，璧山
- 英国：奥雅纳园，索利赫尔；市政厅，伦敦；基金会大楼，伊甸园项目，圣奥斯特尔；吉福德工作室，南安普敦；可再生能源系统（RES）大厦，国王兰利；ZICER大厦，东英吉利大学，诺里奇
- 美国：自然资源保护委员会（NRDC），圣莫尼卡，加利福尼亚州；NRG Systems设施，佛蒙特

基于这些建筑的可持续性“凭证”，才选定了它们。几乎每个建筑在可持续或低能耗设计方面都获得了国家级的奖项，或者在各自国家的建筑可持续性评级工具中名列前茅，又或者以某种方式开创了绿色建筑的先河。我之前的著作曾经研究过其中的6栋建筑（红色中心、科技园、托伦特研究中心、东京煤气公司、梅纳拉UMNO大厦和工艺教育学院）（Baird，2001），主要描述了这些建筑的环境控制，并且希望从用户的角度看到它们是如何工作的。当然，被调查建筑业主和用户的意愿也同样是一个必不可少的先决条件，但是并非所有的业主都会接受我的提议，少数建筑因为这样或那样的原因拒绝了我的采访。

在所选定的30栋建筑物中，有13栋主要被用作办公室，10栋被用作大学的学术教学大楼，4栋被用作实验室或研究机构，还有两栋结合了工业和行政职能。

虽然大部分建筑物处于这样或那样的温带气候（见后面），但是有相当数量的建筑处于湿热的气候地区。它们的通风系统包括全空调系统、混合模式系统（并行系统、

转换系统和分区系统）、自然通风系统（包括传统的和先进的），以及一个案例中所涉及的被动下沉式蒸发冷却系统（PDEC）。

本书结构

在概述之后，我将介绍整个系列建筑的调查结果概况。这不仅将有助于总结该特殊系列建筑的特点和用户看法，也便于说明所使用评分系统的本质和各项指标的计算。那些期望看到有关 30 个案例的排名表的读者会大失所望。虽然，我并不反对将这些建筑的整体性能同一系列更传统的建筑进行比较（Baird and Oosterhoff，2008），但那不是我的目标。相反，在背景中将会评估这些建筑的性能，分析它们的得分和评论，并且强调共同的问题。对每个部分进行介绍之后，将详细介绍每一个案例研究。这些建筑已经被大致的进行分组，由其所处的气候区决定，大概按照冬季室外设计温度的增加进行排序，如下：

第 1 部分　寒温带建筑（6 个案例研究）

NRG Systems 设施，佛蒙特，美国
计算机科学与工程系（CS & E）大楼，纽约大学，安大略省，加拿大
军人家庭资源中心（MFRC），多伦多，安大略省，加拿大
科技园，盖尔森基兴，德国
温哥华交通设施工程中心，温哥华，不列颠哥伦比亚省，加拿大
刘氏研究所，不列颠哥伦比亚大学，温哥华，加拿大

第 2 部分　中温带建筑（11 个案例研究）

吉福德工作室，南安普敦，英格兰
奥雅纳园，索利赫尔，英格兰
ZICER 大厦，东英吉利亚大学，诺里奇，英格兰
可再生能源系统（RES）大厦，国王兰利，英格兰
市政厅，伦敦，英格兰
基金会大楼，伊甸园项目，圣奥斯特尔，英格兰
数学与统计学及计算机科学（MSCS）大楼，坎特伯雷大学，基督城，新西兰
圣玛丽信用社，纳文，爱尔兰
斯科茨代尔森林生态中心，塔斯马尼亚州，澳大利亚
东京煤气公司，江北新城，横滨，日本
日建设计大厦，东京，日本

第 3 部分　暖温带建筑（9 个案例）

土地保护研究实验楼，奥克兰，新西兰
校园接待及行政大楼，奥克兰理工大学（奥克兰 Akoranga 校区），奥克兰，新西兰
莱斯特大街 60 号，南墨尔本，维多利亚州，澳大利亚
艾伯特街 40 号，南墨尔本，维多利亚州，澳大利亚
红色中心大楼，新南威尔士大学，悉尼，新南威尔士州，澳大利亚
语言学院，新南威尔士大学，悉尼，新南威尔士州，澳大利亚
通用大楼，纽卡斯尔大学，新南威尔士州，澳大利亚
学生服务中心，纽卡斯尔大学，新南威尔士州，澳大利亚
自然资源保护委员会（NRDC），圣莫尼卡，加利福尼亚洲，美国

第 4 部分　湿热带建筑（4 个案例研究）

工艺教育学院，璧山，新加坡
能源、水和通信部（MEWC）大楼，普特拉贾亚，马来西亚

梅纳拉 UMNO 大厦，槟城，马来西亚

托伦特研究中心，艾哈迈达巴德，古吉拉特邦，印度

气候是设计团队进行环境控制的一个主要驱动力，这是分组的主要理由，并且一起讨论所采用的方法以及用户反馈是很有趣的。

对每组建筑进行简要的介绍以后，为了方便进行参考和交叉比较，在单独的案例研究章节将采用以下的结构：背景；设计过程；设计成果；以及用户对建筑物的看法——包括总体反应、显著因素、用户意见以及整体性能指标。在某些情况下，可能包括其他报道过的性能。

参考文献

Baird, G. (2001) *The Architectural Expression of Environmental Control Systems,* London: Spon Press.

Baird, G., Gray, J., Isaacs, N., Kernohan, D. and McIndoe, G. (1996) *Building Evaluation Techniques*, New York: McGraw-Hill.

Baird, G. and Oosterhoff, H. (2008) 'Users' Perceptions of Health in Sustainable Buildings', in E. Finch (ed.) *Proceedings of CIB W70 International Conference on Facilities Management, Edinburgh, June 2008,* London: International Council for Research and Innovation in Building and Construction.

BRI (2001/2) 'Special Issue – Post-occupancy Evaluation', *Building Research and Information*, 29(2): 79–174; and subsequent 'Forums' in 29(6): 456–76 and 30(1): 47–72.

BUS (2004) Website: available at: www.usablebuildings.co.uk (accessed 12 December 2007).

Churchill, W. (1943) *House of Commons, Hansard,* 28 October, London: HMSO.

Cole, R. J. (2003) 'Green Buildings – Reconciling Technological Change and Occupant Expectations', in R. J. Cole and R. Lorch (eds) *Buildings, Culture and Environment,* Oxford: Blackwell.

Yudelsen, J. (2008) *The Green Building Revolution,* Washington, DC: Island Press.

仰望 CS&E 大楼的通风烟囱

第 1 章
建筑物及其性能概况

如前所述，本章我会介绍整个系列建筑物的调查结果概况。这不仅将有助于总结该特殊系列建筑物的特点和用户看法，也便于说明所使用评分系统的本质和各项指标的计算。

首先，对建筑及其用户性质进行描述后，用户的工作安排及其参与该建筑的程度便会大致呈现出来。接下来，将进一步介绍个体性能影响因素的用户感知分数，以及若干指标和评级量表，旨在通过一系列的影响因素来表征建筑物性能。就此将会解释这些指标的偏差以及评级量表。为了在后续各个案例章节中理解这些指标和评定量表的应用和表现，建议读者自己彻底熟悉它们的特点。

调查问卷不仅要求用户在 7 分制的评定量表中对个体影响因素进行评分，而且还邀请用户针对其中几项做简短的评论。虽然，在各个案例章节中将会详细研究这些评论，但是本章节的部分篇幅将概述其大意。有限数量的统计分析也将用来衡量各种个体影响因素和性能指标的相关性程度，同时会介绍一些关键性的发现。最后，将尝试总结一下在该系列可持续建筑研究中所出现的一些主要问题。

然而，概述不可能完全涵盖各个案例章节中详细的信息、分析和见解。我相信已经“消化”这个概述的读者将会受到鼓舞，从而深入到案例研究中去，或许是从他们特别关心的某一类型的建筑物或气候带开始。

建筑物

30 栋建筑物遍及 11 个国家和多个大洲：6 栋来自北美洲（4 栋来自加拿大，两栋来自美国）；8 栋来自欧洲（6 栋来自英国，其余两栋分别来自德国和爱尔兰）；10 栋来自澳洲（7 栋来自澳大利亚，3 栋来自新西兰），以及 6 栋来自亚洲（两栋来自马来西亚，两栋来自日本，其余两栋分别来自新加坡和印度）。

如前所述，事实上这些建筑物均是可持续或低能源设计国家奖的获得者，或者在各自国家的可持续建筑评估体系认证中名列前茅［英国建筑研究院绿色建筑评估体系（BREEAM）、日本建筑物综合环境性能评价系统（CASBEE）、美国绿色建筑评估体系（LEED），以及加拿大绿色地球评价系统（Green Globes）等等］，又或者是以某种方式开创了可持续建筑的先河。

同样，这些建筑物也坐落在一系列的气候带上。按照本书的目的，我将它们划分为 4 大类，标记为寒温带（冬季设计温度为 -5℃或更低）、中温带（冬季设计温度在 -4℃至 -0℃之间）、暖温带（冬季设计温度在 3-7℃之间）和湿热带（温度高达 +40℃或以上）。6 个寒温带的建筑物分别位于加拿大、美国（佛蒙特州）和德国；11 个中温带的建筑物分别位于英国、爱尔兰、塔斯马尼亚州（澳大利亚）和新西兰南岛；9 个暖温带的建筑物分别位于澳大利亚主岛、新西兰北岛和美国（圣莫尼卡，加利福尼亚州），以及湿热带的建筑物位于马来西亚、新加坡和印度。

30 栋建筑物均属商业或公共性质，可容纳员工 15—350 位不等，平均每栋建筑物可容纳大约 66 位员工。其中 13 栋建筑物主要用作办公室，10 栋是高等学校的学术教学楼，4 栋用作实验室或研究机构，以及两栋结合了工业和行政功能。

从这些建筑物所使用的通风系统来看，其中 15 栋建筑所采用的通风系统被称为先进的自然通风系统，大致定义为自然通风，在其设计中结合了一些自动通风口或者在设计中采用了一些特别的自然通风元素。其余的大部分建筑物（约 13 栋建筑物）则使用了混合模式的通风系统——大部分以转换系统为主，当处于寒冷或炎热条件下时，机械系统被设定为运行，而当处于温和条件下时，则使用自然通风系统。有两栋建筑物采用了分区系统，建筑的大部分空间不是使用空调系统就是自然通风系统。仅有 3 栋建筑物是全空调系统，且以密封外墙为主。细心的读者已经意识到总共有 31 个案例而不是 30 个——原因是其中有 1 个案例研究（艾哈迈达巴德的托伦特研究中心）同时拥有使用空调系统和先进自然通风系统的建筑物，所以分别对它们进行了调查。在个体案例研究章节中，将会更详尽的介绍环境控制系统。

在过去的 10 年中，大部分建筑物均已建成或翻新，并且在调查工作开展之前，所有的建筑均被使用了 1 年或者更长时间，因此，大多数用户至少有充足的 1 整年时间感受新的环境。

用户

总计，大约有 2035 位受访者参与了调查问卷。虽然不是每个受访者都对每个问题进行了评分（问卷只要求用户尽可能的填写），但是绝大多数是这么做的。反馈员工数量从 13 位（多伦多军人家庭资源中心的小型员工组）到 334 位（伦敦市政厅）不等，平均每个建筑物的受访者约 66 人。在若干教学楼的调查问卷活动中，反馈同样来自于学生。在此使用了一个更短的调查问卷，这里并不包括短问卷的调查数据，但在相关案例研究章节中会有这些数据的介绍。

对 98% 的受访者而言（43.3% 为女性,56.7% 为男性），被调查建筑物均是他们正常工作的地点，而其余 2% 的受访者往往是这样或那样的承建商。他们平均每周工作 4.73 天，每天工作 8.01 个小时，其中大约 6.48 个小时在自己的办公桌上以及 5.47 个小时在计算机屏幕前。30 岁以下及 30 岁以上受访者的比例分别为 32.6% 和 67.4%，并且大多数人（75.1%）在该建筑物中工作已经超过了一年，但只有 38.5% 的受访者使用相同的办公桌或处在同一个工作区域。从广义上讲，其中大约 30% 的受访者或拥有单独的办公室或与超过 8 位同事共享办公室，约 13.3% 的受访者分别与 1 位、2—4 位或者 5—8 位同事共享办公室。平均而言，超过一半多的用户（51.5%）拥有一个靠窗的座位。

个体影响因素评分

表 1.1 中列出了要求受访者评分的 45 个影响因素的用户感知分数的平均值和标准偏差。每个影响因素对应一个具体的问题——为了适合表格，这些是必要的缩写形式，但同样反映了用户所使用完整问题的本质。

影响因素已被划分成以下类型：

- 运行（含 8 个影响因素）
- 环境具有以下 4 个子类：
  - 冬季温度和空气（含 8 个影响因素），湿热带气候的建筑物不适用
  - 夏季温度和空气（含 8 个影响因素）
  - 光线（含 5 个影响因素）
  - 噪声（含 6 个影响因素）
- 个人控制（含 5 个影响因素）
- 满意度（含 5 个影响因素）

对其中大约 22 个影响因素来说，7 分被认为是理想得分；对其中 15 个影响因素来说，4 分则被视为最高；而对其中 7 个影响因素来说，1 分才是最终目标。相关的影响因素见表 1.1。在这些指导原则中，唯一例外的是生产力影响因素，其通过受访者对自身生产力增加或减少的认知百分比来表示。

在 22 个以“7”分为理想得分的影响因素中，超过 17 个的平均得分高于中间值 4.00 分。其中 7 个高于 5.00 分，表明对此系列建筑物而言，平均来看，以下影响因素令人相当满意：

- 形象（对于访客）
- 家具（在用户的工作区域内）
- 清洁（标准）
- 会议室的可用性

用户感知评分的平均值和标准差，每个影响因素的得分均按 7 分制评定　　**表 1.1**

影响因素	平均值	标准差	影响因素	平均值	标准差
运行因素					
对于访客的形象	5.62	0.959	清洁	5.27	1.010
建筑空间	4.81	0.840	会议室的可用性	5.15	0.853
办公桌空间 – 太小 / 太大 [4]	4.32	0.533	存储空间布置的合适性	4.20	0.740
家具	5.18	0.529	设施符合工作要求	5.32	0.638
环境因素					
冬季的温度和空气			夏季的温度和空气		
整体温度	4.42	0.682	整体温度	4.32	0.966
温度 – 太热 / 太冷 [4]	4.65	0.564	温度 – 太热 / 太冷 [4]	3.43	0.705
温度 – 恒定 / 变化 [4]	4.32	0.625	温度 – 恒定 / 变化 [4]	4.23	0.485
空气 – 不通风 / 通风 [4]	3.55	0.660	空气 – 不通风 / 通风 [4]	3.26	0.540
空气 – 干燥 / 湿润 [4]	3.39	0.341	空气 – 干燥 / 湿润 [4]	3.82	0.506
空气 – 新鲜 / 闷 [1]	3.71	0.724	空气 – 新鲜 / 闷 [1]	3.85	0.798
空气 – 无味 / 臭 [1]	3.03	0.654	空气 – 无味 / 臭 [1]	3.17	0.634
整体空气	4.44	0.611	整体空气	4.33	0.858
光线			噪声		
整体光线	5.15	0.733	整体噪声	4.42	0.836
自然采光 – 太少 / 太多 [4]	3.94	0.485	来自同事 – 很少 / 很多 [4]	4.31	0.446
太阳 / 天空眩光 – 无 / 太多	3.73	0.616	来自其他人 – 很少 / 很多 [4]	4.35	0.583
人工照明 – 太少 / 太多 [4]	4.14	0.325	来自内部 – 很少 / 很多 [4]	4.09	0.620
人工照明眩光 – 无 / 太多 [1]	3.37	0.523	来自外部 – 很少 / 很多 [4]	3.87	0.749
			干扰 – 无 / 经常 [1]	3.94	0.707
个人控制			**满意度**		
采暖 [30.97 & 16.768]	2.82	1.134	设计	4.99	1.079
制冷 [31.97 & 14.853]	2.81	1.003	需求	5.16	0.775
通风 [28.48 & 17.541]	3.42	1.091	整体舒适度	4.91	0.835
光线 [26.41 & 14.710]	3.85	1.210	生产力百分比	+4.07%	10.02%
噪声 [27.14 & 15.355]	2.48	0.756	健康	4.25	0.712

注：（a）此表中的平均值表示每个建筑物平均得分的均值（相对而言，个体受访者的评分均值可能有细微差别）；（b）除非有其他的注明，7 分为 “最高”；上角标 [4] 表示 4 分最高，上角标 [1] 表示 1 分最高；（c）方括号中的数字表示认为该方面个人控制很重要的受访者百分比（均值和标准差）。

- 符合工作要求
- 整体光线
- 需求（建筑作为一个整体）

这并不意味着每栋建筑物在这些影响因素上的评分都很好。正如标准差（SD）图所显示的一样，分数的离散性很大（以后再说）。有 5 个低于中间值的影响因素均属于个人控制类别（这些也以后再说）。

在 4 分制的 15 个影响因素中，超过 11 个影响因素的平均得分在 3.50 分和 4.50 分之间。4 个例外的影响因素均与冬季和夏季的温度和空气有关，平均来看，被认为冬季过冷和干燥，而夏季太热和不通风。

对于 7 个 1 分制的影响因素来说，所有的平均得分均低于中间值 4.00 分。很高兴看到这些建筑物使用通风系统设计后的效果，在冬季和夏季空气的无味 / 臭的分项得分良好，属于无味。

最后，在这个关于个体影响因素的概述中，特别令人鼓舞的看到，用户认为由于建筑物的环境条件他们的生产力平均提高了 4.07%。

现在回到每个类别的平均得分，可以看出，在 8 个运行影响因素中，其中有 5 个的得分高于 5.00 分。然而，存储空间的平均得分只有 4.20 分，表明在多数情况下缺乏存储空间可能是个问题。有趣的是，办公桌空间的平均得分为 4.32 分（其中 4.00 分代表理想），一些用户认为自己的办公桌或工作区域存在太多的空间。

环境的 4 个子类则有不同的结果。冬季和夏季整体温度和空气的平均得分分别约为 4.43 分和 4.32 分，刚刚超过中间值，且在各自的范围内处于满意的行列。如前所述，空气在无味 / 臭的分项中表现良好，属于无味，但在冬季和夏季清新 / 闷的分项中却刚处于清新的范畴。在一般情况下，用户认为冬季条件寒冷、不通风和干燥，而夏季则炎热和不通风。

在环境影响因素中，整体光线的平均得分为 5.15 分，是迄今为止的最高得分，其平均值接近自然采光和人工照明的理想值。虽然眩光的得分均小于中间值（这种情况下的理想分数是 1.00），但是 SD 值却暗示了用户有一些不同看法。

整体噪声的平均得分为 4.42 分，与整体温度和空气的平均得分相似。来自同事和其他人的噪声似乎是该情况的“罪魁祸首”，干扰的得分为 3.94 分，1 分为理想值。

如前所述，所有 5 项个人控制影响因素的得分均低于其各自的中间值（7 分为理想值）。光线的个人控制得分最高，为 3.85 分，而噪声的个人控制得分最低，为 2.84 分。平均而言，大约 29% 的用户认为个人控制重要。

就所关心的满意度影响因素而言，设计、需求和整体舒适度的平均得分均接近 5 分（评级中 7 分是理想值），而健康的得分为 4.25 分，高于中间值，这意味着平均来看用户认为自己在这些建筑物中是更健康的。有趣的是，一个较早的分析显示，这些建筑物的用户认为自己比那些待在传统建筑物中的人更健康（Baird & Oosterhoff, 2008）。第 5 个满意度影响因素生产力的评分也为正，虽然其 SD 值在 10% 左右，建筑物的平均得分之间明显存在差异。

为了说明典型的得分分布，6 个影响因素（形象、需求、设计、健康、舒适度和生产力）的直方图被分别表示在图 1.1（a）中。除了生产力以外，其他所有影响因素的理想分值均为 7 分。这个系列建筑物得分的平均值和中位数均高于中间值 4 分，但个别建筑物平均值的发散性是显而易见的。

整体指数和评定量表

考虑了该系列建筑物的个体影响因素，并弄清了评定系统的特点后，在这个章节，将从大量性能指数和评定量

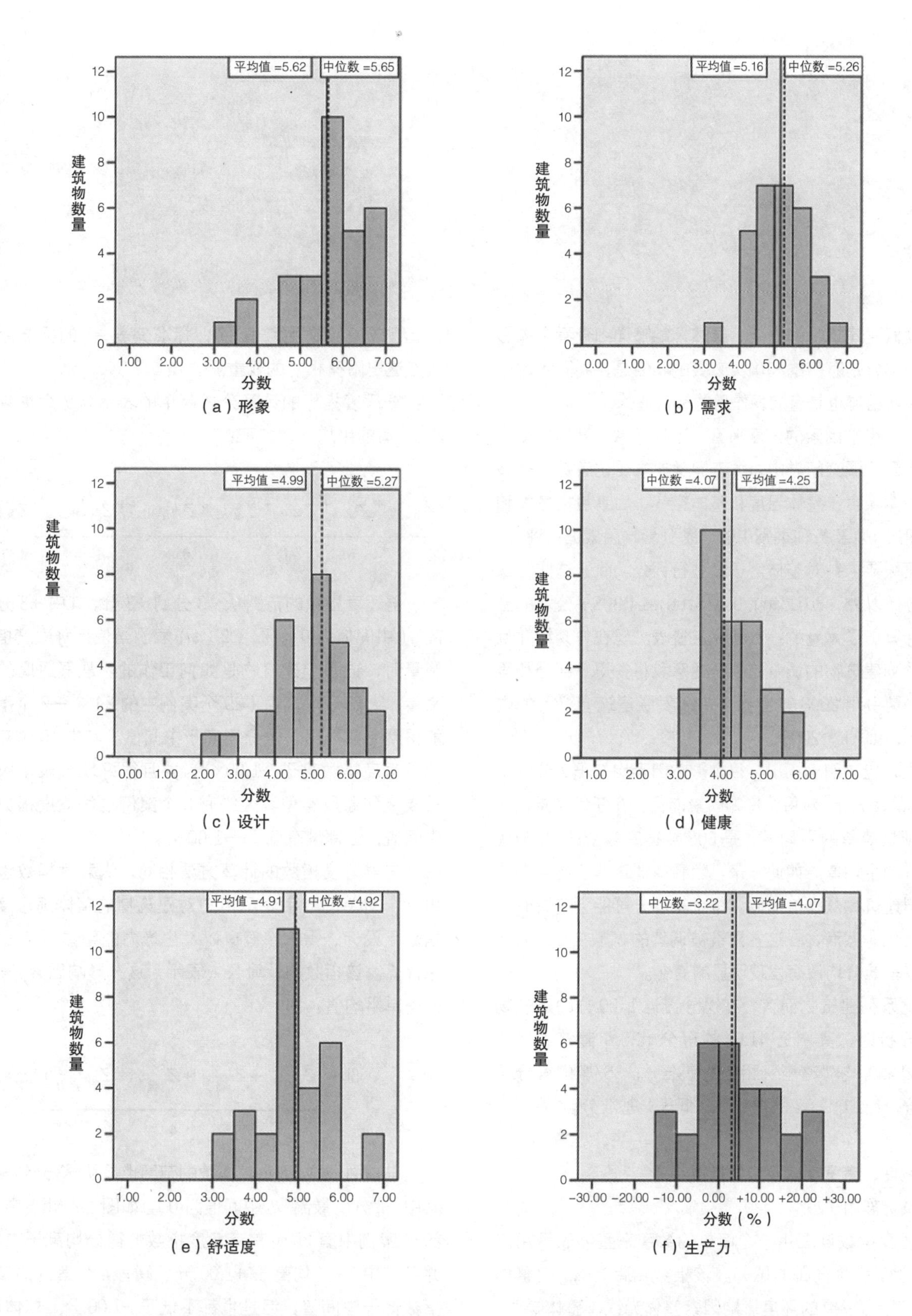

图 1.1　所有建筑物的影响因素平均分数分布图 [6 个选定的影响因素: (a) 形象; (b) 需求; (c) 设计; (d) 健康; (e) 舒适度; (f) 生产力]

表的角度概述建筑物的性能。虽然，能够详细查看个体影响因素的得分是有用的和确实必要的，但是，共同考虑相关影响因素组群也是有启发作用的和合适的。

从环境影响因素的角度来看，这种考虑在某种程度上已经融入到了调查问卷中，调查问卷要求受访者针对整体光线、整体噪声、整体温度和整体空气（后者包括冬季和夏季的情况）以及每种类别中的一系列影响因素进行评分;受访者还被要求针对整体舒适度进行评分。除了这些“综合”的分数以外，Building Use Studies（BUS）公司的分析软件计算出了大量的指数和评定量表。现在将介绍并且概述此系列建筑物的调查结果，注意我将在第 3 部分和第 4 部分大量引用 2008 年世界可持续发展建筑会议上的内容（Baird et al.，2008）。

首先，应该明确指出，每个影响因素均基于 7 分制基准（BUS 的版权）。对每个影响因素而言，在任何时候，这些基准都是简单的平均值，是 BUS 数据库最新的 50 个建筑物得分的平均值。如此一来，随着新调查建筑物数据的添加和旧建筑物数据的清除，每个基准分可能会随着时间而发生变化。然而，在这些建筑被调查的 5 年左右的时间内，这些基准分均没有发现明显的变化。

就此系列建筑物而言，在得分接近 1400 分的建筑物中，在分析时，其中近 41.5% 的得分（31 个建筑物，45 个影响因素）均“高于”相应的基准分，35.9% 的得分接近基准分，而约 22.6% 的得分则“低于”基准分。

舒适度、满意度以及整体指数以及宽恕因子

舒适度指数试图用一个简单的数字来整体表示用户对相关建筑性能方面的感知。该指数用带 $Z-_{分数}$ 的整体舒适度，加上主要的环境影响因素整体光线、整体噪声、冬季和夏季的整体温度，以及冬季和夏季的整体空气来表示。$Z-_{分数}$ 用（实际得分基准）/（基准标准差）表示。7 个组成指数是平均值 =0，标准偏差 =1 的标准分，并且在这里附有相同的权重。

舒适度指标的计算公式简单的表示为 7 个影响因素 $Z-_{分数}$ 值的平均值，如下：

$$\frac{(Z_{舒适度}+Z_{光线}+Z_{噪声}+Z_{温度}+Z_{夏季温度}+Z_{冬季空气}+Z_{夏季空气})}{7}$$

舒适度指数的范围从 -3 分到 +3 分，其中 +3 分“最高”（中间值为 0）。图 1.2（a）表明当使用舒适度指数来衡量时，该系列建筑物是如何工作的。从舒适度的角度来看，大部分建筑物（29 个案例中的 24 个—2 个案例不能得到完整数据）得分均高于中间值。其中 10 个建筑物的舒适度指数高于 +1.00 分，并且很好地代表了所有的气候带和通风类型。大约有 5 个案例的舒适度指数低于中间值，但都没有低于 -1.00 分。

与舒适度指数的计算方法相同，满意度指数也试图用一个简单的数字表示用户对建筑物的整体满意度。该指数用设计、需求、健康以及生产力的整体评定 $Z-_{分数}$ 来计算。该指数的计算公式表示为这些影响因素 $Z-_{分数}$ 值的简单平均值，即

$$SI=\frac{(Z_{设计}+Z_{需求}+Z_{健康}+Z_{生产力})}{4}$$

与前面一样，满意度指数的范围也是从 -3 分到 +3 分，其中 +3 分“最高”（中间值为 0）。如图 1.2（b）中所示，29 个案例中有 25 个其满意度指数的得分均高于中间值，并且其中 13 个均高于 +1.00 分。只有 4 个案例的满意度指数低于中间值，但是也都不低于 -1.00 分。总体而言，从“舒适度”（平均值 =0.79 分）的角度来看，这些建筑物在“满意度”方面均有较好的表现（平均值 =1.05 分）。

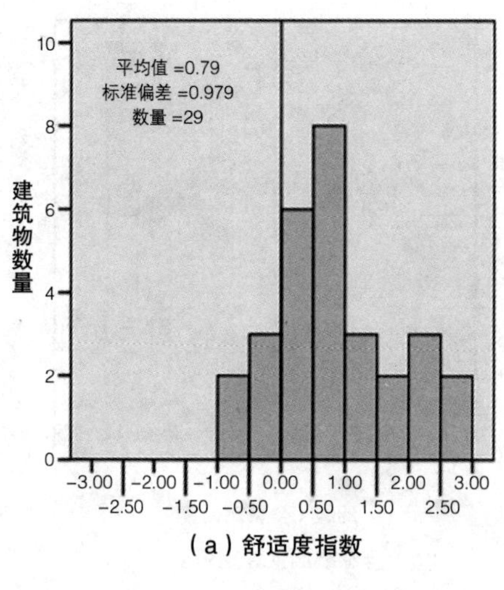

(b)满意度指数

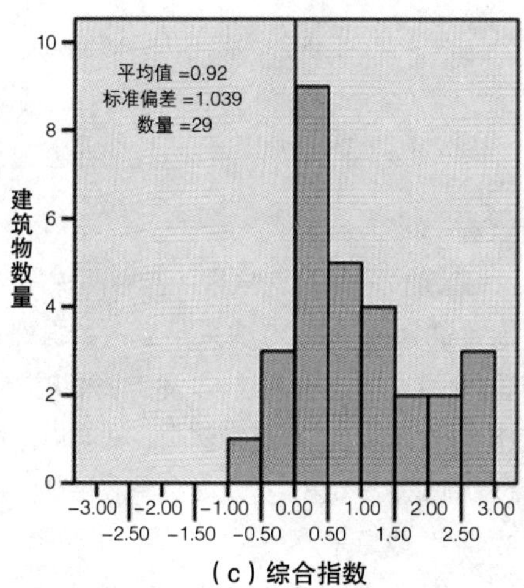

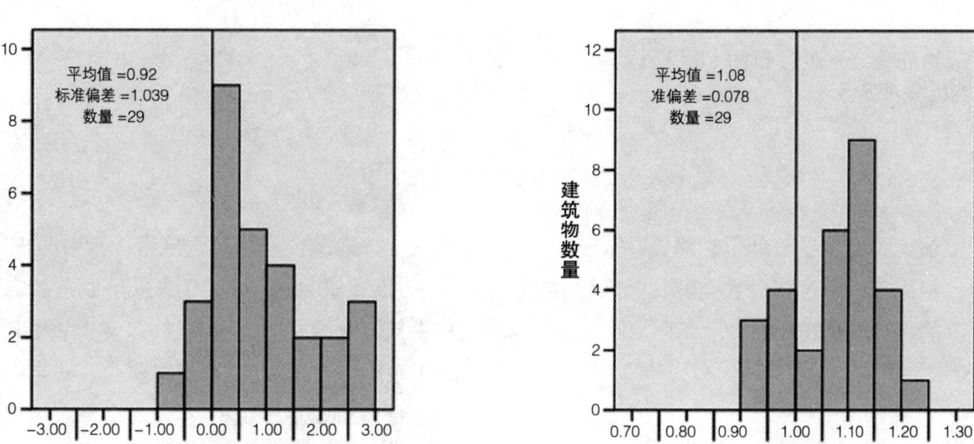

图 1.2 所有建筑物的整体性能指数分布图 [(a)舒适度指数;(b)满意度指数;(c)综合指数;(d)宽恕因子]

综合指数是舒适度指数和满意度指数的简单算术平均。图 1.2(c)表明了该指数的分布情况，正如希望的那样，其介于舒适度分布和满意度分布之间，平均值为 0.92 分。可以看出，25 个案例(或 86%)的综合指数均高于中间值，并且只有 4 个案例(或 14%)的综合指数低于中间值。其中 9 个建筑物的满意度指数和舒适度指数均大于 1.00 分，虽然不一定在同一水平。

除了这些指数外，同样需要计算所谓的宽恕因子。宽恕因子是指整体舒适度分数与 6 个环境影响因素平均分数的简单比值，其中 6 个环境影响因素分别是指整体光线、整体噪声、冬季和夏季的整体温度，以及冬季和夏季的整体空气。该指标试图量化用户在建筑物中对环境条件的宽容程度。“数值大于 1 则表明用户对条件可能更加容忍或者 ‘宽容’(Leaman and Bordass，2007)”。虽然宽恕因子的标准值范围从 0.80 至 1.20，但是对该系列建筑物而言，其宽恕因子的平均值为 1.08。如图 1.2(d)所示，在 29 个案例中，有 22 个案例的宽恕因子大于 1.00，其中一半大于 1.10，两个大于 1.20。

评定量表

从用户的角度来看，共使用了两个评定量表对建筑物做整体性能评估，一个由“十影响因素”组成，而另一个则使用“全影响因素”(共约 45 个影响因素)。在评定量表中，每个影响因素的得分从 1 分到 5 分不等，与 BUS 的

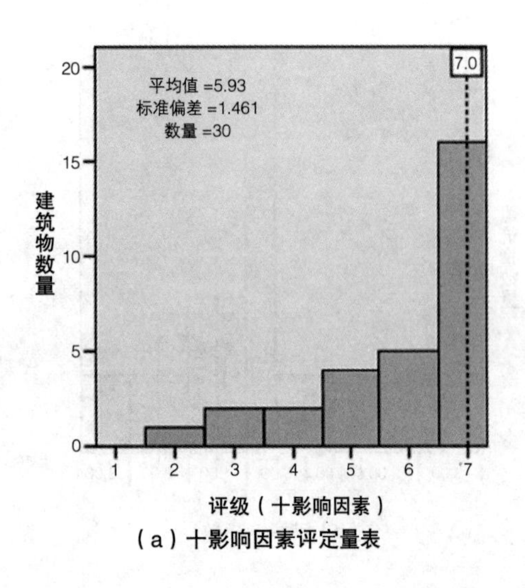

（a）十影响因素评定量表

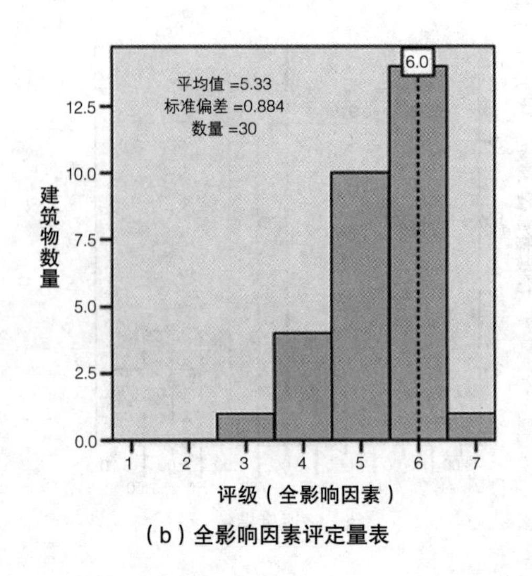

（b）全影响因素评定量表

图 1.3　所有建筑物的评定量表分布图：（a）十影响因素评定量表；（b）全影响因素评定量表

基准分或者中间值相比，分为显著低于、略低、等于、略高或者显著高于。接下来，把这些分数全部加起来，并将百分比转化为以下的 7 分制量表：

1.（0-14.3%）表示“非常差”
2.（14.4%-28.6%）表示“差”
3.（28.7%-42.9%）表示“低于平均水平”
4.（43%-57.2%）表示“平均水平”
5.（57.3%-71.4%）表示“高于平均水平”
6.（71.5%-85.7%）表示“良好”
7.（85.8%-100%）表示“杰出”

十影响因素评定量表中的变量包括整体舒适度、设计、健康、形象、整体光线、需求、整体噪声、生产力、夏季的整体温度和冬季的整体温度。虽然值得讨论的是，在以上变量的选择上和评定量表术语的使用上存在一定的随意性，并且评分过程需要进行仔细的判断，但是我相信该评定量表的简单性和透明性具有不可估量的优点，并且在特殊建筑物的背景中也能容易地进行解释。

首先看看 7 分制评定量表中的十影响因素，有超过 16 个建筑物排在“杰出”的行列，还有 5 栋建筑物紧随其后，属于“良好”的范畴。其中有 21 栋建筑物遍及 11 个国家中的 10 个国家。尽管其中大多数建筑处在温气候带，但是有 3 栋建筑位于湿热气候带（其中两栋采用空调系统）。在 21 栋建筑物中，有 10 栋采用先进的自然通风系统，8 栋采用混合模式的通风系统，以及 3 栋采用空调系统。图 1.3（a）表明，在本书的 30 个案例中，一半以上的建筑物在 7 分制量表中属于“杰出”类别。只有 3 栋建筑被认为是“低于平均水平”或更差。

即使当评定量表中考虑“全影响因素”时，高比例的优秀建筑仍然存在，如图 1.3（b）所示。虽然只有 1 栋建筑物仍被视为“杰出”（得分为 7 分），但是其余 29 栋建筑物中有 24 栋均被评定为“良好”或“高于平均水平”。

对于大多数建筑物而言，在 7 分制评定量表中，考虑全部约 45 个影响因素，其评定的艰难性显而易见。该组的中位数从 7 分下滑至 6 分，并且只有 1 栋建筑物保留了其“杰出”的地位，然而在评定量表的另一端，处于最低评定级别的建筑物则从“差”上升到了“低于平均水平”。总体而言，只有 4 栋建筑物的评级不变，22 栋建筑物的评级下降；4 栋建筑物的评级上升——在十影响因素评定量表中假定影响因素的得分更好。

评级最高的建筑物位于温带气候带，采用先进自然通风系统，而评级最低的建筑物则位于湿热气候带，采用混合模式的通风系统。对于那些虽然没有明显认识到可持续问题，但却在建筑长期性能方面感兴趣的业主而言，两种类型的建筑物在设计中均已融入了自然通风的意图。

在 2002 年和 2006 年，对 12 项性能影响因素进行正面、负面和中立评论的总受访者人数（35% 的平均评论率）　表 1.2

方面	受访者人数				
	正面	中立	负面	总计	比例（负面 / 正面）
整体设计	314	151	413	878	1.32
整体需求	101	76	417	593	4.13
会议室	96	54	410	560	4.27
储藏空间	47	73	407	527	8.66
办公桌 / 办公区域	134	86	341	561	2.54
舒适度	126	57	208	391	1.65
噪声来源	37	92	494	623	13.35
光线条件	140	90	304	534	2.17
生产力	114	150	209	473	1.83
健康	114	111	255	480	2.24
工作良好	715	—	—	715	1.27
阻碍	—	—	905	905	—
总计	1938	939	4363	7240	2.25
百分数	26.8	13.0	60.2	100	—

用户评论概述

除了针对调查问卷上所列的各种影响因素进行评分以外，建筑物用户还被邀请针对建筑物的十个方面进行评论。它们直接与以下影响因素相对应：设计、需求、会议室、存储空间、办公桌空间 / 工作区域、整体舒适度、整体噪声、整体光线、生产力和健康。此外，受访者还被邀请举例说明“通常工作良好的东西”以及“阻碍有效工作的东西”。

并非所有的用户对这些邀请都作了回应，但有相当数量的用户这样做了，并且有趣的是，这些评论概括了他们反馈的本质（在个体案例研究章节将作详细的分析）。至于所关心的平均评论率（用个体影响因素评论总人数与总受访者数量的比值表示），总体约为 35%，范围从不到 20% 到刚刚超过 60% 不等。

从受访者的反馈性质来看，评论可分为 3 类：正面（赞扬建筑的优点）；负面（注意建筑产生的问题）；以及中立（建筑物对其工作的影响，受访者持中立态度，作出了褒贬不一的评论）。表 1.2 中列出了针对建筑各个方面进行评论的受访者总数，并且计算出了正面和负面评论的比例。

整体的评论性质倾向于这样的观点，建筑物用户更容易抱怨而非赞扬。总体而言，只有约 26.8% 的评论是正面的，而 13.0% 的评论中立以及 60.2% 的评论负面，负面和正面评论的整体比例为 2.25：1。然而，其中 5 个影响因素的评论比例高于或相似于整体比例 2.25，按照从低到高的顺序排列为设计（1.32）、舒适度（1.65）、生产力（1.83）、光线（2.17）与健康（2.24），而阻碍工作与工作良好的比例为 1.27。而另一个极端，噪声和存储空间的负面和正面的比例分别为 13.35：1 和 8.66：1- 反映了一个常见的问题。

从收到的评论数量而言，设计吸引了迄今为止最高的 878 个评论——占总量的 12% 以上——并且其负面和正面评论的比例最低。其次是关于噪声的 623 个评论（占总量的 8.6 % 左右），其拥有最高比例的负面和正面评论率。显然，这两个数据对于任何特殊方面的性能评估都非常有用。

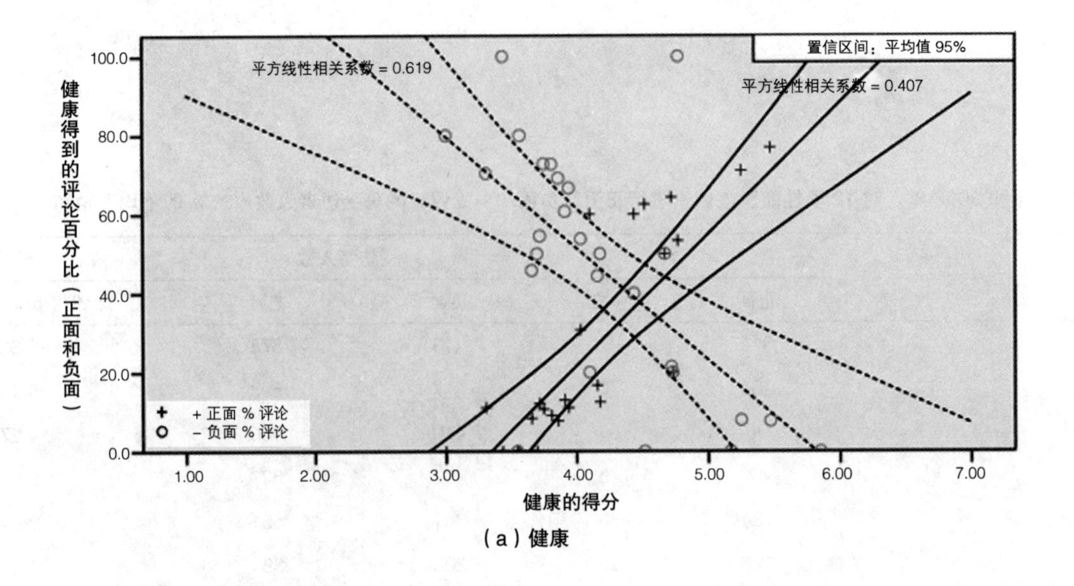

（a）健康

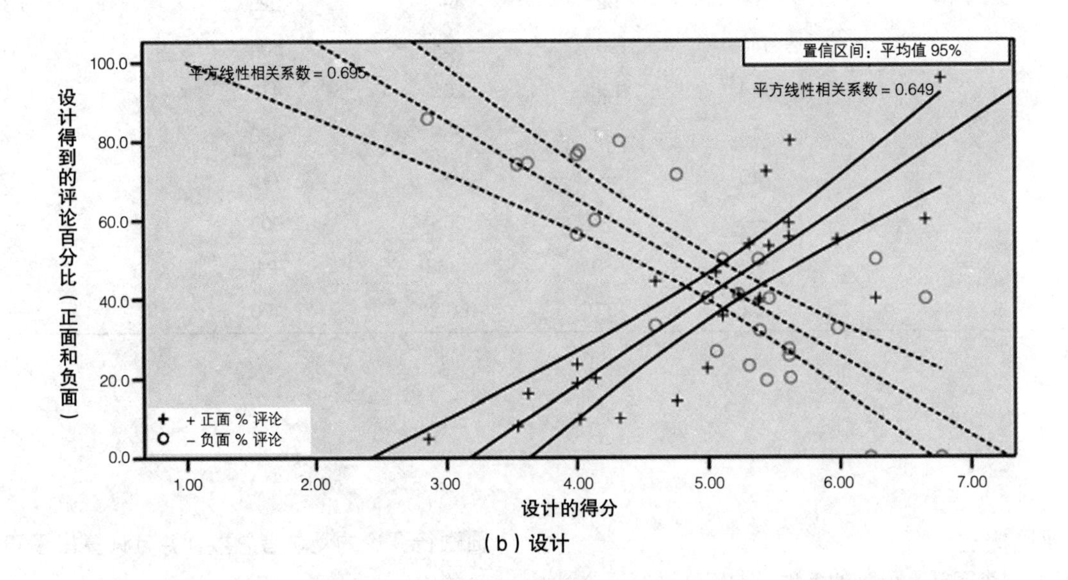

（b）设计

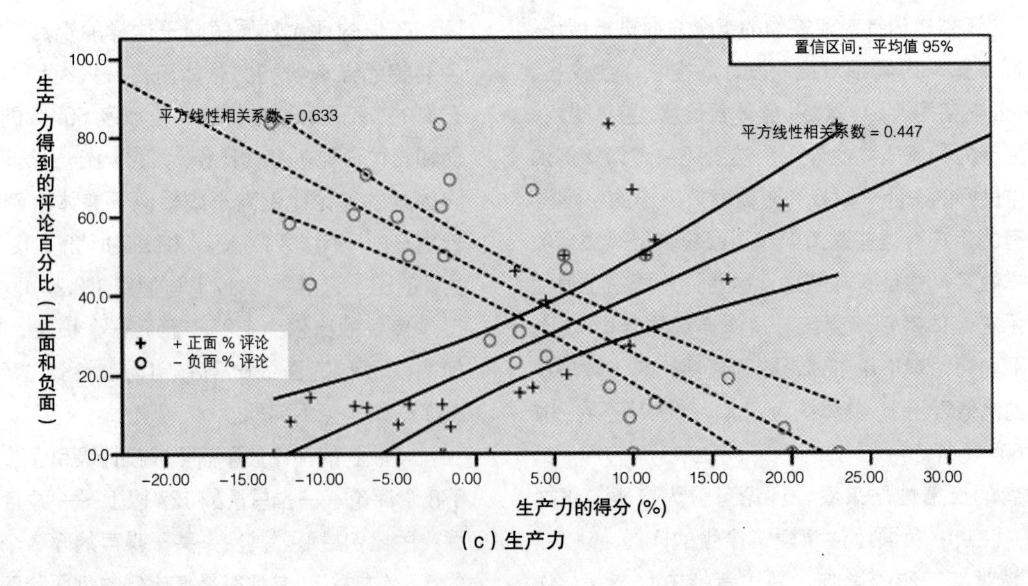

（c）生产力

图 1.4　3 个影响因素的得分与其正、负面评论之间的相关性示图
[（a）健康；（b）设计；（c）生产力]

评论和分数之间的相关性

鉴于并非所有受访者都随意评论，所以看看在评论实质和分数间是否存在任何固有偏见或相关性是很有趣的。基于这种分析，每栋建筑物正面、负面和中立的评论（以该建筑物所收到的评论总数百分比表示）均与相应影响因素的得分相关。

在被测试的十影响因素中，有 7 个影响因素在正面和负面评论百分比之间显示了相当程度的相关性。欣慰地注意到，在全部 10 个案例中，正面和负面评论的趋势是可预见的（正面评论的百分比越大，得分越高；负面评论的百分比越大，得分越低），相对而言，中立评论与得分之间的相关性非常弱。图 1.4 显示了相关性最好的 3 个影响因素——健康、设计和生产力——注意平方线性相关系数表示百分比的变化，其可由相应的回归线进行解释。

例如，就健康的情况 [图 1.4（a）] 而言，当正面评论比例增加时，得分也增加；同理，当有较大数量的负面评论时，得分则较低。在这两种情况下，尽管总的评论比例在 25% 左右，但是一个合理的百分比变化是由各自的回归线来解释的（正面评论的平方线性相关系数为 40.7%，负面评论的平方线性相关系数为 61.9%）。

图 1.4 中的 3 个图示进一步说明了建筑用户的明显倾向，其提供负面评论而非正面评论。如果将中间值 4.00 分作为不满意和满意之间的“平衡”点，可以看到仅需要大约 25% 的正面评论就可以达到这个数值。在另一个方面，得分低于中间值则需要 50%—60% 的负面评论。

虽然为了确定这个发现的一般性，需要开展进一步的个案研究，并且扩展到分析其他的影响因素，但是这一定是有趣的——并且可能会引导一种新的建筑性能分析工具的发展。

无论调查的结果如何，很幸运地看到，在这些案例中，得分与评论数量和性质之间存在良好的相关性。

评定量表、指数以及影响因素之间的相关性

之前的此类研究（BRI，2001，2002）表明，此类调查工作中所分析的几个影响因素之间存在着很强的相关性。因此，看看这个特殊系列的可持续建筑是否也是如此，并且结合各种评定量表和指数来检查影响因素之间的相关程度是适当的。

评定量表

针对 20 个独立影响因素与十影响因素评定量表中的 7 分制和百分制之间的相关性，表 1.3 对这 20 个影响因素的皮尔逊（Pearson）相关系数进行了排序（在评定量表中，10 个真正的组成影响因素用 * 标明）。正如表 1.3 所示，在 20 个影响因素中，有多个因素同时涉及一个或两个主要指数（满意度和舒适度），并且在 1 个或者两个群组影响因素中（满意度和运行）用以描述用户的反应（见表 1.1）。

分别用范围在 0.8—1.0、0.6—0.8 和 0.4—0.6 的相关系数表示非常强相关、强相关以及中度相关（Salkind，2005：88），可以看出，20 个影响因素的前 4 位为舒适度、设计、需求和生产力——均属于非常强相关类别，接下来有 9 个影响因素属于强相关以及 4 个影响因素属于中度相关——事实上所有的相关性都明显在 0.01 的水平（双尾）。剩下的 3 个影响因素中只有 1 个的相关性非常弱或与此评定量表根本不存在关系。

将会注意到百分制相关系数普遍高于 7 分制相关系数。然而，由于趋势大致相同且两者之间的相关系数为 0.984，所以，在适当的情况下有充足的理由使用其中的任意一个。在这个部分，虽然在此章节只使用了 7 分制的直方图来说明整个系列建筑物的整体性能，但是在个体案例研究的章节中会介绍两种评定量表的结果。

就所关心的十影响因素评定量表而言，舒适度、设计、需求和生产力的相关系数均大于 0.8，而噪声、健康、形象、

20 个影响因素的皮尔逊相关性系数排序，涉及十影响因素（由星号 * 表示）评定量表、满意度指数和舒适度指数，以及运行和满意度组　　表 1.3

因素	十影响因素评定量表的皮尔逊相关性		满意度指数或舒适度指数	满意度或运行组
	7 分制	百分制		
* 舒适度	0.858	0.896	舒适度	满意度
* 设计	0.857	0.895	满意度	满意度
* 需求	0.816	0.841	满意度	满意度
* 生产力	0.790	0.844	满意度	满意度
* 噪声	0.749	0.787	舒适度	
* 建筑物 (BLdg) 的空间	0.749	0.782		运行的
* 健康	0.682	0.729	满意度	满意度
夏季的空气	0.673	0.731	舒适度	
设施	0.669	0.718		运行的
* 形象	0.636	0.648		运行的
存储	0.635	0.654		运行的
* 夏季温度	0.624	0.680	舒适度	
* 冬季温度	0.589	0.627	舒适度	
会议室	0.566	0.578		运行的
冬季空气	0.483	0.526	舒适度	
家具	0.466	0.476		运行的
* 光线	0.345	0.417	舒适度	
办公桌空间	0.225	0.219		
清洁	0.166	0.166		运行的
平均控制	0.158	0.209		运行的

夏季温度和冬季温度的相关系数都大大超过 0.6，相关性明显在 0.01 水平(双尾)。只有光线低于阈值,但即使这样,其相关性也明显在 0.05 水平（双尾）。

强相关类别中的其他几个影响因素也同样值得关注,分别是建筑物空间、夏季空气、设施和存储空间,而会议室、冬季空气和家具均为中度相关。

在全影响因素评定量表中，舒适度和生产力的相关系数同样大于 0.8，而夏季空气、噪声、设计、需求、设施、夏季气温、建筑物空间、健康、冬季空气和光线的相关系数均大于 0.6。冬季温度、储存、会议室和形象则中度相关，明显位于 0.05 水平（双尾），而剩下的 4 项——家具、办公桌空间、清洁和平均控制——只有非常弱的相关性或根本不存在关系。

在全影响因素评定量表和十影响因素评定量表中（百分制为 0.878，7 分制为 0.789），7 分制和百分制之间存在着很强的相关性（0.884）。

回到表 1.3 中，可以看出，在所有满意度指数的影响因素中，其相关系数都处于强到非常强的类别－这也体现了满意度指数和百分制评定量表之间存在很强的相关性（其相关系数在十影响因素和全影响因素中分别为 0.820 和 0.824）。关于舒适度指数的情况，其相应的相关系数略低，且分别为 0.776 和 0.763，并且个体影响因素的相关性从非常强到中度不等，但令人欣慰的是，它是所有指数中相关性最强的。同样，在满意度组的 5 个影响因素中，大部分影响因素在评定量表中均显示了非常强的相关性，而在运行组的 8 个影响因素中，6 个影响因素均处于强相关和中度相关的行列（办公桌空间和清洁例外）。

指数

舒适度指数是根据以下 7 个影响因素的得分来定义的：整体舒适度、整体光线、整体噪声、冬季和夏季的整体温度，以及冬季和夏季的整体空气。各个影响因素与舒适度指数之间的相关系数排序如下，整体舒适度（0.875）、夏季空气（0.822）、冬季温度（0.806）、冬季空气（0.796）、整体噪声（0.783）、夏季整体温度（0.748）和整体光线（0.562）。按照定义，所有相关系数均表明该指数具有相当可靠的实用性。

就满意度指数而言，其 4 个影响因素的相关系数排序是生产力（0.954）、设计（0.913）、健康（0.912）和需求（0.888），均属于非常强相关的类别。

由于综合指标是舒适度指数和综合指数的平均值，那么可想而知其与两者将高度相关，其相关系数分别为 0.973 和 0.981。

个体影响因素

在 45 个影响因素中的大约 7 个影响因素之间开展了一个有限的相关性调查。在这种有限的情况下，甚至也产生了大约 21 个相关系数（如果涉及所有的 45 个因素，将产生 990 个相关系数）。这 7 个选定的影响因素是舒适度、设计、需求、生产力、健康、设施和形象。

在一定程度上，这个顺序也代表了这些因素与其他影响因素之间的相关性排序。例如，舒适度、设计和需求均与其他影响因素中的 5 个存在非常强的相关性，并且与剩下的另外 1 个也强相关。生产力和健康与其他影响因素中的 4 个存在非常强的相关性，并且与另外 2 个强相关。设施与其他 3 个影响因素强相关，并与另外 3 个中度相关，而形象只是与其他所有的 6 个影响因素中度相关。

设计与需求之间的相关系数（0.983）最强，而形象与设施之间的相关系数（0.578）是所有中最弱的，虽然其相关性明显处在 0.01 水平（双尾）。

总体而言，这些发现给予了一个信心，被评估的影响因素、指数以及评定量表均与用户对这些建筑物性能的看法有关。

整体问题和观察结果

虽然这本书的重点和调查问卷的诸多结果均基于用户对此系列可持续建筑的看法，但是这并不意味着全部。知情的读者将清楚地认识到，客户的优先权、建筑和工程团队的经验及其对综合设计的承诺，以及整个过程的可用时间都会对建筑物及其最终性能产生深远的影响。

也许会毫不意外地意识到，在绝大多数情况下，这些建筑物的客户坚定地致力于可持续原则和实践。事实上，其中几个客户在设计和建造这些建筑物之前，在其组织内部就制定过相关的环境政策，并且那些没有制定这些政策的客户也以这种方式认真考虑过。

例如，至少从未来能源成本的角度来看，教学楼的客户对于建设项目往往持有长远的眼光，但是通常是从更广泛的环境影响以及明显的教育影响的角度来考虑。在一些情况下，客户积极参与到“环保事业”的某些方面，并且表现出明显的动机以显示其恪守可持续原则的承诺。虽然有些客户怀揣着理想，建筑物可作为若干前沿实践中的一个示范，但是在批准其纳入设计以前，大多数情况需要经历严峻的经济考量。虽然许多建筑是业主自己拥有，或者希望客户长期使用，但是这绝对不是普遍情况——一些建筑物已被出租（在一个案例中，一个特定的环境租赁合同已被拟订），而其他的建筑物在设计时就考虑到了未来租赁。

所有的这些问题同样也反映了客户对其项目设计团队的选择。这些设计团队大多是当地的从业者，熟悉当地的文化和气候，以及拥有已建立的跟踪记录，并且在某些情况下需要恪守对环境可持续设计原则的应用承诺。如同这份承诺一样，大多数从业者采用一体化的设计流程，以实现其可持续发展的目标——建筑师和工程师从一开始就一起工作，充分认识到了早期设计理念决策的下游影响。

从这些建筑物运行的角度来看，在一个大学校园或自治城市里，其大部分建筑物都由该机构的物业管理部门进行管理。建筑物被一个技术先进的机构所使用，其管理和维护由内部的员工完成。在少数情况下，会任命一个经理专门监督建筑的运行情况。尽管他们一再肯定已经为使用者准备好了用户手册，但是我只有很少机会能看到一个副本。

在案例研究章节会注意到许多特殊的问题。在本概述余下的几个段落中，我想从备注里选择几个常见的问题，并从决定设计的那些问题开始。

从评论的性质和这些影响因素的得分可以明显看出，噪声和存储问题最容易产生抱怨。对于前者，将办公室与其他活动空间如礼堂、会议室、展厅和访客区域并列，甚至带硬表面和木制地板的走廊都有可能是一个规划问题。开放式办公室内本身的噪声和干扰可以通过以下方式进行缓解，如针对从巢状办公室迁入开放式办公室所带来的影响制定适当的规章制度和开展员工教育，以及进行适当的布局和声学设计。尽管存储空间的平均得分为 4.20 分，但是高比例的负面和正面评论率表明，这对多数人而言是个问题，似乎无纸化办公仍有待时日。

在其他的问题中，直接太阳眩光投射角问题被相当频繁的提及。鉴于太阳角度的可预测性，每个气候带的建筑物都存在这个问题，并且有些令人惊讶——也许应该更加关注工作空间的内部布局和定位与太阳之间的关系。

这样或那样的温度问题也比较普遍，在几个采用自然通风系统或混合模式系统的温带建筑中也出现了夏季过热的现象。相反的，一些全空调系统的建筑物则被认为夏季寒冷——表明它们的设置温度很可能被提高。尤其有趣的是，处于暖温带的建筑物则被认为冬季寒冷——迹象显示应该对这方面的设计给予更多的关注。

几个客户和设计师均强调了试运行的重要性，并且有充分的证据证明这一点。在某些案例中，试运行仍在进行，特别是那些新颖的或具有“示范”性质的项目。有几个建筑在我到来之前就已经展开了与此相关的这样或那样的使用后评估。

正如用户所关心的，尽管上面提及了温度问题，但是有迹象表明对于更大范围温度的接受度有所增加，以及根据不同季节逐步调整内部热条件的容忍度也有所增加。对于能够看到或感觉到可触及控制系统的操作效果，用户均表示赞赏——在这个方面自然通风口也被提及。

还注意到了其他的几个发展趋势和创新。其中包括通风烟囱和其他设备数量的增多，这些设备旨在加强自然通风流动。各式各样的采暖和制冷系统同样显而易见，从生物质锅炉、太阳能热水、季节性蓄热到地面及水源热泵、含水层和被动吸式蒸发制冷系统。

本书篇幅有限，无法对建筑物的用户评分和评定的进一步统计分析进行整体总结，也无法对用户影响因素进行解释。但是，预计将为此建立一个网站。该网站将对具体影响因素配有更为详尽的分析说明文件，并且当本书开始撰写后，开展进一步的个案研究。

在本章概述之后，每个案例研究都会作详细的介绍，大致分为以下的几个气候类别：第 1 部分寒温带（6 个案例研究）；第 2 部分中温带（11 个案例研究）；第 3 部分暖温带（9 个案例研究）和第 4 部分湿热气候带（4 个案例研究）。

参考文献

Baird, G., Christie, L., Ferris, J., Goguel, C. and Oosterhoff, H. (2008) 'User Perceptions and Feedback from the "Best" Sustainable Buildings in the World', in *Proceedings of SB08 - the World Sustainable Building Conference, Melbourne,* September.

Baird, G. and Oosterhoff, H. (2008) 'Users' Perceptions of Health in Sustainable Buildings - Worldwide', in E. Finch (ed.) *Proceedings of CIB-W70 International Conference in Facilities Management*, Edinburgh, June, London: International Council for Research and Innovation in Building and Construction.

BRI (2001, 2002) 'Post-occupancy Evaluation', Special Issue of *Building Research and Information*, 29(2): 79-174, and subsequent 'Forums', 29(6): 456-76 and 30(1): 47-72.

Leaman, A. and Bordass, B. (2007) 'Are Users More Tolerant of "Green" Buildings?' *Building Research and Information*, 35(6): 662–73.

Salkind, N. J. (2005) *Statistics for People who (Think They) Hate Statistics*, Thousand Oaks, CA: Sage.

第 1 部分

寒温带建筑

第 2–7 章

以下的 6 个案例研究均位于可大致归类为寒温带气候的地区，冬季室外设计温度从 -21℃至 -5℃不等。可以看出，这些案例主要位于加拿大地区，余下的一个位于美国东北部，一个位于德国鲁尔区。将按照以下顺序对各个案例进行描述：

第 2 章　NRG Systems 设施，海恩斯堡，佛蒙特州，美国
第 3 章　计算机科学与工程系(CS & E)大楼,约克大学,安大略省,加拿大
第 4 章　军人家庭资源中心 (MFRC)，多伦多，安大略省，加拿大
第 5 章　科技园，盖尔森基兴，德国
第 6 章　温哥华交通设施工程中心，温哥华，不列颠哥伦比亚省，加拿大
第 7 章　刘氏研究所，不列颠哥伦比亚大学，温哥华，加拿大

位于德国和温哥华的建筑拥有先进的自然通风系统，而那些位于北美东北部的建筑，气候条件更为严苛，则采用可转换混合模式。

NRG Systems 设施的独立光伏太阳能板跟踪器

第 2 章
NRG Systems 设施
海恩斯堡，佛蒙特州，美国

背景

2004 年 8 月，NRG Systems 公司迁徙到了一个面积为 4320m^2 的新设施。作为一个信誉卓著和迅速扩张的测风设备制造商，该公司坚定地致力于可再生能源的发展。它的拥有者［简・布利特尔斯多夫（Jan Blittersdorf）和戴维・布利特尔斯多夫（David Blittersdorf）］决定，他们的新设施会反映这些价值观，由于公司的快速成长，先前的建筑如同一个铁盒子，既不节能也不具有良好的工作环境（Nelson，2005）。“布利特尔斯多夫非常清楚，他们希望该设施成为最好的环保建筑之一，对于在其中工作的人来说是个极好的地方，并且他们将重点放在了这两个目标上”（Maclay，2005）。

该建筑位于海恩斯堡镇的边缘，距离佛蒙特州（北纬 44.5°N）北部主要城市伯灵顿（Burlington）以南约 20km，其冬季和夏季的设计温度分别为 -21.2℃和 +29.1℃（ASHRAE，2001：27.20-1）。场地坐落在一个小山丘朝南的斜坡脚下（图 2.1）——这是获取光照的理想之地，冬季为建筑提供西北风，而夏季则提供西南风，利用自然排水，甚至在山脊上还为风力发电机组提供了一个合适的位置。

该建筑物竣工后不久，建筑师们便因为此项目获得了美国建筑师学会佛蒙特分会颁发的 2004 年优秀建筑荣誉奖，随后又获得了 2005 年佛蒙特节能计划最佳建筑设计奖。同样在 2005 年，该建筑一并取得了第二版美国绿色建筑

图 2.1 建筑物坐落在一派田园风光的山脚下［注意顶部的风力发电机组。视图为主南立面——注意覆盖坡屋顶的固定光伏太阳能板和前面的跟踪板。最上面的一条窗户为背后的仓库区域提供日光］

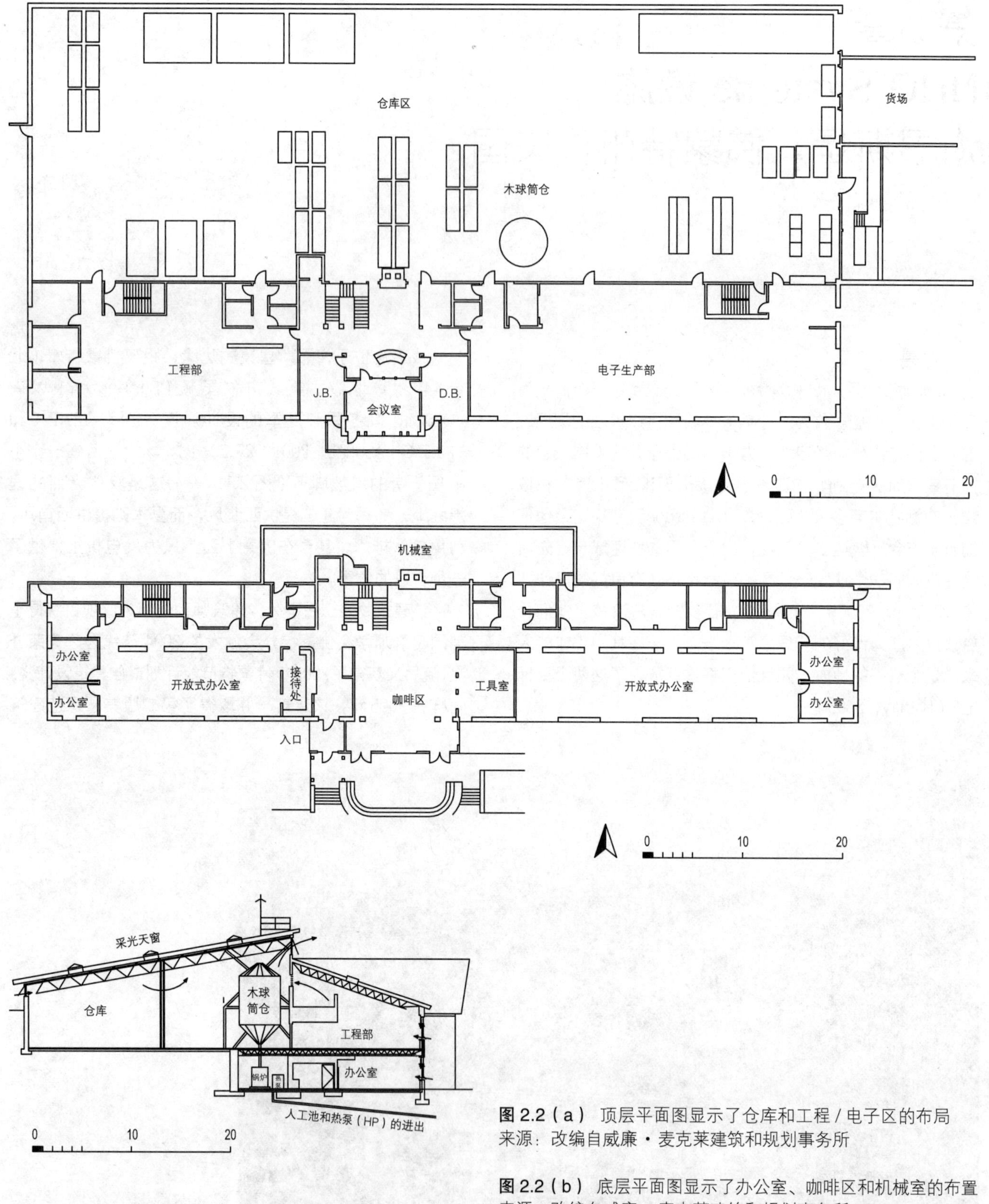

图 2.2（a） 顶层平面图显示了仓库和工程 / 电子区的布局
来源：改编自威廉・麦克莱建筑和规划事务所

图 2.2（b） 底层平面图显示了办公室、咖啡区和机械室的布置
来源：改编自威廉・麦克莱建筑和规划事务所

图 2.3 截面图（注意用于采光及自然通风的固定和可开启窗户的布置，以及该建筑物是如何在场地上建造起来的）
来源：改编自威廉・麦克莱建筑和规划事务所

图 2.4　南立面的中部和东侧端部（建筑物中部下层设为咖啡区，上层为主会议室。注意每层和仓库高水平位置的连续水平玻璃窗，前者在内部安装了水平百叶，并在底部安装了视窗。立面西侧端部的布局类似。同样注意楼层间的条状光伏太阳能板）

图 2.5　内部视图显示了窗户的布置（上层采光窗户均安装了水平百叶装置，旨在将阳光反射到顶棚并避免工作区域产生眩光——通过长垂直杆手动调节。这些窗户机动开启，可能是由建筑管理系统集中控制或由此照片中的开关局部控制。视窗的底部可手动开启）

委员会 LEED 认证的新建筑金奖（LEED，2006）。

别的地方已经详细介绍过了设计过程和建筑成果（LEED，2006；NRG Systems，2004；Nelson，2005；Simmon，2005）。以下是最简短的概括。

设计过程

威廉·麦克莱建筑和规划事务所（Willian Maclay Architects and Planners）从 4 家候选公司中脱颖而出，承担了该项目的主要设计。值得讨论的是，这家位于佛蒙特州的环保重点龙头企业，它的负责人比尔·麦克莱（Bill Maclay）已经按照这种模式实践了几十年，早在韦茨菲尔德

图 2.6 下层开放式办公区（采光窗口和视窗位于右侧，开放通道位于左侧的木制分隔区）

图 2.7 上层工程区（采光窗口和视窗位于左侧，带天窗的坡屋顶位于上方，水平夹层位于右上方，以及完全暴露的机械和电气服务设施分布）

图 2.8 仓库区总视图（注意照片左右两侧高处的条状采光窗户，以及屋顶矩形天窗的规则布局。大型储存筒仓位于左侧，可储存一年的木球，被一些开放式货架部分遮挡）

（Waitsfield）附近的小型办公室时就如此（Maclay，2005）。从一开始就加入设计团队的还有蒙彼利埃（Montpelier）附近的能源顾问安迪 · 夏皮罗（Andy Shapiro），在一系列以能效作为主要设计标准的项目上，麦克莱与安迪 · 夏皮罗的合作已经超过了 15 年（Shapiro，2005）。显然，这是一个经验丰富的团队，关注环保并熟知当地环境。

设计过程相对较长，大概持续了两年，不仅涉及 NRG Systems 公司现有业务的详细评估，而且还涉及一系列的场地调查。当翻新现有建筑变得不可行，且现有设施附近的场地也被证实是不适合时，为了确保被选择的场地，他们在区域上做了调整。

整体设计过程是完全一体化的，不仅包括设计团队的其他所有成员以及公司经理，而且还包括各个部门的全体员工（Maclay，2005）；虽然获得 LEED 认证并不是设计的主要驱动力，但是毫无疑问的是，该建筑物将会成为一个主要的候选者。

对于大多数项目而言，麦克莱的偏好是保证设计结果尽可能简化，但是在这个项目中，对于主动和被动控制系统，技术精良的客户们则鼓励采取集成的且相对复杂的环境管理混合模式系统。

设计成果

建筑布局、构造和被动环境控制系统

该建筑平面为矩形（大约 80m × 40m），长轴为东西方向（图 2.2a 和图 2.2b），建造于一个山坡的缓坡上（图 2.3）。围护结构经过了一系列的测试，确保其尽可能密闭，以减少空气渗透。建筑采用了高水平的保温（从约 100mm 厚的墙壁和地板到 150mm 厚的屋顶）和最低限度热泄露构造，同时所有的窗户均为 3 层玻璃。

图 2.9　NRG Systems，海恩斯堡 – 机械室（两个木球锅炉位于左侧，备用丙烷锅炉位于右侧—均为国内销售。木球存储筒仓位于上方的仓库内，见图 2.3 和图 2.8）

图 2.10　NRG Systems，海恩斯堡 – 机械室（显示了 5 个热泵的布局；家用热水储存罐在背后）

图 2.11　NRG Systems，海恩斯堡 – 约 12 个独立光伏太阳能电池板跟踪器，以及一个用于收集和控制雨水流量的池子（当建筑物需要制冷时，该池子则用作散热器）

南立面的前侧部分（图 2.4）高 2 层，底层（图 2.2b）包括 1 个接待区以及办公区，办公区位于中心咖啡区两侧；上层（图 2.2a）为工程区和电子区，分别位于布利特尔斯多夫办公室和主会议室的两侧。

为了达到采光目的，在每层高水平位置均设置了一条连续的、高约 600mm 的条状窗户（图 2.4）。这些窗户均安装了可调节水平百叶，旨在晴天时将光线反射到顶棚上，同时避免了直接阳光穿透和眩光，而在其他时候则吸收漫反射光（图 2.5）。2 个楼层均安装了朝南的视窗，位于连续带状窗口的下方。上层的屋顶斜向越过夹层走道通向背后的仓库区（图 2.3），结合精心设置的天窗，旨在避免直接阳光渗透到工作区。沿着大型仓库区的南北立面，在其高处均设置了一条连续的带状玻璃窗（图 2.3 和图 2.4），连同屋顶上的天窗（总面积约为 3% 的楼面面积）（图 2.3）——旨在晴天提供充足的光线。所有这些区域的人工照明系统旨在使得调光逻辑系统与当前自然光照条件保持一致。

办公区（图 2.6）和工程电子区（图 2.7）设置了一个混合模式通风系统（这个以后再说），在所有外立面上都安装了自动和手动控制窗口。除了几个排风扇以外，仓库区（图 2.8）实现了完全的自然通风，利用在高处设置的电动窗以及位于生产区和仓库区之间的通风口来完成，在空气被排放到室外之前，这些通风口能使空气从生产区流通到仓库区。

主动环境控制系统

当不适合使用被动环境控制系统时，大量的主动控制系统则被应用于建筑物的采暖、制冷和通风。这些系统的中央设备被设置在底层一个十分便利的机械室内（图 2.2b），就位于办公区的背后和仓库的下方。

采暖是由两个 41kW 的木球燃料锅炉进行供给（图 2.9），其燃料是由上方仓库内的一个 30t 的筒仓重力输

每个影响因素的平均得分，以及得分是否显著高于、相似或者低于 BUS 的基准分　　**表 2.1**

运行因素

因素	得分	低于	相似	高于
参观者心中的形象	6.98			●
建筑空间	6.25			●
办公桌空间 – 太小 / 太大[4]	4.56		●	
家具	6.29			●
清洁	5.93			●
会议室的可用性	6.71			●
储藏空间的合适度	6.05			●
设施符合工作要求	6.55			●

环境因素

冬季的温度和空气

因素	得分	低于	相似	高于
整体温度	6.11			●
温度 – 太热 / 太冷[4]	4.11			●
温度 – 恒定 / 变化[4]	2.67		●	
空气 – 不通风 / 通风[4]	2.33	●		
空气 – 干燥 / 湿润[4]	2.95	●		
空气 – 新鲜 / 闷[1]	2.72			●
空气 – 无味 / 臭[1]	2.03			●
整体空气	6.32			●

夏季的温度和空气

因素	得分	低于	相似	高于
整体温度	5.00			●
温度 – 太热 / 太冷[4]	3.32		●	
温度 – 恒定 / 变化[4]	3.82		●	
空气 – 不通风 / 通风[4]	2.34	●		
空气 – 干燥 / 湿润[4]	4.97	●		
空气 – 新鲜 / 闷[1]	2.74			●
空气 – 无味 / 臭[1]	2.08			●
整体空气	5.65			●

光线

因素	得分	低于	相似	高于
整体光线	5.86			●
自然采光 – 太少 / 太多[4]	4.35		●	
太阳 / 天空眩光 – 无 / 太多	3.58			●
人工照明 – 太少 / 太多[4]	3.79		●	
人工照明眩光 – 无 / 太多[1]	2.42			●

噪声

因素	得分	低于	相似	高于
整体噪声	4.67			●
来自同事 – 很少 / 很多[4]	4.26		●	
来自其他人 – 很少 / 很多[4]	4.00			●
来自内部 – 很少 / 很多[4]	4.19		●	
来自外部 – 很少 / 很多[4]	2.03		●	
干扰 – 无 / 经常[1]	3.50			●

控制因素[b]

因素	百分比	得分	低于	相似	高于
采暖	14%	2.37		●	
制冷	23%	2.37		●	
通风	25%	3.40		●	
光线	20%	3.45		●	
噪声	34%	2.76		●	

满意度因素

因素	得分	低于	相似	高于
设计	6.77			●
需求	6.68			●
整体舒适度	6.56			●
生产力百分比	19.51			●
健康	5.47			●

注：(a) 除非有其他的注明，7 分为“最高”；上角标[4] 表示 4 分最高，上角标[1] 表示 1 分最高；(b) 所列出的百分比值表示认为该方面的个人控制很重要的受访者百分比。

针对 12 项性能影响因素所提供正面、负面和中立评论的受访者人数　　表 2.2

方面	受访者人数			
	正面	中立	负面	总数
设计	23	1	—	24
需求	5	2	4	11
会议室	9	2	1	12
储藏空间	3	3	5	11
办公桌 / 办公区域	8	10	—	18
整体舒适度	11	2	1	14
整体噪声	3	5	11	19
整体光线	7	3	7	17
生产力	10	5	1	16
健康	10	2	1	13
工作良好	32	—	—	32
阻碍	—	—	27	27
总计	121	35	58	214
百分数	56.5	16.4	27.1	100

送——同时还有一个备份的小型丙烷燃料锅炉。制冷则通过 5 个热泵装置（图 2.10）将热量排到建筑物前面的人工池，容量大约 5ML，该人工池同样用于控制雨水，并用作一个游憩设施。办公室和工程 / 电子区的空气处理机组也位于机械室，均为完全的空气净化系统，系统进口设置在南立面的高水平位置，并配有热回收轮。

在楼板中嵌入管道使得整个建筑实现了地板采暖和制冷。办公区和工程 / 电子区拥有二氧化碳控制混合模式通风系统，通过空气处理机组以及配置红绿指示器的开启窗口进行控制，这些指示器让用户知道何时可以打开或关闭窗户（但不强制）。仓库区可由几个设置于仓库端的排气扇进行辅助自然通风。

几个总容量为 67kW 的光伏太阳能系统已经融入建筑设计之中。南面坡屋顶上已经安装了约 35kW 的光伏太阳能系统，南立面上的另一个 7kW 的光伏太阳能系统形成了一个加长雨篷（图 2.4），同时在池塘周围安装了 12 个独立的 2.2kW 的跟踪板（图 2.11）。

用户对建筑的看法

总体反应

2005 年 11 月期间对该建筑物进行了调查。在 44 个受访者（调查期间该建筑物中几乎所有的员工）中，约有 37 人在办公区或生产区工作，其余的 7 个在仓库区工作。对于几乎所有的受访者（30% 为女性，70% 为男性）而言，该建筑物是他们正常工作的地方，平均每周工作 5.0 天以及每天工作 8.8 个小时，其中约 6.9 个小时在自己的办公桌上或者工作区，而 4.1 个小时在电脑前。后一种情况存在一个很大的差异，取决于他们的工作性质——而超过三分之一的受访者每天使用计算机 6—9 小时不等，而超过三分之一的受访者使用计算机不到两小时。30 岁以下和 30 岁以上的受访者比例为 18 ：82，并且他们中的大多数（80%）已经在该建筑物的同一张办公桌或者办公区域工作超过了一年。一半以上的人需要和 5 位或更多的同事共享办公室，而其余的人一半拥有单独的办公室，一半需要与 1—4 位同事共享办公室。

重要因素

表 2.1 列出了每个调查问题的平均得分。表 2.1 显示了用户对建筑各个方面的感知评分与基准分和 / 或中间值的比较情况，分为显著高于、相似或低于三种不同的情况。在这个案例中，约有 27 个方面的得分显著高于基准分，只有 4 个方面的得分显著低于基准分，而其余 14 个方面的得分与基准分数相似。从 8 个运行因素的角度来看，该建筑物在其中 7 个方面的得分高于基准分。唯一例外的是办公桌空间的得分。

虽然夏季和冬季整体温度和整体空气的得分均大大高于其相应的基准分，但是在个别方面有些变化。一年中两个季节的空气是清新和无味的，但被认为干燥和不通风，并且在夏季太热。

整体光线的得分高于基准分和中间值，2 个“眩光”的得分均高于各自的基准分和中间值。然而，从平均分来看，自然采光太多和人工照明太少。整体噪声的得分也很高，但是认为来自外部的噪声太少，且来自同事和其他的内部噪声可能太多。

相对低比例的员工（14%—25%）认为采暖、制冷、通风和光线的个人控制很重要，并且这些因素的得分与基准分相似或高于基准分，但是均低于中间值。另一方面，34% 的工作人员认为噪声的个人控制很重要。满意度因素的评分（设计、需求、整体舒适度、生产力和健康）均显著高于各自的基准分，且在任何情况下均显著高于中间值。

用户意见

总计，共收到约 214 条来自员工的反馈，他们可以在问卷调查中的 12 个影响因素标题下添加书面意见——占总 528 条潜在意见的 37.8% 左右（44 个受访者，12 个标题）。表 2.2 分别显示了正面、中立和负面评论的数量——在这个案例中，约有 56.5% 的正面评论、16.4% 的中立评论，以及 17.1% 的负面评论。

设计收到了较高的反馈率，且几乎所有的评论均为正面。虽然整体舒适度的评论数量较少，但也非常的正面。健康的情况也类似，虽然受访者承认可能在外面的农村环境中更为健康。

尽管分数表明存在太多的工作空间，但是超过一半的负面评论却与空间不足有关。空间问题也较频繁的在工作良好和阻碍类别中被提及，这次调查更有利于前者，比例约为 2 ： 1。

关于开放式布局以及与自然环境连通的仓库区和办公制造区的噪声问题，在整体噪声和阻碍类别中经常被提及。整体光线的正负面评论平分秋色。

整体性能指标

舒适度指数是以舒适度、噪声、光线、温度以及冬季和夏季的空气得分为基础，结果为 2.50 分，而满意度指数则根据设计、需求、健康和生产力的分数计算而来，结果为 3.35 分，注意在这些情况下，-3 分到 +3 分范围内的中间值为 0 分。

综合指数是舒适度指数和满意度指数的平均值，结果为 +2.93 分，在这种情况下，宽恕因子的计算结果为 1.17 分，表明员工可能对个别方面的小瑕疵相对宽容，如冬夏季温度、空气质量、光线和噪声等（因子 1 表示通常范围 0.8 到 1.2 的中间值）。

从十影响因素评定量表来看，在 7 分制的评级中为“杰出” 建筑物，计算百分比值为 100%。当考虑全影响因素时，计算百分比值为 76%，属于“良好”类别。

致谢

我必须向简・布利特尔斯多夫和戴维・布利特尔斯多夫表达我的感激之情，感谢他们授权开展此项调查。特别感谢他们的个人助理凯西・马格努斯（Kathy Magnus）将我介绍给该建筑物的工作人员，感谢比尔・麦克莱和安迪・夏皮罗帮助我理解该建筑及建筑设计。

参考文献

ASHRAE (2001) *ASHRAE Handbook: Fundamentals, SI Edition*, Atlanta, GA: American Society of Heating Refrigerating and Air-Conditioning Engineers.

LEED (2006)'Overview (et seq.)', available at: http://leedcasestudies.usgbc. org/overview.cfm?ProjectID=420 (accessed 23 September 2007).

Maclay, B. (2005) Transcript of interview held on 23 November 2005, Waitsfield, Vermont, USA.

Nelson, S. (2005) 'NRG Systems: An Architectural Tour de Force', *Builder/ Architect, Vermont Edition*, 12(3): 4–8.

NRG Systems (2004) 'Tour Our New Green Building (et seq.)', available at: www.nrgsystems.com/about/green_building.php (accessed 7 January 2005).

Shapiro, A. (2005) Transcript of interview held on 22 November 2005, Montpelier, Vermont, USA.

Simmon, V. L. (2005) 'Zealous by Design', *Business People Vermont*, 22(5): 3–6.

CS&E 大楼的屋顶通风烟囱

第 3 章
计算机科学与工程系（CS & E）大楼
约克大学，安大略省，加拿大

背景

于 2001 年竣工，面积约 10700m^2 的计算机科学与工程系（CS & E）大楼面向校园步行道，位于安大略省约克大学基尔校区的核心区（图 3.1）。

在 1997 年，甚至在该建筑开始规划前，约克大学就制定了可持续政策和原则（Czarnecki，2003；McMinn，2002），并且"从项目规划一开始，该大学的目标就是，该建筑将是安大略省的第一个绿色公建项目"（Macaulay and McLennan，2006：151）。

顾名思义，该建筑可容纳计算机科学及工程系，带有演讲厅、计算和研究实验室以及职员办公室，位于一块"填充"场地上，夹在现有校舍之间。

位于多伦多市以北，纬度约为 44°N，1% 概率的设计温度分别为 -17.2℃和 +28.7℃左右（ASHRAE，2001：27.24-5）。

在 2001 年，该建筑与印度德鲁克白莲花学院一起在最佳绿色建筑类中获得了奥雅纳世界建筑奖（Architecture Week，2002）。在 2002 年，该建筑同样获得了加拿大咨询工程师优秀奖和加拿大总督建筑奖章。

图 3.1 西南面冬景（南立面面向校园步行道，右上角是主演讲厅背面，位于玻璃幕墙后——固定的水平遮阳同样位于右上角，以及大型的旋转垂直遮阳板就安装于玻璃幕墙后面。可见首层主入口大堂的灯光。本科计算机实验室也同样位于首层，在西立面的后面，工作人员办公室就位于实验室的上面两层，在外挂铜覆板的后面）

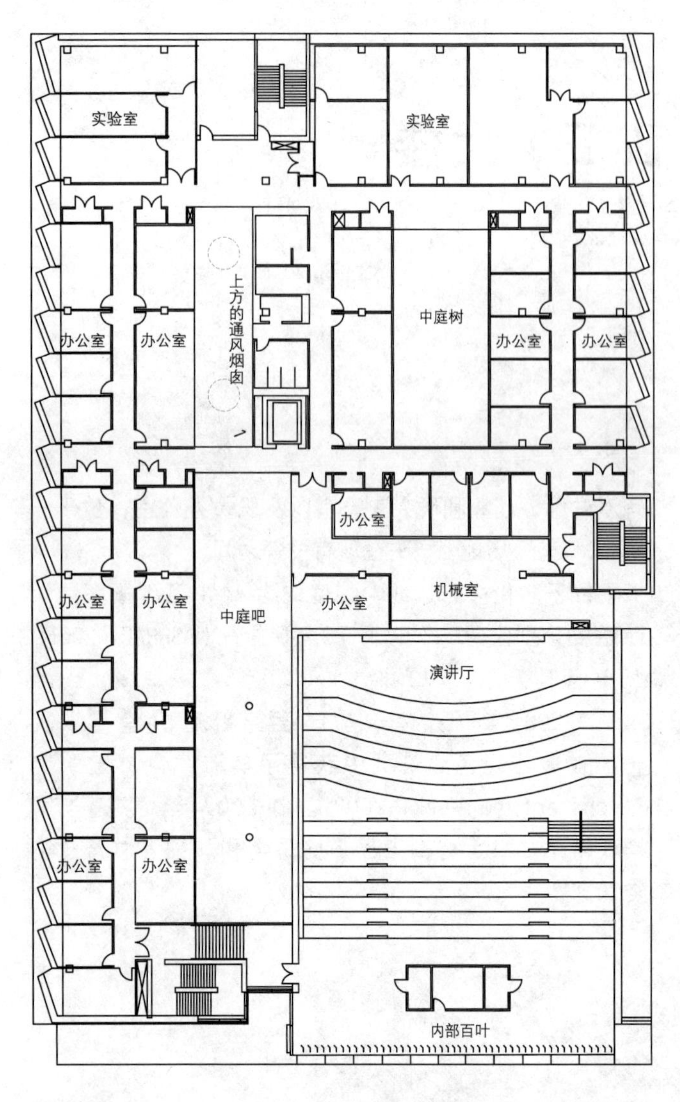

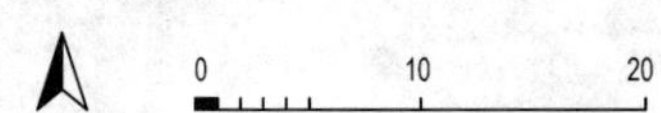

图 3.2　第 2 层平面图（主演讲大厅以及就位于下方的 2 个小演讲厅占据了东南象限。注意中庭树和中庭吧的位置，办公室和实验室成组地环绕在周围；注意办公室的玻璃幕墙方位）
资料来源：改编自巴斯比建筑事务所（Busby and Associates）

图 3.3　南北方向截面图（显示了演讲大厅及办公室 / 实验室空间的整体布局，以及主要的空气配送线路）
资料来源：改编自巴斯比建筑事务所

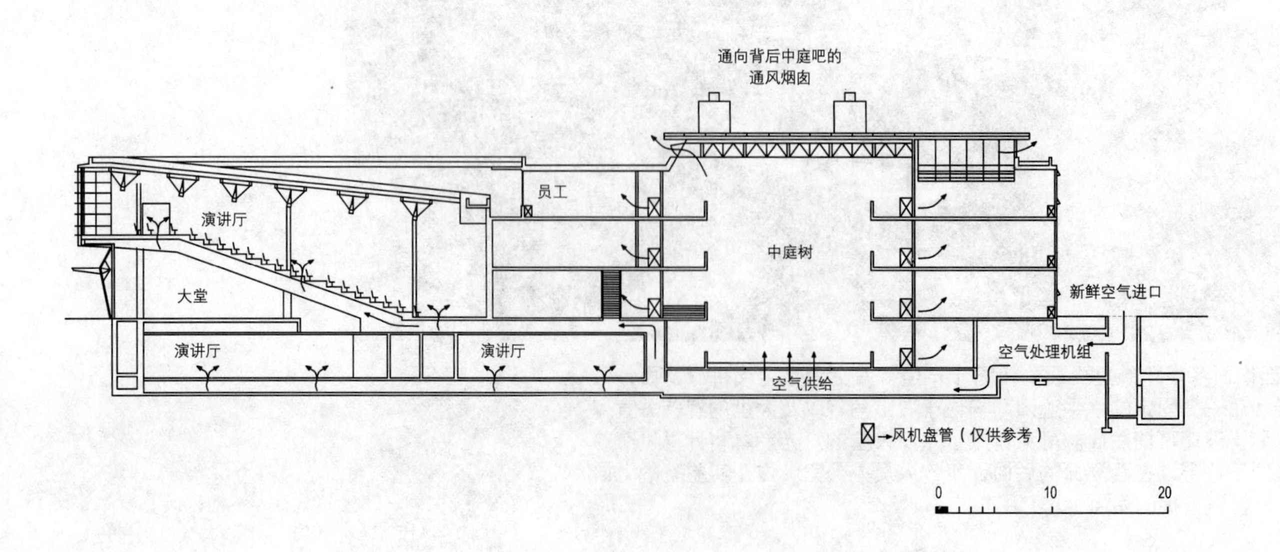

图 3.4　东立面视图（照片左侧的倾斜部分表明主演讲大厅就在其背后。照片右侧第二层和第三层办公室的玻璃朝向旨在获取清晨阳光。刚好可见高于屋顶的中庭树的上半部分）

图 3.5　中庭树视图（注意办公室的左右两侧以及照片正面（和背面）的流通空间。新鲜空气从低处进入（见图 3.7），并且通过局部风机盘管向相邻的空间输送空气（见图 3.11）。通过高处的自动窗口进行排风）

设计过程

经过最终筛选，该项目的设计团队由温哥华的巴斯比建筑事务所和多伦多建筑师联盟组成。它们与负责机械工程的敏程科技有限公司一起，加上其他的顾问，针对设计过程采取了一体化的方式。巴斯比和敏程已经在温哥华地区合作过可持续项目 - 它们的几个负责人均加入了加拿大和美国绿色建筑协会，同时，这些人及其许多员工均获得了 LEED 认证（Bonda，2003）。

鉴于用户目标是可持续建筑，这个概念从一开始就拥有高度的优先权。再者，根据麦考利（Macaulay）和麦克伦南（McLennan）（2006），“在纽约召开了一整天的设计研讨启动会，由鲍勃 · 贝克比勒（Bob Berkebile）主持，他来自密苏里州堪萨斯的 BNIM 建筑师事务所”贝克比勒是美国建筑师学会环保委员会的创会主席，并且先前已经

图 3.6　一个繁忙的、地下一层的研究实验室（注意有限的玻璃面积）

图 3.7　典型的员工办公室显示了窗口布置［这间办公室位于西立面，其玻璃窗面朝北－西北方向，以避免夏季下午的阳光——西立面的其余部分是外挂铜覆板（同样参见图 3.10）。东立面办公室的布局类似，但玻璃窗面朝南——东南方向，以获取早上的阳光］

图 3.8　一个典型的局部风机盘管［被放置于一个靠近流通走廊的设备柜里，空气（已通过中庭树进行供给）通过走廊门上的格栅被吸入、过滤和进行必要的处理，从而提供给附近的办公室和研究实验室］

在类似的项目中主持过研讨会。这一次的目标是“定义可持续性目标和识别特征，在不超过投资预算的同时获得良好的室内空气质量和用户满意度”。

关键问题的决策需要设计团队成员和客户一同达成共识，众所周知，在如同安大略省南部的极端气候条件下，要完成一定程度的可持续性，可能会比在相对温和气候条件下的温哥华需要冒更多的风险。尽管如此，被动自然通风的使用以及对瞬态空间热条件宽容的观点还是被融入了核心概念。

设计成果

别的地方已经详细描述过设计背景和成果（特别参见 Macaulay and McLennan，2006：38-9，116-17 and 149-60；Czarnecki，2003；McMinn，2002）。以下是最简短的概括。

建筑布局、构造和被动环境控制系统

CS&E 大楼的平面为矩形（图 3.2），约 30m×67m，朝向为坐标主轴方向（长轴为南北方向），坐落于现有东西向校园建筑之间。大楼共 4 层——包括一个下埋式地下室、首层及其以上 2 层（图 3.3）。

一个倾斜的、950 座的演讲大厅占据了首层及以上楼层。演讲大厅坐落在大楼的东南位置（图 3.2 和图 3.4），两个 200 座的演讲厅位于下方的地下一层（图 3.3）。大楼包括 2 个通高的中庭区域，分别位于大楼的两端（图 3.2）。一个是南北走向的流通空间，在建筑的两端与入口区域相连，另一个位于大楼东北部分的中心地带，被办公室包围（图 3.2 和图 3.5）。这些中庭区域（分别被称作“中庭吧”

图 3.9　从屋顶向第三层的员工室眺望［注意主演讲大厅的草坪坡屋顶（右侧前景）；中庭树的开放窗口伸出第三层草坪坡屋顶（图中后方）；以及高出中庭树北端的两根通风烟囱（左上角）］

图 3.10　大楼西北方向视图［注意第二层和第三层办公室的玻璃幕墙朝向（同样参见图 3.7）］

图 3.11　仰望其中的一根通风烟囱（共两根）（同样参见图 3.9），旨在从中庭吧区域的北端排出空气］

和“中庭树”）在建筑的通风和采光方面起到了不可或缺的作用。

大型计算机实验室沿着西立面布置于首层，而首层和地下室的其余部分以及两个上层的大部分区域则用作办公室、研究实验室以及相关的服务空间（图 3.6、图 3.7 和图 3.8）。

墙壁和屋顶的 R 值较高，后者铺装了一层土壤，并种植了草和野生花卉，主要功能是帮助处理雨水（图 3.9）。双层玻璃窗安装了热传导框架，而内部裸露的混凝土结构则提供了显著的热质（thermal mass）。麦克明（McMinn）的简短描述如下（2002）：

> 建筑的外部材质采用外露混凝土、铜覆板以及大面积玻璃幕墙相结合的方式，而内部则使用暴露的混凝土表面、石膏板、枫木制品以及大量的玻璃隔断，这些玻璃隔断将办公室和实验室从流通空间中分离出来。

固定的水平雨棚和上层悬挑为南立面的玻璃幕墙提供了遮阳（图 3.1），同时，一组手动操作的宽内部垂直百叶为大型演讲厅的背面空间提供了更多的控制选择。相邻的东西向建筑既不足够近也不足够高，无法为大楼的上层提供遮阳——这里的窗户采用了“锯齿”　型设计（图 3.2），在东立面上通过玻璃幕墙的角度来获取冬季阳光（图 3.4），并在西立面防止夏季暴晒（图 3.10）。

主动环境控制系统

该建筑地下室的热交换机与基尔校区的（蒸汽）采暖和（冷却水）制冷系统相连。这些热交换机依次向实验室和办公区域的风机盘管分布系统提供热水和冷水（图 3.8），也同时向服务于演讲厅和中庭的空气处理机组（AHUs）提

每个影响因素的平均得分，以及得分是否显著高于、相似或者低于 BUS 的基准分 表 3.1

		得分	低于	相似	高于		得分	低于	相似	高于
运行因素										
形象 (5.74)		5.83			●	清洁	5.97			●
建筑空间		4.65			●	会议室的可用性	5.09			●
办公桌空间 – 太小 / 太大 [4]		4.51		●		储藏空间的合适度	4.17		●	
家具		5.42			●	设施符合要求	5.50			●
环境因素										
冬季的温度和空气						夏季的温度和空气				
整体温度		4.47			●	整体温度	4.41			●
温度 – 太热 / 太冷 [4]		4.14		●		温度 – 太热 / 太冷 [4]	4.75		●	
温度 – 恒定 / 变化 [4]		3.40		●		温度 – 恒定 / 变化 [4]	3.74		●	
空气 – 不通风 / 通风 [4]		3.83		●		空气 – 不通风 / 通风 [4]	3.78		●	
空气 – 干燥 / 湿润 [4]		3.27		●		空气 – 干燥 / 湿润 [4]	3.82		●	
空气 – 新鲜 / 闷 [1]		4.16		●		空气 – 新鲜 / 闷 [1]	3.87			●
空气 – 无味 / 臭 [1]		3.29		●		空气 – 无味 / 臭 [1]	3.13			●
整体空气		4.38			●	整体空气	4.33			●
光线						**噪声**				
整体光线 (5.24)		5.49			●	整体噪声 (4.81)	4.28		●	
自然采光 – 太少 / 太多 [4]		2.99	●			来自同事 – 很少 / 很多 [4]	4.24		●	
太阳 / 天空眩光 – 无 / 太多		2.61			●	来自其他人 – 很少 / 很多 [4]	4.66	●		
人工照明 – 太少 / 太多 [4]		4.65	●			来自内部 – 很少 / 很多 [4]	4.50	●		
人工照明眩光 – 无 / 太多 [1]		3.25			●	来自外部 – 很少 / 很多 [4]	3.59	●		
						干扰 – 无 / 经常 [1]	4.01		●	
控制因素 [b]						**满意度因素**				
采暖	32%	1.59	●			设计 (5.62)	5.11			●
制冷	31%	1.59	●			需求 (5.32)	5.34			●
通风	28%	2.18	●			整体舒适度 (5.27)	4.91			●
光线	42%	4.23		●		生产力百分比 %(+13.55)	+2.54			●
噪声	46%	2.23		●		健康 (4.45)	3.86		●	

注：（a）除非有其他的注明，7 分为“最高”；上角标 [4] 表示 4 分最高，上角标 [1] 表示 1 分最高；（b）所列出的百分比值表示认为该方面个人控制很重要的受访者百分比；（c）括号里是学生评分——温度和空气的得分涵盖所有的因素。

针对 12 项性能影响因素所提供正面、负面和中立评论的受访员工（括号里为学生人数）人数　　表 3.2

方面	受访者人数			
	正面	中立	负面	总数
整体设计	10	4	14	28
整体需求	4	4	11	19
会议室	3	0	12	15
储藏空间	2	6	12	20
办公桌 / 办公区域	7	2	10	19
舒适度	3(2)	2(2)	7(17)	12(21)
噪声来源	0(1)	6(2)	19(28)	25(31)
光线条件	6	2	13	21
生产力	6	4	3	13
健康	1(0)	3(1)	9(11)	13(12)
工作良好	27	—	—	27
阻碍	—	—	40	40
总计（仅限员工）	69	33	150	252
百分数（仅限员工）	27	13.1	59.5	100

供热水和冷水。

主要的空气供给是通过一个埋在建筑物下方的“地下空气室”（McMinn，2002）进行调节的（图 3.3）。在使用期间，当演讲厅有必要进行机械通风时，该建筑其余部分的热环境控制则采用混合模式的方式。

例如，在夏季和冬季期间，当 AHU 向中庭输送新鲜空气时，AHU 如同一个空气供给处，依次向相邻办公室和研究实验室的风机盘管进行送风。在春季和秋季期间，可打开周围的窗户流入新鲜空气，通过走廊将空气送到中庭，并且通过中庭树顶部的机动窗户（图 3.5）或者中庭吧北端的两根大型通风烟囱（图 3.11）进行最终的排气。

用户对建筑物的看法

总体反应

在这个案例中，受访者来自工作人员（学院、研究和行政部门）和本科生，前者使用标准问卷，后者使用较短的版本。于 2005 年 11 月期间进行了此项调查。

对全部大约 70 人的工作人员受访者（36% 为女性，64% 为男性）而言，该建筑物是他们正常工作的地方，其中大多数（78%）受访者每周工作 5 天或以上，平均每天工作 7.1 小时。30 岁以上和 30 岁以下的人员比例相同，并且其中大多数（81%）在该建筑物中工作超过一年，约 69% 的人在同一张办公桌或工作区。约 33% 的人享有单独的办公室，而其余的人则需要与 1 个或多个同事（约 60% 的人需要与多达 8 人共享）共享办公室。每天花费在办公桌上和电脑前的平均时间分别为 6.1 小时和 5.9 小时。受访者的数量分别按照地下室、首层、第二层和第三层进行划分，其比例为 40 : 10 : 25 : 25。

在接受较短问卷调查的 94 名学生中，大多数（70%）学生使用该建筑物的时间超过一年（主要是首层的计算机实验室），平均每周 4.2 天，每天 4.0 小时，其中大部分时间是在电脑屏幕前（3.4 小时）。

重要因素

表 3.1 列出了每个相关调查问题的工作人员和学生的平均评分。此表还显示了员工对该建筑各个方面的感知评分与基准分和/或中间值的比较情况，分为显著高于、相似或者低于三种不同的情况。整体而言，大约 19 个方面的得分显著、基准分，8 个方面的得分显著低于基准分，而其余 18 个方面的得分与基准分大致相同。

从 8 个运行因素来看，有 6 个因素的员工评分高于基准分，而其余两个因素的得分与基准分或中间值相似。存储的得分为 4.17 分，高于相应的基准分，而桌面空间的得分为 4.51 分，稍稍高于中间值。此系列中清洁（5.97 分）和形象（5.83 分）的得分最高。

从环境因素的角度来看，在夏季，该建筑物的空气被认为特别新鲜和无味，而冬季的情况并不如夏季。空气也同样被认为有些不通风和干燥，而温度稳定，在冬季和夏季（或许比较惊讶）均被认为太冷。尽管存在这些明显的不足，但是两个季节的整体温度和整体空气的得分均良好（高于相应的基准分和中间值）。整体光线的得分较高(5.49 分)，来自太阳和人工照明的眩光似乎并不是主要的问题。

然而，平均来看，受访者认为人工照明太多而自然光线太少（记住 40% 的受访者均位于地下一层）。整体噪声的得分为 4.28 分，接近基准分并高于中间值——主要问题似乎是受访者认为来源于他人和建筑物内部的噪声太多，而来自外部的噪声太少。

工作人员并不认为自己对采暖、制冷或者通风的控制过多（得分均低于相对较低的基准分），但有不超过三分之一的受访者认为这很重要。尽管更多的人认为光线和噪声的个人控制很重要，但仅仅当光线的得分较为合理时。

满意度变量（设计、需求、整体舒适度、生产力和健康）均高于各自的基准分。同样，除了健康以外，其余变量的得分均高于中间值，健康的得分为 3.86 分，甚至也显著高于基准值。

如表 3.1 所示，本科生的感知评分（在短调查问卷中只针对 10 个整体变量进行反馈）均显著高于 BUS 的基准分和中间值。大多数得分高于 5 分，且生产力的平均百分比为 +13.55%。虽然学生对光线、需求和形象的评分稍低于员工，但是在其余 7 个方面却比员工评分高出 0.4—1.0 分不等。

用户意见

总计，共收到来自员工大约 252 条反馈，受访者可以在 12 个标题下面添加书面意见——占 840 个潜在意见的 30.0% 左右（70 个受访者，12 个标题）。评论数量大致与建筑物每层受访者数量成比例。表 3.2 显示了正面、中立和负面评论的数量——在这个案例中，约 27.4% 的正面评论、13.1% 的中立评论以及 59.5% 的负面评论。

一般来说，个人意见的范围较为广泛，只有少数问题或趋势比较明显。其中主要值得讨论的是噪声问题，并且反映了该方面相对较低的得分——这里的评论主要来源于阻碍标题。噪声来源包括施工噪声、学生进入/离开演讲厅和机房的噪声，以及从相邻办公室传来的声音。

设计收到了最多的意见——没有一个单独的问题是主要的，并且在收到很多负面评论的同时也收到了同样多的正面和中立评论。工作良好方面包括光线（所有楼层）和建筑物空间的利用，而存储和会议室的可用性则收到了一些负面评论。

从学生那里收到了 64 条关于舒适度、健康和噪声的反馈意见（仅占潜在评论数量的 5.7%），主要为负面意见。噪声问题大多是由于接近其他学生及其活动所造成的。

整体性能指标

员工舒适度指数是以舒适度、噪声、光线、温度以及冬季和夏季的空气得分为基础，结果为 +0.80 分，而满意度指数则根据设计、需求、健康和生产力的分数计算而来，

结果为 +0.82 分，均高于中间值（注意这些指数均在 -3 分到 +3 分的范围内）。

综合指数是舒适度和满意度指数的平均值，结果为 +0.81 分，而在这种情况下，宽恕因子的计算结果为 1.08，表明员工可能对个别方面的小瑕疵相对宽容，如冬夏季温度、空气质量、光线和噪声等（因子 1 表示通常范围 0.8—1.2 的中间值）。

从十影响因素评定量表来看，由于计算百分比值为 94%，该建筑在 7 分制的评级中安稳的位于“杰出”建筑物之列。当考虑全影响因素时，计算百分比值为 72%，刚好处于“高于平均水平”/“良好”的分界线。

对本科生所评估的 10 个因素也使用了相同的系统，计算百分比为 100%，处于“杰出”建筑物的顶端。

致谢

我必须要感谢计算机科学系的主任彼得・克里布（Peter Cribb），以及设备发展处的主任塔希尔・A・穆罕默德（Tahir A. Mohammed），感谢他们允许我对该建筑及其使用者进行调查；同样也必须感谢巴斯比・珀金斯和威尔建筑师事务所（Busby Perkins and Will）的凯西・沃德尔（Kathy Wardle）和彼得・巴斯比（Peter Busby），以及斯坦泰克咨询公司（Stantec Consulting）（原为敏程科技工程有限公司）的凯文・R・海兹（Kevin R. Hydes），感谢他们帮助我理解该建筑设计。

参考文献

Architecture Week (2002) ‘World Architecture Arup Awards’, *Architecture Week*, 21 August 2002, available at: www.architectureweek.com/2002/0821/ news_1–1.html (accessed 10 January 2008).

ASHRAE (2001) *ASHRAE Handbook: Fundamentals, SI Edition*, Atlanta, GA: American Society of Heating Refrigerating and Air-Conditioning Engineers.

Bonda, P. S. (2003) ‘Architecture as Philosophy – Peter Busby’s Deeply Green Vision of Design’, *Interiors and Sources*, October, available at: www.isdesignet.com/articles/detail.aspx?contentID=3967 (accessed 10 January 2008).

Czarnecki, J. E. (2003) ‘Without Architectural Fanfare, Busby + Associates and Architects Alliance Demonstrate Sustainability in a Northern Climate with York University’s Computer Science Building’, *Architectural Record*, 191(2): 138.

Macaulay, D. R. and McLennan, J. F. (2006) *The Ecological Engineer*, vol. 1: *Keen Engineering*. Kansas City, MO: Ecotone Publishing.

McMinn, J. (2002) ‘Code Green: A Benchmark is Set for Green Design at a Suburban Toronto Campus’, *Canadian Architect*, January, available at: www.cdnarchitect.com/issues/ISarticle.asp?id=70722&story_id=CA133273&issue=01012002&PC (accessed 10 January 2008).

多伦多 MFRC 大堂的入口

第 4 章
军人家庭资源中心（MFRC）
多伦多，安大略省，加拿大

背景

面积为 1840m² 的多伦多军人家庭资源中心（TMFRC）（图 4.1）于 2003 年 6 月正式开放。专为加拿大国防部修建，用以满足大多伦多地区人员的需求。

成立于 1992 年，TMFRC 通过一系列方案来满足军人配偶和子女的需求。其中最主要的方案是儿童游乐园托儿中心，此方案受瑞吉欧法（Reggio Emilia approach）中关于幼儿园的启发，尤其是“环境是一个重要的组成部分”（TMFRC，2007）。其他功能包括：1 个青年中心、心理咨询服务中心、保健及教育项目以及 1 个图书馆。

TMFRC 最初位于一个前军事行政大楼内，当它被迫搬迁时，一个新的机会随之而来，可以重新定义其需求和空间要求。2001 年 5 月，TMFRC 召开了一个主要的合作研讨会，声明了他们的使命。“设计最好的设施，使 TMFRC 处于一个功能完善、高效、安全和温馨的环境当中，以满足社会的需要”（Agree Inc，2001）。

TMFRC 拥有大约 25 名员工，可容纳 49 个全日托制儿童，24 个幼儿园儿童，以及大约 20 个青少年。此外，还拥有 1 个 50 座的多功能活动间以及 2 个 10 座的教室（Doucette，2005；Tom，2005）。

图 4.1 偏北立面（1 排单层的办公室位于中央前端，2 层圆形平面入口区域位于照片左侧。坡屋顶多功能活动间占据了上层。同样注意空气进口格栅、机械通风系统的排风帽以及玻璃窗，大多数玻璃窗可开启，以便进行自然通风）

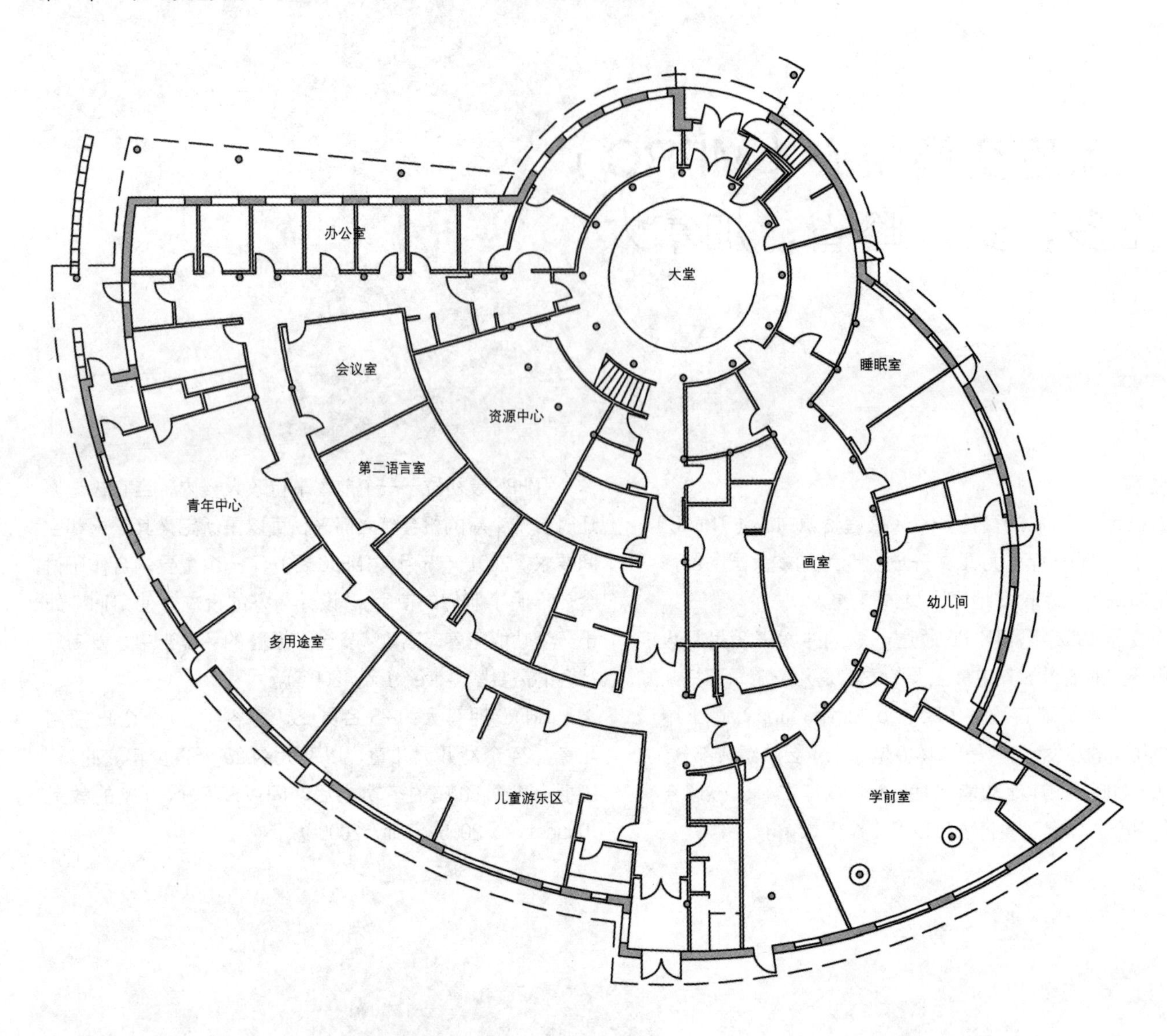

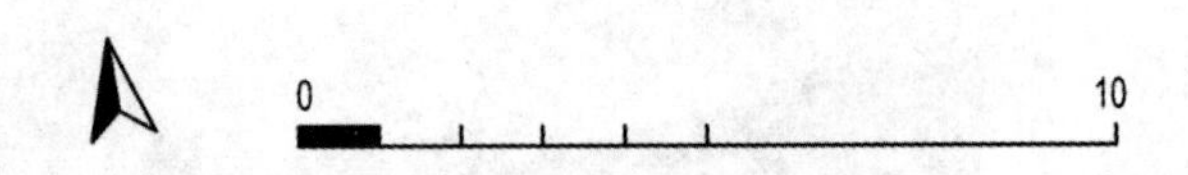

图 4.2 首层平面图（注意大堂区域的圆形平面，托儿所区域“弯曲”环绕周边,以及北立面一排“笔直”的办公室）
资料来源：改编自加拿大公共工程及政府服务部（Public Works Government Services Canada）

图 4.3 长截面图（主入口位于右侧，儿童游乐区位于首层左侧，以及大型多功能活动室位于上层）
资料来源：改编自加拿大公共工程及政府服务部

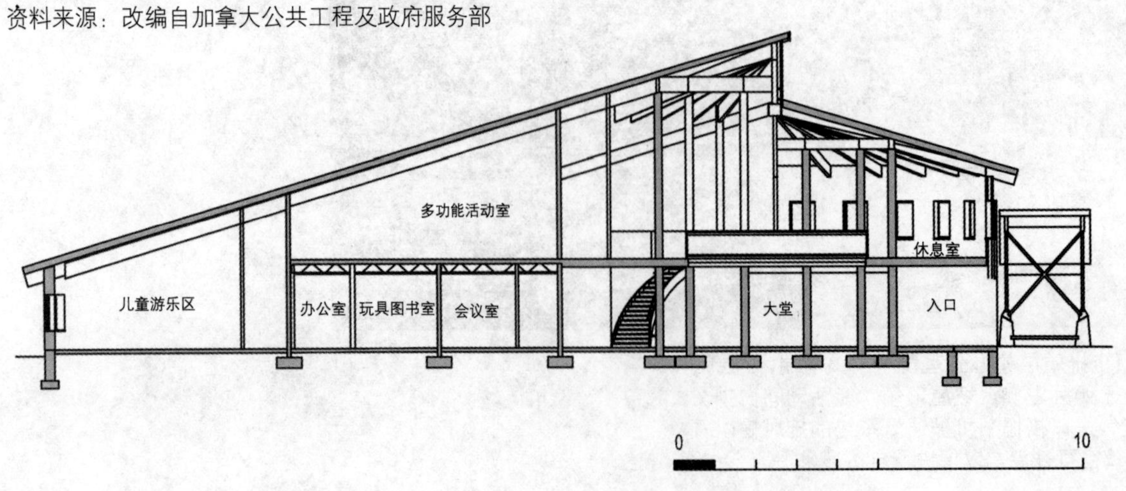

图 4.4　两层高的大堂入口区域内部（资源中心位于首层正前方；上层大型多功能活动室高水平位置的内部玻璃窗清晰可见）

图 4.5　画室和厨房 / 用餐区位于首层儿童区

该建筑位于多伦多市的 Downsview 区。场地相当开放，据报道 “位于多伦多的最高海拔，并且极端暴露在风中”。多伦多的纬度大约为 44℃，1% 概率的设计温度约 -17.2℃ 和 +28.7℃（ASHRAE，2001：27.24-5）。

该建筑在 2003 年获得了加拿大木业协会绿色设计奖（PWGSC，2004），并且摘取了加拿大版绿色地球可持续建筑评级工具 5 个金球奖中的 4 个（GBI，2005）。

随着国防部可持续设计项目的设立，以及使用者对环境的潜在要求，TMFRC 的相关问题总是重要的议题——虽然没有具体的预算津贴，但是一个完善的设计方法是必不可少的。

以下是最简单的设计过程和建筑成果概况。

设计过程

设计开始于 2000 年初，TMFRC 确定了最低的要求。到了第 2 年，这些要求有所扩展，并召开了一个协商会，涉及了所有的关键利益相关者（例如，参见前面所提及的 2001 年 5 月的合作研讨会），同时提供了一系列建筑方案——在最后方案被采纳前，对几个紧凑的、有角的和纵向的建筑形式进行了考察和评估。据 TMFRC（2003）：

> 建筑设计的灵感来自：（1）我们的核心价值；（2）我们对瑞吉欧法和环境重要性原则的理解；（3）我们的愿望是确保员工拥有一个健康的工作场所，儿童拥有一个游乐空间，以及成人拥有一个规划空间。

图 4.6　幼儿间视图［透过玻璃隔墙可见厨房区域。注意高水平位置的外露设备（喷淋管和送风/排风管道）］

图 4.7　典型的单人间办公室（注意窗口底部的可开启部分）

图 4.8　该建筑上层的大型多功能活动间（注意左上角高处的内部玻璃窗从大堂区域“借”光，以及明显的送风管和喷淋管）

该设计团队由两部分组成，一部分是由来自加拿大公共工程及政府服务部（PWGSC）的建筑师和机械服务工程师所组成的内部团队，另一部分是总部位于安大略省的结构和电气工程公司（TSH），整个团队由建筑师理查德·杜塞特（Richard Doucette）全权带领，理查德刚由私人执业加入 PWGSC。

鉴于国防部和 TMFRC 的环境议程，加之杜塞特对可持续设计的兴趣，并且他习惯从项目一开始就涉及最终的用户和所有的设计团队，所以项目管理部有绿色金球奖的评估说明也就不足为奇了——综合设计的整个过程是相当积极的（GBI，2005）。“整个设计过程采用了团队合作的方式，涉及建筑师、工程师、顾问和用户之间的协作。在设计的早期阶段便有建立环保目标的端倪。”

杜塞特自己（2005）回忆这是一个高度协调的过程，在 2 年半的设计和施工阶段，大约有 100 次会议，涵盖了从建筑形式到家具选择的每一件事情。

设计成果

建筑布局、构造和被动环境控制系统

经过相对漫长的设计之后，最终出炉的形式是一个紧凑的、2 层的圆形平面坡屋顶结构，其首层面积约 $1340m^2$，上层面积约 $500m^2$（图 4.2 和图 4.3）。

在首层，主要的托儿膳宿区域形成了圆弧形的建筑外围，类似鹦鹉螺一样的平面（图 4.2），围绕在一个圆形的、2 层高的大堂入口区域周围（图 4.4）。这些膳宿区域（图 4.5 和图 4.6）通过内部走廊相连，在走廊内侧分布了一些服务区和其他教室。一排办公室同样从大堂中心区辐射开来，构成了该建筑的北立面（图 4.1 和图 4.7）。上层包含了一个大型的多功能活动间（图 4.8）、几间办公室、几个

图 4.9　学前托儿所区域（从上层“阳台”区域向下观望，注意大量使用的玻璃隔断）

图 4.10　东北方向外部视图（注意高、中、低位置的可开启窗户）

图 4.11　仰望大堂区高处的玻璃窗（其中部分是可开启的，同样注意一些外露的机械和电气服务设施）

机械设备间以及“阳台”区域。“阳台”面向大堂，并且可俯瞰首层东侧的学前教育区域（图 4.9）。

屋顶、墙壁和楼板具有良好的隔热性能，清洁的双层玻璃遍及整个建筑。外围和屋顶的玻璃（图 4.10 和图 4.11）旨在使日光渗透到频繁使用的大部分空间，如托儿所和办公室；室内的玻璃隔断也常常具有良好的效果（图 4.4、图 4.6 和图 4.8）。安装在高、低位置处的所有窗户均设置了可开启部分，当气候条件允许时，可以进行自然通风——往往是从春季到秋季（图 4.1、图 4.10 和图 4.11）。

主动环境控制系统

地板采暖系统是整个建筑的主要热源，由上层的一个燃气锅炉进行供给，同时一个小型的空气处理机组向所有的室内空间输送新鲜空气，并在适当时进行采暖或制冷。后者的管道是外露的（图 4.6、图 4.8 和图 4.11）——如同该建筑的很多其他方面一样，这样的布置使得孩子们可以了解这些设备是如何工作的。

用户对建筑物的看法

总体反应

于 2005 年 11 月期间对该建筑物进行了调查。事实上所有的 13 个受访者（92% 为女性，8% 为男性）代表了调查期间几乎全部的使用者，该建筑是他们正常工作的地方。平均每周工作 4.8 天，每天工作 7.6 小时，其中约 6.6 小时在自己的办公桌上或托儿所里，以及 3.0 小时在计算机前。30 岁以下和 30 岁以上的受访者比例为 75：25，并且大多数人（77%）已经在同一张办公桌或工作区域工作超过了一年。拥有独立办公室和需要与 1 位或多位同事共享办公室的受访者比例相等。

每个影响因素的平均得分，以及得分是否显著高于、相似或者低于 BUS 的基准分　　**表 4.1**

运行因素

项目	得分	低于	相似	高于
来访者心中的形象	6.62			●
建筑空间	6.42			●
办公桌空间 – 太小 / 太大 [4]	5.42		●	
家具	6.08			●
清洁	6.00			●
会议室的可用性	6.40			●
储藏空间的合适度	5.27			●
设施符合要求	6.31			●

环境因素

冬季的温度和空气

项目	得分	低于	相似	高于
整体温度	5.27			●
温度 – 太热 / 太冷 [4]	3.20	●		
温度 – 恒定 / 变化 [4]	4.33		●	
空气 – 不通风 / 通风 [4]	3.33	●		
空气 – 干燥 / 湿润 [4]	3.50		●	
空气 – 新鲜 / 闷 [1]	3.89		●	
空气 – 无味 / 臭 [1]	3.40		●	
整体空气	5.00			●

夏季的温度和空气

项目	得分	低于	相似	高于
整体温度	5.92			●
温度 – 太热 / 太冷 [4]	4.50		●	
温度 – 恒定 / 变化 [4]	3.70		●	
空气 – 不通风 / 通风 [4]	3.60		●	
空气 – 干燥 / 湿润 [4]	3.78		●	
空气 – 新鲜 / 闷 [1]	3.09			●
空气 – 无味 / 臭 [1]	3.62		●	
整体空气	4.90			●

光线

项目	得分	低于	相似	高于
整体光线	5.69			●
自然采光 – 太少 / 太多 [4]	4.50	●		
太阳 / 天空眩光 – 无 / 太多	4.09		●	
人工照明 – 太少 / 太多 [4]	4.18		●	
人工照明眩光 – 无 / 太多 [1]	4.83	●		

噪声

项目	得分	低于	相似	高于
整体噪声	5.67			●
来自同事 – 很少 / 很多 [4]	3.91		●	
来自其他人 – 很少 / 很多 [4]	4.73	●		
来自内部 – 很少 / 很多 [4]	4.67	●		
来自外部 – 很少 / 很多 [4]	3.55	●		
干扰 – 无 / 经常 [1]	2.90			●

控制因素 [b]

项目	%	得分	低于	相似	高于
采暖	23%	2.17	●		
制冷	31%	2.17	●		
通风	0%	2.91		●	
光线	8%	5.25			●
噪声	8%	3.33		●	

满意度因素

项目	得分	低于	相似	高于
设计	6.23			●
需求	6.38			●
整体舒适度	5.92			●
生产力 %	+20.00			●
健康	5.17			●

注：（a）除非有其他的注明，7 分为“最高”；上角标 [4] 表示 4 分最高，上角标 [1] 表示 1 分最高；（b）所列出的百分比值表示认为该方面个人控制很重要的受访者百分比。

针对 12 项性能影响因素所提供正面、负面和中立评论的受访者人数　　表 4.2

方面	受访者人数			
	正面	中立	负面	总数
整体设计	2	—	—	2
整体需求	1	1	2	4
会议室	1	—	2	3
储藏空间	1	1	2	4
办公桌 / 办公区域	2	1	1	4
舒适度	1	—	—	1
噪声来源	—	1	2	3
光线条件	—	—	1	1
生产力	—	—	—	—
健康	—	—	—	—
工作良好	4	—	—	4
阻碍	—	—	3	3
总计	12	4	13	29
百分数	41.4	13.8	44.8	100

重要因素

表 4.1 列出了每个调查问题的平均得分。此表还显示了员工对建筑各个方面的感知评分与基准分以及 / 或中间值的比较情况，分为显著高于、相似或者低于三种不同的情况。在这个案例中，有 9 个方面的得分显著高于基准分，其余 15 个方面的得分与基准分大致相同。

从 8 个运行方面来看，几乎在所有方面，该建筑的得分均高于基准分。只有一个建议反映办公桌空间太多。

冬季和夏季整体温度和整体空气的得分远远超过其各自的基准分和中间值。然而，更详细的分项表明受访者认为冬季温度过热和空气不通风（这可能是由于技术 / 合同的问题，现在已解决）。

虽然整体光线的得分非常好，但是使用者表示有太多的人工照明和日光。虽然人工照明眩光是一个问题，但是太阳和天空眩光却不成问题。

整体噪声的得分也非常高，但似乎有太多这样或那样的内部噪声（可能在这种设施中不足为奇）和很少的外部噪声。该建筑所处的位置不是一个毫无干扰的区域，但在这方面的得分良好。

个人控制对此建筑物来说不是特别重要。

所有满意度变量的得分均显著高于其相应的基准分和中间值。生产力提高了 20.0%，被认为非常高。

用户意见

总计，共收到来自员工大约 29 条反馈意见，受访者可以在 12 个标题下面添加书面意见——占总 156 个潜在意见的 18.6% 左右（13 个受访者，12 个标题）。表 3.2 显示了正面、中立和负面评论的数量——在这个案例中，约 41.4% 的正面评论、13.8% 的中立评论以及 44.8% 的负面评论。相对少量的受访者以及评论数量，不可能从中看出任何普遍问题或者趋势。

整体性能指标

舒适度指数是以舒适度、噪声、光线、温度以及空气质量的得分为基础，结果为 +2.08 分，而满意度指数则根据设计、需求、健康和生产力的分数计算而来，结果为 +2.82 分，注意在这些情况下，−3 分到 +3 分范围内的中间值为 0。

整体指数是舒适度和满意度指数的平均值，结果为 +2.45 分，而在这种情况下，宽恕因子的计算结果为 1.09，表明员工可能对个别方面的小瑕疵相对宽容，如冬夏季温度、空气质量、光线和噪声等（因子 1 表示通常范围 0.8 到 1.2 的中间值）。

从十个整体研究变量的平均得分来看，该建筑位于“杰出”建筑物之列，得分为 100%。当考虑所有 45 个变量时，建筑物“得分”约 72%，刚好处于“高于平均水平”/“良好”的分界线。

致谢

我必须向托儿中心的主任苏珊 · 汤姆（Susan Tom）表达我的感激之情，感谢其批准这项调查。特别感谢加拿大公共工程和政府服务部的建筑师理查德 · 杜塞特，以及加拿大 ECD 能源和环境公司的伊日 · 斯科佩克（Jiri Skopek），感谢其帮助我理解该建筑物及建筑设计。

参考文献

Agree Inc (2001) Toronto Military Family Resource Centre-Workshop Record, Toronto, 22 May.

ASHRAE (2001) *ASHRAE Handbook: Fundamentals, SI Edition*, Atlanta, GA: American Society of Heating Refrigerating and Air-Conditioning Engineers.

Doucette, J. R. (2005) Transcript of interview held on 1 December 2005, Toronto, Ontario, 29 pp. plus Appendices.

GBI (2005) ‘Green Globes Case Study-Toronto Military Families Resource Centre, Green Building Initiative’, available at: www.thegbi.org/assets/ case_study/toronto_mfrc.pdf (accessed 4 December 2007).

PWGSC (2005) ‘Outstanding Architectural Achievement’, available at: www.pwgsc.gc.ca/db/text/archives/2004/summer2004/002-archtc-e.html (accessed 19 April 2006).

TMFRC (2003) ‘Special Building Edition’, Toronto: Toronto Military Families Resource Centre.

TMFRC (2007) ‘Children’s Playgarden’, available at: www.tmfrc.com/playg-whoweare.html (accessed 4 December 2007).

Tom, S. (2005) Transcript of interview held on 29 November 2005, Toronto, Ontario.

第 5 章
科技园
盖尔森基兴，德国

背景

盖尔森基兴科技园坐落在一个钢铁厂的旧址上。整个建筑由 9 栋 3 层办公楼组成，1 个长约 300m、连续的 3 层走廊在一侧将 9 栋办公楼连为一体，共提供了面积约 19200m² 的办公及实验区域（图 5.1 和图 5.2）。走廊的另一侧是 1 个高 10m 的玻璃长廊，其地下室可提供约 180 辆汽车的停车位（图 5.3）。作为实现鲁尔工业基地复兴的一种方式，科技园项目是受埃姆歇公园国际建筑展（IBA）委托建设的众多工程之一，项目于 1992 年开始动工，历时 3 年完成，并获得了 1995 年德国建筑奖。

这个特殊的项目是为了建造一项设施，以吸引参与生态能源技术的研究和开发机构。该建筑位于北纬 51°、地势低洼的德国北部，该地区有着宜人的温带气候，在冬季和夏季 1% 概率的设计温度分别为 -7℃和 +28℃（ASHRAE，2001：27.34-5）。

设计过程

该建筑源于 1989 年的一个竞赛，慕尼黑 UKP（Uwe Kiessler and Partner）事务所的一个完美的小方案赢得了此次比赛，该事务所在过去的几十年中参与设计了多种类型的建筑。Trumpp 工程公司的赫伯特 · 诺瓦克（Herbert Nowak）是该项目工程服务的设计师，凯斯勒与他已建立了多年的密切关系。在这种情况下，弗莱贝格（Freiberg）的弗劳恩霍夫研究所（Fraunhofer Institute）的部分建筑依然保留开展热环境条件的模拟。

因为凯斯勒是土生土长的当地人，所以他熟悉在传统工业中使用的各类建筑。他的想法是“创建一种新型的工业建筑，带有办公室和实验室——不是在优越的环境中修建小的建筑，而是修建一个笔直的、很长的建筑”（Ausbach & Nowak，1998），旨在吸引生态能源技术。

尽管科学园的含义相对模糊不清，但是 IBA “在公园里工作” 的主旨已经很好地确立了。于是，新建筑被置于用

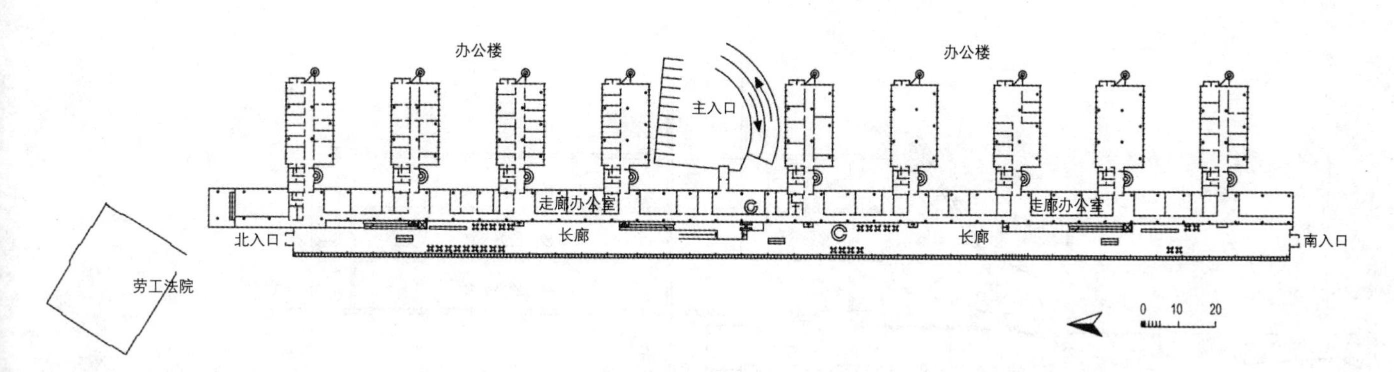

图 5.1 首层平面图（显示了 9 个办公楼通过服务塔与细长的南北向走廊 / 长廊相连，中心上方的曲线表示地下停车场的入口）
资料来源 改编自凯斯勒 + 帕特纳事务所（Kiessler+Partner）

图 5.2　剖面模型显示了与走廊 / 长廊截面相连的 2 个办公楼，含楼层布局（同样注意屋顶上、方向朝正南的光伏太阳能板）

图 5.3　一个标准办公楼和走廊 / 长廊区域的截面（箭头表示长廊的预定自然通风气流方向）
资料来源：改编自凯斯勒 + 帕特纳事务所

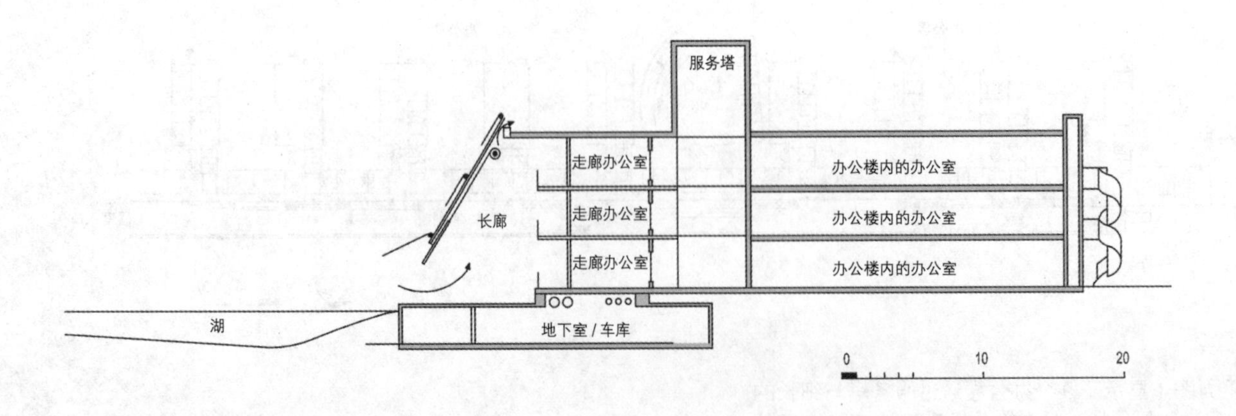

图 5.4　从劳工法院大楼向南观望（长廊倾斜的西立面和左侧 “漫步在公园里” 的北入口，中央的人工湖及右侧广阔的公园。立面北端的门式擦窗机显而易见）

图 5.5　沿建筑东侧视图［显示了数个相间办公楼的山墙（所显示的是主入口以南）。服务区和防火逃生楼梯显而易见］

地边缘，使得剩余场地可以发展成一个公园（图 5.4），这是一个关键性的决策——其与“在公园里工作” 的主题是完全契合的，旨在将自然带回到城市中来（Fisher，1998：5）。

从设计过程来看，包括 Trumpp 工程公司的赫伯特 · 诺瓦克在内，设计团队的成员每周都会定期见面。在凯斯勒事务所的设计理念中，不允许事后处理采暖和制冷的问题，这样的考虑在一开始就成为建筑设计过程中不可分割的一部分。例如，办公楼和走廊的空间均采用自然通风和夜间制冷是最基本的概念，以避免对机械通风和制冷系统的需求。弗劳恩霍夫研究所从能源使用的角度参与备选方案的模拟，也同样表明凯斯勒事务所在此方面的严肃意图。

设计成果

建筑布局、构造以及被动式环境控制系统

这个 “寻求某种功能的建筑”（Dawson，1996）的最终形状是一个处于南北轴上、细长的 3 层走廊，坐落在公园的东侧边缘（图 5.1 和图 5.4）。9 栋 3 层的办公楼以其灵活的分区系统沿东侧的走廊间隔排列（图 5.1 和图 5.5），而在走廊西侧，面向园区则是一个全高的、三角截面的玻璃长廊（图 5.6 和图 5.7）。地下停车场和服务区遍及整个走廊和长廊区域（图 5.3）。

9 栋高 12.60m 的 3 层办公楼被彼此很好地间隔开来，旨在允许自然交叉通风。这是通过利用一个高 1.44m 的立面模块来完成的。模块交替设置，或者包含一个固定的玻璃单元，或者包含一个由玻璃法式门和通风薄板并排组成的单元（图 5.8）。后者包含一个防雨的、百叶状的和带隐形纱窗的开口，以及一个用户可控的内置木门；除了允许用户在工作日可直接控制新鲜空气流量这个传统的功能以

图 5.6　朝着劳工法院大楼方向北观望（右侧是通向“漫步在公园里”的南入口；斜立面均已关闭；卷帘设置明显但未启用）

图 5.7　长廊内部，向北观望（开放的办公走廊就位于右侧，可以看到左侧的公园和湖）

图 5.8　1 个标准立面模块的内部视图［显示了 1 个通风薄板（包含 1 个防雨的、百叶状的、带隐形纱窗的开口及 1 个用户可控的内置木门），1 个并排的法式门和短窗台下的散热器］

外，在无须担心建筑安全的情况下，此装置还能进行夜间制冷。

场馆的方位和间距使其能够从短的东立面和长的南立面吸收太阳热量。而这些热量的获取则通过外部的机动帆布卷帘（图 5.9）和内部的垂直可调百叶窗（图 5.10）进行调节，前者由中央控制，后者由用户直接控制。暴露的混凝土顶棚所吸收的热量也可以在适当的时候作为热量储

图 5.9　2 个办公楼之间的空间［在走廊办公室的东立面上，卷帘完全被展开——注意此刻该立面上阴影的角度（太阳是冲着建筑物的东南方向）。而相邻馆南立面上的卷帘则未展开，且南立面上什么都未安装（照片左侧）］

图 5.10　1 个标准立面环境控制的外部视图（1 个办公楼东南角的上楼层——显示了垂直的百叶窗、薄板、卷帘的设置及窗的细部）

图 5.11　在走廊的屋顶上，面向远处劳工法院大楼的方向向北观望（长廊的换气扇以及自然通风口位于左侧，光伏太阳能板排列于右侧。那些右侧更远处的结构是连接走廊和各个办公楼的服务塔）

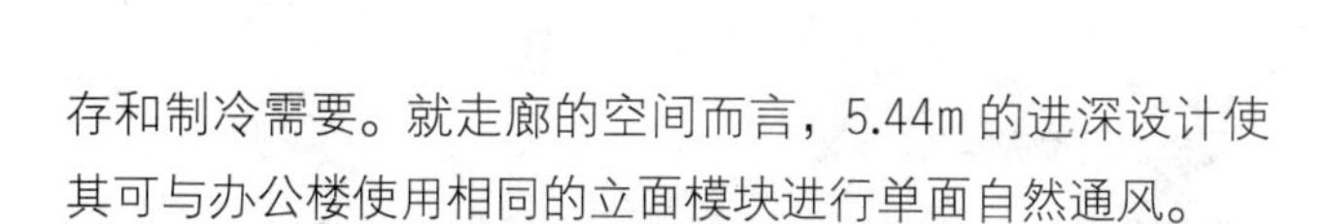

存和制冷需要。就走廊的空间而言，5.44m 的进深设计使其可与办公楼使用相同的立面模块进行单面自然通风。

被动和主动式环境控制系统

办公楼和走廊的空间，以及长廊内部的热环境控制是将主动和被动系统结合起来完成的。

与本地的区域供热系统连接可为建筑提供 120℃的热水。供热系统主要在地下室运行，并为 12 个热交换器服务，其中 3 个热交换器负责不同区域的长廊地下供热系统，其余每个热交换器负责一栋办公楼。后者是这样实现的，竖向管道布置在每个办公楼的尽头，一根位于楼梯间，另一根位于东立面上，与周边散热器连接的横向管道则布置在架高的地板下。

中央采暖散热器的控制通常置于每个模块下面，当法式窗或者通风薄板被打开时（图 5.8），程序被设置为关闭。楼板中的水管通常被用于长廊的冬季采暖，而在夏季它们则将楼板中的热量带走，用于预热建筑的其他部分或实验室和洗手盆所需的热水。

300m 长廊的斜立面完全是玻璃幕墙，且几乎面朝正西，因此在一天的后半时段可能吸收大量的热量（图 5.4 和图 5.6）。几种处理该情况的方法都已应用到了设计中，最明显的是 38 个可开启的 7m×4.5m 的玻璃面板，安装在 38 个立面模块的下三分之一处。通过一对设置于长廊顶部的电动马达，玻璃面板可以在斜指引轨道上完全的升降，新鲜空气得以进入长廊，充分利用了迎面湖水的冷却能力。在长廊顶端全长设置了小的自动控制排气口（从屋顶可触及）——当自然排风压力不够时，18 个排风机（总容量达 220000m^3/s）可投入使用（图 5.11）。为了协助控制太阳热量的获取和眩光，在玻璃幕墙的外表面

2002 年调查——每个影响因素的平均得分，以及得分是否显著高于、相似或者低于 BUS 的基准分　　**表 5.1**

运行因素

	得分	低于	相似	高于
来访者心中的形象	5.75			●
建筑空间	3.53	●		
办公桌空间 – 太小 / 太大[4]	4.53		●	
家具	5.61			●

	得分	低于	相似	高于
清洁	4.61		●	
会议室的可用性	5.45			●
储藏空间的合适度	4.44			●

环境因素

冬季的温度和空气

	得分	低于	相似	高于
整体温度	4.53			●
温度 – 太热 / 太冷[4]	4.58	●		
温度 – 恒定 / 变化[4]	4.14			●
空气 – 不通风 / 通风[4]	3.16	●		
空气 – 干燥 / 湿润[4]	3.07		●	
空气 – 新鲜 / 闷[1]	3.80			●
空气 – 无味 / 臭[1]	3.19			●
整体空气	4.62			●

夏季的温度和空气

	得分	低于	相似	高于
整体温度	2.31	●		
温度 – 太热 / 太冷[4]	1.86	●		
温度 – 恒定 / 变化[4]	4.58		●	
空气 – 不通风 / 通风[4]	3.57		●	
空气 – 干燥 / 湿润[4]	3.27	●		
空气 – 新鲜 / 闷[1]	4.60		●	
空气 – 无味 / 臭[1]	3.49		●	
整体空气	2.50	●		

光线

	得分	低于	相似	高于
整体光线	5.12			●
自然采光 – 太少 / 太多[4]	4.45		●	
太阳 / 天空眩光 – 无 / 太多	4.51	●		
人工照明 – 太少 / 太多[4]	4.00			●
人工照明眩光 – 无 / 太多[1]	3.11			●

噪声

	得分	低于	相似	高于
整体噪声	4.76			●
来自同事 – 很少 / 很多[4]	3.28		●	
来自其他人 – 很少 / 很多[4]	3.51		●	
来自内部 – 很少 / 很多[4]	3.82		●	
来自外部 – 很少 / 很多[4]	4.14		●	
干扰 – 无 / 经常[1]	3.16			●

控制因素[b]

		得分	低于	相似	高于
采暖	49%	3.47		●	
制冷	47%	2.04	●		
通风	43%	4.12		●	
光线	35%	4.63			●
噪声	29%	4.78		●	

满意度因素

	得分	低于	相似	高于
设计	4.96			●
需求	4.78			●
整体舒适度	4.88			●
生产力 %	+1.43			●
健康	3.69		●	●

注：（a）除非有其他的注明，7 分为“最高”；上角标[4] 表示 4 分最高，上角标[1] 表示 1 分最高；（b）所列出的百分比值表示认为该方面的个人控制很重要的受访者百分比。

2006 年调查——每个影响因素的平均得分，以及得分是否显著高于、相似或者低于 BUS 的基准分　　表 5.2

		得分	低于	相似	高于		得分	低于	相似	高于
运行因素										
来访者心中的形象		5.63			●	清洁	4.27		●	
建筑空间		3.56	●			会议室的可用性	5.50			●
办公桌空间 – 太小 / 太大 4		4.25		●		储藏空间的合适度	4.00		●	
家具		5.32			●	设施符合要求	5.96			●
环境因素										
冬季的温度和空气						夏季的温度和空气				
整体温度		4.30		●		整体温度	2.63	●		
温度 – 太热 / 太冷 [4]		4.59	●			温度 – 太热 / 太冷 [4]	2.00	●		
温度 – 恒定 / 变化 [4]		4.45		●		温度 – 恒定 / 变化 [4]	4.37		●	
空气 – 不通风 / 通风 [4]		3.32	●			空气 – 不通风 / 通风 [4]	3.07		●	
空气 – 干燥 / 湿润 [4]		2.96	●			空气 – 干燥 / 湿润 [4]	2.86	●		
空气 – 新鲜 / 闷 [1]		3.44			●	空气 – 新鲜 / 闷 [1]	4.57		●	
空气 – 无味 / 臭 [1]		3.19			●	空气 – 无味 / 臭 [1]	3.33			●
整体空气		4.82			●	整体空气	3.04	●		
光线						**噪声**				
整体光线		5.27			●	整体噪声	4.37			●
自然采光 – 太少 / 太多 [4]		4.30	●			来自同事 – 很少 / 很多 [4]	3.86		●	
太阳 / 天空眩光 – 无 / 太多		4.20	●			来自其他人 – 很少 / 很多 [4]	3.93			●
人工照明 – 太少 / 太多 [4]		4.07			●	来自内部 – 很少 / 很多 [4]	3.90		●	
人工照明眩光 – 无 / 太多 [1]		3.00			●	来自外部 – 很少 / 很多 [4]	4.27	●		
						干扰 – 无 / 经常 [1]	3.46			●
控制因素 [b]						**满意度因素**				
采暖	39%	3.79		●		设计	4.60		●	
制冷	32%	1.97	●			需求	4.53		●	
通风	35%	5.17			●	整体舒适度	4.93			●
光线	29%	5.60			●	生产力 %	−2.27		●	
噪声	19%	2.83		●		健康	3.57		●	

注：（a）除非有其他的注明，7 分为“最高”；上角标 [4] 表示 4 分最高，上角标 [1] 表示 1 分最高；（b）所列出的百分比值表示认为该方面的个人控制很重要的受访者百分比。

还安装了卷帘。

安装在建筑物屋顶的 210kW 的光伏系统（图 5.11 和图 5.12）直接供应当地的电网。每年产量 190000kWh 左右，既不直接用于建筑，也不是屋顶光伏太阳能板设计中不可分割的一部分。

用户对建筑物的看法

总体反应

对该建筑分别进行了两次调查，第一次在 2002 年，第二次则在 2006 年。以下的内容将报告总的调查结果，并且指出两次调查平均反应之间的任何显著差异。

对两组受访者而言（2002 年 51 位，2006 年 30 位），该建筑是他们正常的办公地点，平均来看，每周工作约 4.5 天且每天工作 8.3 小时，其中 6.8 小时是在自己的办公桌上，而 5.6 小时则在电脑前。大多数人（约 82%）均在 30 岁以上，大约 70% 的人在同一张桌子或工作区域已经工作超过一年。一半左右的人拥有单独的办公室，而其余的人则需要和 1 位或多位同事共享办公室。超过 90% 的人临近窗。在两次调查中，女性和男性的比例是有差别的，在 2006 年和 2002 年分别为 40% ： 60% 和 60% ： 40%。

重要因素

表 5.1 和表 5.2 分别列出了 2002 年和 2006 年两次调查中每个调查问题的平均得分。表格显示了用户对建筑各个方面的感知评分与基准分以及 / 或者中间值的比较情况，分为显著高于、相似或低于三种不同的情况。

在 2002 年调查的 44 个方面中，约有 19 个方面的得分显著高于基准分，9 个方面的得分显著低于基准分，而余下的 16 个方面的得分跟基准分大致相同。到了 2006 年，在调查的 45 个方面中，约 17 个方面的得分显著高于基准分，12 个方面的得分显著低于基准分，而其余 16 个方面的得分跟基准分大致相同。在这 2 次调查的 44 个方面中，约 32 个方面基本没有变化，3 个方面有所改善，而其余 9 个方面的评论不如从前，虽然大多数情况下平均分数的差异相对很小。

从运行方面来看，两个年度的得分情况非常相似，大多数方面的得分相当不错。虽然设施项的得分很高（2006 年为 5.96 分），但仍有一个建议表明桌面空间太大以及建筑空间利用率通常相对较低。储藏空间的得分从 4.44 分下降到 4.00 分。

冬季和夏季的整体温度和整体空气的得分（在 2002 年和 2006 年，两个季节整体空气的得分分别为 4.62 分 /4.82 分和 2.50 分 /3.05 分）表明在不同的季节之间存在明显的差异看法。冬季的环境被形容为不通风、干燥以及稍冷，但是清新和相对无味。夏季的环境则是不通风、干燥和无味，并且闷以及太热，在 2002 年和 2006 年，夏季温度的得分分别为 1.86 分和 2.00 分。

两次调查中整体光线的得分良好，人工照明和（无）人工照明眩光的得分也同样如此。然而，有看法认为存在太多的自然采光及其眩光。在两次调查中，整体噪声的得分均比整体光线的得分略低；建筑在不受干扰方面的得分良好，但是关于外界噪声的看法似乎略有增加。

在个人控制影响因素中，20% 至 50% 的受访者认为个人控制重要，对制冷、通风和光线的评分远高于基准分，而采暖和噪声基本同基准分持平，制冷则在意料之中，远低于基准分。

2002 年所有满意度变量（设计、需求、整体舒适度、生产力和健康）的得分均明显高于各自的基准分。到了 2006 年，除了舒适度以外，其余所有变量的得分均已跌至各自的基准分附近。

从 2002 年和 2006 年之间的差异可以看出，2006 年夏季整体温度和整体空气的得分略高（虽然分别为 2.63 分

在2002年和2006年针对12项性能影响因素所提供正面、负面和中立评论的受访者人数　　表5.3

方面	受访者人数			
	正面	中立	负面	总数
整体设计	7(4)	1(2)	6(3)	14(9)
需求	3(1)	2(1)	7(6)	12(8)
会议室	0(1)	1(0)	3(1)	4(2)
储藏空间	0(2)	1(0)	4(2)	5(4)
办公桌/办公区域	4(0)	0(0)	3(0)	7(0)
舒适度	0(0)	0(0)	3(5)	3(5)
噪声来源	0(0)	0(0)	6(8)	6(8)
光线条件	3(2)	1(1)	8(6)	12(9)
生产力	1(0)	1(1)	2(5)	4(6)
健康	2(0)	2(1)	3(4)	7(5)
工作良好	9(3)	—	—	9(3)
阻碍	—	—	14(4)	14(4)
总计	29(13)	9(6)	59(44)	97(63)
百分比	29.9(20.6)	9.3(9.5)	60.8(69.9)	100.00
总计	42	15	106	160
总百分数	26.2	9.4	64.4	100

和3.04分，但是它们仍然相对较低），虽然冬季温度、设计和需求的得分仍接近各自的基准分并高于中间点，但得分稍低。

用户意见

从用户意见来看，2002年和2006年的反馈百分比类似（分别为15.8%和17.5%）。

总计，共收到约160条来自员工的反馈，他们可以在问卷调查中12个影响因素标题的下面添加书面意见——2002年97条，2006年63条（2002年占总的612条潜在意见的15.8%，2006年占总的360条潜在意见的17.5%）。表5.3分别显示了2年中正面、中立和负面评论的数量。总体而言，约26.2%的正面评论，9.4%的中立评论，以及64.4%的负面评论，在此期间朝负面有明显的轻微转变。

虽然反馈率相对较低，但是在两次调查中，整体设计均吸引了最大数量且数量大致相等的正面和负面评论。虽然舒适度吸引了极少数的评论，但是关于夏季高温的发生和影响，尤其是长廊内的温度，在其他的类别中（设计、需求、空间、阻碍、生产力和健康）发现了相对较多的评论（2002年9条和2006年14条）。

在两次调查中，噪声得到的评论均为负面。主要指的是在相邻空间和长廊内活动所产生的内部噪声，以及木地板所产生的噪声影响。这与上述噪声的不同方面所得到的适当分数相符。光线吸引了相对较多的评论（仅次于整体设计）。其中三分之二均为负面，主要涉及办公楼和走廊外立面百叶窗的操作——在光线评论项中，太阳和天空眩光几乎未被提及，但在2002年，关于阻碍的一半评论都涉及强烈阳光的影响。

整体性能指标

基于整体舒适度、噪声、光线、温度和空气质量的分数，计算得出2002年和2006年的舒适度指数分别为+0.53分和+0.20分，两次调查的结果都明显高于中间值，而相应的满意度指数则基于设计、需求、健康和感知生产力的分数，分别为+0.54分和+0.07分，这也明显高于中间值（注意：在-3至+3的范围内，这些指标都在0分左右）。

综合指数是舒适度指数和满意度指数的平均值，计算结果分别为+0.53分和+0.13分，然而在这种情况下，宽恕因子的计算结果分别为1.22和1.21，表明员工整体上可能对个别方面的小瑕疵相对宽容，如冬夏季温度、空气质量、光线和噪声（因子1表示通常范围0.8到1.2的中间值）。

在2002年，从十影响因素评定量表来看，计算百分值为83%，在7分制的评级中属"良好"建筑物。当考虑全因素评定量表时，计算百分值为72%，其刚刚位于"良好"建筑物的行列。而相应的评级在2006年则稍低，在十影响因素评定量表中，计算百分比为76%，属于"良好"建筑物，而在全因素评定量表中，计算百分比为65%，属于"高于平均水平"建筑物。

其他报道过的性能

在这些调查的前几年，费舍尔（Fisher）（1998）曾使用过一个简短的调查问卷来评估该建筑，作为他在剑桥大学建筑环境设计系MPil学位的部分内容，大约25位用户对其所处的办公室和长廊的环境条件作出了反馈。他的发现总结在其他地方（Baird，2001），但值得在这里重申一下：

> 他的研究结果提出"大多数人都相当满意该建筑在冬季的热工性能"（甚至超过了在春季和秋季），但"在峰值气温的夏季不那么快乐"。结果同样显示用户对环境控制功能和窗户非常满意[图5.8]。没有提到内部的垂直百叶窗，但是涉及了外部的卷帘，用户不能操控卷帘，并且当卷帘完全放下时视线又模糊不清，评测不佳。设计最初的意图是自动控制，但是在每天迅速变化的外部光线条件下，它们的操作被认为是烦人的。它们靠手动操作，但在任意指定层只能全开或全关——很难理想[图5.9]。
>
> 对于冬季期间长廊温度（假定18℃）是否应该被加热到室温的问题上，大多数受访者认为其温度居于办公楼内和室外温度之间就已足够。春季白天被记录的温度大约为25℃——夏季有报道过的气温超过35℃，虽然不知道当时是否开启了百叶窗以及开启的时间。
>
> 报告中没有特别的惊喜，但令人鼓舞的是人们对薄板的明显接受，尽管它们相对来说还比较新颖。
>
> （Baird，2001：77）

卡苏勒（Kasule）和蒂尔（Till）（2002年）调查过夏季期间过热的问题，他们监测过长廊区域内的最高平均温度，范围从低处的28℃到高处的40℃。这是由于风的破坏致使长廊外立面的卷帘失效，连同顶部不足的热空气排风口，以及其无法与进风口一起协同工作而造成的。提出的解决方案是结合"内遮阳装置，且在玻璃和内遮阳装置之间有适当的空气流通"和百叶窗，这样一来，便增加了可用的排风区域，不过并不知道这个方案是否得到了落实。

致谢

我要感谢慕尼黑凯斯勒 + 帕特勒建筑师事务所的斯蒂芬妮·奥斯巴赫（Stefanie Ausbach），以及格雷弗尔芬（Gräfelfing）Trumpp 工程公司的赫伯特·诺瓦克，我采访过他们有关建筑设计的问题；感谢总经理 H-P 博士。感谢 VDB 公共关系部的史密茨 – 博彻特（Schmitz-Borchert）和萨宾·冯·德·贝克（Sabine von der Beck）在我访问科技园期间所给予的帮助。还要感谢彼得·费舍尔（Peter Fisher）授予引述其研究结果的权限。

参考文献

ASHRAE (2001) *ASHRAE Handbook*: *Fundamentals, SI Edition*, Atlanta, GA: American Society of Heating Refrigerating and Air-Conditioning Engineers.

Ausbach, S. and Nowak, H. (1998) Transcript of interview of 18 September 1998.

Dawson, L. (1996) 'Arcadian Assembly', *The Architectural Review*, 1195: 30-35.

Fisher, P. (1998) 'Rheinelbe SciencePark Gelsenkirchen-an Environmental Case Study', unpublished MPhil essay, St Edmund's College, Cambridge.

Kasule, S. and Till, P. (2002) 'Overheating in Buildings-Investigation and Solutions', in A. A. M. Sayigh (ed.) *Proceedings of World Renewable Energy Conference VII (WREC 2002)*, Oxford: Elsevier Science.

温哥华交通设施工程中心的楼板开洞和结构

第 6 章
温哥华交通设施工程中心
温哥华，不列颠哥伦比亚省，加拿大

背景

于 2004 年初竣工，并在同年 6 月正式开放，交通设施工程中心占据了一个 5 公顷的场地，靠近不列颠哥伦比亚省温哥华市中心，为该市提供相关服务。该场地容纳了一系列设施，这些设施与城市交通基础设施的建设、维护和管理相关，城市交通基础设施包括道路和人行道、道路标牌和标志、交通信号和红绿灯、停车泊位等等。它为大约 400 个雇员提供了一个基地。

这个新设施取代了一个现有设施，并且将许多先前分散在城市周边的运营活动集中了起来。该设施的发展是促进和实现城市可持续政策的一个契机，并且该项目被视为“一个指导未来建筑设计的模型”以及一个倾向于“报告成本和经验教训”的承诺（Bremner，2004）。入口处的牌子表明该建筑是在“继续履行温哥华对一个可持续城市的承诺”。

虽然该场地上有几栋建筑，然而该可持续设计焦点是主管理中心和较小的停车运营大楼（图 6.1）。虽然这两个建筑都取得了 LEED 金牌认证，但是前者才是这次案例研究的对象。

图 6.1 2 层管理中心西南方向视图（其单坡屋顶和冬季小入射角阳光下的南立面。停车运营大楼是远处一个较小的单层结构，位于场地主入口的另一边）

图 6.2　两层管理中心西南方向视图及其单坡屋顶（场地和大楼的主入口位于前景处。停车运营大楼位于右侧，刚好超出照片）

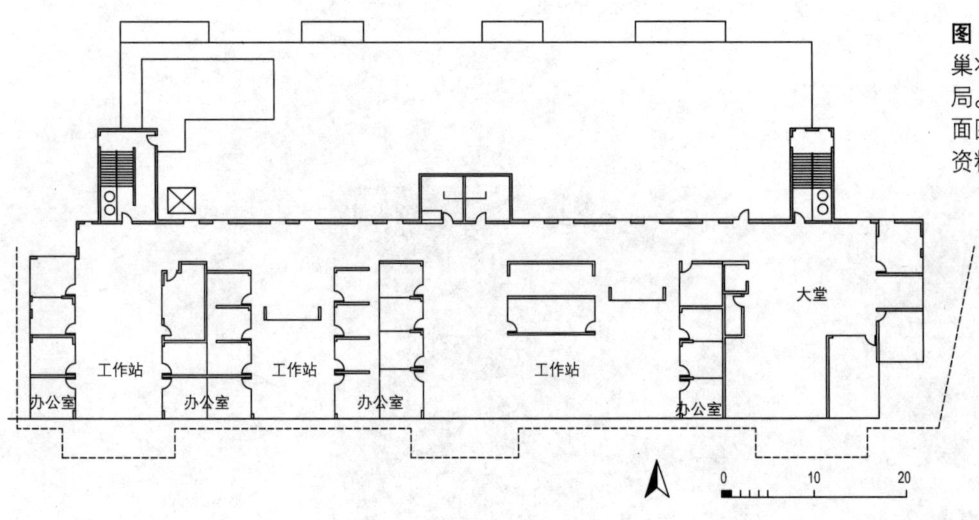

图 6.3（a）　上层平面图（显示了巢状办公室及开放式工作空间的布局。单层厂房区域的屋顶位于该平面图的北侧）
资料来源：改编自 OMICRON 公司

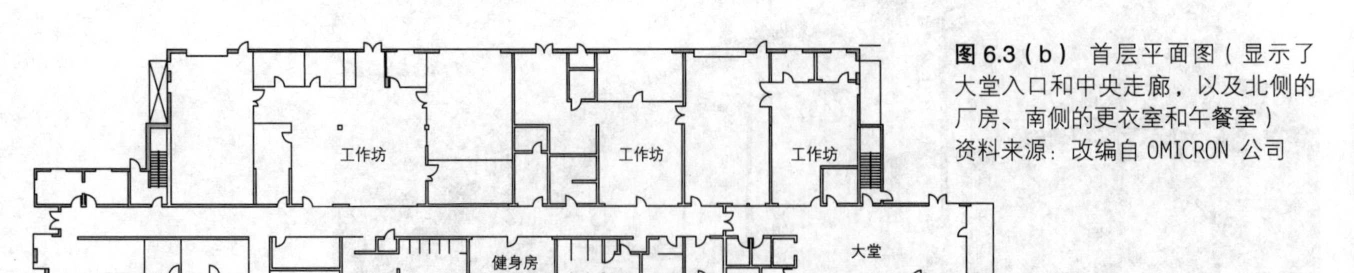

图 6.3（b）　首层平面图（显示了大堂入口和中央走廊，以及北侧的厂房、南侧的更衣室和午餐室）
资料来源：改编自 OMICRON 公司

图 6.4　上层内部视图显示了一个混合的巢状办公室和开放式工作区（注意北立面的结构钢和工程木材的使用以及该立面高水平位置的玻璃窗，以及吊灯和辐射加热板的布置。同样注意 12 月份小入射角太阳光的渗透）

图 6.5　上层内部视图显示了另一处巢状办公室和开放式工作区的布置（注意北立面高水平位置玻璃窗旁的电动百叶自然通风口，以及低水平位置的可开启窗口。再者，悬挂式辐射加热板相当明显，尽管在照片中没有看见任何提供新鲜空气的圆形地板格栅。12 月份小入射角太阳光穿透南面玻璃在右侧边墙上形成角度；厚卷帘的存在可证明这是一个眩光问题）

位于加拿大的西海岸，纬度 49°N，1% 概率的设计温度约为 -4.7℃和 +23.3℃，（ASHRAE，2001：27.22-3）。管理中心得分为 44 分（满分 69 分），在 LEED BC（不列颠哥伦比亚省）的标准下，率先获得了加拿大绿色建筑委员会的 LEED 金牌认证。同时也获得了加拿大钢结构研究所 2004 年卑诗省钢结构设计奖（建设部）和首届加拿大“创新”年度荣誉奖（2004）。

设计过程

经过了一个相当漫长的规划阶段，基本的场地规划终于确定下来（Hanvey，2005），总部位于温哥华的 OMICRON 建筑工程服务有限公司是该新设施的委托设计方和建造方。作为一个多元化的公司，提供建筑、工程（结构、机械和电气）和施工服务（在远东地区常见，但在北美和欧洲相对不寻常），OMICRON 公司在整体建筑设计上很好的实施了一体化方式——这是客户可持续设计目标能否实现的关键。

该项目的建筑师记录是由 OMICRON 公司的斯科特·M·坎普（Scott M.Kemp）以及代表客户温哥华市的项目经理彼得·布雷姆纳（Peter Bremner）共同完成的。虽然场地的布局已预先确定，但是建筑物的布置是完全开放的，这给予了管理中心设计团队足够的空间进行创新可持续设计和建筑实践。

图 6.6　主更衣室，南立面高水平位置的玻璃窗（高位置处的空气处理机组以及为上面办公楼层提供服务的管道）

图 6.7　午餐室，右侧朝南的玻璃窗和照片左侧后方的办公室（注意悬挂式辐射板加热器，以及为午餐室和办公室服务的送风管道布置）

图 6.8　东北方向视图，主入口位于照片左侧（注意沿着建筑物北面的单层车间和上楼层高位置处的玻璃窗，其中部分带百叶。右侧的 3 个垂直烟道从油漆间排出废气）

设计成果

别的地方已经详细描述过设计背景和成果（设计过程历时两年半左右）（Patterson，2004；DTI，2005）。以下是最简短的概括，连同更详细的环境控制系统。

建筑布局、构造和被动环境控制系统

两层高的管理中心面朝国家大道，位于场地南侧（图 6.1 和图 6.2）。上楼层［大小约 95m × 20m，长轴为东西向－图 6.3（a）］包括一系列独立的办公室和开放式的工作站（图 6.4 和图 6.5），以及相关的会议室。下方的首层［图 6.3（b）］则用作 1 个大型的更衣室（图 6.6），还包括 1 个午餐室（图 6.7）、几间办公室和位于主入口旁的 1 个大型会议室。更衣室被大量雇员所使用，这些雇员将该建筑作为一个基地。一系列的单层车间也位于首层北侧（图 6.8、图 6.9 和图 6.10）。

据 OMICRON（2008）：

> 该建筑由 4 个主要部分组成：质量、框架、皮肤和封口。由高掺量粉煤灰混凝土斜板构成墙壁和楼板的质量。由当地木材和高含量可回收钢组成的结构框架支撑第二层和屋顶。高性能幕墙和金属波纹壁板的结合构成了建筑物的皮肤。而封口则采用了 1 个大型的斜屋顶，该屋顶具有高反射率，以减少热岛效应。

据报道，墙壁、屋顶和双层玻璃窗的 R 值（DTI，2005）分别约 $2m^2 \cdot ℃/W$、$2.5m^2 \cdot ℃/W$ 和 $0.4m^2 \cdot ℃/W$。该建筑的东西走向，加上单坡屋顶及其北侧边缘的制高点（图 6.1 和图 6.8）可使上楼层无眩光。南侧边缘上的屋顶出挑和遮阳篷的设计旨在减少夏季阳光的直接渗透（图 6.1、图 6.2 和图 6.11）。

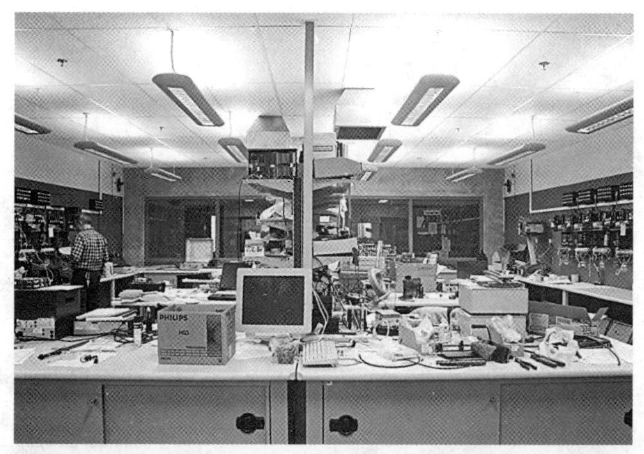

图 6.9　首层信号车间总视图

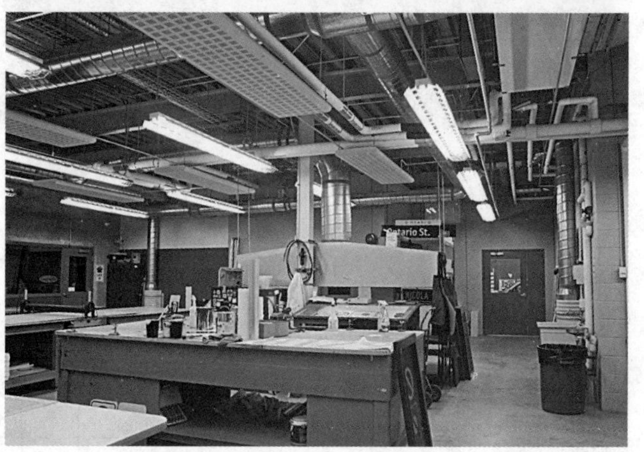

图 6.10　首层标牌书写车间总视图

图 6.11　南立面部分特写［机械设备房和自行车存放间位于首层带浮雕的倾斜板后方。注意：上层办公室的可开启窗户（较宽的玻璃窗框所示意）和上方的遮阳篷］

主动环境控制系统

建筑物的采暖和制冷主要通过高水平位置处的悬挂式辐射板（图 6.4、图 6.5 和图 6.7）和一些风扇散热器共同完成。这些设施的热水或冷水是由首层的 1 个热泵和 1 个燃气锅炉进行联合供给的。热泵的目的是满足所有的制冷以及一半的最大采暖需求，有 24 个钻孔，位于相邻停车场下方 120m 深的位置，提供所需的热量来源。

混合模式的通风系统由一个完整的新鲜空气置换系统（图 6.7）与 CO_2 传感器，加之周边的手动窗户共同组成——后者的控制由使用者决定。首层和上楼层间大量的开洞［图 6.3（a）和图 6.3（b）］，连同北立面高处的窗口（图 6.5 和图 6.7）均可以协助该建筑的空气流动。

感应控制则用于人工照明系统。该建筑已配备了无水小便器，安装了雨水收集系统，且在（二段式）厕所中使用了水收集。一个景观屋顶也已被布置在了单层厂房区域，并且在某些采光天窗安装了光伏太阳能板，但这些主要用于示范目的。

用户对建筑物的看法

总体反应

在这个案例中，受访者来自中心工作人员和仅把该建筑作为基地使用的道路工作人员，前者使用标准问卷，后者则使用较短的版本。调查于 2005 年 12 月期间进行。

对于所有大约 35 个中心工作人员受访者（26% 为女性，74% 为男性）而言，该建筑是它们正常工作的地方，大多数（89%）的受访者每周工作 5 天，平均每天工作 7.0 小时。大多数人（约 88%）超过了 30 岁，并且在该建筑中工作超过一年，约 80% 的人在同一张桌子或工作区域。约 46% 的受访者独立工作，而其余的则需与 1 位或多位同事共享办公室。平均每天花费在办公桌上和计算机前

每个影响因素的平均得分，以及得分是否显著高于、相似或者低于 BUS 的基准分　　**表 6.1**

运行因素

因素		得分	低于	相似	高于
形象	(4.82)	5.94			●
建筑空间		5.03			●
办公桌空间 – 太小 / 太大 [4]		4.97		●	
家具		5.43			●
清洁		2.34	●		
会议室的可用性		5.69			●
储藏空间的合适度		3.66		●	
设施符合要求		4.86		●	

环境因素

冬季的温度和空气

因素		得分	低于	相似	高于
整体温度	(4.87)	3.94		●	
温度 – 太热 / 太冷 [4]		4.93	●		
温度 – 恒定 / 变化 [4]		4.75	●		
空气 – 不通风 / 通风 [4]		4.06			●
空气 – 干燥 / 湿润 [4]		3.48		●	
空气 – 新鲜 / 闷 [1]		4.13		●	
空气 – 无味 / 臭 [1]		3.34		●	
整体空气	(4.39)	3.84	●		

夏季的温度和空气

因素	得分	低于	相似	高于
整体温度	3.28	●		
温度 – 太热 / 太冷 [4]	2.67	●		
温度 – 恒定 / 变化 [4]	4.38		●	
空气 – 不通风 / 通风 [4]	3.29		●	
空气 – 干燥 / 湿润 [4]	3.39	●		
空气 – 新鲜 / 闷 [1]	4.31		●	
空气 – 无味 / 臭 [1]	3.62		●	
整体空气	3.58		●	

光线

因素		得分	低于	相似	高于
整体光线	(4.05)	5.52			●
自然采光 – 太少 / 太多 [4]		4.12			●
太阳 / 天空眩光 – 无 / 太多		3.97		●	
人工照明 – 太少 / 太多 [4]		4.15		●	
人工照明眩光 – 无 / 太多 [1]		3.55			●

噪声

因素		得分	低于	相似	高于
整体噪声	(4.05)	4.68			●
来自同事 – 很少 / 很多 [4]		4.06			●
来自其他人 – 很少 / 很多 [4]		4.24		●	
来自内部 – 很少 / 很多 [4]		4.12		●	
来自外面 – 很少 / 很多 [4]		4.39	●		
干扰 – 无 / 经常 [1]		4.03		●	

控制因素 [b]

因素		得分	低于	相似	高于
采暖	43%	1.52	●		
制冷	24%	1.70	●		
通风	14%	2.70		●	
光线	14%	1.73	●		
噪声	38%	1.79	●		

满意度因素

因素		得分	低于	相似	高于
设计	(4.61)	5.06			●
需求	(3.91)	4.44		●	
整体舒适度	(4.52)	4.53			●
生产力 %	(+0.87)	+0.91		●	
健康	(3.52)	3.81		●	

注：（a）除非有其他的注明，7 分为"最高"；上角标 [4] 表示 4 分最高，上角标 [1] 表示 1 分最高；（b）所列出的百分比值表示认为该方面个人控制很重要的受访者百分比；（c）道路工作人员评分在括号中——温度和空气得分包括所有因素。

针对 12 项性能影响因素所提供正面、负面和中立评论的中心工作人员（道路工作人员在括号里）受访者人数　表 6.2

方面	受访者人数			
	正面	中立	负面	总数
整体设计	7	4	4	15
整体需求	—	—	11	11
会议室	2	—	3	5
储藏空间	—	—	10	10
办公桌 / 办公区域	4	—	5	9
舒适度	3	2	3(4)	8
噪声来源	—	2	8(1)	10
光线条件	2	2	5	9
生产力	—	5	2	7
健康	1	2	8(4)	11
工作良好	19	—	—	19
阻碍	—	—	24	24
总计（仅限中心工作人员）	38	17	83	138
百分数（仅限中心工作人员）	27.5	12.3	60.2	100

的时间分别为 6.0 小时和 4.8 小时。2 层中的受访者数量相等。

23 位道路工作人员回答了较短的调查问卷，大部分（78%）受访者使用该建筑物的时间超过一年，每周工作 5 天，但是每天在此建筑中不超过 2 小时。

重要因素

表 6.1 列出了中心工作人员和道路工作人员对每个相关调查问题的平均评分。表格 2.1 也显示了用户对建筑各个方面的感知评分与基准分以及 / 或者中间值的比较情况，分为显著高于、相似或低于三种不同的情况。总体而言，有 12 个方面的得分显著高于基准分，12 个方面的得分显著低于基准分，而其余的 21 个方面的得分与基准分相似。

从 8 个运行方面的角度来看，其中 4 个方面的得分均高于基准分，3 个方面的得分与基准分或者中间值相同。只有清洁的得分为 2.38 分，被评为不满意。

在环境因素方面，中心工作人员对整体光线和噪声的评分均高于其各自的基准分。这些方面的各个组成部分的得分也都一般，虽然有暗示外部噪声太多。从冬季和夏季的温度和空气来看，该建筑物被认为不太满意——冬季太冷和温度变化，以及夏季太热和干燥。

中心工作人员并不认为自己对环境条件有非常多的控制（分数在 2.0—3.5 分范围内，均低于相对较低的基准分）。然而，只有约四分之一的受访者认为采暖、制冷和通风的个人控制重要，光线和噪声的人数甚至更少。

除了需求以外，所有满意度变量（设计、需求、整体舒适度、生产力和健康）的得分均高于各自的基准分，需求的得分为 4.44 分，甚至还高于中间值 4.00 分。同样，除了健康以外，所有得分均高于中间值，健康的得分为 3.81 分，显著高于基准分值。

道路工作人员的评分（在短问卷中只针对 10 个整体变量作答）几乎都低于办公室的工作人员。唯一例外的是温度和空气的得分，均显著高于其相应的基准分和中间值，并且比办公室工作人员的评分要高得多。如表 6.1 所示，事实上几乎在每一种情况下，道路工作人员的评分均高于相应的基准分或者中间值，并且对温度、空气和整体舒适度的评分均高于基准分和中间值。

用户意见

总计，共收到约 138 条来自中心员工的反馈，他们可以在问卷调查中 12 个影响因素标题下添加书面意见——占总的 420 条潜在意见的 32.9%(35 位受访者,12 个标题)。表 6.2 显示了正面、中立和负面评论的数量——此案例中，约 26.2% 的正面评论、12.3% 的中立评论，以及 60.2% 的负面评论。

一般来说，首层和上层用户对有关设计的意见均相对积极，但对缺乏存储空间均持负面评价。

噪声似乎是许多上楼层用户的问题——从相邻铁路传来的声音被指出（同样可以看出外部噪声的得分很低），也有一些关于楼层间声音传递的评论。

两个楼层的中心工作人员似乎均受了洗手间气味的影响，道路工作人员对此在舒适度和健康项中均评价负面。

整体性能指标

中心工作人员的舒适度指数基于整体舒适度、噪声、光线、温度和空气质量的分数，得分为 +0.22 分，而相应的满意度指数则基于设计、需求、健康和生产力的分数，为 +0.44 分，均高于中间值（注意这些指数都在 -3 分至 +3 分的范围内）。

综合指数是舒适度指数和满意度指数的平均值，计算结果为 +0.33 分，然而在这种情况下宽恕因子的计算结果为 1.09，表明员工整体上可能对个别方面的小瑕疵相对宽容，如冬夏季温度、空气质量、光线和噪声（因子 1 表示通常范围 0.8—1.2 的中间值）。

从十影响因素评定量表来看，该建筑物在 7 分制的评级中属于“良好”，计算百分值为 78%。当考虑全因素评定量表时，计算百分值为 60%，容易的处于“高于平均水平”的行列。

对于道路工作人员所评估的十个影响因素也采用了相同的系统，计算百分比为 70%，排在“高于平均水平”的前列。

致谢

我必须要感谢 OMICRON 公司的凯文 · 哈维（Kevin Hanvey）帮助我了解管理中心的设计，同样感谢工程中心的经理 E.C.（泰德）巴蒂 [E.C.（Ted）Batty] 批准我参观该建筑和进行用户调查。

参考文献

ASHRAE (2001) *ASHRAE Handbook: Fundamentals, SI Edition*, Atlanta, GA: American Society of Heating Refrigerating and Air-Conditioning Engineers.

Bremner, P. (2004) ‘Transportation Association of Canada Environmental Achievement Award-City of Vancouver National Works Yard’, City of Vancouver Engineering Services, 30 March 2004.

DTI (2005) *Towards a Low-Carbon Society: A Mission to Canada and the USA*, report of a DTI global watch mission, Global Watch Service, Melton Mowbray, June 2005, available at: www.globalwatchonline.com.

Hanvey, K. (2005) Transcript of interview of 9 December 2005, Vancouver.

Omicron (2008) ‘City of Vancouver National Works Yard Overview’, available at: www.omicronaec.com/gallery07.php (accessed 4 January 2008).

‘Outside the Box’ (2004) Annual Awards, available at: www.building.ca/ outsidethebox/project11.asp (accessed 3 January 2008).

Patterson, J. (2004) ‘Showcasing Sustainability-National Public Works Yard Lands Gold’, *Canadian Property Management (BC Edition)*, 12(4): 3-7.

第 7 章
刘氏研究所
不列颠哥伦比亚大学
温哥华，加拿大

背景

$1750m^2$ 的刘氏全球问题研究所（图 7.1）于 2000 年 9 月正式开放。研究所由一个会议室和一些办公室组成，最多可容纳 37 名工作人员，位于不列颠哥伦比亚大学普特格瑞（Point Grey）校园内。

研究所（原名为中心）"是一个针对新问题进行政策相关性研究的论坛，这些问题需要从学术团体的角度提供创新、跨学科和有影响力的解决方案"（Liu Institute, 2007），环境恶化也是其中之一。

在开始设计研究所的大约前一年，该大学已经实施了一个可持续发展政策，并且开设了加拿大的第一个校园可持续发展办公室，并且"致力于发展一个环境友好的校园"（DTI，2005）。

在这个背景下，该建筑的环境问题成为主要议题将不可避免，特别是紧随备受称赞的蔡章阁大楼（C K Choi building）而建（Macaulay and McLennan，2006），蔡章阁大楼于 1996 年完成，且就位于拐角处。

刘氏研究所位于一片树林旁边，场地坐落于校园西北角的一个前学生宿舍。鉴于其纬度为 49°N，1% 概率的设计温度分别为 -4.7℃和 23.2℃（ASHRAE，2001：27.22-3），并且临海，是一个最适合采用自然通风的地方。

该建筑已经获得了多个奖项，赢得了 1999 年不列颠

图 7.1 建筑东南方向视图［研讨配楼的讨论室位于左侧；研究配楼的（短）南立面和（长）东立面位于右侧。前景是冬季的樱桃树］

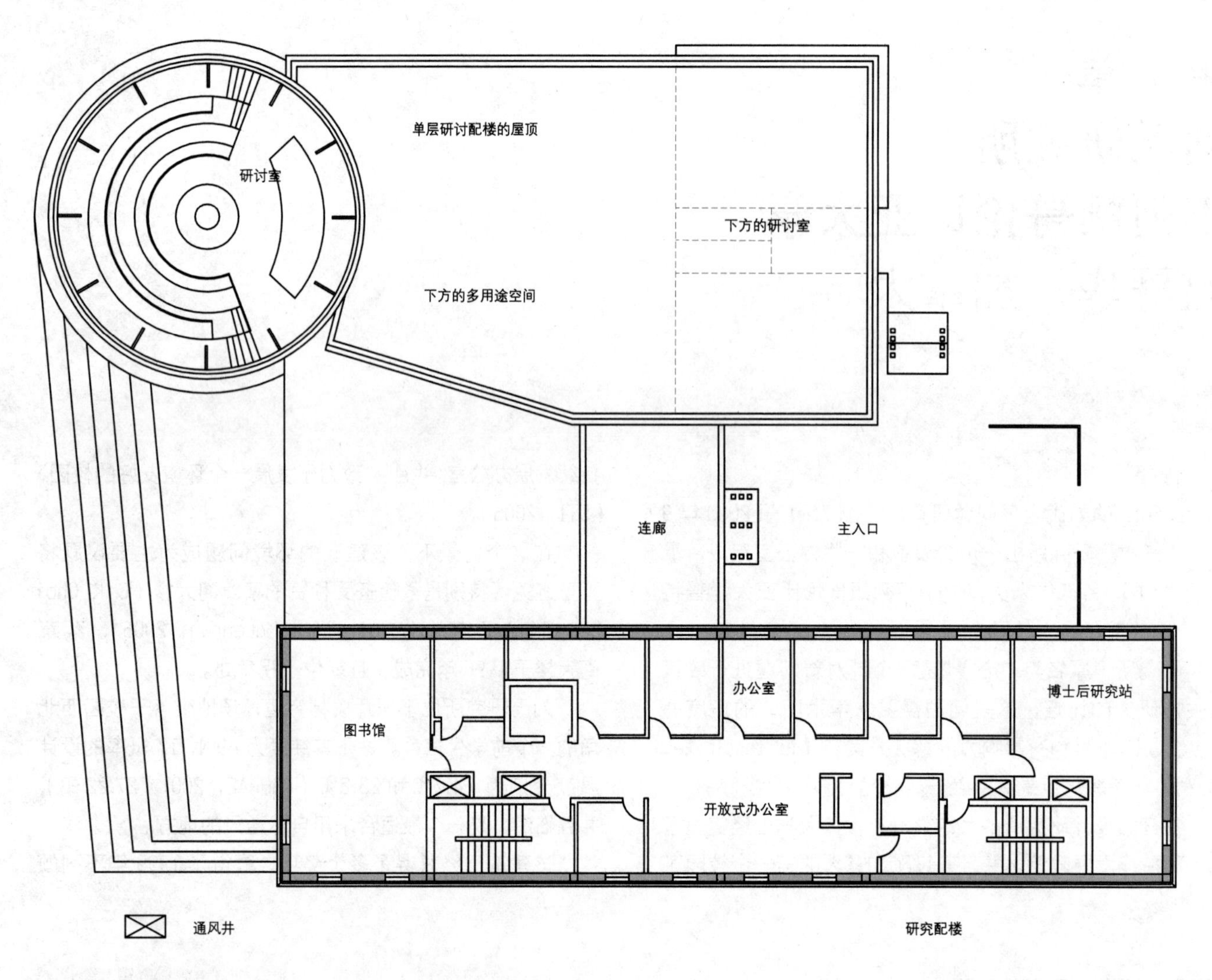

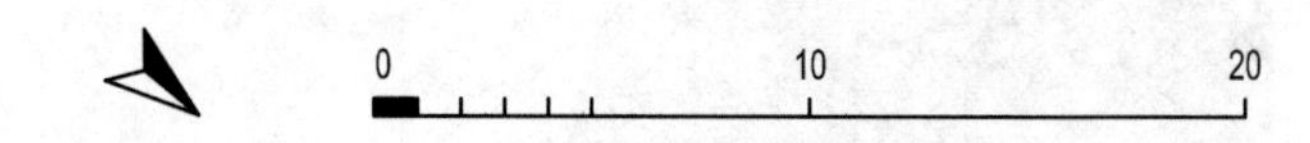

图 7.2　建筑总平面（单层研讨配楼的首层；3 层研究配楼的第 2 层。注意每个走廊尽头的一对垂直自然通风管道）
资料来源：改编自 Architectura

图 7.3　研究配楼截面图（注意垂直管道的布置和位置）
资料来源：改编自 Architectura

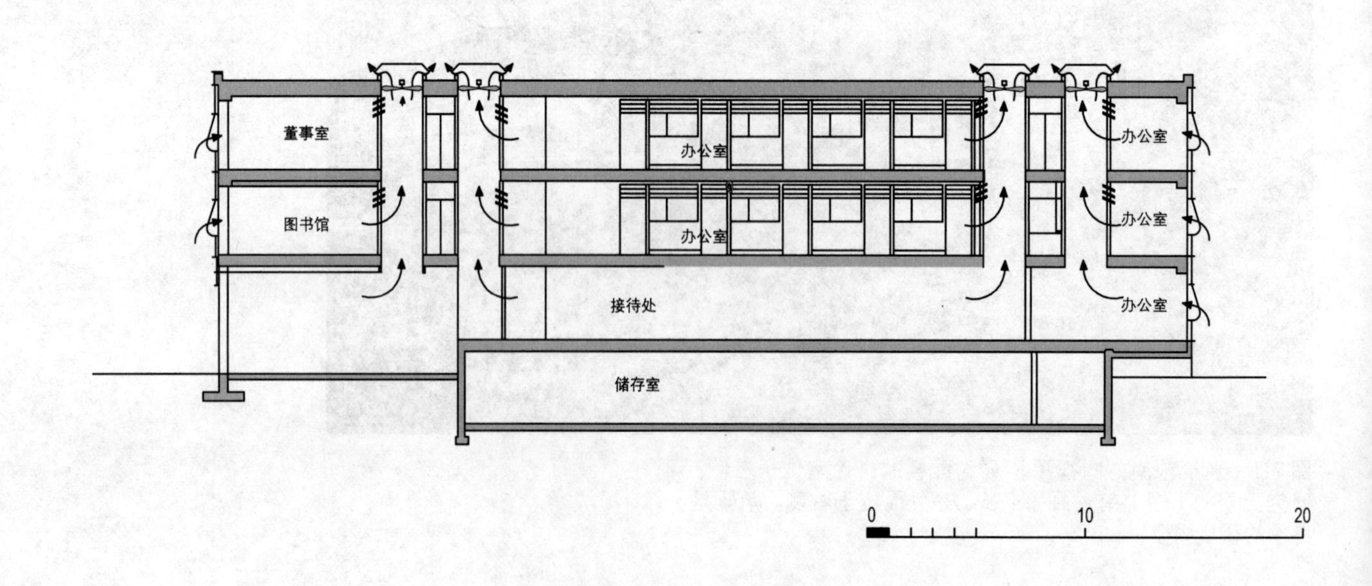

图 7.4　一个典型的独立办公室（注意大开窗及下方的滴流通风机。一个采暖终端单元就位于柜子下方，正下方可见其管道分布。同样注意在高处的软百叶帘和低处的滚轴百叶窗）

图 7.5　研究配楼的典型走廊（注意高处的大气窗，使得空气可以在办公室和相邻走廊之间流动）

哥伦比亚职业工程师和地球科学家协会环境奖、2001 年不列颠哥伦比亚省咨询工程师优秀奖、2001 年不列颠哥伦比亚建筑学会创新奖、2001 年副总督卓越建筑奖章，以及 2002 年建筑业主和管理者协会地球奖。虽然在考虑参与 LEED 认证前就开始了建筑设计，但是一个施工后评估表明该建筑可能已经取得了 45 分，并且可能为金奖等级（Klopp，2002）。

别的地方已经详细描述过设计过程和建筑成果了（DTI，2005；Klopp，2002；Macaulay and McLennan，2006；McMinn and Polo，2005）。以下是最简单的概况。

设计过程

该项目由 Architectura Planning Architecture Interiors Inc（现在的斯坦泰克公司）的当地办事处和世界著名的温哥华建筑设计师阿瑟 · 埃里克森（Arthur Erickson）

图 7.6　研究配楼典型走廊的北端 [通过照片左侧顶部的开口，空气可以从走廊流通到垂直排气管（4 个之一）。同样注意顶部的开口镶板，使之可以获取混凝土屋顶的热质]

图 7.7　研讨配楼 [单层多用途间位于照片中心（亮灯处），会议室位于左侧，研讨室位于右侧。可见背后 3 层研究配楼的顶层]

图 7.8　两个会议室之一，这个会议室在当时被用作研究基地（注意额外的机械通风管道）

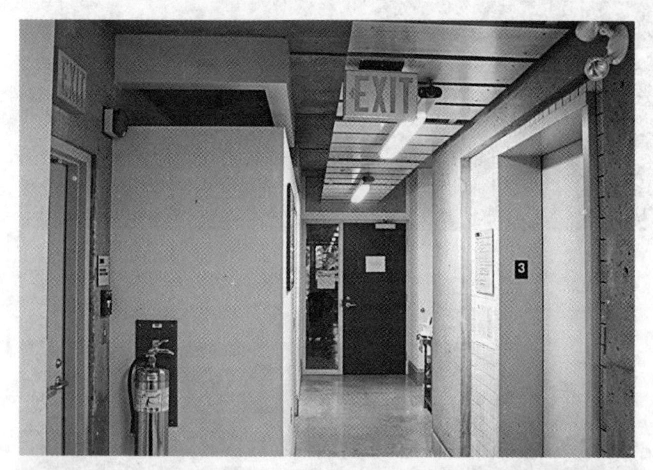

共同主导，后者是主要捐助者所要求的（Best，2004）。敏程科技有限公司（Keen Engineering）的金字招牌泛加拿大公司（pan-Canadian firm）因其在可持续环境控制系统设计中日益增长的声誉和经验（他们曾参与过蔡章阁大楼项目）被选为该项目的机械工程公司（Hyde and Sanguinetti，2004）。

这是该大学校园可持续性办公室成立后开展的第一个项目。据克洛普（Klopp）（2002）：

> 1998 年 1 月，从刘氏中心项目一开始，大学便召集了 36 个利益相关者参与了为期一天的“对齐项目”研讨会 [由可持续发展办公室的主任弗雷达 · 帕加尼（Freda Pagani）主持，建筑师鲍勃 · 伯克比利（Bob Berkebile）参与其中，后者因可持续而著名]。利益相关者群体涵盖了设施的开发方、使用方和运营方。研讨会的最终结果是一系列定性的期望和目标，以及一个更具体的包含 60 个可持续目标的清单，两者一起勾勒了该项目的共同远景。这些目标对于项目团队来说是一个重要的参考，在刘氏中心发展的各个阶段为决策提供了一个基本原则。

这些目标和跨学科设计战略之间的内在联系无疑有助于加快综合设计流程的采用。

最终的概念是设计两个分开的但平行的配楼——1 栋 3 层加地下室的研究配楼和 1 栋单层的研讨配楼（图 7.2 和图 7.3）。使用玻璃走廊连接两个配楼，从而产生了两个半封闭的庭院，均置身于一片天然林中。这个概念促使了自然通风、遮阳和采光策略的发展，目的是减少能耗（已设定的目标是加拿大国家能源示范法规的 50%），并且同时要满足大学一个常规办公室设计的预算要求（Hydes and Creech，2000）。

图 7.9　多用途间（注意全高的玻璃窗，沟槽加热器的线性栅格就位于下方，以及位于低处的可开启窗口）

图 7.10　圆形研讨室的内部视图（注意高处的窗口和外部清晰可见的高大树木，以及分层座位底部的压力送风格栅）

图 7.11　从研究配楼向下观望研讨室和多用途室（注意研讨室顶部周围的玻璃窗、左下角的新鲜空气进气格栅，以及屋顶上的排气口）

设计成果

建筑布局、构造和被动环境控制系统

平面为矩形（约 12m × 45m），其长轴大致为南北方向（图 7.2）。研究配楼的地上 3 层包括若干独立和开放式的办公室（图 7.4）、1 个阅读室、1 个董事室，以及其他相关的设施，地下室则包括了服务设施、存储设施和更衣设施。该配楼布置狭长，办公室位于中央走廊两侧（图 7.2 和图 7.6），允许利用周边的窗户进行采光，日光感应器和用户感应器旨在适当环境条件下控制人工照明。

自然通风系统由周围窗户的主开口和滴流通风口构成，以作为办公室的空气进口（图 7.4）。空气通过门廊上的气窗从办公室流动到中央走廊（图 7.5），然后从与走廊尽头相连的两对垂直排风管被排出（图 7.2 和图 7.6）。排气扇被安装在这些管道的顶部，当自然排风效果不佳时，这些排气扇便参与工作，或者在发生火灾时用来排烟。当然，交叉通风也是一种选择。

据报道，建筑物的围护结构采用 “高阻热墙体和高保温屋顶，以及高性能玻璃”（Hydes and Creech，2000），后者是低 E 值、充满氩气的双层玻璃，而内部裸露的混凝土则提供了大量的热质。南侧高大的树木提供了显著的保护，避免太阳辐射。

单层研讨配楼（图 7.7）旨在容纳各种会议室。它由两个 45m^2 的会议室（图 7.8）、一个 150m^2 的自然通风多用途室（图 7.9）和一个 100m^2 的研讨室（图 7.10）组成。研讨室的平面为圆形，在其顶部四周均设置了玻璃窗，并安装了排风装置，后者包括空气处理机组、分层座位下的送风箱以及屋顶上的排气口（图 7.11）。

主动环境控制系统

该建筑的采暖是通过园区供热系统的蒸汽管道进行供

每个影响因素的平均得分，以及得分是否显著高于、相似或者低于 BUS 的基准分　　表 7.1

		得分	低于	相似	高于		得分	低于	相似	高于
运行因素										
形象		5.43		●		清洁	6.29			●
建筑空间		3.81		●		会议室的可用性	4.86			●
办公桌空间 – 太小 / 太大 [4]		4.33		●		储藏空间的合适度	3.53		●	
家具		5.14			●	设施符合要求	4.26		●	
环境因素										
冬季的温度和空气						夏季的温度和空气				
整体温度		3.20	●			整体温度	4.44			●
温度 – 太热 / 太冷 [4]		5.63	●			温度 – 太热 / 太冷 [4]	3.67		●	
温度 – 恒定 / 变化 [4]		4.95	●			温度 – 恒定 / 变化 [4]	4.50		●	
空气 – 不通风 / 通风 [4]		3.80		●		空气 – 不通风 / 通风 [4]	3.38		●	
空气 – 干燥 / 湿润 [4]		3.35		●		空气 – 干燥 / 湿润 [4]	3.50	●		
空气 – 新鲜 / 闷 [1]		4.00		●		空气 – 新鲜 / 闷 [1]	3.88			●
空气 – 无味 / 臭 [1]		3.25			●	空气 – 无味 / 臭 [1]	3.31			●
整体空气		3.32	●			整体空气	3.87		●	
光线						**噪声**				
整体光线		3.79	●			整体噪声	2.47	●		
自然采光 – 太少 / 太多 [4]		4.16			●	来自同事 – 很少 / 很多 [4]	5.42	●		
太阳 / 天空眩光 – 无 / 太多		3.47			●	来自其他人 – 很少 / 很多 [4]	5.50	●		
人工照明 – 太少 / 太多 [4]		3.42		●		来自内部 – 很少 / 很多 [4]	5.17	●		
人工照明眩光 – 无 / 太多 [1]		3.11			●	来自外面 – 很少 / 很多 [4]	4.56		●	
						干扰 – 无 / 经常 [1]	5.33	●		
控制因素 [b]						**满意度因素**				
采暖	43%	3.37		●		设计	4.00		●	
制冷	24%	2.47		●		需求	4.24		●	
通风	14%	3.72		●		整体舒适度	3.55	●		
光线	14%	4.11		●		生产力 %	–13.00	●		
噪声	38%	1.74	●			健康	3.70		●	

注：（a）除非有其他的注明，7 分为“最高”；上角标 [4] 表示 4 分最高，上角标 [1] 表示 1 分最高；（b）所列出的百分比值表示认为该方面个人控制很重要的受访者百分比。

针对 12 项性能影响因素所提供正面、负面和中立评论的受访者人数　　表 7.2

方面	受访者人数			
	正面	中立	负面	总数
整体设计	3	4	9	16
整体需求	1	2	9	12
会议室	0	1	7	8
储藏空间	0	0	9	9
办公桌 / 办公区域	2	5	3	10
舒适度	0	2	5	7
噪声来源	0	0	10	10
光线条件	0	0	4	4
生产力	0	1	5	6
健康	0	2	2	4
工作良好	8	—	—	8
阻碍	—	—	17	17
总计（仅限员工）	14	17	80	111
百分数（仅限员工）	12.6	15.3	72.1	100

给的。研究配楼地下室的热交换机产生低温热水，分配给研究配楼窗口下的个人控制加热终端机组、多用途室的沟槽加热器，以及研讨室分层座位底部送风静压箱的空气控制机组。整个建筑的制冷则通过利用自然通风和热质来完成，就研究配楼夜间制冷的情况而言，必要时则使用垂直风管顶部的排气扇。

用户对建设物的看法

总体反应

事实上，全部的 21 位受访者（57% 为女性，43% 为男性）代表了调查期间几乎所有的使用者（2005 年 12 月 6—8 日），该建筑是他们正常工作的地方。平均每周工作 4.1 天，每天工作 7.3 小时，其中约 6.7 小时在自己的办公桌或工作空间，6.4 小时在计算机前。30 岁以下和 30 岁以上受访者的比例是 48%：52%，并且大多数（76%）受访者已经在该建筑的同一张办公桌或工作区域工作超过了一年。那些拥有独立办公室、需要和一位同事共享办公室，以及需要与两位或更多同事共享办公室的受访者比例相等（即每种情况占三分之一左右）。

重要因素

表 7.1 中列出了每个调查问题的平均得分。表 7.1 还显示了员工对该建筑各个方面的感知评分与基准分和 / 或中间值的比较情况，分为显著高于、相似或者低于三种不同的情况。在这个案例中，约 10 个方面的得分显著高于基准分，14 个方面的得分显著低于基准分，而其余的 21 个方面的得分与基准分大致相同。

从 8 个运行方面的因素来看，该建筑物在清洁、会议室和家具 3 个方面的得分均高于基准分。其余大多数因素的得分接近或稍高于中间值或基准分（不是同时）。

冬季温度和空气的整体得分均低于其各自的基准分和中间值，主要原因似乎是夏季温度和空气的表现太好，但空气似乎有些偏干。在两个季节，空气均被认为无味。

太阳和天空眩光或者人工照明眩光并不是问题，并且自然光线的得分良好。然而，有迹象表明人工照明太少，想必这使得整体光线的得分低于基准分和中间值。

噪声似乎是大量受访者提出的主要问题，该影响因素所有分项的得分均低于各自的基准分和中间值。噪声问题在个人控制项中被加强了，其中 38% 的受访者认为噪声的个人控制很重要，但控制程度的得分很低，为 1.74 分，低于其他 4 个方面。用户指南（Architecture，2000）指出，从一开始，就同意在声学隐私和自然通风系统的自由流通空气之间进行一个折中考虑。最近，建筑师成功地开展了挡板设计系统实验，旨在“在不妨碍自然通风的前提下，减轻封闭办公室和相邻走廊之间的声音传输”。一旦经过长时期的验证，便有希望在整个建筑内进行安装（Best，2008）。

关于满意度变量的情况，健康的得分高于基准分，虽然低于中间值，但这是许多建筑物的共同点。除了有两个影响因素（设计和需求）的得分等于或高于中间值以外，其余所有因素的得分均低于基准分。

用户意见

总计，共收到来自员工大约 111 条反馈意见，受访者可以在 12 个标题下添加书面意见——占 252 个潜在意见的 44.0% 左右（21 位受访者，12 个标题）。表 7.2 显示了正面、中立和负面评论的数量——在这个案例中，约 12.6% 的正面评论、15.3% 的中立评论以及 72.1% 的负面评论。

噪声方面的所有意见均是负面的，这也强调了噪声的低分，同时设计和阻碍所得到的负面评论也很频繁。在阻碍项中，采暖也被相对频繁的提及，强调了冬季温度和空气的低分数。

同样是低分，存储空间（或缺乏存储空间）得到的也完全是负面意见——当基准分相对较低时，这似乎也是一个共同的问题，并且这里的得分并没有显著不同。尽管会议室的可用性也主要吸引了负面评论，但是这次得到了非常高的分数，并且在工作良好项中获得了一些正面的意见。

整体性能指标

员工舒适度指数是以舒适度、噪声、光线、温度以及空气质量的得分为基础，结果为 -0.90 分，而满意度指数则根据设计、需求、健康和生产力感知的分数计算而来，结果为 -0.51 分，注意在这些情况下，-3 分到 +3 分范围内的中间值为 0。

综合指数是舒适度指数和满意度指数的平均值，结果为 +0.71 分，而在这种情况下，宽恕因子的计算结果为 1.01，表明员工可能对个别方面的小瑕疵相对宽容，如冬夏季温度、空气质量、光线和噪声等（因子 1 表示通常范围 0.8 到 1.2 的中间值）。

从十影响因素评定量表来看，该建筑在 7 分制的评级中为“平均水平”建筑物，其计算百分比值为 44%。当考虑全影响因素时，计算百分比值为 55%，刚好处于“平均水平”/“高于平均水平”的分界线。

其他报道过的性能

从一开始，设计团队和客户就致力于该建筑物的评估。一份完整和直接的报告共 109 页（Klopp，2002），详细描述了在相关利益者研讨会后所建立的 60 个可持续性目标的真实性能，除此之外，一个使用者网络调查也已展开。该网络调查由加利福尼亚州大学伯克利分校的建筑环境中心负责，其本质与该建筑所使用的研究调查工具相似，并且也采用了 7 分制。

基于这项工作，海兹等人（2004）报告“使用者满意度”的平均得分为 3.92 分，低于相应基准分 4.78 分和中间值 4.00 分——“刘氏中心被认为稍不如意和略低于平均水平”。在本次调查中，整体舒适度的得分为 3.55 分，而基准分为 4.30 分；满意度指数为 -0.51 分（在 -3 分到 +3 分之间），从 1 分制转化为 7 分制相当于 3.49 分。

涉及蔡章阁大楼和刘研究所（均已被调查过），海兹等人（2004）也曾报道过“许多用户（100%）曾抱怨声学隐私”，以及“用户赞赏建筑物的独特性和美学性”。关于刘氏研究所，他曾报道“顶棚……是由混凝土与胶合板间隔构成，颜色太暗，导致房间变暗”。这些发现与本次调查相符，其中所有噪声方面的得分均很低，形象方面的评价很高，同时受访者感觉人工照明太少（同时称赞自然光线和无眩光）。

海兹等人（2004）在 2001 年同样针对此建筑物的能源使用展开了审计，报告称能源使用指数为 195kWh/（m^2·a），并且注意到这还不及不列颠哥伦比亚省学院建筑物平均使用量的一半。

致谢

我必须向刘氏研究所的管理者佩吉·Ng（Peggy Ng）表达我的感激之情，感谢其允许我开展此项调查。特别感谢斯泰克斯建筑师事务所（Stantec Architecture）的诺埃尔·贝斯特（Noel Best），以及敏程科技有限公司的罗莎蒙德·海德（Rosamund Hyde）和詹妮弗·桑奎内提（Jennifer Sanguinetti）帮助我理解的该建筑和建筑设计。

参考文献

Architectura (2000) *User Guide: Liu Centre for the Study of Global Issues*, Vancouver: Architectura Inc.

ASHRAE (2001) *ASHRAE Handbook: Fundamentals, SI Edition*, Atlanta, GA: American Society of Heating Refrigerating and Air-Conditioning Engineers.

Best, N. (2004) Transcript of interview held on 27 August 2004, Vancouver, British Columbia.

Best, N. (2008) Personal communication, 17 June 2008.

DTI (2005) *Towards a Low-Carbon Society: A Mission to Canada and the USA*, report of a DTI global watch mission, Global Watch Service, Melton Mowbray, June 2005, available at: www.globalwatchonline.com.

Hyde, R. and Sanguinetti, J. (2004) Transcript of interview held on 25 August 2004, Vancouver, British Columbia.

Hydes, K. R. and Creech, L. (2000) ‘Reducing Mechanical Equipment Cost: The Economics of Green Design’, *Building Research and Information*, 28(5/6): 403-407.

Hydes, K. R., McCarry, B., Mueller, T. and Hyde, R. (2004) ‘Understanding Our Green Buildings: Seven Post-Occupancy Evaluations in British Columbia’, in *Proceedings of ‘Closing the Loop: Post-Occupancy Evaluation-the Next Steps*’, Windsor, UK, April.

Klopp, R. (2002) *60 Targets: Post-Occupancy Environmental Assessment*, Vancouver: Architectura Inc. p. 107.

Liu Institute (2007) ‘About Us’, available at: www.ligi.ubc.ca/page121.htm (accessed 1 October 2007).

Macaulay, D. R. and McLennan, J. F. (2006) *The Ecological Engineer*, vol. 1: *Keen Engineering*, Kansas City, MO: Ecotone Publishing.

McMinn, J. and Polo, M. (2005) *41° to 66°-Regional Responses to Sustainable Architecture in Canada*, Waterloo, ON: Cambridge Galleries Design at Riverside, University of Waterloo.

第 2 部分

中温带建筑

第 8–18 章

以下的 11 个案例研究均位于可大致归类为中温带气候的地区，其冬季室外设计温度从 -4℃至 0℃左右不等。一半以上的建筑位于英格兰南半部，有 2 个位于日本，另外 3 个分别位于爱尔兰、塔斯马尼亚州（澳大利亚）、新西兰南岛。将按照以下顺序对各个案例进行描述：

第 8 章　吉福德工作室，南安普敦，英格兰
第 9 章　奥雅纳园，索利赫尔，英格兰
第 10 章　ZICER 大楼，东英吉利大学，诺里奇，英格兰
第 11 章　可再生能源系统（RES）大楼，国王兰利，英格兰
第 12 章　市政厅，伦敦，英格兰
第 13 章　基金会大楼，伊甸园工程，圣奥斯特尔，英格兰
第 14 章　数学与统计学以及计算机科学（MSCS）大楼，坎特伯雷大学，基督城，新西兰
第 15 章　圣玛丽信用社，纳文，爱尔兰
第 16 章　斯科茨代尔森林生态中心，塔斯马尼亚州，澳大利亚
第 17 章　东京燃气公司，江北新城，横滨，日本
第 18 章　日建设计大厦，东京，日本

其中 7 个建筑物拥有先进的自然通风系统，3 个具有可转换的混合模式系统，以及 1 个全空调系统（日建设计大厦）。

吉福德工作室的阳光透射形式

第 8 章
吉福德工作室
南安普敦，英格兰

背景

咨询工程公司吉福德和帕特尔（Gifford and Partners）事务所的总部办公室距离英格兰南海岸的南安普敦市中心以西约 10km。面积为 1600m² 的吉福德工作室构成了部分实践园区，大部分人员在此工作（图 8.1）。

虽然简洁是大型开放式设计工作室创新的主要目标，但是另一个同样重要的目标是要证明“相比传统建筑而言，在不增加额外费用的前提下，建造一个更节能、更可持续的建筑”在商业上是可行的（Pettifer，quoted in Coyle，2004）。

位于纬度 51°N 左右，1% 概率的设计温度约 -4℃和 +24℃（ASHRAE，2001：27.51-2），2004 年 4 月期间，该建筑竣工且员工迁入，从那时候开始，该建筑的节能性能便成为一些内部研究的主题。

该建筑被授予 2003 年建筑服务奖的“年度办公楼”，赢得了 2004 年当地“可持续企业奖”，并因可持续设计获得了 2005 年结构工程师学会戴维 · 艾尔索普奖。

别的地方已经详细描述过设计过程和建筑成果（Coyle，2004；Pettifer，2004）。以下是最简短的概括。

图 8.1 部分园区概貌（工作室的东立面和接待大楼位于照片左侧，卡尔顿楼位于中心背景处，以及北面和南面的小屋位于照片右侧）

图 8.2　吉福德工作室的南立面和东立面以雪松覆面，以及镶砖接待大楼的山墙端部（注意工作室首层和第 2 层的玻璃窗布置）

图 8.3　长截面显示了 2 个主要的办公楼层和地下一层（注意锯齿状的玻璃布置和所有顶棚底面的热质）
资料来源：改编自设计引擎建筑师公司（Design Engine Architects）

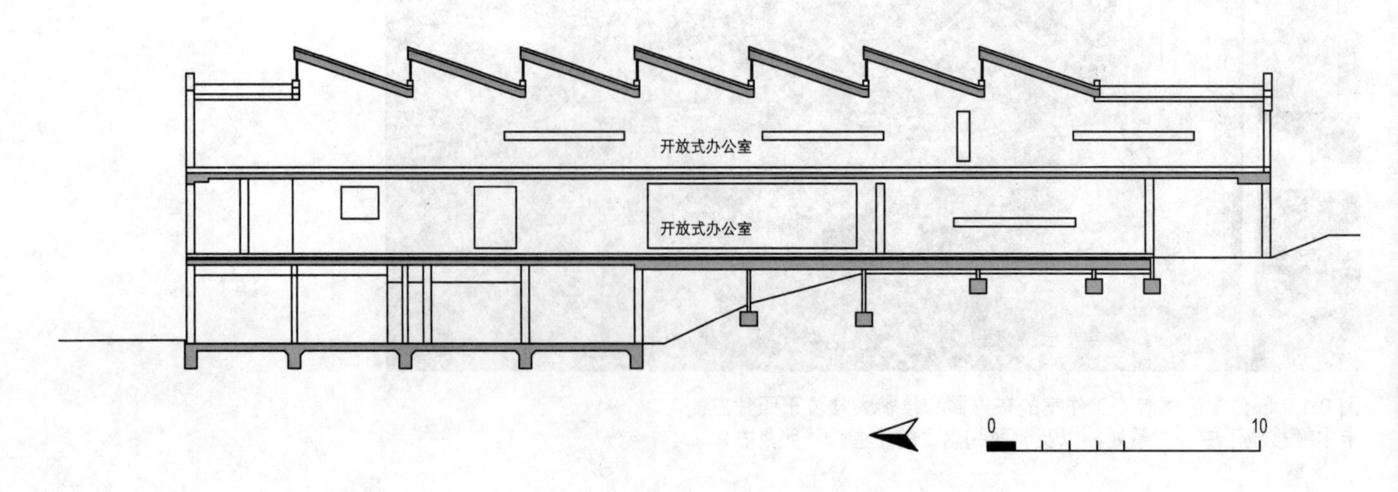

图 8.4　吉福德工作室雪松覆面的北立面和西立面视图。注意地下1层的就餐区和照片左侧相连的接待楼。照片右侧分离的构筑物内放置了室外热泵设备

图 8.5　外部视图显示了屋顶锯齿状玻璃窗的布置以及东立面第2层的视窗布置

设计过程

安德鲁·佩蒂福（Andrew Pettifer）当时是吉福德和帕特尔事务所的董事长和该项目的总建筑服务工程师，据安德鲁·佩蒂福（2004），“作为建筑的出资者、业主和用户，该项目为此次实践提供了一个独特的机会，用以审视在商业背景下一个低能源“可持续”建筑的环境问题。”他们找到了设计引擎建筑师公司，这家公司规模较小，刚刚成立于温彻斯特（Winchester），其设计哲学是“与设计团队的其他成员密切工作，提供整体设计，使结构、空间和环境性能被完美地结合起来”（Design Engine，2005）。吉福德和帕特尔事务所自己则为设计提供建筑服务、土木/结构和环境工程服务。

设计在最开始是审视原有园区，多年来，原有园区发展相当缓慢，包含了大量质量相对落后的临时建筑和一个以前的旅馆（Jobson，2005）。设计概念是一个盒状的、2层半高的开放工作空间，加上一个紧密相连的接待/展览区域，建筑物位于园内，与原有建筑合为一体，围绕在庭院周围。设计还在继续，在2005年，由相同的建筑师对北面的小屋进行了延伸和重建。

对于新的吉福德工作室来说，其目的是“最大限度地提高围护结构的能力，以减弱外部环境的影响，允许使用简单、低强度和低能耗的服务系统”（Pettifer，2004）；同时充分利用可用的日光。

图 8.6　第 2 层开放式办公室，向南观望（注意上方的锯齿形屋顶的倾斜部分和周围的 1 排人工照明灯）

图 8.7　第 2 层开放式办公室，向北观望（注意上方锯齿形屋顶上朝北的可开启玻璃窗；左侧和右侧立面上的视窗；以及人工照明布置）

图 8.8　向“下”观望首层开放式办公室的部分区域（注意带卷帘的全高玻璃窗和可开启的顶窗，以及人工照明布局）

设计成果

建筑布局、构造和被动环境控制系统

该工作室平面约为 40m×12m，位于园区东侧，其长轴大致为南北方向(图 8.2)。首层和第 2 层用于主工作室、办公室和会议室，而较小的地下 1 层包含 1 个食堂及其他设施（图 8.3)。加长的（约 5m×18m）2 层接待/展览大楼位于一旁，在东北角处与工作室连接在了一起（图 8.2 和图 8.4)。

建筑的表皮由 1 个外部雪松防雨罩和 1 个 300mm 厚、U 值为 0.1W/（m^2·℃）的保温夹层构成。大部分楼层的混凝土板底部暴露在外，为低楼层提供热质；对于第 2 层，则已在朝北天窗的下方额外安装了高密度的石膏板。

7 排朝北的锯齿形屋顶（图 8.5）向整个第 2 层提供日光，视窗布置在其周边（图 8.6 和图 8.7)。首层的措施是设置 4 个提供“显著自然光”的全高窗口(Pettifer，2004）和若干视窗（图 8.8 和图 8.9)。充满氩气的低辐射双层玻璃的 U 值介于 1.3W/(m^2·℃)和 1.6W/(m^2·℃)之间，并且，除了朝北的天窗以外，均设置了适当的遮阳。整体而言，“玻璃只占了 21% 的围护结构面积”(Pettifer，2004)。

主动环境控制系统

1 个空气 - 水热泵（38.5kW 用于采暖；51.0kW 用于制冷）被置于建筑西南角附近的构筑物内，通过高架地板系统的管道向工作室内的空间提供服务——热泵具有双重功能，一来充当地板采暖/制冷系统，二来调节供给空间的空气（见后面)。1 个 120kW 的燃气冷凝锅炉系统位于地下 1 层，用于加热非工作室空间的传统散热器，并且向内部的热水系统提供服务。这考虑了两种类型空间的不同负载模式和需求。

图 8.9　首层开放式办公室概貌（注意旋流风口、人工照明的布置，以及玻璃窗的位置）

图 8.10　自然通风和机械空气分配方式详细说明
资料来源：改编自设计引擎建筑师公司

1 个混合模式的通风策略通常包括低能耗的机械通风系统和用户控制的补充自然通风系统。机械系统利用安装在地板凹槽中的低压风扇，通过雪松覆面拽入外部空气（图 8.10）。地板空隙如同送风静压层，新鲜空气通过地面安装的旋流风口得以分配 [图 8.9]。虽然 [100% 的新鲜空气] 供给空气未经过滤，但是在楼层空隙中进行了调和……使用者可以打开首层的顶窗和部分采光天窗 [图 8.7]，在中间季节通过自然通风系统向设施提供免费的额外冷却。

（Pettifer，2004）

用户对建筑物的看法

总体反应

于 2005 年 10 月期间对该建筑进行了调查。对于所有 87 位受访者（38% 为女性，62% 为男性）而言，该建筑是他们正常工作的地方。平均每周工作 4.7 天，每天工作 8.1 小时，其中约 7.2 小时在自己的办公桌上或现在的工作空间内，以及 6.3 小时在计算机前。30 岁以下和 30 岁以上的受访者比例为 36：64，并且大多数人（70%）已经在该建筑中工作超过了一年，53% 的人在同一张办公桌或工作区域。约 23% 的人拥有独立的办公室或者需要与 1 位同事共享办公室；14% 的人需要和 2—8 位同事共享办公室，以及 64% 的人需要和超过 8 人共享办公室。

重要因素

表 8.1 列出了每个调查问题的平均得分，并且显示了员工对该建筑各个方面的感知评分与基准分以及 / 或中间值的比较情况，分为显著高于、相似或者低于三种不同的情况。在这个案例中，有 17 个方面的得分显著高于基准分，

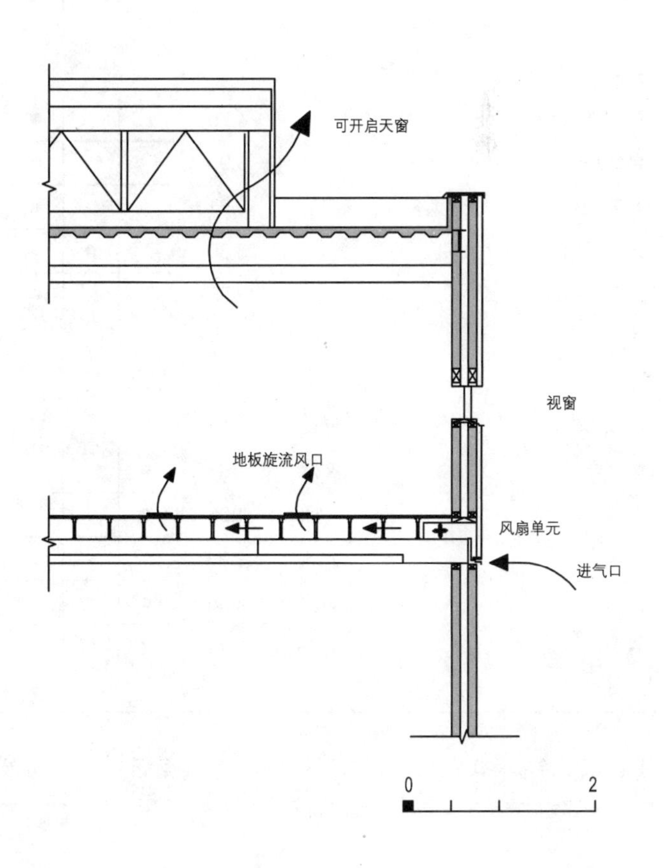

每个影响因素的平均得分，以及得分是否显著高于、相似或者低于 BUS 的基准分　　**表 8.1**

		得分	低于	相似	高于		得分	低于	相似	高于
运行因素										
形象		3.06			●	清洁	4.99			●
建筑空间		5.38			●	会议室的可用性	5.35			●
办公桌空间 – 太小 / 太大 [4]		3.84		●		储藏空间的合适度	4.26			●
家具		5.29			●	设施符合要求	5.20		●	
环境因素										
冬季的温度和空气						夏季的温度和空气				
整体温度		4.64			●	整体温度	3.99		●	
温度 – 太热 / 太冷 [4]		4.27		●		温度 – 太热 / 太冷 [4]	3.13		●	
温度 – 恒定 / 变化 [4]		4.61	●			温度 – 恒定 / 变化 [4]	4.82	●		
空气 – 不通风 / 通风 [4]		3.83		●		空气 – 不通风 / 通风 [4]	3.47		●	
空气 – 干燥 / 湿润 [4]		3.36		●		空气 – 干燥 / 湿润 [4]	3.64		●	
空气 – 新鲜 / 闷 [1]		4.44		●		空气 – 新鲜 / 闷 [1]	4.60		●	
空气 – 无味 / 臭 [1]		3.49		●		空气 – 无味 / 臭 [1]	3.49		●	
整体空气		4.44			●	整体空气	4.14			●
光线						**噪声**				
整体光线		4.75			●	整体噪声	4.27		●	
自然采光 – 太少 / 太多 [4]		3.93			●	来自同事 – 很少 / 很多 [4]	4.45	●		
太阳 / 天空眩光 – 无 / 太多		3.61			●	来自其他人 – 很少 / 很多 [4]	4.44		●	
人工照明 – 太少 / 太多 [4]		3.86		●		来自内部 – 很少 / 很多 [4]	4.16		●	
人工照明眩光 – 无 / 太多 [1]		2.68			●	来自外面 – 很少 / 很多 [4]	3.38	●		
						干扰 – 无 / 经常 [1]	3.29		●	
控制因素 [b]						**满意度因素**				
采暖	23%	1.68	●			设计	5.23			●
制冷	24%	1.95	●			需求	5.53			●
通风	41%	2.99		●		整体舒适度	4.73			●
光线	30%	2.35	●			生产力 %	+2.80			●
噪声	24%	1.44	●			健康	3.91		●	

注：（a）除非有其他的注明，7 分为“最高”；上角标 [4] 表示 4 分最高，上角标 [1] 表示 1 分最高；（b）所列出的百分比值表示认为该方面个人控制很重要的受访者百分比。

针对 12 项性能影响因素所提供正面、负面和中立评论的受访者人数　　表 8.2

方面	受访者人数			
	正面	中立	负面	总数
整体设计	16	7	16	39
整体需求	5	1	18	24
会议室	3	8	10	21
储藏空间	3	3	24	30
办公桌 / 工作区域	5	12	24	41
舒适度	13	2	10	25
噪声来源	2	2	26	30
光线条件	14	6	14	34
生产力	4	14	8	26
健康	3	6	14	23
工作良好	42	—	2	44
阻碍	—	—	61	61
总计	110	61	227	398
百分数	27.6	15.3	57.1	100.0

8 个方面的得分显著低于基准分，其余 20 个方面的得分与基准分大致相同。

从 7 个运行方面的因素来看，除了两个方面以外，该建筑物的得分均高于其基准分；似乎桌面空间被认为太少，尽管建筑物空间的得分相对较好；虽然设施的得分高于中间值，但是刚好低于基准分。形象的得分为 6.06 分，是最高的。

冬季整体温度和整体空气的得分均比相应的基准分和中间值要高。相应夏天的分数则较低，但仍高于相应的基准分或中间值。虽然温度被认为在冬季和夏季变化过大，但是大部分其他因素要么显著高于基准分（但不是中间值），要么与之相等。

整体光线的得分相当好（4.75 分），并且从日光量和相对缺乏自然和人工照明眩光的角度来看，光线的得分也相当的好。然而，有看法认为人工照明太少。

太多来自同事和他人的噪声，加上内部声源，导致其整体得分大致与基准分相同，虽然仍高于中间值。外部噪声似乎太少。

在 5 个控制方面，通风被大多数用户认为很重要，得分最高，在基准值附近。所有其他方面的个人控制得分远低于各自的基准分，但 23%—30% 的受访者均认为重要。

从满意度变量的情况来看，除了健康以外，所有的得分均显著高于其各自的基准分和中间值。

用户意见

总计，共收到来自员工大约 398 条反馈意见，受访者可以在 7 个标题下面添加书面意见——占总 1044 个潜在意见的 38.1% 左右（87 个受访者，12 个标题）。表 8.2 显示了正面、中立和负面评论的数量——在这个案例中，约 27.6 % 的正面评论、15.3% 的中立评论以及 57.1% 的负面评论。

在具体类别中，设计和办公桌 / 工作区域收到了目前最多的反馈意见（每个占总数的 10% 左右），紧接着是存储、噪声和光线。关于办公桌 / 工作区域的一半意见均为负面，其中大部分是关于空间不足，这也是得分偏低的原因。存储的意见主要为负面，其中 80% 左右的意见认为空间不足。

设计、整体舒适度和光线吸引了几乎同等数量的正面和负面评论。除了清晨和傍晚出现的眩光以外，没有其他共同的问题，但从某些意见得知，其中部分问题已经通过安装百叶窗得到了缓解。

有关噪声的近 90% 的意见均为负面，包括他人的互相交谈和电话交谈、手机铃声、相邻休息区和厨房的噪声，以及足球在内部木制楼梯产生的噪声 – 对于那些附近的区域。在这里可以看出，噪声的所有得分均偏低。

近一半的受访者对该建筑的工作良好项进行了评论，约一半的评论反映他们与同事之间的真实互动和交流能力得到了增强。超过 70% 的受访者指出各种阻碍——噪声和工作空间的问题在这里被频繁的提及，进一步强调了特定标题下得到的意见及其各自的分数。直接太阳光眩光再次被提及，强调了该方面所得到的意见，虽然没有评分；然而也有人指出缺乏温度控制，在这个案例中，强调了冬季和夏季温度变化项的得分。

整体性能指标

舒适度指数是以舒适度、噪声、光线、温度以及空气质量的得分为基础，结果为 +0.51 分，而满意度指数则根据设计、需求、健康和生产力的分数计算而来，结果为 +0.94 分，注意在这些情况下，−3 分到 +3 分范围内的中间值为 0。

综合指数是舒适度指数和满意度指数的平均值，结果为 +0.73 分，而在这种情况下，宽恕因子的计算结果为 1.08，表明员工可能对个别方面的小瑕疵相对宽容，如冬夏季温度、空气质量、光线和噪声等（因子 1 表示通常范围 0.8 到 1.2 的中间值）。

从十影响因素评定量表来看，该建筑在 7 分制的评级中位于“杰出”建筑物之列，计算百分比为 94%。当考虑所有变量时，计算百分比为 68%，处于 “高于平均水平”的前列。

致谢

我必须向吉福德和帕特尔事务所的前董事长安德鲁 · 佩蒂福表达我的特别感谢之情，感谢其允许我调查此建筑物；同时也感谢他和设计引擎建筑师公司的理查德 · 乔布森（Richard Jobson）协助我理解该建筑和建筑设计。

参考文献

ASHRAE (2001) *ASHRAE Handbook: Fundamentals, SI Edition*, Atlanta, GA: American Society of Heating Refrigerating and Air-Conditioning Engineers.

Coyle, D. (2004) ‘Building Analysis’, *Building Services Journal*, 26(4): 22-6.

Design Engine (2005) ‘Practice’, available at: www.designenginearchitects. com/practice.html (accessed 11 April 2008).

Jobson, R. (2005) Transcript of interview held on 25 October 2005, Winchester, England

Pettifer, A. (2004) ‘Gifford Studios: A Case Study in Commercial Green Construction’, in A. A. M. Sayigh (ed.) *Proceedings of the World Renewable Energy Conference VIII*, Elsevier, Denver, CO, September.

第 9 章
奥雅纳园
索利赫尔，英格兰

与巴里 · 奥斯丁和亚历山德拉 · 威尔逊

背景

奥雅纳工程顾问有限公司（Ove Arup and Partners Ltd）的米德兰（Midlands）总部坐落于一个商业园区内，与伯明翰和考文垂两个城市的距离大致相等。新设施面积近 6000m²，用于整合两个城市的办公力量，计划容纳大约 350 名员工，但是允许未来在该场地上进行扩建。纬度约 52.5°N，1% 概率的设计温度约 -4.2℃和 +23.9℃（ASHRAE，2001：27.51-2），该场地毗邻 M42 高速公路，地势向西北方向缓缓下倾。

长期以来，该公司在世界各地参与了许多可持续建筑的设计。在这样的背景下，可以预见到 “意图……是建立一个可持续性的典范。目标是最大限度减少碳排放和最大限度提高员工生产力”（Kwok and Grondzik，2007）。

用奥雅纳主任特里 · 迪克斯（Terry Dix）（2006a）的话来说，其宗旨是提供 “风格、舒适和运行效率，[以及一个] 愉快和富有生产力的环境”，因此 “当我们定义自己的空间时，我们可以向全世界宣布，这就是我们引以为荣要去实现的东西”。

2001 年初，一个 2 层高的双子馆（图 9.1）竣工，并且工作人员随之迁入，从那时候开始，该建筑物的性能就一直是重点研究和报道的焦点，其相关内容可以轻易地通过公共途径获取。

设计过程和成果，以及大量的性能调查结果，均已在别的地方详细描述过了（Kwok and Grondzik，2007；

图 9.1 建筑南侧概貌（较低馆的东南立面位于左侧，较高馆的西南山墙位于右侧，带主入口的连接体块位于中心位置。采光 / 通风舱明显位于脊线处）

图 9.2　平面图，显示了 2 个馆的上层布局及其中间的连接体块（注意下层楼板的开洞）
资料来源：改编自奥雅纳

图 9.3　截面图（显示了 2 个馆的上、下楼层以及采光 / 通风舱的布置）
资料来源：改编自奥雅纳

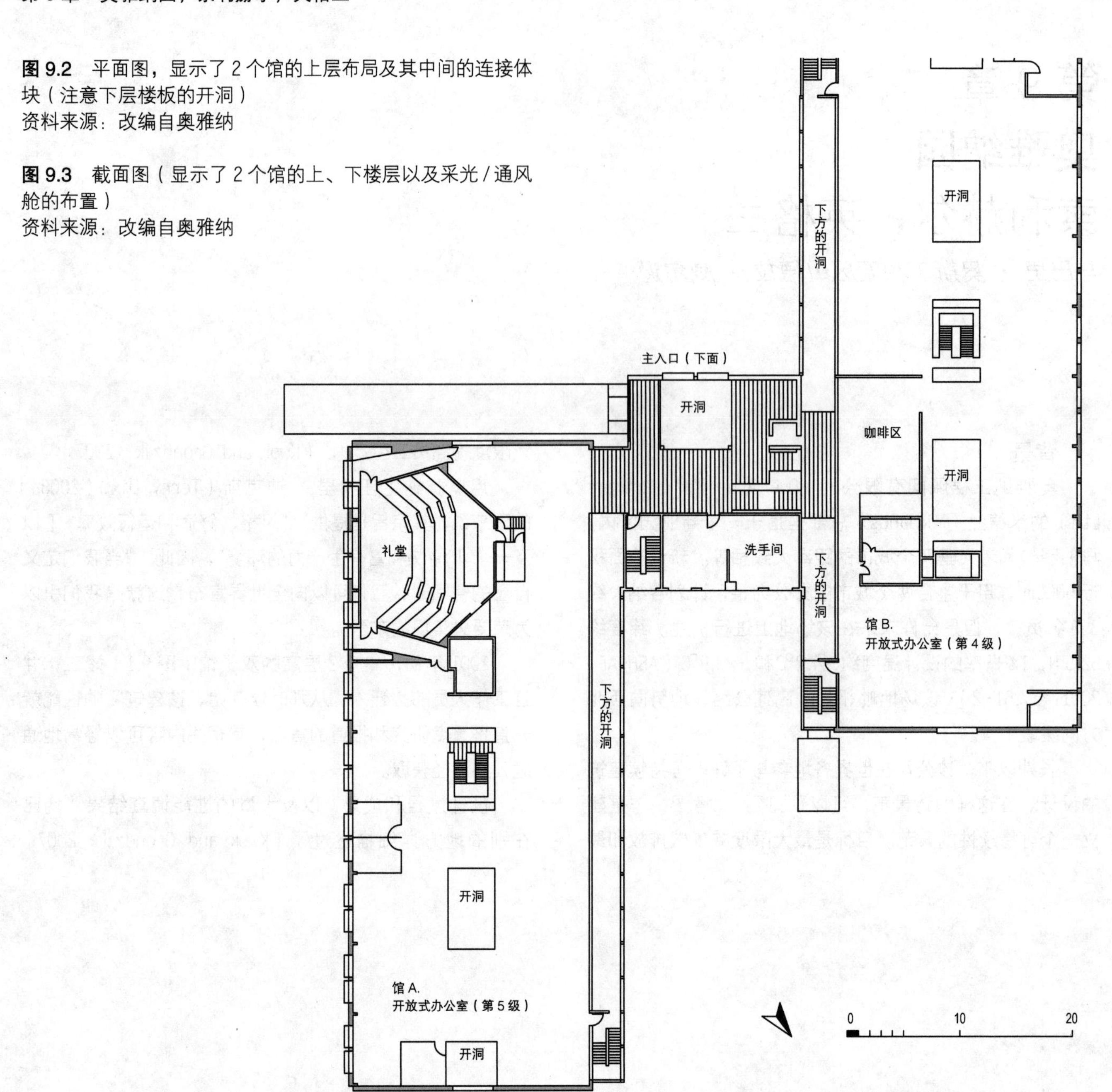

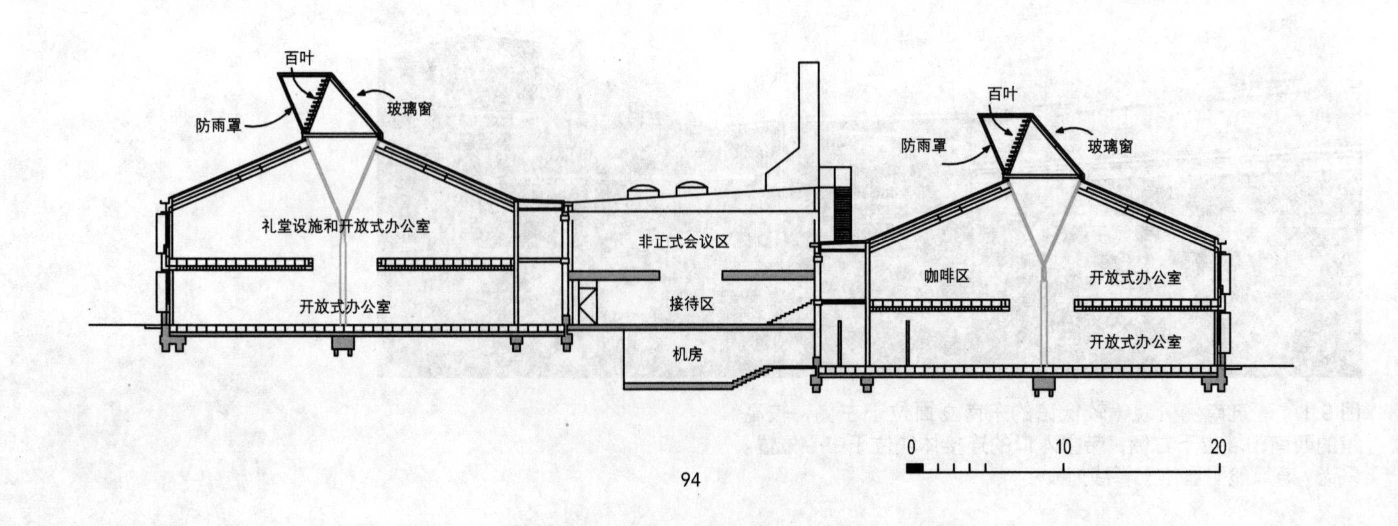

94

图 9.4　其中一个馆上楼层开放式办公室概貌（注意下方的楼板开洞、上方的采光/通风舱，以及混凝土顶棚）

图 9.5　其中一个馆下楼层中间区域的内部视图（注意上方楼板的开洞）

Philips，2004；Powell，2002；Wilson and Austin，2004）。以下是最简短的概括。

设计过程

不用猜测，奥雅纳便是这个项目的设计团队，负责建筑、结构和服务工程以及质量调查。这个综合的、多元化的集团已经运营了近40年，此项目由建筑师丹尼尔·黄（Daniel Wong）带领，他们因"创新性和严肃性，后者反映了对设计社会影响的关注"而享有盛誉（Powell，2002）。

设计团队的最终反馈就是设计一个"2—3层高的建筑，[拥有一个]连贯的办公布局、大体积带"夹层感觉"、互动的公共空间、有凝聚力的园区氛围、自然通风、良好的采光、天然的材料、灵活的空间，以及[最后]商业的可行性"（Dix，2006a）。

最后的设计理念是一个2层高的双子馆，由一个共同的入口和接待区相连（该场地允许在未来建造第3个馆）。

设计成果

建筑布局、构造和被动环境控制系统

两个馆的大小为60m×24m，其中一个馆位于另一个"之上"，与场地轮廓平行布置，长轴为西南－东北方向（图9.2）。虽然每个馆下层的地板到顶棚之间的高度为3m左右，但是中央部分的空间距离底层地板却有7m的高度（图9.3）。该建筑的空间主要包括开放式的办公室（图9.4和图9.5）、临时分区的办公室或会议室，以及一个小型的倾斜礼堂，其占据了一个馆的上层空间。

图 9.6 较低馆东南立面的内部视图，从上层观望（注意全高的开洞使得空气可以在楼层之间流动。可以看到各种各样的窗户开口和遮阳控制，以及上、下楼层之间的采暖终端设备）

图 9.7 较低馆东南立面的外部视图（注意大型的推拉窗，其中一些配置了可伸缩的外部百叶；滴流 / 夜间通风口的水平栅格；以及脊线位置的采光 / 通风舱。同样注意连接体块上方突出的迷你气象站和锅炉烟囱）

图 9.8 一个典型窗户布置的内部视图，位于较高馆的东南立面（注意绕线机 – 右侧的一个是为了操控推拉窗，而中间的一个则为了控制外部的木制百叶窗。同样注意窗户下方的采暖终端单元及其上方的滴流 / 夜间通风栅格）

图 9.9　较高馆的东南立面（注意下层和上层各个位置的外部百叶，一个固定的水平遮阳位于东南立面的山墙顶部。同样注意采光 / 通风舱南侧没有设置任何玻璃）

图 9.10　一个典型采光 / 通风舱的内部细图玻璃区域（位于照片左侧）面向北和西北方向；通风口位于右侧（目前所有的百叶窗均已关闭），检修口刚好位于照片底部

图 9.11　“房子的背后” 视图，以及中间的 3 层高的连接体块（锅炉房的烟囱明显）（较低馆的山墙及其上方的采光 / 通风舱位于右侧；较高馆的西北立面位于左侧）

楼板上的数个大开洞与每层周边的可开启窗户以及沿脊线排列的 3 个采光 / 通风舱相结合，组成了自然通风系统（图 9.6、图 9.7、图 9.8 和图 9.9）。这些采光/通风舱（图 9.7、图 9.9 和图 9.10）和周围的窗口也同样旨在向办公室提供日光，后者集中布置在西北立面（图 9.11）。根据窗户所处的方位，朝南向的窗户都配备了外部可伸缩的水平百叶、可调节的垂直铰接木制百叶或固定的水平百叶（图 9.7 和图 9.9）。预制混凝土楼板和（相对不寻常的）顶棚则提供热质（图 9.4 和图 9.5）。

两馆之间的连接体块共有 3 层（图 9.1、图 9.3 和图 9.11）——其中间层设有接待区，上层是一个非正式会议区，而下层则用作机械设备房。

主动环境控制系统

4 个 120kW 的燃气冷凝式锅炉向传统的低温热水散热器系统（每个终端设备均设有温度调节阀门）、礼堂空气处理机组的加热电池，以及中央国产热水储存加热器进行供给。1 个 100kW 的空气冷却式中央制冷系统则向礼堂空气处理机组的冷却盘管和各个特殊区域的风机盘管进行供给。

虽然设计的重点是实现良好的自然通风，但是下层的高架活动地板系统可与用户可控的风扇终端结合起来使用，该风扇终端与落地式旋流风口相连——试图在炎热无风的条件下使用（Waterloo，2004）。然而，在大多数情况下：

> 建筑物的绝大部分是通过一个混合的模式进行自然通风，通过 BMS [楼宇管理系统] [Building Management System] 自动控制窗口，并且 “当需要时” 可通过用户进行手动控制。屋顶舱的主推动力是浮力效应，虽然该建筑也可以利用风力来补充这种效果……沿每个馆立面布置的窗户上方的自动百叶窗……这些自动百叶窗用以满足冬季最低新鲜

每个影响因素的平均得分，以及得分是否显著高于、相似或者低于 BUS 的基准分　　表 9.1

		得分	低于	相似	高于		得分	低于	相似	高于
运行因素										
来访者心中的形象		5.60			●	清洁	5.01			●
建筑空间		5.09			●	会议室的可用性	4.29		●	
办公桌空间 – 太小 / 太大 [4]		3.79		●		储藏空间的合适度	4.09			●
家具		4.86			●					
环境因素										
冬季的温度和空气						夏季的温度和空气				
整体温度		4.01		●		整体温度	4.42			●
温度 – 太热 / 太冷 [4]		4.66	●			温度 – 太热 / 太冷 [4]	3.53		●	
温度 – 恒定 / 变化 [4]		4.95	●			温度 – 恒定 / 变化 [4]	4.39		●	
空气 – 不通风 / 通风 [4]		4.08		●		空气 – 不通风 / 通风 [4]	4.05			●
空气 – 干燥 / 湿润 [4]		3.38		●		空气 – 干燥 / 湿润 [4]	3.94			●
空气 – 新鲜 / 闷 [1]		3.79			●	空气 – 新鲜 / 闷 [1]	3.85			●
空气 – 无味 / 臭 [1]		2.96			●	空气 – 无味 / 臭 [1]	3.22			●
整体空气		3.96		●		整体空气	4.58			●
光线						**噪声**				
整体光线		4.71			●	整体噪声	4.69			●
自然采光 – 太少 / 太多 [4]		3.77		●		来自同事 – 很少 / 很多 [4]	4.19		●	
太阳 / 天空眩光 – 无 / 太多		4.16	●			来自其他人 – 很少 / 很多 [4]	4.35		●	
人工照明 – 太少 / 太多 [4]		4.05			●	来自内部 – 很少 / 很多 [4]	4.32	●		
人工照明眩光 – 无 / 太多 [1]		4.11	●			来自外部 – 很少 / 很多 [4]	3.76		●	
						干扰 – 无 / 经常 [1]	3.82		●	
控制因素 [b]						**满意度因素**				
采暖	56%	1.81	●			设计	5.38			●
制冷	49%	2.44		●		需求	5.33			●
通风	57%	3.22		●		整体舒适度	4.93			●
光线	53%	2.24	●			生产力 %	+4.47			●
噪声	38%	1.94		●		健康	4.16			●

注：（a）除非有其他的注明，7 分为“最高”；上角标 [4] 表示 4 分最高，上角标 [1] 表示 1 分最高；（b）所列出的百分比值表示认为该方面个人控制很重要的受访者百分比。

针对 12 项性能影响因素所提供正面、负面和中立评论的受访者人数　　表 9.2

方面	受访者人数			
	正面	中立	负面	总数
整体设计	58	16	74	148
整体需求	15	9	60	84
会议室	—	—	–	–
储藏空间	—	—	–	–
办公桌 / 办公区域	—	—	–	–
舒适度	11	9	19	39
噪声来源	8	13	48	69
光线条件	12	21	59	92
生产力	22	21	14	57
健康	9	21	24	54
工作良好	—	—	–	–
阻碍	—	—	–	–
总计	135	110	298	543
百分数	24.9	20.3	54.8	100

注： 在调查期间，只要求受访者针对 7 个影响因素进行评论，而非“标准”的 12 个影响因素

> 空气的需求或者夏季的夜间制冷。通风舱上的减震器也是自动控制的，通过区域温控器将过大的温度波动降至最低。
>
> （Wilson and Austin，2004）

在预制混凝土楼板和顶棚内置入了温度传感器，建筑物的热质也纳入了控制系统。这些均用来控制夜间的制冷量。经过系统微调之后，发现 17℃左右是楼板所允许的最低温度，低于此温度用户便会感觉不适（Dix，2006b；Wilson and Austin，2004）。

用户对建筑物的看法

于 2002 年 9 月期间开展了这项调查，由奥雅纳研究与发展部（Wilson and Austin，2004）负责，非常感谢他们能让我全面查阅 BUS 的分析结果。他们所发表的文章对这些分析和该建筑的监测结果进行了详细的解释。在这个特殊的实例中，调查问卷是通过奥雅纳的企业网进行电邮的。

总体反应

对于 197 名受访者（20% 为女性，80% 为男性）中的大多数而言，该建筑物是他们正常工作的地方。平均每周工作 4.6 天，每天工作 8.8 小时，其中大约 7.4 小时在自己的办公桌上或目前的工作地点，以及 6.5 小时在电脑前。30 岁以下和 30 岁以上的受访者比例是 33% ：67%，其中大多数（75%）已在该建筑物中工作超过一年，有 47% 的人在同一张桌子或工作区工作。其中大约 32% 的受访者拥有单独的办公室或者需要与另 1 位同事共享办公室；20% 的受访者需要和 2—4 位同事共享办公室；48% 的受访者需要和 5 位或更多人共享办公室。

重要因素

表 9.1 列出了每个调查问题的平均得分，并且显示了员工对于建筑物各个方面的感知评分与基准分以及 / 或中

间值的比较情况，分为显著高于、相似或者低于三种不同的情况。在这个案例中，约有 22 个方面的得分显著高于基准分，6 个方面的得分显著低于基准分，而其余 16 个方面的得分与基准分大致相同。

从 7 个运行方面的因素来看，除了 1 个方面以外，该建筑物在其他方面的得分均高于基准分；桌面空间似乎被认为太少，尽管建筑物空间的得分相对较好。形象的得分为 5.60 分，是最高的。

在夏季，整体温度和整体空气的得分良好，其大多数更详细的参数同样如此。冬季的情况不是很好，同时，空气被认为相对新鲜和无味，温度被认为过于寒冷和变化。然而，如前所述，冬季整体空气和整体温度的得分与基准分相比没有显著的不同（分别为 3.96 分和 4.01 分），并且非常接近中间值。

整体光线的成绩相当好（4.71 分），人工照明正好适量。然而，有一个意见认为自然光线太少，以及收到一个关于来自太阳和天空眩光的意见。

整体噪声的得分相当不错（4.69 分），显著高于基准分和中间值，但是其中大部分分项因素的得分刚刚低于理想分值。

平均而言，大约一半的受访者认为个人控制非常重要，但是在所有情况中，个人控制程度的得分却低于中间值。然而，通风的个人控制得分较高，而制冷和噪声的个人控制得分与各自的基准分相同。

就满意度变量的情况而言，所有 5 个方面的得分均显著高于基准分和中间值。

用户意见

总计，共收到来自员工大约 543 条反馈意见，受访者可以在 7 个标题下面添加书面意见——占总 1379 个潜在意见的 39.4% 左右（197 个受访者，7 个标题）。表 9.2 显示了正面、中立和负面评论的数量——在这个案例中，约有 24.9 % 的正面评论、20.3% 的中立评论以及 54.8% 的负面评论。

在具体类别中，设计收到了目前最多的反馈意见，75% 的受访者（占总受访者人数的 27% 左右）针对此方面进行了评价。正面、中立和负面的评论数量的比例为 39% ：11% ：50%。

从正面评论来看，主要的意见是关于空间的宜人、宽敞和通风性，以及该建筑物是如何整体工作的；而负面评论主要是关于空间的温度、百叶窗和光线的控制，以及在较少的楼梯设计方面也受到了一些批评。针对建筑物的外观也有一些评论，负面和正面的评论数量比例大致为 3：1。然而，几乎所有关于内部形象的意见均是正面的，包括几个对外观提出负面意见的受访者也对此持肯定态度。

在需求方面没有出现特别的意见，但是有几个受访者提及关于停车位不足、会议室区域，以及缺乏食物加热设备的问题；有少数受访者也注意到了需要更完善的自行车停车设施和一个医疗室。

光线条件也吸引了相当数量的意见，其中约 67% 的意见均为负面。虽然在这个标题下存在若干问题，但是主要问题还是集中在眩光和人工照明的控制问题上。

噪声也同样主要（约 70%）吸引了负面评论。主要是 3 个问题——办公室的电话铃声（经常未应答）和移动电话铃声（尤其是后者）；来自礼堂附近分隔区的干扰；设备噪声和谈话的干扰。

在此类调查中，正面评论数量高于负面评论数量的情况比较少，但是生产力收到的正面和中立意见的数量大致持平，占生产力总评论数量的大约 76%。

整体性能指标

舒适度指数是以舒适度、噪声、光线、温度以及空气质量的得分为基础，结果为 +0.67 分，而满意度指数则根据设计、需求、健康和生产力的分数计算而来，结果为 +1.25 分，注意在这些情况下，−3 分到 +3 分范围内的中间值为 0。

综合指数是舒适度指数和满意度指数的平均值，结果为 +0.96 分，而在这种情况下，宽恕因子的计算结果为 1.12，表明员工可能对个别方面的小瑕疵相对宽容，如冬夏季温度、空气质量、光线和噪声等（因子 1 表示通常范围 0.8—1.2 的中间值）。

从十影响因素评定量表来看，该建筑在 7 分制评级中位于 “杰出” 建筑物之列，计算百分比为 95%。当考虑所有变量时，计算百分比为 79%，处于 “良好” 建筑物的中列。

其他报道过的性能

除了问卷调查以外，威尔逊和奥斯汀（2004）还监测过冬季和夏季的空气温度和楼板温度、冬季的二氧化碳水平，以及 2002 年 /2003 年期间的年度能源使用情况。

在冬季期间，发现楼板温度比空气温度低大约 2℃。“从这里可以明显看出，该建筑物的高热质不允许温度低于所说的 17℃，否则预加热将无法向用户提供可接受的舒适条件。”

在夏季，发现上层的平均温度比下层高出大约 0.5℃。总的来说，“通过遮阳、保温、热质和夜间制冷的被动控制措施，极端情况被处理得很好”，同时显示了内部温度只在 8% 的使用时间内被升高到了 25℃以上。监测结果表明，当外界温度超过 21℃时，改良的夜间制冷机制允许在 21：00—06：30 的时间段内发生作用。冬季二氧化碳的监测表明 “在使用期内，通风率足以将 [上层] 的 CO_2 水平控制在第 4 级别 800—1000ppm 之间，以及 [下层] 的 CO_2 水平控制在第 2 级别 500—750ppm 之间”，并且将外界的 CO_2 水平控制在 450ppm。“在能耗方面，该建筑物在燃气使用上表现良好，并且符合一个自然通风良好建筑物的实践标准 76kWh/m2……[总体上] 每年的用电量为 157kWh/m2”（Wilson and Austin，2004）。

致谢

我必须向奥雅纳研究和发展部的副主任巴里 · 奥斯丁表达我的特别感激之情，感谢其允许我查阅该建筑的调查分析，并且感谢奥雅纳工程顾问有限公司的主任特里 R · 迪克斯帮助我理解该建筑物和建筑设计。

参考文献

ASHRAE (2001) *ASHRAE Handbook: Fundamentals, SI Edition*, Atlanta, GA: American Society of Heating Refrigerating and Air-Conditioning Engineers.

Dix, T. R. (2006a) ‘Arup Campus’, PowerPoint presentation.

Dix, T. R. (2006b) Transcript of interview held on 2 November 2005, Arup Campus, Solihull, England.

Kwok, A. G. and Grondzik, W. T. (2007) *The Green Studio Handbook: Environmental Strategies for Schematic Design*, Oxford: Elsevier Architectural Press, pp. 267-273.

Phillips, D. (2004) ‘Arup Campus, Solihull’, in *Daylighting: Natural Light in Architecture*, Oxford: Architectural, 90-93.

Powell, K. (2002) ‘Candid Campus’, *The Architects’ Journal*, 215(7): 24-33.

Waterloo (2004) ‘Waterloo’s Diffusers Boost Airflow at the Touch of a Button’, available at:www.waterloo.co.uk/news_arup.htm (accessed 17 November 2004).

Wilson, A. and Austin, B. (2004) ‘Post Occupancy Evaluation Case Study-Advanced Naturally Ventilated Office’, in *Proceedings of ‘Closing the Loop: Post Occupancy Evaluation Conference-The Next Steps*’, Cumberland Lodge, Windsor, United Kingdom, 29 April-2 May.

ZICER 大楼的中庭立面

第 10 章
ZICER 大楼
东英吉利大学
诺里奇，英格兰

背景

这个高 5 层、面积为 2883m² 的大楼是英国东英吉利大学的朱克曼连通性环境研究所（ZICER 大楼），始建于 2003 年（图 10.1）。这个位于环境科学学院内的研究所拥有几个研究中心，包括廷德尔气候变化研究中心、气候研究组、全球环境的社会与经济问题研究中心、经济及行为分析风险和决策中心，以及环境风险中心。

东英吉利大学因建筑师诺曼·福斯特爵士（Sir Norman Foster）和丹尼斯·拉斯登爵士（Sir Denys Lasdun）所设计的创新型建筑而享有盛誉，ZICER 大楼与丹尼斯·拉斯登爵士在 20 世纪 60 年代所设计的教学中心线相连，并且沿着 Chancellor' s Drive 大道，距离低能耗的伊丽莎白弗莱大楼（Elizabeth Fry Building）不远。

鉴于这样的背景以及该研究所的宗旨，可持续性显然是该大学高度优先考虑的事情，并且英格兰该地区的气候相对温和（冬季和夏季 1% 概率的设计温度分别大约为 -1℃和 +22℃ - ASHRAE，2001：27.50-1），试图结合自然通风的想法是不可避免的。

该建筑获得了多个奖项，因其太阳能设计获得了 2004 年欧洲可再生能源协会奖，因其可持续性受到了 2005 年英国皇家特许测量师协会区域奖的高度褒奖，并获得了 2005 年建筑杂志的年度低能耗建筑奖。

图 10.1 南立面概貌［显示了第 01 层、第 0 层和第 1 层的窗户布置。注意第 2 层光伏建筑一体化的安装（最上面楼层）；第 0 层的玻璃连接体块（照片右侧）；以及地下室自行车存放区的入口（第 02 层）（右下方）。CHP 电厂的高耸烟囱位于后方］

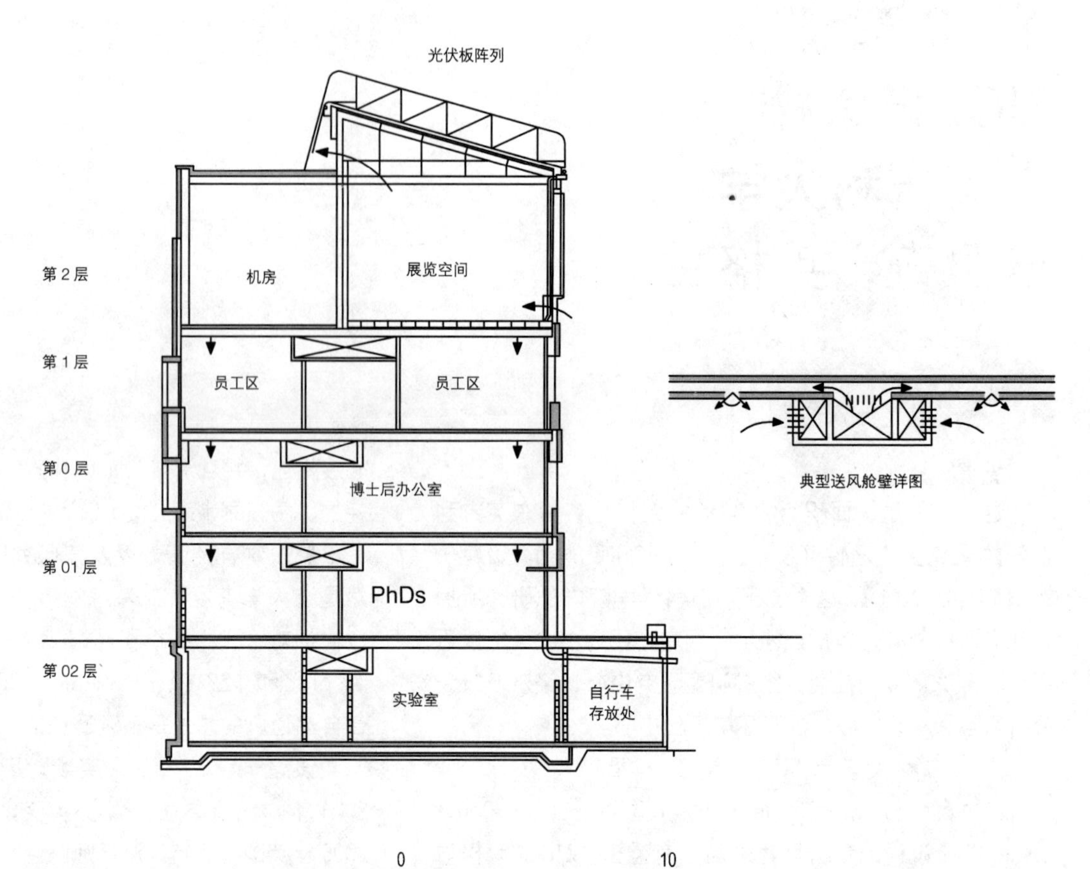

图 10.2　横截面，显示了该建筑 5 个楼层的名称和主要功能（注意位于中央走廊上方的送风舱壁以及展览空间的特点）
资料来源：改编自 RMJM 建筑事务所

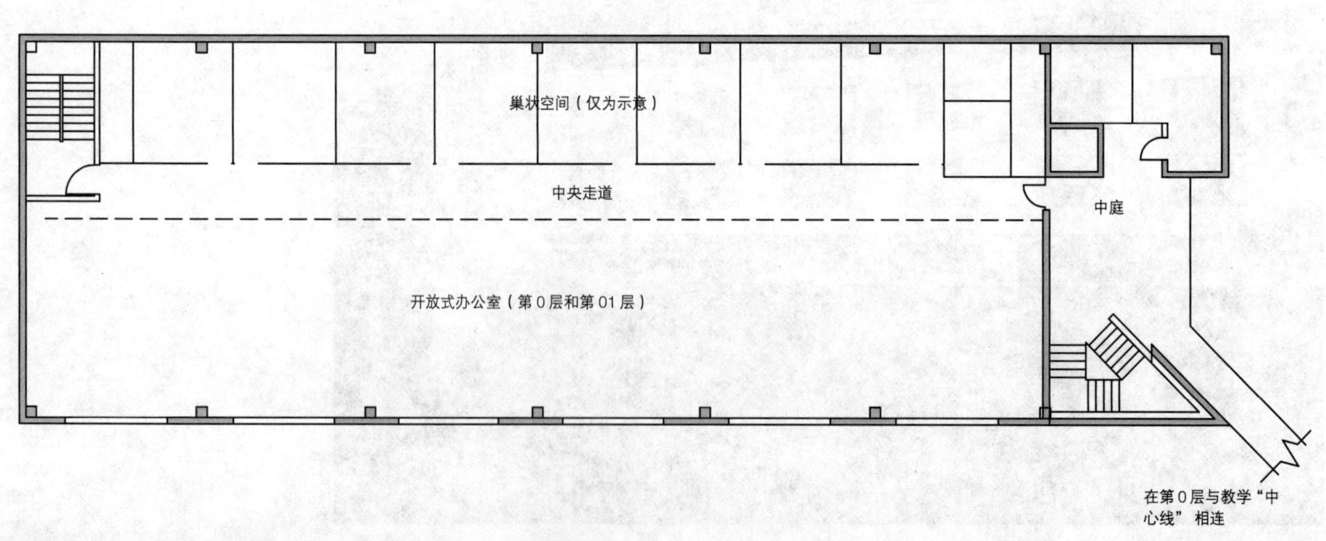

图 10.3　建筑物总平面，显示了第 0 层和第 01 层布局的基本原则（注意主垂直流通中庭位于东侧，在其第 0 层设有连接体块，与校园教学中心线相连）
资料来源：改编自 RMJM 建筑事务所

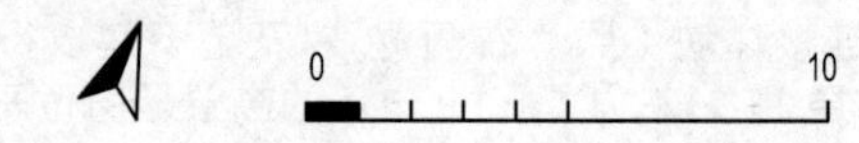

图 10.4　北立面概貌（注意第 01 层高位置处的窗口布置，以及中间的第 0 层和第 1 层的窗口布置，所有的窗口均为了向建筑一侧的主巢状办公室提供采光和自然通风）

图 10.5　第 2 层的展览空间，以及光伏建筑一体化面板构成了屋顶和大部分南立面（自然通风格栅位于南立面的窗台位置和两个墙壁的顶部。裸露的混凝土板悬挂在高处，位于钢梁之间，向其他相对“轻热质”的空间提供热质。研讨室位于远端的墙后，主机房则位于右侧的墙后）

设计过程和建筑成果已经在别的地方详细描述过了（Eco Tech，2003）。下面是最简短的概括。

设计过程

该项目是由 RMJM（Robert Matthew Johnston-Marshall）建筑事务所的剑桥办公室负责，RMJM 建筑事务所是一个跨学科的大型集团顾问公司，负责建筑和建筑服务。他们与负责结构工程的惠特伯德联合事务所（Whitby Bird and Associates）以及其他人共同完成该项目。

由于客户需求和建筑本身的要求，RMJM 团队得以运用其娴熟的内部跨学科方法进行设计（Baird，2001；Williams，2005）。所呈现的概念是一栋 5 层高的建筑（图 10.2），其东端拥有一个全高的中庭 / 大厅，并在第 0 层通过一个玻璃走道与主要的校园教学中心线相连（图 10.3）。主研究中心被布置在该建筑物的中间 3 层，夹在顶层和地下室之间，顶层是一个大型的展览空间和研讨室，而地下室则是环境社会科学系的相关设施以及虚拟现实实验室。“通过开发高热质、自然通风、光伏发电和可循环建造方面的技术，该研究所旨在可持续性方面做出强有力的声明”（EcoTech，2003）。为了实现一个合理的自然通风措施，在某些楼层采用了局部开放式布局。

事实上，在该研究所工作的大部分人员先前已经在该校园内工作了，但是由于他们分散在不同的办公地点以及办公条件的参差不齐带来了特殊的问题。在某些情况下，研究人员尽管被置身于现代的开放式布局中，但是如今拥

图 10.6　第 2 层的研讨室（注意楼板上的送风栅格和混凝土顶棚的布置，以及提供某些环境控制的可调节百叶——光伏建筑一体化的屋顶就位于上方）

图 10.7　一个行政人员办公室，位于第 1 层的南立面（注意顶层的一排送风扩散器）

图 10.8　第 0 层开放式楼层的高位置视图（朝西观望），用作博士后和特聘研究人员办公室［注意顶置的一排送风扩散器（照片左上角）和通风舱壁的线性排风格栅（右上）。同时注意在此处和窗口布置中所使用的分区系统］

有了个人的空间，不必同他人共享一个工作场所。而在另一些情况下，那些从旧式建筑巢状办公室迁入的研究人员如今也只需要和 1—2 位同事共享一个开放的环境，尽管毗邻分隔区和会议室。这对于某些研究人员来说是存在问题的（Turner，2005），但是通过针对不同布局和屏风布置进行试验，有希望能从用户的角度达到一个相当令人满意的布置，同时又能实现设计的环境目标。

设计成果

建筑布局、构造和被动环境控制系统

该研究所的平面呈矩形（约 14m×47m），其长轴大致为东西方向（图 10.3），包括地上 4 层（图 10.4）和地下 1 层。最上层（第 2 层与校园网络基准面持平）包含 1 个大型的展览空间（图 10.5）、一个研讨室（图 10.6）和 1 个机房。第 1 层就位于下方，用作学术和行政人员的主巢状办公室，为单独的用户或小团队工作人员设计（图 10.7）。下方的第 0 层和第 01 层，分别用作博士后（图 10.8）和博士的办公室，其南侧三分之二的空间是开放式的办公室空间（图 10.9），而北侧沿线则分布了一些巢状空间，巢状空间主要用作会议室、办公室和研究图书馆等。地下室（第 02 层）则用作虚拟实验空间及附属办公室，以及一个自行车存放区。

特别强调的是，该建筑围护结构中的各种元素均实现了高水平的气密性和良好的热阻性。尤其应该注意的是 3 层玻璃窗的使用，带有一体化的可调节百叶（图 10.11）。这些措施连同裸露混凝土顶棚结构的热质（或展览空间的元素 – 图 10.5）一起明显减少了 HVAV 系统的造价和运行成本（EcoTech，2003：17）。

该建筑物相对狭窄的布局使得自然通风系统可以被设置在地上楼层（以及自行车存放区）。当外部条件

图 10.9　第 01 层的开放式楼层的高位置视图（朝东观望），用作博士办公室［注意顶置的一排送风扩散器（照片右上角）和通风舱壁的线性排风格栅（左上）。同时注意在此处和窗口布置中所使用的分区系统］

图 10.10　南立面窗口布置的外部视图（注意第 1 层和第 0 层的内部和外部遮阳；以及位于第 01 层的全高法式门。地面上的 2 个凸起物为自行车存放区提供采光和通风）

图 10.11　南立面可开启窗户的内部特写（第 1 层和第 0 层）（注意窗格之间的百叶——左侧完全打开；右侧完全关闭）

每个影响因素的平均得分，以及得分是否显著高于、相似或者低于 BUS 的基准分　　　　**表 10.1**

		得分	低于	相似	高于		得分	低于	相似	高于
运行因素										
来访者心中的形象		4.66		●		清洁	4.85			●
建筑空间		3.50	●			会议室的可用性	4.44		●	
办公桌空间 – 太小 / 太大[4]		4.02			●	储藏空间的合适度	4.49			●
家具		5.14			●	设施符合工作要求	4.38		●	
环境因素										
冬季的温度和空气						夏季的温度和空气				
整体温度		5.39			●	整体温度	4.90			●
温度 – 太热 / 太冷[4]		3.97			●	温度 – 太热 / 太冷[4]	3.50		●	
温度 – 恒定 / 变化[4]		3.45		●		温度 – 恒定 / 变化[4]	3.82		●	
空气 – 不通风 / 通风[4]		2.29	●			空气 – 不通风 / 通风[4]	2.17	●		
空气 – 干燥 / 湿润[4]		3.16		●		空气 – 干燥 / 湿润[4]	3.55		●	
空气 – 新鲜 / 闷[1]		4.75	●			空气 – 新鲜 / 闷[1]	4.90	●		
空气 – 无味 / 臭[1]		3.22			●	空气 – 无味 / 臭[1]	3.35			●
整体空气		4.77			●	整体空气	4.63			●
光线						**噪声**				
整体光线		3.80	●			整体噪声	4.29		●	
自然采光 – 太少 / 太多[4]		2.45	●			来自同事 – 很少 / 很多[4]	4.53	●		
太阳 / 天空眩光 – 无 / 太多		2.78			●	来自其他人 – 很少 / 很多[4]	4.81	●		
人工照明 – 太少 / 太多[4]		4.83	●			来自内部 – 很少 / 很多[4]	4.28		●	
人工照明眩光 – 无 / 太多[1]		3.85		●		来自外部 – 很少 / 很多[4]	4.12			●
						干扰 – 无 / 经常[1]	4.23		●	
控制因素[b]						**满意度因素**				
采暖	21%	1.19	●			设计	3.55	●		
制冷	18%	1.34	●			需求	4.45		●	
通风	36%	2.18	●			整体舒适度	4.41		●	
光线	46%	2.61	●			生产力 %	−7.81	●		
噪声	46%	2.06		●		健康	3.31		●	

注：（a）除非有其他的注明，7 分为“最高”；上角标[4]表示 4 分最高，上角标[1]表示 1 分最高；（b）所列出的百分比值表示认为该方面个人控制很重要的受访者百分比。

针对 12 项性能影响因素所提供正面、负面和中立评论的受访者人数　　表 10.2

方面	受访者人数			
	正面	中立	负面	总数
设计	4	9	37	50
需求	4	6	20	30
会议室	2	5	20	27
储藏空间	7	4	13	24
办公桌 / 办公区域	8	5	18	31
舒适度	8	3	7	18
噪声来源	—	6	29	35
光线条件	3	5	30	38
生产力	4	9	20	33
健康	3	5	19	27
工作良好	39	—	—	39
阻碍	—	—	55	55
总计	82	57	268	407
百分数	20.1	14.0	65.9	100

适宜时，南立面和北立面各个楼层的手动开启窗户（图 10.11）以及每层适当布置的空气流通路线便可实现自然通风。当然，这些窗口也有采光的功能，然而大部分的人工照明是由运动传感器进行控制的，这些传感器可能由局部开关所控制。

除了服务于建筑本身以外，东端的全高中庭空间还与校园内的流通体系合而为一。它和自行车存放区均使用自然通风。

主动环境控制系统

该建筑物的能源供应来自于大学附近的热电联产 CHP 电厂，余热驱动吸收式的制冷机则向区域制冷系统提供服务。

就建筑本身而言，位于顶层机房的空气处理机组通过建筑每层端头的垂直管道向沿每层中央通道上方的横向“隔舱” 管道提供新鲜空气（图 10.2 和图 10.3）。然后空气通过 Termodeck 通风系统的空心预制混凝土板，经过顶棚的空气扩散器进入下方的办公区域（图 10.7、图 10.8 和图 10.9）。空气通过舱壁上的线性格栅返回机房进行热量回收（图 10.8 和图 10.9）。

虽然顶层的展览空间已经被视为一个自然通风的 “温室”，但是在其屋顶和南立面安装了一个 33kWp 的单晶硅光伏建筑一体化阵列，同时一个预制混凝土的 “吊顶” 可提供一定的热质（图 10.1 和图 10.5）。

用户对建筑物的看法

总体反应

于 2005 年 10 月期间对该建筑物进行了调查。67 位受访者（51% 为女性，49% 为男性）代表了调查期间几乎所有的用户，对于其中的大多数（约 96%）而言，该建筑是他们正常工作的地方。平均每周工作 4.6 天，每天工作 8.2 小时，其中大约 7.1 小时是在自己的办公桌或目前的工作地点，以及 6.7 小时在计算机前。30 岁以下和 30 岁以上的受访者比例是 28%：72%，其中大多数（85%）已在该建筑物中工作超过一年，72% 的在同一张桌子或工作区工作。可以大致按照以下比例划分：拥有独立办公室或者需要与 1 位同事共享办公室的人、需要和 2—8 位同事共享办公室的人，以及需要和超过 8 人共享办公室的人各占三分之一左右。

重要因素

表 10.1 列出了每个调查问题的平均得分，并且显示了员工对于该建筑各个方面的感知评分与基准分以及 / 或中间值的比较情况，分为显著高于、相似或者低于三种不同的情况。在这个案例中，有 13 个方面的得分显著高于基准分，16 个方面的得分显著低于基准分，其余 16 个方面的得分与基准分大致相同。

从 8 个运行方面的因素来看，办公桌空间、家具、清洁和存储空间的得分均高于基准分。形象、设施和会议室的得分与基准分相似或低于基准分，但是均高于中间值，而建筑物空间的得分为 3.50 分，均低于基准分和中间值。

除了夏季温度的得分处于偏热的一侧以外（虽然仍低于基准分），夏季和冬季的整体温度和整体空气的得分远远高于其各自的基准分和中间值。平均而言，两个季节的温度均被认为是恒定的，但空气稍稍有些干燥。整体空气的得分良好，在夏季和冬季均被认为相对无味。与此同时，分数表明空气相对不通风和闷。

整体光线的平均得分为 3.80 分，低于基准分和中间值。用户评价该建筑有太多的人工照明和太少的自然采光——也许就结果而言，眩光并不是一个问题，其得分令人满意。

整体噪声的得分大致位于基准分附近，并高于中间值。然而，太多的来自同事和其他人的噪声似乎是一个问题。

个人控制问题的反馈意见反映了用户对于光线和噪声方面的关注，约 46% 的受访者认为这两个方面的个人控制很重要，但是其控制程度的得分却分别只有 2.61 分和 2.06 分。约 36% 的受访者认为通风的个人控制也很重要，但其得分也只有 2.18 分。

就满意度变量的得分而言，需求、舒适度和健康的得分与基准分大致相同，而设计和生产力的得分显著低于基准分。

用户意见

总计，共收到来自员工的大约 407 条反馈意见，受访者可以在 12 个标题下面添加书面意见——占总 804 个潜在意见的 50.6% 左右（67 个受访者，12 个标题）。表 10.2 显示了正面、中立和负面评论的数量——在这个案例中，约有 20.1 % 的正面评论、14.0% 的中立评论以及 65.7% 的负面评论。

光线、噪声和设计这 3 个方面的负面评论量是最多的，这也强调了其各自相对较低的得分。噪声和光线的问题也主要出现在阻碍类别中（分别约占 46% 和 27%）。计算设施和工作空间在工作良好类别中被较频繁的提及，分别被第 01 层和第 1 层的博士和博士后研究人员所使用。

考虑到该建筑的 3 组用户及其所属的楼层（第 1 层——学术和行政人员；第 0 层——博士后和特聘研究人员；第 01 层——博士），看看是否有不同的问题产生是很有趣的。结果，评论率与整体反馈率非常接近 - 第 1 层、第 0 层和第 01 层的评论率与整体反馈率之比为 27.7%、41.2%、31.1% 比 29.9%、37.3%、32.8%——换句话说，任何特定楼层用户的意见均不占主导地位。虽然所有 3 层的中立意见占了 14% 左右，但是负面评论的比例按照楼层从低到高有上升的趋势（第 01 层、第 0 层和第 1 层分别为 61.4%、64.3% 和 73.4%）；相反的，正面评论有下降的趋势（分别为 25.2%、20.2% 和 14.2%）。

就第 1 层而言，光线和设计问题吸引了一些负面评论——超过一半的受访者感觉没有充足的自然光，并且有几条意见是关于研究人员之间交流的难度，由于他们处在不同的楼层和开放式的楼层。

在第 0 层，主要的负面意见是关于设计和噪声，一半以上的受访者认为开放式布局不利于研究，并且注意到了控制对话的难度（对于讲话者和无心的听众而言）。采光似乎不是问题（人工照明的布局最近被修改过了，以配合工作区域）但是在阻碍项中，光线和噪声仍然被频繁的提及。

光线和噪声问题似乎是第 01 层用户的主要意见。主要意见是大部分时间缺乏日光和需要人工照明，而（其他人的）谈话和电话会令人分心。

更糟糕的是，第 0 层和第 01 层的用户均对开放式空间提出了若干意见，称开放式空间有时也会存在压迫性的安静，并且抑制谈话。

整体性能指标

舒适度指数是以舒适度、噪声、光线、温度以及空气质量的得分为基础，结果为 +0.73 分；而满意度指数则根据设计、需求、健康和生产力的分数计算而来，结果为 −0.58 分，注意在这些情况下，-3 分到 +3 分范围内的中间值为 0。

综合指数是舒适度指数和满意度指数的平均值，结果为 +0.07 分，而在这种情况下，宽恕因子的计算结果为 0.95，表明员工可能对个别方面的小瑕疵相对宽容，如冬夏季的温度、空气质量、光线和噪声等（因子 1 表示通常范围 0.8—1.2 的中间值）。

从十影响因素评定量表来看，该建筑在 7 分制的评级中位于“高于平均水平”的建筑物之列，计算百分比为 60%。当考虑所有变量时，计算百分比为 58%，再次处于“高于平均水平”的行列。

致谢

我必须向全球环境的社会和经济问题研究中心的主任 R · 克里 · 特纳（R. Kerry Turner）教授表达我的感激之情，并且感谢东英吉利大学资产（设施）管理处的副主任马丁 · 牛顿（Martyn Newton）批准我进行本次调查。特别感谢该项目的建筑师彼得 · 威廉斯（Peter Williams）和 RMJM 建筑事务所的德鲁埃 · 利奥特（Drew Elliot），感谢其帮助我理解该建筑和建筑设计。我还必须感谢夏洛特 · 特纳（Charlotte Turner）博士在调查期间所给予的帮助。

参考文献

ASHRAE (2001) *ASHRAE Handbook: Fundamentals, SI Edition*, Atlanta, GA: American Society of Heating Refrigerating and Air-Conditioning Engineers.

Baird, G. (2001) *The Architectural Expression of Environmental Control Systems*, London: Spon Press, Chapters 9 and 16.

EcoTech (2003) ‘Building-“Eastern Promise. EcoTech”’, *Sustainable Architecture Today*, 8: 14-18.

Turner, R. K. (2005) Transcript of interview held on 31 October 2005, Norwich, England.

Williams, P. (2005) Transcript of interview held on 1 November 2005, Cambridge, England.

RES 大楼的楼层间开洞

第 11 章
可再生能源系统（RES）大楼
国王兰利，英格兰

背景

可再生能源系统（RES）有限公司的全球总部位于国王兰利村郊外的前阿华田（Ovaltine）鸡蛋农场。坐落于伦敦的北部边缘，纬度大约为 52°N，1% 概率的设计温度约为 -3.3℃和 +24.2℃（ASHRAE，2001：27.51-2），该场地的西侧是一条公路铁路干线，而东南方向是繁忙的 M25 高速公路。

RES 有限公司成立于 20 世纪 80 年代，目前的经营范围涉及全球风力发电场的开发、建设和运营。鉴于该公司的使命，从发电和热环境控制的角度来看，RES 的新总部要求零碳和自维持，并同时要求商业上的可行性也许不会令人感到惊讶（Cameron，2006）。除了这些以外，比较复杂的是该建筑需要包含游客中心和办公场所，并且利用一个在现有遗产名录上的建筑。此外，从一开始，客户便决定该建筑将是一系列可再生能源技术示范的试验台。

2003 年年底，这个 2 层高、面积为 $2700m^2$ 的被改造建筑完工，且工作人员迁入，从那时候开始，该建筑物就多次获得再生和可持续发展奖。其中包括 2004 年英国文化协会办公空间奖之南英格兰和南威尔士州最佳翻新奖、2004 年企业环境保护贡献奖、2005 年东英格兰 RICS 可持续奖、2005 年企业女王奖（可持续发展类），以及 2006 年 BREEAM 设计阶段评级的 “优秀” 建筑。

设计过程和建筑成果，以及针对各种能源系统的大量性能监控结果，已经在别的地方详细描述过了（Bunn，2004；Beaufort Court Seminars，2005；Tweddell and Watts，2005；Watts，2005；Bristow and Tweddell，2006；Beaufort Court website）。以下是最简短的概括。

设计过程

该建筑物的环境设计是由 E 建筑事务工作室（Studio E Architects）和马克斯 - 福德姆（Max Fordham）咨询工程公司密切合作完成的，这两家公司是英国集成低能耗建筑设计的领跑者，其总部均设在伦敦。在低能耗和可持续发展设计领域中，这两家公司拥有丰富的经验和良好的声誉，并且之前就曾在一起合作过。

从一个采访中得知，设计团队需要做到以下最简单的几点（Lloyd-Jones，2006；Watts，2006）：

- 满足房地产的商业需求和条件。
- 向 RES 的总部提供面积约 $2670m^2$ 的高品质办公空间。
- 向游客中心和 RES 总部的客人提供展览、会议和相关的使用空间。
- 提供一个能最大限度减少能源消耗和减少稀缺资源使用的建筑物，并且对当地的经济需求和社会需求起到积极的作用。
- 利用现场的可再生能源向游客中心提供所有的能源需求。
- 该项目集社会、技术和美学为一身。

（Lloyd-Jones，Beaufort Court Seminars，2005）

RES 希望使用一个风力涡轮机作为现场的其中一种可再生能源，虽然这样的想法在意料之中，但是鉴于不断增加的人畜数量，农场也将考虑采用上述的方式。此外，设计团队还拥有一个重要的欧洲委员会（European Commission）授权，要在该项目中证明一体化太阳能光伏光热板以及季节性蓄热共同使用的可行性。客户很乐意为这个系统和工程师所建议的地源冷却提供帮助——这就是拥有充满活力的客户的一个好处，这样的客户对可再生能源系统的开发和示范拥有真正兴趣（Watts，2006）。邦恩（Bunn）的简单概括如下（2004）：

> 一个倾向于使用可再生能源系统的客户，加上一个以环保著称的建筑和建筑服务工程公司，以及自由的氛围和一个欧盟的可再生能源授权，

图 11.1　“马蹄形”的内部视图（注意 2 层的办公室；连续的带状窗口位于脊线附近；当然还有风力发电机组）

图 11.2　横截面图（显示了办公室的 2 层布局，以及热环境控制和通风所采取的一些方法）
资料来源：改编自 E 建筑事务工作室

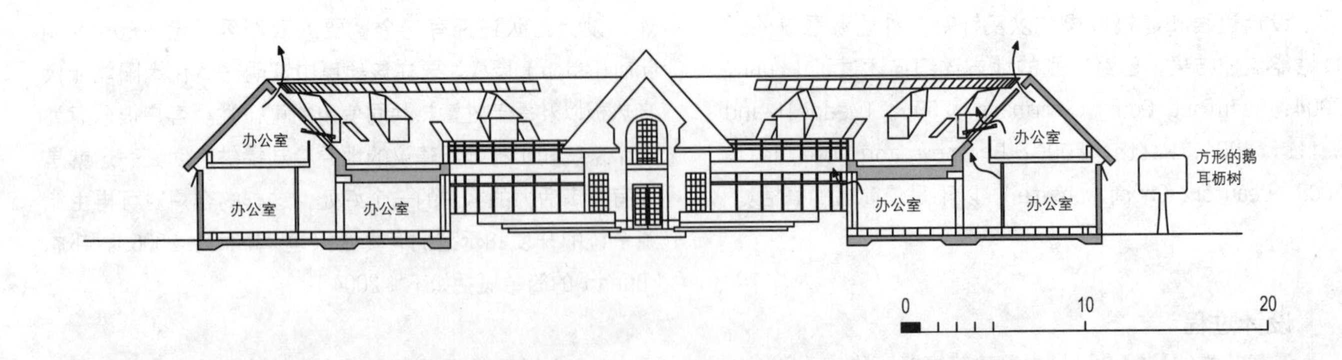

图 11.3　一个底楼的靠外侧办公空间（注意高处的冷梁系统散热器，位于结构梁两侧且与窗口平行）

图 11.4　上层的办公室布局（工作站位于右侧，流通区位于左侧。椽子上的阳光图案是光从附近脊线位置的带状窗口射入形成的，而暗斑则是由可移动的水平遮阳在椽子上留下的阴影。其中一个开洞使得空气可以在左侧栏杆处的楼层之间进行流动）

图 11.5　一些位于西南立面的遮阳布局［注意外部方形鹅耳枥树和固定玻璃遮阳，以及内部卷帘（同样见图 11.3）的共同使用］

你会得出什么结论？答案：一栋具有出色绿色技术的办公楼。

因此，建筑本身是什么？

设计成果

建筑布局、构造和被动环境控制系统

原有建筑包括一个 2 层的马车房和 1 个鸡饲养房，形成了一个鲜明的 U 形平面（称为马蹄形建筑），并且应当地规

图 11.6　从马蹄形建筑的北向进行观望（注意高处的连续带状窗户，3 个中有 1 个是自动的。同样注意“延伸”出来的首层办公室的草坪屋顶。马蹄形建筑两翼之间的新玻璃连接体块位于照片的最左侧）

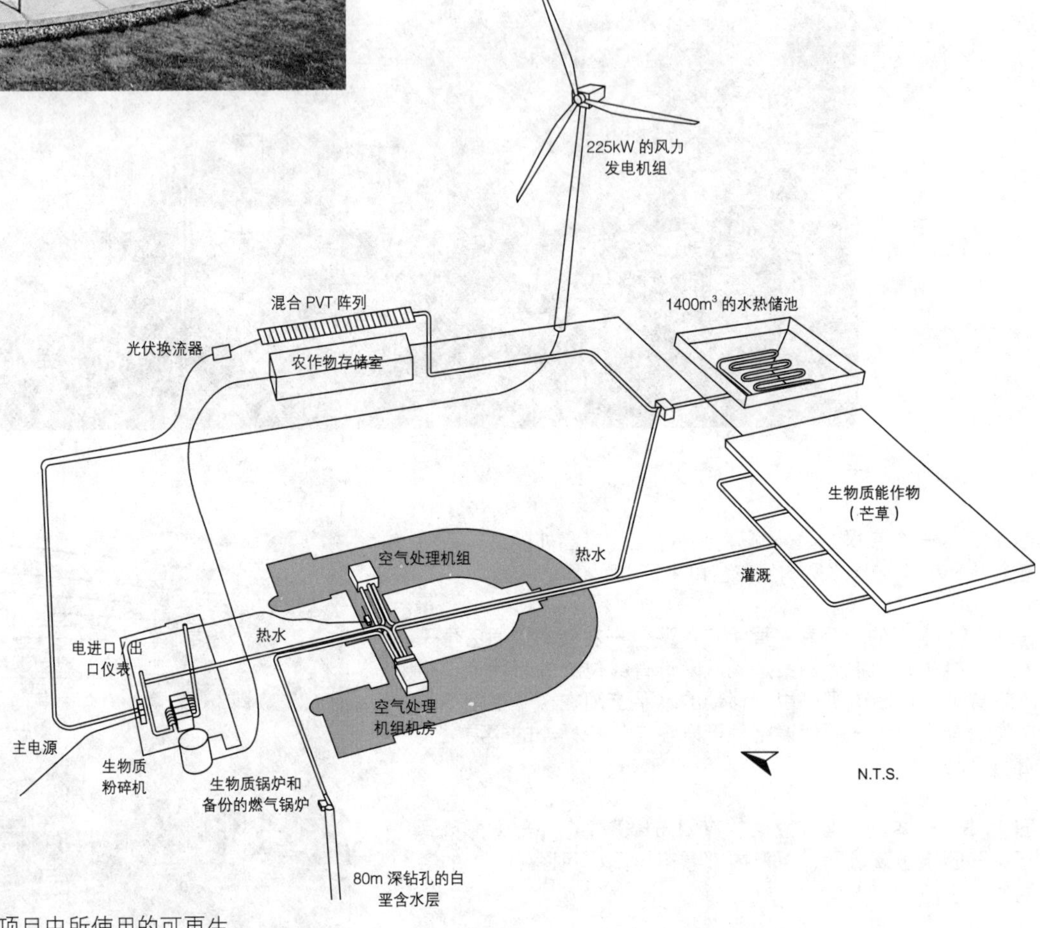

图 11.7　示意图表明了该项目中所使用的可再生能源系统的关键组成部分（注意风力涡轮机、太阳能阵列和热储池；芒属作物、储存室、粉碎机和锅炉；冷水钻孔；以及主要的空气处理机组）
资料来源：改编自马克斯－福德姆咨询工程公司

图 11.8　太阳能阵列同样构成了芒草生物储存室的屋顶（包括 54m² 的一体化光伏光热板以及 116m² 的光热板。水平带状玻璃窗略低于脊线，向空间提供采光）

划部门的要求，其外观需要予以保留。前者的转换相对简单，但后者需要进行大量的拆除和重建工作，并且需要进行扩建，以达到 2 层办公楼（图 11.1 和图 11.2）和 1 个游客中心［见博福特法院（Beaufort Court）网站］所要求的布局。

马蹄形建筑的开口端朝西北方向，1 个新的单层连接体块贯穿整个开口端，作为建筑的主要入口。该建筑的下层包括一个中央走廊，以及沿走廊两侧分布的各种大小的办公室（图 11.3）。而上层则是一个狭窄的连续空间，完全沿着屋顶结构的走向进行布置，包括一个沿马蹄形外墙的工作站和一条靠内侧的走廊（图 11.4）。尽管受到原有布局和构造的限制，并且靠近主要的公路和铁路干线，但是该建筑需要达到高保温、低空气渗透、良好的太阳能控制和自然光线，并且实现一个自然通风措施的统一效果。

该建筑的外部已经采用了各种遮阳手段，沿着西南立面安装了固定的玻璃窗或铝制雨篷（图 11.5），并种植了方形的落叶鹅耳枥树。同时，相对狭窄的布局本身有助于每层的自然通风，这样可以排除动脉干线的噪声干扰——仅仅是马蹄形建筑的内侧立面或远离这些干线的立面才设置了可开启窗口（图 11.6）。

主动环境控制系统

4 个主要的系统用以满足客户的目标，现场的可再生能源向所有的建筑物提供能源需求（图 11.7）。其中主要的来源是 1 个 225kW 的风力发电机，通过适当的测光系统向电网进行供给（图 11.5）。1 个带 $54m^2$ 的一体化光伏光热板，以及 $116m^2$ 的光热板（形成了生物质储存室的屋顶）的太阳能电池阵列（图 11.8）可提供额外的电能和热水供给，用来加热 $1400m^3$ 的水，作为季节性的热储存（图 11.9）。在现场种植芒草（象草），作为计划中的一种生物质能源，并且最终为 1 个 100kW 的生物质锅炉提供燃料（图 11.10），同时还设置了一个备用的燃气冷凝锅炉。制冷则通过现场 75m 深的钻孔产生 11℃左右的水。

图 11.9　热储存池的上表面（$1400m^3$ 的水面上漂浮着绝缘层，绝缘层又被石头覆盖。注意马蹄形建筑该立面上没有设置窗户，面朝着公路铁路干线）

图 11.10　生物质粉碎机位于左侧（带有 1 个水平进料口，通向位于车马间的锅炉房）

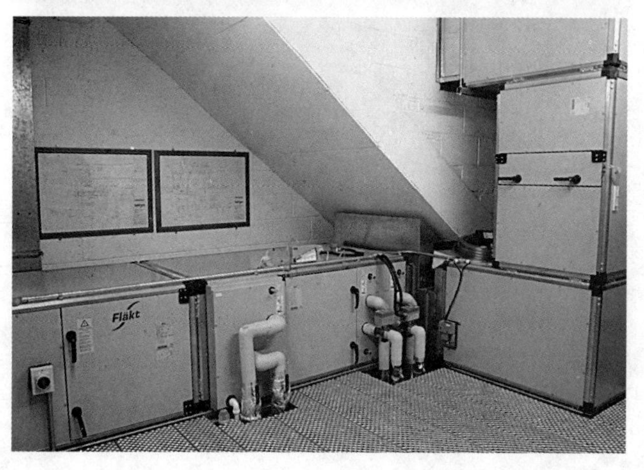

图 11.11　AHU 机房的内部，是 2 个主要 AHU 机房中的一个（注意三角状的进气口以及连接到 3 个独立热交换器的管道）

每个影响因素的平均得分，以及得分是否显著高于、相似或者低于 BUS 的基准分　　表 11.1

		得分	低于	相似	高于		得分	低于	相似	高于
运行因素										
来访者心中的形象		6.75			●	清洁	6.01			●
建筑空间		5.47			●	会议室的可用性	5.44			●
办公桌空间 – 太小 / 太大 [4]		4.95	●			储藏空间的合适度	4.89			●
家具		5.41		●		设施符合工作要求	5.81			●
环境因素										
冬季的温度和空气						夏季的温度和空气				
整体温度		4.44		●		整体温度	4.03		●	
温度 – 太热 / 太冷 [4]		4.89	●			温度 – 太热 / 太冷 [4]	3.05		●	
温度 – 恒定 / 变化 [4]		4.51	●			温度 – 恒定 / 变化 [4]	4.36	●		
空气 – 不通风 / 通风 [4]		3.44		●		空气 – 不通风 / 通风 [4]	3.06		●	
空气 – 干燥 / 湿润 [4]		3.13		●		空气 – 干燥 / 湿润 [4]	3.57		●	
空气 – 新鲜 / 闷 [1]		2.97			●	空气 – 新鲜 / 闷 [1]	3.71			●
空气 – 无味 / 臭 [1]		2.31			●	空气 – 无味 / 臭 [1]	2.64			●
整体空气		4.65			●	整体空气	4.40			●
光线						**噪声**				
整体光线		5.51			●	整体噪声	4.48		●	
自然采光 – 太少 / 太多 [4]		4.45	●			来自同事 – 很少 / 很多 [4]	4.38		●	
太阳 / 天空眩光 – 无 / 太多		3.99		●		来自其他人 – 很少 / 很多 [4]	4.21		●	
人工照明 – 太少 / 太多 [4]		4.07			●	来自内部 – 很少 / 很多 [4]	4.00			●
人工照明眩光 – 无 / 太多 [1]		2.83			●	来自外部 – 很少 / 很多 [4]	3.63	●		
						干扰 – 无 / 经常 [1]	3.89		●	
控制因素 [b]						**满意度因素**				
采暖	24%	2.47			●	设计	5.98			●
制冷	27%	2.20	●			需求	5.95			●
通风	25%	2.67	●			整体舒适度	5.41			●
光线	23%	2.70	●			生产力 %	+5.77			●
噪声	22%	2.09	●			健康	4.72			●

注：（a）除非有其他的注明，7 分为“最高”；上角标 [4] 表示 4 分最高，上角标 [1] 表示 1 分最高；（b）所列出的百分比值表示认为该方面个人控制很重要的受访者百分比。

针对 12 项性能影响因素所提供正面、负面和中立评论的受访者人数　　表 11.2

方面	受访者人数			
	正面	中立	负面	总数
设计	22	5	13	40
需求	5	2	17	24
会议室	2	5	19	26
储藏空间	3	2	20	26
办公桌 / 办公区域	14	1	15	30
舒适度	7	2	7	16
噪声来源	1	8	21	30
光线条件	7	4	9	20
生产力	3	5	7	15
健康	9	2	3	14
工作良好	45	—	—	45
阻碍	—	—	54	54
总计	118	36	185	339
百分数	34.8	10.6	54.6	100

空气处理机组位于马蹄形建筑首层的两翼端头，向办公室提供新鲜空气（图 11.11）。从务实的角度出发，各种能源系统一直保持独立，这些空调机组均配备了 3 个热交换器——1 个来自太阳能热存储系统，第 2 个来自锅炉系统，而第 3 个来自钻孔系统。区域控制则通过地板下方管道系统的加热电池以及顶棚式的散热器（图 11.3）进行采暖和制冷。楼层之间的大型开洞位于走廊周围，间隔规则（图 11.4），允许垂直的空气流动，空气最终通过沿上层脊线高度布置的自动窗口被排出（图 11.6）。

用户对建筑物的看法

总体反应

于 2006 年 8 月期间对该建筑进行了调查。所有的 83 位受访者（34% 为女性，66% 为男性）代表了调查期间几乎所有的用户，对于其中的大多数（约 95%）而言，该建筑是他们正常工作的地方。平均每周工作 4.5 天，每天工作 8.6 小时，其中约 7.4 小时在自己的办公桌上或现在的工作空间内，6.7 小时在计算机前。30 岁以下和 30 岁以上的受访者比例为 30%：70%，并且其中大多数（70%）已经在该建筑中工作超过了一年，48% 的人在同一张办公桌或工作区域工作。约 22% 的人拥有独立的办公室或需要与 1 位同事共享办公室；42% 的人需要和 2—5 位同事共享办公室；以及 36% 的人需要和超过 5 人共享办公室。

重要因素

表 11.1 列出了每个调查问题的平均得分，并且显示了员工对该建筑各个方面的感知评分与基准分以及 / 或中间值的比较情况，分为显著高于、相似或者低于三种不同的情况。在这个案例中，有 23 个方面的得分显著高于基准分，8 个方面的得分显著低于基准分，其余 14 个方面的得分与基准分大致相同。

从 8 个运行方面的因素来看，除了一个方面以外，该建筑物的得分均高于基准分；似乎桌面空间被认为太多。形象的平均得分为 6.75 分，是迄今为止的最高分。

整体空气的成绩良好——被认为相对新鲜和无味，而在夏季和冬季，空气被认为不通风和干燥。虽然温度被认为是相对变化的，但是主要问题似乎是冬季太冷，而夏季太热。

整体光线的得分良好（5.51 分），适量的人工照明，且无眩光。然而，有一种意见认为有太多的自然光以及一些来自太阳和天空的眩光。

整体噪声的得分与基准分大致相同，并高于中间值，但是其中大部分组成因素的得分低于理想值。

只有大约四分之一的受访者认为个人控制很重要，但是所有 5 个方面的得分均很低。

从满意度变量的情况来看，所有 5 个方面的得分显著高于基准分和中间值，设计和需求的得分均接近 6 分。

用户意见

总计，共收到来自员工大约 339 条反馈意见，受访者可以在 12 个标题下面添加书面意见——占总 996 条潜在意见的 30.4% 左右（83 位受访者，12 个标题）。表 11.2 显示了正面、中立和负面评论的数量——在这个案例中，约有 34.8％的正面评论、10.6%的中立评论以及 54.6%的负面评论。

在具体类别中，设计吸引了迄今为止最多的意见，其中超过半数的意见是正面的，甚至是充满热情的；来自上层和下层的评论数量相等，尽管下层的受访者数量是上层的两倍（47 位受访者来自下层，而 24 位来自上层，还有 12 位来自马车房）。

噪声来源也吸引了相当高的评论量，这次主要是负面意见，上下楼层的评论量相等。主要是来自同事和其他人的谈话和工作活动，包括楼层内和楼层间的。这些意见反映了这些因素的适度得分。

办公桌 / 工作区域共收到了 30 位工作人员意见，这一次正面和负面的意见数量同样相等。这很难辨别任何突出的问题，虽然底层的几位受访者均提到了存储问题。

存储和会议室设施吸引了主要的负面评论；在这两种情况下，大约三分之二的意见来自底楼层的受访者——更多的是关于需求方面的问题。

在阻碍类别的问题中，噪声干扰被大约 40% 的受访者所提及，而温度问题也被 30% 左右的受访者所提及——再次反映了这些方面所得到的适度得分。

在工作良好方面，卓越的光线被大约三分之一的受访者所提及，特别是底层的受访者。每个楼层对电脑设备、宽敞的办公室，以及易于访问同事的好评数量相等。

整体性能指标

舒适度指数是以舒适度、噪声、光线、温度以及冬季和夏季的空气得分为基础，结果为 +0.64 分，而满意度指数则根据设计、需求、健康和生产力的分数计算而来，结果为 +1.39 分，注意在这些情况下，−3 分到 +3 分范围内的中间值为 0。

综合指数是舒适度指数和满意度指数的平均值，结果为 +1.02 分，而在这种情况下，宽恕因子的计算结果为 1.18，表明员工可能对个别方面的小瑕疵相对宽容，如冬夏季温度、空气质量、光线和噪声等（因子 1 表示通常范围 0.8—1.2 的中间值）。

从十影响因素评定量表来看，该建筑在 7 分制的评级中位于“杰出”建筑物之列，计算百分比为 92%。当考虑所有变量时，计算百分比为 68%，处于“高于平均水平”的前列。

其他报道过的性能

自从被开放之后，针对该建筑物的调查一直持续不断，集中在可再生能源系统和能耗系统的运行上。这些结果已经在别的地方详细的报道过了（Bristow and Tweddell，2005；Tweddell and Watts，2005；Watts，2005），在这里不做重复说明。

有趣的是，在该建筑物被使用了两个月和两年之后，分别对其进行了用户调查（Heaton，2005）。后一次调查表明，有刚超过 70% 的用户认为这些办公室内的气候条件比他们以前所使用的建筑物要好。受访者被要求在一个 9 项的清单中针对工作空间的 3 个最重要的物理特征进行排序。排序从前到后依次是“良好的光线”（29%）、“舒适的温度”（28%）、“没有噪声”（25%）、“足够的空间”（20%）和“窗户”（16%）。受访者还需要对这几个方面的满意度情况进行反馈——64%、53% 和 77% 的受访者分别认为光线、空间和窗户“非常满意”；然而分别只有 19% 和 21% 的受访者对温度和噪声“非常满意”。在两年后，温度的满意度得到了提高，但是噪声的满意度下降，27% 的受访者“有点不满意”或“很不满意”。

该建筑物是一个可再生能源技术示范的试验台，据悉现如今生物质燃料的收割和供应已经退出了合同，并且季节性热储存也将停止使用。

致谢

我必须向 RES 的总经理伊恩 · 梅斯（Ian Mays）表达我的感激之情，感谢其批准我进行这项调查，以及感谢企业传讯部的经理安娜 · 斯坦福（Anna Stanford）加快调查的进程。特别感谢 E 建筑工作室的戴维 · 劳埃德 - 琼斯（David Lloyd-Jones）和马克斯 - 福德姆咨询工程公司的比尔 · 瓦特（Bill Watts）帮助我理解该建筑和建筑设计，并感谢后者邀请我参加博福特法院的一个研讨会。

参考文献

ASHRAE (2001) *ASHRAE Handbook: Fundamentals, SI Edition*, Atlanta, GA: American Society of Heating Refrigerating and Air-Conditioning Engineers.

Beaufort Court Seminars (2005) The full set of seminar presentations is available for downloading at www.beaufortcourt.com/about-beaufort-court/design-performance.aspx (accessed 19 February 2008).

Beaufort Court website: www.beaufortcourt.com (accessed 19 February 2008).

Bristow, N. and Tweddel, T. (2006) 'Renewable Energy Centre: Design, Realisation and Exploitation Transfer', Department of Trade and Industry, Contract Number TT/02/00017/00/REP, URN Number 06/1610, London. Available at: www.berr-ec.com/cgibin/perlcon/pl (accessed 19 February 2008).

Bunn, R. (2004) 'Zero Hero-Studio E and Max Fordham Create a Zero-Carbon Showcase at a Farm Conversion in Hertfordshire', *Building Design*, 28 May.

Cameron, A. (2006) 'Project Profile-Rural Regeneration', *Renewable Energy World*, March-April: 48-54.

Heaton, A. (2005)'The Occupier's View', Beaufort Court Seminars (seea bove).

Lloyd-Jones, D. (2005) Beaufort Court Seminars (see above).

Lloyd-Jones, D. (2006) Transcript of interview held on 1 September 2006, London.

Tweddell, T. and Watts, B. (2005) 'Beaufort Court; RES's Zero Emissions HQ Building: Results of Systems after 2.5 Years', in *Proceedings of Ninth World Renewable Energy Conference*, Florence, August, Paper LEA30.

Watts, B. (2005) 'Great Expectations', *Building Services Journal*, 27(11): 55-8.

Watts, B. (2006) Transcript of interview held on 26 August 2006, Florence, Italy.

伦敦市政厅内的不同角度

第 12 章
市政厅
伦敦，英格兰

背景

伦敦市政厅坐落于泰晤士河边，靠近伦敦塔桥，是伦敦市长和大伦敦政府（Greaber London Authority）（GLA）的总部所在地。GLA 创建于 2000 年，负责英国首都的交通、治安、消防及紧急服务、经济发展、规划、文化和环境等。

10 层高的市政厅是首个被建造在这片 5.26 公顷场地上的建筑，其为 More London 发展计划的一部分（图 12.1），该发展计划规划了共约 9 栋建筑。市政厅的 10 个楼层加地下室的面积共约 18000m²，可为大约 600 名员工提供议会厅、会议室和办公空间。

位于 51.5°N 纬度左右，1% 概率的设计温度约为 -2.3℃和 +25.7℃（ASHRAE，2001：27.52-3），2002 年 7 月竣工，同时工作人员迁入。

该建筑因其设计、运行和维护取得了 BREEAM 评级的"优秀"建筑物称号，并且获得了 2003 年伦敦土木工程师协会优异奖。

设计过程和建筑成果在别的地方已经详细介绍过了（Foster et al.，2002；Hart，2003；Marmot，2004；Marriage and Curtain，2004；Merkel，2003；Powell，2002；Turpin，2003）。以下是最简短的概括。

图 12.1 背景中的建筑物是从东北方向观望的，在一个秋日的中午（注意周围的发展，紧邻的露天剧场（称为 "The Scoop"）位于右侧，泰晤士河位于前景处）

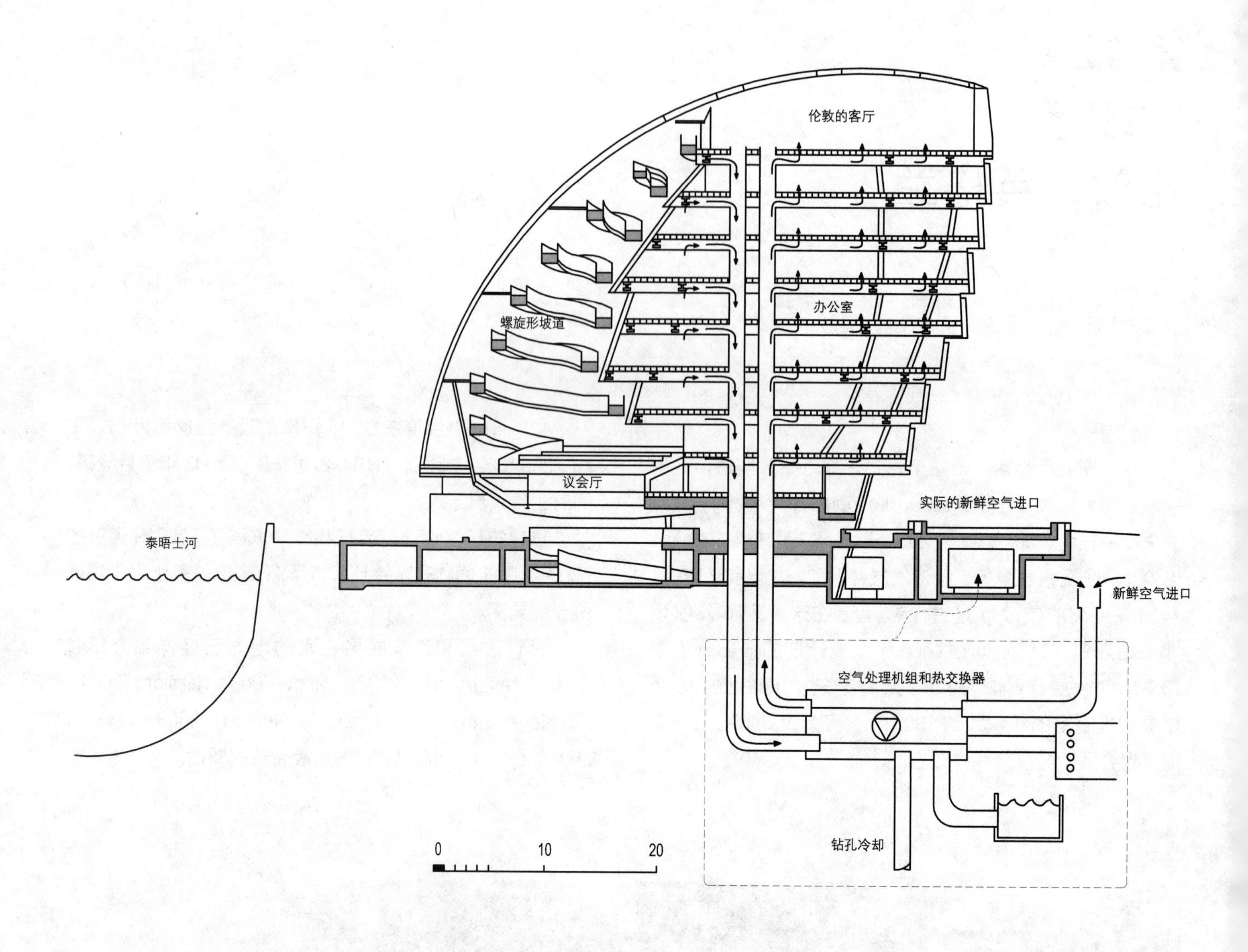

图 12.2　南北部分，从西向观望（注意独特的变换球面、南立面的自遮阳，以及议会厅、螺旋形坡道和办公楼层的布置。示意图显示了用于冷却的钻孔）
资料来源：改编自福斯特建筑设计事务所（Foster and Partners）

图 12.3　第 6 层平面图，包括 GLA 成员办公室及其宽阔的开放区域（其他楼层拥有不同的布置，但是主要是开放式平面）
资料来源：改编自福斯特建筑设计事务所

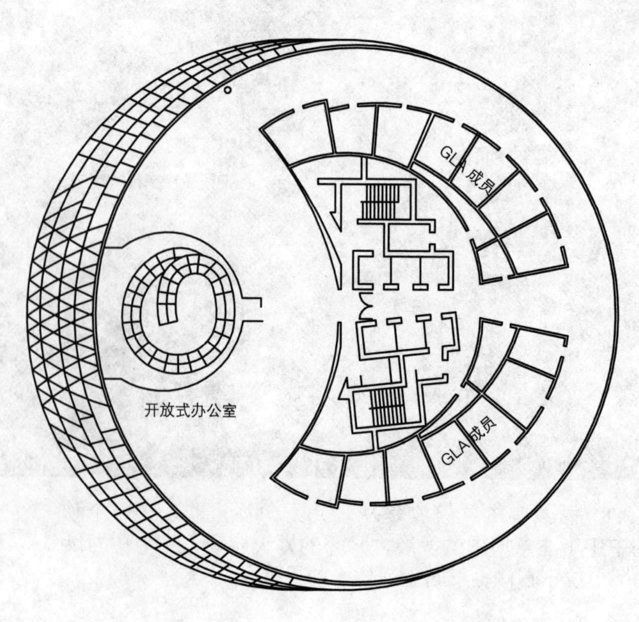

图 12.4　一个办公空间的内部视图，通过右侧的玻璃可见螺旋形坡道（注意地板上的圆形空气供应扩散器和顶棚式的格栅集成灯具）

图 12.5　西北向结构视图（透过干净的北立面玻璃幕墙可见议会厅上方的螺旋形坡道）

设计过程

在建立 GLA 的前两年左右，便开始着手设计市政厅。从一个开发商 - 建筑师的竞赛中，最初提出了 55 个潜在的建筑和场地方案，其中 7 个方案中选。在这 7 个方案中，有两个方案需要进行深入研究，有 1 个是翻新方案，而其余的方案和最终的获选方案（由公众的喜好所决定）均是新建建筑。市政厅的建筑部分由福斯特建筑设计事务所负责，结构、服务和幕墙工程的设计则由奥雅纳承担。这座建筑被视为整个场地发展的催化剂。

据该项目的建筑师（Curtain，2006）回忆，福斯特与奥雅纳合作密切，在有关设计的所有方面均进行了多种探讨。宗旨（Thonger,2006）是要求该建筑可持续和节能，并且 “该建筑设计的一个主要目标是减少采暖和制冷的需求”（Arup，2007），这一切促成了高保温板和高性能玻璃幕墙的结合使用。

最终的设计是一栋高 45m 的建筑，其外形呈一个独特的扭曲球状，从第 4 层到第 9 层是灵活的开放式空间和巢状办公室（图 12.2）。主议会厅占据了第 2 层和第 3 层的部分空间，并且一直连通到第 10 层（第 10 层是一个开放空间，被称为 “伦敦的客厅”），一个独特的螺旋形坡道从主议会厅一直延伸到最顶层。首层和地下层包含主入口、展览区、会议室、自助餐厅和机电服务。

设计成果

建筑布局、构造和被动环境控制系统

市政厅的平面直径约 45m（图 12.3），每个楼层的使用面积均不等，以 1282m^2 为基数，每往上一层递加

图 12.6　玻璃幕墙的外观细部（西立面，第 4 层）（注意不透明的下部面板和透明的上部面板，后者配置了手动调节的水平百叶。每个面板的外部窗格通过顶部铰接完成）

图 12.7　外部玻璃幕墙（上部开启的带铰面板用于玻璃清洁，使用专门的车载式吊车）

图 12.8　北立面内侧视图（横向结构采用较小的内部加热管，以减轻冷下降气流的可能性）

259m²，整个建筑向南倾斜（图 12.2）。与一个相同体积的长方体建筑相比，变换的球面可减少热损失和太阳能增益的外表面积。在南立面上，同样可以通过连续楼层的重叠来减少太阳能增益，并且同时提供一定程度的自遮阳，然而这种效果在较高的楼层不太明显。

办公空间主要位于东立面、南立面和西立面（图 12.4），议会厅和螺旋形坡道位于北侧（图 12.5）。两个主要的玻璃幕墙系统反映了这一布置。该办公室的外墙（图 12.6 和图 12.7）拥有“一系列与楼层等高的 3 层保温覆面板”（Dawson，2002）。每个面板（约 1.5m 宽，但几何尺寸略有不同）的外部均设置了一个铰链玻璃雨罩，其背后有一个通风腔；面板内层的上半部分是一个带有可调节百叶的双层玻璃，位于窗格之间，而下半部分是一个保温的铝扣板。北立面透明的三角形玻璃面板可向议会厅提供日光（图 12.5）。总的来说，约 25% 左右的围护结构是玻璃材质的，其平均 U 值据说约为 0.75W/（m²·℃）。

主动环境控制系统

两个 600kW 的燃气锅炉被置于地下室机房，向空气处理机组的电池、办公室的对流散热器和沟槽式加热器，以及议会厅 300mm 直径的水平构件内的加热管提供热水（图 12.8）（最后一项减轻了大量朝北玻璃幕墙冷下降气流的可能性）。

制冷来源于建筑物下方的两个 130m 深的钻孔，从那里可以获得 12—14℃左右的水。这些水被直接用于空气处理机组的冷却盘管，并且间接的经过一个热交换器后，被分配给办公室的顶棚式冷梁（图 12.9）。之后，水被存储起来用于厕所冲洗，剩余的则被排放到泰晤士河。

通风系统在本质上是混合模式。就机械通风系统而言，新鲜空气从近地面被吸入，进入到地下室机房，并由 6 个空气处理机组进行调节，这 6 个空气处理机组的容量 3.5—7.3m³/s 不等。然后，空气通过高架地板中的空气

图 12.9　顶棚格栅上方被动式冷梁的特写镜头；这些冷梁位于第 2 层的图书馆内

图 12.10　南立面的内侧（图书馆区域）显示了位于开放位置的自然通风翼（同样注意地板沟槽式加热器的格栅以及顶棚栅格，后者允许空气在被动式冷梁周围流动）

扩散器被分配到不同的楼层。最后，回风通过顶棚被排出，在被排到外界之前，先返回到机房，利用滚动式热交换器进行热回收。自然通风是通过手动通风口进行控制的，手动通风口位于每个铜覆板的上半部和下半部之间（图 12.10）——打开手动通风口也同时启动了高位置处的机动排风口，并同时关闭了任何局部的采暖或制冷终端设备。

据预测，"该建筑物机械系统的全年能耗将大约是一个典型的高规格空调办公楼的四分之一"（Foster et al, 2002）。

用户对建筑物的看法

总体反应

于 2006 年 9 月期间对该建筑进行了调查。对于 330 位受访者（53% 为女性，47% 为男性）中的大多数人而言，该建筑是他们正常工作的地方。平均每周工作 4.8 天，每天工作 7.9 小时，其中约 6.5 小时在自己的办公桌上或现在的工作空间内，以及 6.13 小时在计算机前。30 岁以下

伦敦市政厅各楼层的反馈率　　表 12.1

楼层	受访者人数	受访者百分比
2	17	5.2
3	56	17.0
4	76	23.0
5	64	19.4
6	50	15.1
7	43	13.0
8	24	7.3
总计	330	100

每个影响因素的平均得分，以及得分是否显著高于、相似或者低于 BUS 的基准分 表 12.2

		得分	低于	相似	高于		得分	低于	相似	高于
运行因素										
来访者心中的形象		5.91			●	清洁	5.62			●
建筑空间		4.44		●		会议室的可用性	3.24	●		
办公桌空间 – 太小 / 太大[4]		3.97			●	储藏空间的合适度	3.25	●		
家具		4.97		●		设施符合工作要求	5.00			●
环境因素										
冬季的温度和空气						夏季的温度和空气				
整体温度		4.50			●	整体温度	4.22			●
温度 – 太热 / 太冷[4]		4.36		●		温度 – 太热 / 太冷[4]	3.35		●	
温度 – 恒定 / 变化[4]		4.58		●		温度 – 恒定 / 变化[4]	4.43		●	
空气 – 不通风 / 通风[4]		3.64		●		空气 – 不通风 / 通风[4]	2.89	●		
空气 – 干燥 / 湿润[4]		3.29		●		空气 – 干燥 / 湿润[4]	3.70		●	
空气 – 新鲜 / 闷[1]		4.46		●		空气 – 新鲜 / 闷[1]	4.76		●	
空气 – 无味 / 臭[1]		3.33		●		空气 – 无味 / 臭[1]	3.45		●	
整体空气		4.32			●	整体空气	4.26			●
光线						**噪声**				
整体光线		5.05			●	整体噪声	3.99		●	
自然采光 – 太少 / 太多[4]		3.91			●	来自同事 – 很少 / 很多[4]	4.60	●		
太阳 / 天空眩光 – 无 / 太多		3.33			●	来自其他人 – 很少 / 很多[4]	4.62	●		
人工照明 – 太少 / 太多[4]		4.29	●			来自内部 – 很少 / 很多[4]	4.26		●	
人工照明眩光 – 无 / 太多[1]		3.55			●	来自外部 – 很少 / 很多[4]	4.33	●		
						干扰 – 无 / 经常[1]	4.41	●		
控制因素[b]						**满意度因素**				
采暖	25%	1.51	●			设计	4.99			●
制冷	28%	1.84	●			需求	4.93			●
通风	31%	2.20	●			整体舒适度	4.76			●
光线	19%	1.64	●			生产力 %	–1.64		●	
噪声	26%	1.67	●			健康	3.75		●	

注：（a）除非有其他的注明，7 分为“最高”；上角标[4] 表示 4 分最高，上角标[1] 表示 1 分最高；（b）所列出的百分比值表示认为该方面个人控制很重要的受访者百分比。

针对 12 项性能影响因素所提供正面、负面和中立评论的受访者人数　　表 12.3

方面	受访者人数			
	正面	中立	负面	总数
整体设计	32	53	57	142
整体需求	7	13	95	115
会议室	0	6	139	145
储藏空间	2	17	111	130
办公桌 / 办公区域	26	16	89	131
舒适度	11	13	29	53
噪声来源	0	18	97	115
光线条件	18	13	36	67
生产力	6	21	61	88
健康	11	17	75	103
工作良好	160	—	—	160
阻碍	—	—	205	205
总计	273	187	994	1454
百分数	18.8	12.9	68.3	100

和 30 岁以上的受访者比例为 26%：74%，并且其中大多数（77%）已经在该建筑中工作超过了一年，68% 的人在同一张办公桌或工作区域工作。约 27% 的人拥有独立办公室，21% 的人需要与 1—8 位同事共享办公室；51% 的人则需要和超过 8 人共享办公室。

各楼层的反馈率如表 12.1 所示。这些是调查期间的大致用户比例，注意第 3 层和第 9 层的员工人数明显比其他楼层的员工人数少。

重要因素

表 12.2 列出了每个调查问题的平均得分，并且显示了员工对该建筑各个方面的感知评分与基准分以及 / 或中间值的比较情况，分为显著高于、相似或者低于三种不同的情况。在这个案例中，有 15 个方面的得分显著高于基准分，13 个方面的得分显著低于基准分，其余 17 个方面的得分与基准分大致相同。

从 8 个运行方面的因素来看，除了 2 个方面以外，该建筑物的得分均显著高于基准分或与基准分相似；形象、办公桌 / 工作区域、清洁和设施的得分均显著高于基准分，而建筑物空间和家具的得分与基准分相似（每个均高于中间值）。会议室和存储方面的得分不是那么好，得分均低于基准分和中间值。形象的得分为 5.91 分，是最高的。

冬季和夏季整体温度和整体空气的得分高于其相应的基准分和中间值。虽然，得分显示冬季和夏季的温度分别被认为有点冷和有点热，但是其 6 个分项中的大多数均与基准分持平或者甚至稍微高于基准分。唯一的例外是夏季的空气，被认为过于不通风。

整体光线的得分良好（5.05 分），并且从日光量和相对缺乏自然和人工照明眩光的角度来看，光线的得分仍然良好。然而，有一个意见认为自然光线有点多。

来自同事、他人和外部的噪声太多，以及相对频繁的干扰使得整体噪声的得分与中间值相似，但低于基准分。

关于个人控制的 5 个方面，认为通风的个人控制重要的用户数量最多（但仍然只有 31 %），其得分最高，但是也仍然低于基准分和中间值。其他各项均低于各自的基准分，受访者百分比 19%—28% 不等。

就满意度的变量而言，设计、需求和整体舒适度的得分显著高于其各自的基准分和中间值。生产力的得分与基准分持平，健康的得分稍高一些，即使仍然低于中间值。

用户意见

总计，共收到来自员工大约 1454 条反馈意见，受访者可以在 12 个标题下面添加书面意见——占总 3960 条潜在意见的 36.7% 左右（330 位受访者，12 个标题）。表 12.3 显示了正面、中立和负面评论的数量——在这个案例中，约 18.8％的正面评论、12.9% 的中立评论以及 68.3% 的负面评论。各楼层的评论数量以及针对每个方面的评论数量似乎均与各楼层受访者的人数大致成比例。

在具体类别中，设计和会议室吸引了大部分的意见（约占总数的 10％），紧接着是存储和办公桌 / 工作区（约占 9％），然后是需求和噪声（约占 8％）。

从调查问卷中所获得的低分可以预见，会议室和存储主要吸引的是负面评论（分别约占 96％和 85％）。而会议室的主要问题似乎是需求远远超过现有的数量；就存储而言，主要的意见是缺乏工作材料存储空间以及缺乏个人的安全存储空间。关于需求的评论，尽管其得分为 4.93 分，但是也主要为负面评论（83％左右），其中许多意见与会议室和储存布置的不足有关。

设计已取得了 4.99 分，收到了相当大量的正面和中立评论（占总数的 60％左右）——正面评论中经常提及光线条件，而从建筑物用户的角度来看，在大量的负面评论中提及了设计的实用性。

在关于办公桌 / 工作区的评论中，虽然正面和中立的评论大约占了三分之一，但是在调查中该项已达到一个近乎完美的分数 3.97 分（这里 4.00 分是理想分数），其余三分之二的评论均为负面的。所关注的主要问题是缺乏或不适当的桌面空间，以及不足的存储空间，虽然椅子显然是一些人关注的问题（有关椅子的负面评论占了三分之二）。大多数楼层的负面和正面意见比例相似，第 7 层用户的正面评论和负面评论数量一样多。

噪声吸引了 84% 的负面评论，反映了其相对较差的得分。虽然其他人的谈话是最普遍的内部噪声来源，但是靠近高噪声设备、聚集点或繁忙的流通路线也是一个问题。外部噪声来源也被提及了——相邻建筑场地，特别是“Scoop”内的活动，以及所使用的自然通风口的抑制效应。由于议会厅活动和窗口清洁车辆运行所产生的噪声也被提及。

将近一半的受访者（48％）针对该建筑物工作良好的方面发表了意见。在这些意见中，位于前列的是开放式布局、信息技术设施、提供茶点以及光线。约 62％的受访者指出了各种阻碍——在这里，到目前为止，缺乏会议空间被最频繁的提及，紧随其后的是噪声，进一步强调了这些具体问题的分数和意见。同样注意到了温度的控制性差。

整体性能指标

舒适度指数是以整体舒适度、噪声、光线、温度以及空气质量的得分为基础，结果为 +0.53 分，而满意度指数则根据设计、需求、健康和生产力的分数计算而来，结果为 +0.42 分，注意在这些情况下，-3 分到 +3 分范围内的中间值为 0。

综合指数是舒适度指数和满意度指数的平均值，结果为 +0.48分，而在这种情况下，宽恕因子的计算结果为 1.08，表明员工可能对个别方面的小瑕疵相对宽容，如冬夏季温度、空气质量、光线和噪声等（因子 1 表示通常范围 0.8—1.2 的中间值）。从十影响因素评定量表来看，该建筑在 7 分制的评级中位于“良好”的建筑物之列，计算百分比为 84%。当考虑所有变量时，计算百分比为 60%，舒适的位于“高于平均水平”的行列。

其他报道过的性能

在进行以上调查的前 3 年左右（即大约入住后一年），有一个用户报告报道，“73％的人认为该建筑的整体工作环境优秀或良好”（Marmot，2004）；共 277 个受访者，其中 19％的人保持中立以及 8％的人认为其不好或非常不好。从支持用户工作的方面来看，莫特（Marmot）（2004）写道：

> 总体而言，71％的受访者认为该建筑物有利工作，特别是有助于他们和同事们一起工作、与其他团体进行互动、举行会议——正式和非正式的，以及更好地进行沟通。总计 63％的人认为该建筑物有利于他们的生产力，而另外的 18％是中立的。对于那些需要安静、保密性或创造性的工作，该建筑物就不是那么尽如人意了。

从这些观点来看，分别只有 23％、38％和 33％的受访者认为该建筑物是优秀或良好的。总的来说，莫特（2004）指出，“从员工的角度来看，即使这不是一个杰出的工作环境，这也是一个正面的工作环境。”

致谢

我必须向 GLA 设施服务部门的主管西蒙 · 格林特（Simon Grinter）表达我的特别感激之情，感谢其所给予的调查权限；同样感谢其团队成员黛比 · 拉拉（Debbie Lala）和科林 · 贝尔（Colin Bell）促进这一进程；并且感谢福斯特建筑设计事务所的布鲁斯 · 库尔坦（Bruce Curtain）和奥雅纳的詹姆斯 · 滕格（James Thonger）协助我理解该建筑物和建筑设计。

参考文献

Arup (2007) ‘London City Hall (GLA Building) Mechanical Services Design’, available at: www.arup.com/europe/feature.cfm?pageid=310 (accessed 22 April 2008).

ASHRAE (2001) *ASHRAE Handbook: Fundamentals, SI Edition*, Atlanta, GA: American Society of Heating Refrigerating and Air-Conditioning Engineers.

Curtain, B. (2005) Transcript of interview held on 1 September 2005, London, England.

Dawson, S. (2002) ‘City Hall, South Bank, London-Working Details’, *The Architects’ Journal*, 216(3): 32-3.

Foster, N., Shuttleworth, K., Thonger, J. and Glover, D. (2002) ‘City Hall in London’, *Detail*, 9: 1086-109.

Hart, S. (2003) ‘Technology and Ingenuity Contribute to Energy-Efficient Performance’, *Architectural Record*, 02(03): 11–19.

Marmot, A. (2004) ‘City Hall, London: Evaluating an Icon’, in *Proceedings of Conference ‘Closing the Loop, Post Occupancy Evaluation: The Next Steps*’, May 2004, Cumberland Lodge, Windsor.

Marriage, G. and Curtain, B. (2004) ‘Leaning Tower Offers Learning Curve’, *Architecture New Zealand*, September/October: 94–7.

Merkel, J. (2003) ‘London City Hall’, *Architectural Record*, 02(03): 110–15, 120–3.

Powell, K. (2002) ‘London Pride’, *The Architects’ Journal*, 216(3): 22–30.

Thonger, J. C. T. (2005) Transcript of interview held on 6 September 2005, London, England

Turpin, M. (2003) ‘Great Hall’, *Civil Engineering Magazine*, August, available at: www.pubs.asce.org/ceonline/ceonline03/0803feat.html (accessed 17 November 2004).

伊甸园基金会大楼的阳台和百叶窗

第 13 章
基金会大楼，伊甸园工程
圣奥斯特尔，康沃尔郡，英格兰

苏·特平－布鲁克斯

背景

圣奥斯特尔（St Austell）附近的伊甸园工程（Eden Project）系伊甸信托基金（Eden Trust）所有，伊甸信托基金是一个在英国注册的慈善机构。这个闻名世界的植物园，集生物群落、园林绿化、教育资源及附属建筑为一体，提供了一个独一无二的教育和娱乐设施，位于博德瓦尔（Bodelva）的一个 60m 深的废弃（高岭土）基坑内（SMIT，2001）。“伊甸信托基金慈善目标的核心内容是‘促进植物、动物和其他自然环境方面的公众教育和研究’”（Eden Project，2007）。公众教育和研究方面包括对可再生能源的思考，以及对土地和建筑物的保护和改善。

于 2002 年 12 月竣工，一幢高 2 层、面积为 1800m² 的基金会大楼是伊甸园工程的第三阶段，位于黏土坑的北部边缘，作为主要的行政办公室和图书馆。

伊甸园工程中的所有建筑均秉持了可持续发展理念，在建设期间，基金会大楼被用作大多数员工的基地。随后，在附近，另一个工作人员中心被开发，并且一个创新的教育研究中心（Educational Research Centre）（被称为核心）也于 2006 年竣工。

纬度大约 50°N，1％概率的当地设计温度（适于普利茅斯附近）大约为 -0.3℃和 +22.1℃（ASHRAE，2001：27.52–3）。

图 13.1 雪松覆面的西立面（注意固定的铝制百叶防雨罩和中央的外伸阳台）

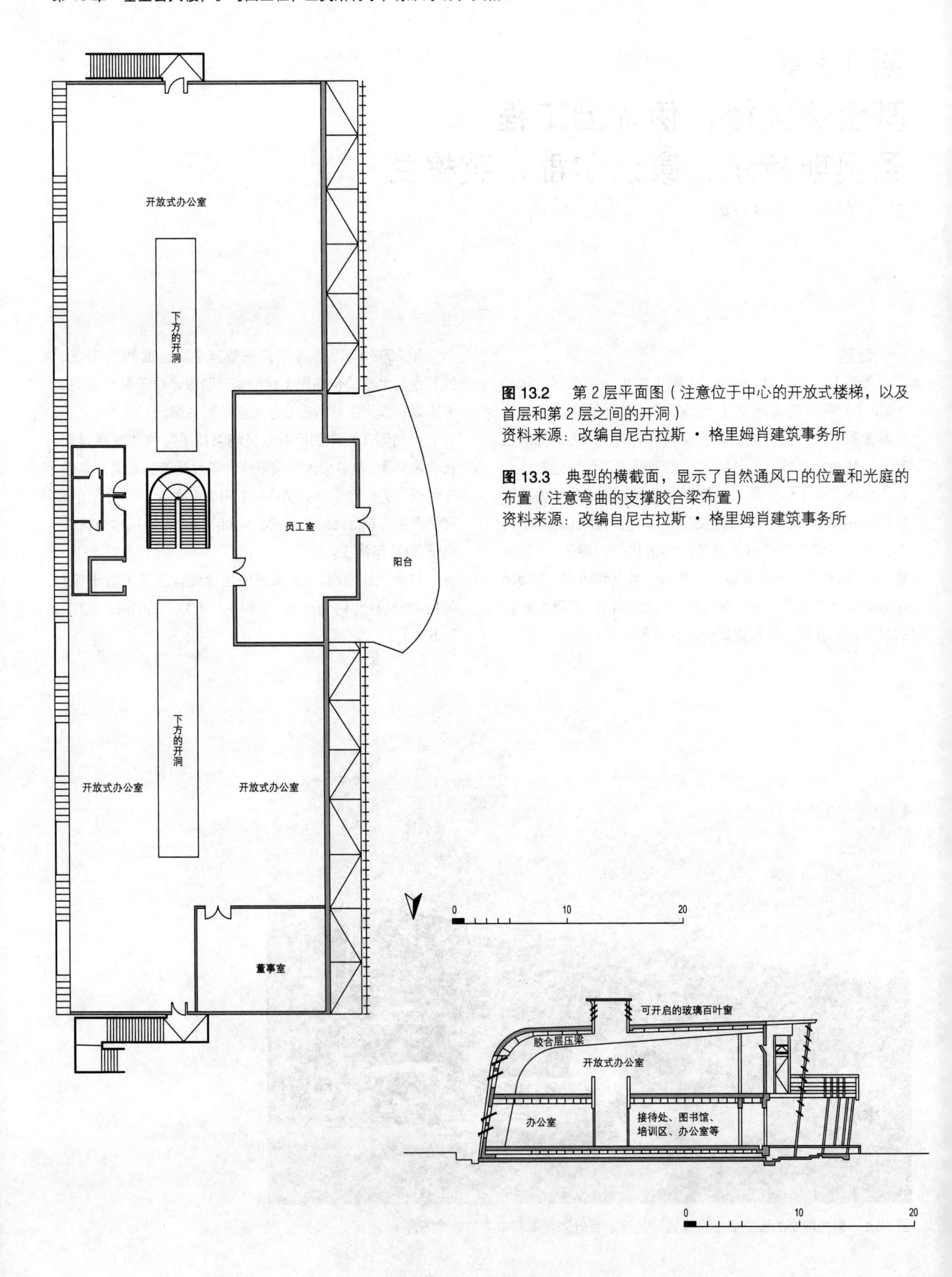

图 13.2　第 2 层平面图（注意位于中心的开放式楼梯，以及首层和第 2 层之间的开洞）
资料来源：改编自尼古拉斯 · 格里姆肖建筑事务所

图 13.3　典型的横截面，显示了自然通风口的位置和光庭的布置（注意弯曲的支撑胶合梁布置）
资料来源：改编自尼古拉斯 · 格里姆肖建筑事务所

图 13.4　雪松覆面的朝北向山墙，以及铝制覆面的东立面和屋顶（堤岸和树位于左侧，但超出了照片，为朝东的玻璃幕墙提供了一定的遮阳。注意顶部的一排采光天窗）

图 13.5　主要的首层接待区以及身后的图书馆区域（2004 年 4 月）

设计过程

尼古拉斯·格雷姆肖建筑事务所（Nicholas Grimshaw and Partners）已经被任命为整个伊甸园工程的设计方，鉴于该项目的目标和背景，可以预见方案的整体环保理念将会在行政大楼的设计中有所体现。承担环境和机电服务的 BDSP 顾问公司与负责结构工程的安东尼·亨特公司（Anthony Hunt Associates）组成了设计团队。

据建筑师所言，该工程旨在实现以下目标：

> 实现自然通风（浴室和类似需要一定机械通风的空间除外）；尽可能利用自然采光；在就近的场地区域大幅度提高种植水平；采用节水措施；受益于被动式太阳能增益；通过种植防护林带和减少北立面及东立面的玻璃数量来进行遮阳；使用低能耗材料，尽可能就地取材；减少混凝土的使用；整体使用低能耗电器；大幅超越最小的保温要求；从绿色供应商那里购买电，[以及]在建筑施工中尽可能大量使用循环或可循环的材料。
>
> （Grimshaw and Partners Limited，2002：16）

这是第一个项目，格雷姆肖正式的使用了内部环境管理系统——环境可行建筑（EVA）或短期 EVA 建筑（Pawlyn，2006）。在 EVA 系统中，针对项目的环境影响，有 12 项评价指标（从广义上讲，最佳实践分数为 +2 分，良好实践分数为 +1 分；最低标准为 0 分；以及不合格为 -1 分）（Grimshaw and Partners Limited，2002：5 and Appendix A）。当实际完工时，基金会大楼的得分为 16 分，总分 24 分，或百分比得分为 67％。该建筑同时也获得了 BREEAM 评级中办公室系统的“优秀”建筑物。

设计过程和建筑成果在别的地方已经详细描述过了（Birch，2003；Grimshaw website；Turpin-Brooks and Viccars，2006）。以下是最简短的概括。

图 13.6　首层南端繁忙的开放式办公区（位于图书馆区域背后——照片拍摄于 2005 年 10 月的一个沉闷的下雨天，所有的人工照明均启用）

图 13.7　沿首层北半部分的中央走廊朝北观望——会议室和办公室位于两侧（注意，利用首层顶部的空气流通格栅，空气可以从房间内向外流动，然后通过上方的开洞和高处天窗的百叶开口被排出）

图 13.8　穿过中央区域，沿第 2 层的北半部分向南端观望（注意下方首层的开洞和上方的天窗）

设计成果

竣工后的建筑拥有一个朝西的、铝制百叶的正立面，并在第 2 层中央设置了一个阳台，使工作人员的游憩空间从内部的休息房间和厨房得以延伸出来（图 13.1）。此外，在同样的高度，沿着该建筑 58m 的长边设置了木制甲板。该建筑拔地而起，使用木柱（置于混凝土垫块上）作为支撑，以避免进一步的挖掘和混凝土楼板的现场浇筑。外部的透气墙所达到的保温标准远高于英国建筑规范（UK Building Regulations）所要求的 $0.13W/(m^2 \cdot K)^{-1}$（或 R 值接近 $8m^2 \cdot ℃ / W$）。

建筑结构是由一系列的 6m×14m 的网格单元所构成，每个单元使用 10 根软木胶合梁作为支撑，创造了一个高且开放的空间（图 13.2 和图 13.3）。胶合所用的木材是瑞典白木（Swedish Whitewood），从一个可持续渠道获取，且该渠道具有适当的监管链（Chain of Custody）。除了首层被遮挡的胶合材以外，其余木材均保留了它们的原始状态。外部覆面则使用耐久的加拿大西部红雪松（图 13.1 和图 13.4）。

该项目的理念是提供最低能耗的建筑，并且结合自然通风、自然采光以及高保温材料，这些保温材料主要使用 Warmcel 回收报纸制作，但是在不易进入的地方采用岩棉板。屋顶则使用一种专门的铝板——Kalzip，这种铝板主要使用非化石燃料或可循环材料进行生产（图 13.4）。该建筑的目标是为所有的使用空间提供良好的空气质量和视野，并为用户提供一个舒适和健康的空间。

该建筑的分区位于底层，并且分布在主要危险区域周围，如厨房，其大多数空间还是开放式的。首层的南半部分设有接待处、图书馆和一个开放式的办公室（图 13.5 和图 13.6），而北半部分中央走廊的两侧则是巢状办公室和会议室（图 13.7）。楼上的空间大多是开放式办公区，带有洗手间、员工休息室、厨房和中央阳台（图 13.8）。

大型的双层玻璃窗（图 13.9）和可开启的天窗使得

图 13.9　典型的双层玻璃木框门和窗户（这是首层的一个会议室——显示了可能的开口尺寸范围以及滴流通风措施。注意外部走道和固定的铝制百叶，以及安装在内部周边的沟槽加热器）

图 13.10　天窗的外部特写

图 13.11　天窗的内部特写（注意半透明的顶部和内部的百叶窗布置，以及半透明的水平百叶及其制动器，加热管用以减少潜在下降气流的影响）

建筑物能够获取自然光，并允许进行自然通风（图 13.10、图 13.7 和图 13.8）。高位置处的天窗百叶设有自动开启设备以便进行通风（图 13.11）。人工照明系统则采用传感器以节省能源。

中央采暖系统采用一个传统的低压热水系统，最初由一个燃气冷凝式锅炉进行供给，但之后换成了生物质锅炉。热量则通过散热器恒温阀门和沟槽加热器进行分配（图 13.9）。

通风系统由每层的 3 个传感器进行控制，传感器可操控中庭天窗上方的一系列百叶。当达到设定温度时，百叶开启，热空气流出且冷空气流入。大楼外部的传感器则用来探测风向，并使位于风向相反方向的天窗百叶制动。

用户对建筑物的看法

针对此建筑物进行了两次调查，第 1 次在 2004 年初，当建筑仅仅被使用了一年之后，第 2 次在 2006 年年底。在第 2 次调查期间，该建筑的工作区域发生了很大的变化——特别是随着伊甸园项目的显著扩大，该建筑内的人数增加且家具也进行了更新。

总体反应

在 2004 年调查期间，对于所有的 31 位受访者（81% 为女性，19% 为男性）而言，该建筑是他们正常工作的地方。平均每周工作 4.8 天，每天工作 7.9 小时，其中约 6.9 小时在自己的办公桌上，以及 6.0 小时在计算机前。30 岁以下和 30 岁以上的受访者比例为 23% ∶ 77%，并且其中大多数（61%）已经在该建筑中工作超过了一年。约 32% 的人需要与超过 8 位同事共享办公室；58% 的人需要和 2 个至 8 个同事共享办公室；而其余的 10% 拥有单独的办公室或需要与 1 人共享办公室。

在 2006 年调查期间，对于所有的 31 位受访者（65%

2004 年每个影响因素的平均得分，以及得分是否显著高于、相似或者低于 BUS 的基准分　　表 13.1

		得分	低于	相似	高于		得分	低于	相似	高于
运行因素										
来访者心中的形象		5.68			●	清洁	6.19			●
建筑空间		3.48	●			会议室的可用性	2.83	●		
办公桌空间 – 太小 / 太大[4]		3.52		●		储藏空间的合适度	3.10	●		
家具		4.39		●						
环境因素										
冬季的温度和空气						夏季的温度和空气				
整体温度		4.72			●	整体温度	3.61		●	
温度 – 太热 / 太冷[4]		4.20			●	温度 – 太热 / 太冷[4]	3.00	●		
温度 – 恒定 / 变化[4]		4.50			●	温度 – 恒定 / 变化[4]	4.29			●
空气 – 不通风 / 通风[4]		3.76			●	空气 – 不通风 / 通风[4]	3.36		●	
空气 – 干燥 / 湿润[4]		3.43		●		空气 – 干燥 / 湿润[4]	3.48		●	
空气 – 新鲜 / 闷[1]		4.52		●		空气 – 新鲜 / 闷[1]	4.55		●	
空气 – 无味 / 臭[1]		3.52		●		空气 – 无味 / 臭[1]	3.36		●	
整体空气		4.63			●	整体空气	3.63	●		
光线						**噪声**				
整体光线		4.13		●		整体噪声	3.00	●		
自然采光 – 太少 / 太多[4]		3.50	●			来自同事 – 很少 / 很多[4]	4.84	●		
太阳 / 天空眩光 – 无 / 太多		3.30			●	来自其他人 – 很少 / 很多[4]	5.29	●		
人工照明 – 太少 / 太多[4]		4.97	●			来自内部 – 很少 / 很多[4]	4.87	●		
人工照明眩光 – 无 / 太多[1]		4.33	●			来自外面 – 很少 / 很多[4]	3.61	●		
						干扰 – 无 / 经常[1]	5.30	●		
控制因素[b]						**满意度因素**				
采暖	29%	1.97	●			设计	4.42		●	
制冷	23%	2.52		●		需求	4.35		●	
通风	39%	3.77		●		整体舒适度	4.42		●	
光线	42%	2.87	●			生产力百分比	–2.07		●	
噪声	39%	1.84	●			健康	3.77		●	

注：（a）除非有其他的注明，7 分为“最高”；上角标[4]表示 4 分最高，上角标[1]表示 1 分最高；（b）所列出的百分比值表示认为该方面个人控制很重要的受访者百分比。

2006 年每个影响因素的平均得分，以及得分是否显著高于、相似或者低于 BUS 的基准分　　　　**表 13.2**

	得分	低于	相似	高于		得分	低于	相似	高于
运行因素									
来访者心中的形象	5.52			●	清洁	5.13			●
建筑空间	4.52		●		会议室的可用性	4.42		●	
办公桌空间 – 太小 / 太大[4]	3.97			●	储藏空间的合适度	3.38	●		
家具	4.47		●						
环境因素									
冬季的温度和空气					夏季的温度和空气				
整体温度	3.83	●			整体温度	4.45			●
温度 – 太热 / 太冷[4]	5.13	●			温度 – 太热 / 太冷[4]	3.54		●	
温度 – 恒定 / 变化[4]	5.43	●			温度 – 恒定 / 变化[4]	5.07	●		
空气 – 不通风 / 通风[4]	4.66	●			空气 – 不通风 / 通风[4]	3.67		●	
空气 – 干燥 / 湿润[4]	3.52		●		空气 – 干燥 / 湿润[4]	3.64		●	
空气 – 新鲜 / 闷[1]	4.15		●		空气 – 新鲜 / 闷[1]	3.64			●
空气 – 无味 / 臭[1]	3.48		●		空气 – 无味 / 臭[1]	3.11			●
整体空气	3.83	●			整体空气	4.45			●
光线					**噪声**				
整体光线	4.65		●		整体噪声	3.48	●		
自然采光 – 太少 / 太多[4]	3.58	●			来自同事 – 很少 / 很多[4]	4.71	●		
太阳 / 天空眩光 – 无 / 太多	3.81		●		来自其他人 – 很少 / 很多[4]	4.81	●		
人工照明 – 太少 / 太多[4]	4.32	●			来自内部 – 很少 / 很多[4]	4.39	●		
人工照明眩光 – 无 / 太多[1]	3.58		●		来自外面 – 很少 / 很多[4]	4.39	●		
					干扰 – 无 / 经常[1]	4.58	●		
控制因素[b]　[%]					**满意度因素**				
采暖　na?	1.61	●			设计	5.39			●
制冷　[%]	2.45		●		需求	5.19			●
通风　[%]	3.77		●		整体舒适度	4.63		●	
光线　[%]	2.23	●			生产力 %	–7.00	●		
噪声　[%]	1.48	●			健康	4.03		●	

注：（a）除非有其他的注明，7 分为“最高”；上角标[4] 表示 4 分最高，上角标[1] 表示 1 分最高；（b）所列出的百分比值表示认为该方面个人控制很重要的受访者百分比。

为女性，35% 为男性）而言，该建筑是他们正常工作的地方。平均每周工作 4.5 天，每天工作 8.0 小时，其中约 7.0 小时在自己的办公桌上及 6.6 小时在计算机前。30 岁以下和 30 岁以上的受访者比例为 10%：90%，并且其中大多数（94%）已经在该建筑中工作超过了一年，74% 的人在同一张办公桌或工作区。约 77% 的人需要与超过 8 位同事共享办公室；17% 的人需要和 2—8 位同事共享办公室；而其余的 7% 则拥有单独的办公室。

主要区别（事实上，两次的调查人数均为 31 位只是一个巧合）似乎是在 2006 年调查期间，女性和男性的比例略有下降，超过 30 岁的受访者比例有所增加，并且几乎每个人均在该建筑中工作了一年或一年以上。由于预期工作人员数量的增加，需要和 8 位或更多人共享办公室的员工百分比从 32% 增加到了 77%。

重要因素 – 整体

表 13.1 和表 13.2 分别列出了 2004 年和 2006 年调查期间每个调查问题的平均得分，并显示了用户对该建筑各个方面的感知评分与基准分以及 / 或中间值的比较情况，分为显著高于、相似或者低于三种不同的情况。

在 2004 年所调查的 44 个方面中，有 9 个方面的得分显著高于基准分，17 个方面的得分显著低于基准分，而其余 20 个方面的得分与基准分大致相同。到了 2006 年，有 8 个方面的得分显著高于基准分，19 个方面的得分显著低于基准分，而其余 17 个方面的得分与基准分大致相同。从整体上来看，没有太大的不同，但是大约 24 个方面的得分仍然或多或少相同，11 个方面的得分有所改善，而 9 个方面的得分下降。

2004 年调查

在运行方面，形象和清洁得到了高分，但是关于建筑空间、存储空间的合适度和会议室的可用性的用户评分相对较低，并且有一个关于办公桌空间太少的意见，尽管当时用户相对较少。

用户对环境因素的评价好坏参半。除了夏季太热以外，几乎每一个与温度和空气有关的影响因素得分均与基准分相似或高于基准分。相反，噪声因素的得分均低于基准分，有太多的噪声来自 3 个内部噪声来源，来自外部噪声的稍少，以及干扰太过频繁。用户认为有太多的人工照明和太少的自然光，并且前者会产生一定的眩光，后者却不会。整体光线的得分位于基准分和中间值之间。

相对高比例的用户认为通风、光线和噪声的个人控制很重要，但除了通风以外，其他各项的得分均很低。满意度各个变量（设计、需求、整体舒适度、生产力和健康）的得分均接近或略高于各自的基准分或中间值。

2006 年的调查

从运行因素的角度来看，形象和清洁的得分良好，尽管后者在 2004 年的得分更低。在建筑空间、桌面空间、家具和会议室的可用性方面有显著的提高。存储安排的得分仍然很低。

用户对环境因素的评论有更多的变化。相比 2004 年而言，夏季温度和空气的整体得分全部高于或接近其各自的基准分（除了温度变化以外），但在冬季条件下，大多数分项的得分低于基准分（太冷、变化和通风）。与 2004 年相同，整体噪声的得分低于基准分，来自同事、其他人和楼内的噪声太多。干扰似乎已经减轻，但现在似乎有太多来自外部的噪声。整体光线的得分接近基准分，但成绩表明仍然有太多的人工照明和太少的自然采光。

控制量的分数跟 2004 年的情况相同，而满意度中有关设计和需求的得分有所改善，生产力得分下降 – 有明确的关于噪声干扰（见后面）的意见。

针对 12 项性能影响因素所提供正面、负面和中立评论的受访者人数　　表 13.3

方面	受访者人数			
	正面	中立	负面	总数
设计	7(10)	5(7)	5(8)	17(25)
需求	1(2)	1(1)	11(14)	13(17)
会议室	0(2)	1(2)	17(16)	18(20)
储藏空间	0(1)	2(1)	17(18)	19(20)
办公桌 / 办公区域	3(5)	2(4)	8(13)	8(22)
整体舒适度	1(5)	2(1)	6(9)	6(15)
整体噪声	na(1)	na(3)	na(13)	na(17)
整体光线	4(4)	3(1)	8(9)	15(14)
生产力	0(2)	4(3)	10(12)	14(17)
健康	2(4)	2(2)	5(7)	9(13)
工作良好	na(26)	—	—	n/a(26)
阻碍	—	—	n/a(29)	n/a(29)
总计	18(62)	22(25)	87(148)	127(235)
百分数	14.2(26.4)	17.3(10.6)	68.5(63.0)	100.0
合计	80	47	235	362
总计百分数	22.1	13.0	64.9	100

用户意见 – 整体

表 13.3 显示了两次调查中正面、中立和负面评论的数量——2004 年，共收到来自员工大约 127 条反馈意见，受访者可以在 9 个标题下面添加书面意见——占总 279 条潜在意见的 45.5% 左右（31 位受访者，9 个标题）。其中，约 14.2% 的正面评论、17.3% 的中立评论以及 68.5% 的负面评论。

而 2006 年共收到来自员工大约 235 条反馈意见，受访者可以在 12 个标题下面添加书面意见——占总 372 条潜在意见的 63.2% 左右（31 位受访者，12 个标题）。其中，约 26.4% 的正面评论、10.6% 的中立评论以及 63.0% 的负面评论。总体而言，正面评论占 22.1%、中立评论占 13.0% 以及负面评论占 64.9%。

2004 年的意见

建筑设计得到了相当程度的反馈意见，贯穿了 3 个类别，收到了较高数量的正面评论。

生产力收到了高比例的负面评论（14 条评论中的有 10 条是负面的），与其所得到的低分相呼应，并且噪声的有关评论通常与两个问题有关。缺乏存储是一个问题，19 条评论中有 17 条是关于这个问题的。需求的主要负面问题与噪声或空间问题有关。温度是舒适度中常常出现的问题，这显然与当时夏季温度和空气的低分相对应。

2006 年的意见

建筑设计再次得到了相当程度的反馈意见，贯穿了 3 个类别，收到了较高数量的正面评论。

噪声收到了一个高比例的负面评论（17 条评论中有 13 条是负面的），与其各个因素的低分相对应，且生产力的评论再一次与两个问题相关。存储空间的缺乏仍然是一个问题，20 条评论中的 18 条与该问题有关。需求的主要负面问题与空间、隐私或者通风有关。采暖是舒适度中常常出现的问题，这显然与当时冬季温度的低分相对应。其有别于 2004 年的调查，那时候夏季温度是个问题。这可能是由于受访者的不同、调查本身的时间差异（虽然均不是在夏天），或建筑物本身性能所造成的。如果有所差别的话，则是 2006 年夏季外部的温度比 2004 年更高。2004 年，从 PORTA 小木屋转移过来的受访者或许提供了造成意见分歧的另一种原因（这些意见表明该建筑的冬季保温不好，但是与传统的办公室相比，冬季温度却有很大的改善）。

整体性能指标

舒适度指数是以舒适度、噪声、光线、温度以及空气质量为基础，2004 年和 2006 年的计算结果分别为 -0.32 分和 -0.11 分，而相应的满意度指数则根据设计、需求、健康和生产力的分数计算而来，结果分别为 +0.10 分和 +0.22 分，刚刚高于中间值（注意这些情况下，-3 分到 +3 分范围内的中间值为 0）。

综合指数是舒适度指数和满意度指数的平均值，结果分别为 -0.11 分和 +0.05 分（表明整体上有所提高），而在这两种情况下，宽恕因子的计算结果均为 1.12，表明员工可能对个别方面的小瑕疵相对宽容，如冬夏季温度、空气质量、光线和噪声等（因子 1 表示通常范围 0.8—1.2 的中间值）。

从十影响因素评定量表来看，在 2004 年，由于计算百分比为 64%，该建筑在 7 分制的评级中位于“高于平均水平”建筑物之列。当考虑所有变量时，计算百分比为 53%，处于“平均水平”的前列。相应的评级在 2006 年略高——十影响因素评定量表的计算百分比为 68%，为“高于平均水平”的建筑，而全因素评定量表中的计算百分比为 55%，为“平均水平”建筑。

致谢

感谢基金会的主任托尼·肯德尔（Tony Kendle）允许我们进行此项调查工作，感谢技术服务总监菲尔·拉森（Phil Larsen）和可持续建筑经理卡隆·汤普森（Caron Thompson）所提供的慷慨援助。同样感谢尼古拉·格里姆肖建筑事务所的迈克尔·波林（Michael Pawlyn）接受了相关建筑设计的采访，并针对设计过程及其内部环境管理系统 EVA 的运行给出了自己的见解。

参考文献

ASHRAE (2001) *ASHRAE Handbook: Fundamentals, SI Edition*, Atlanta, GA: American Society of Heating Refrigerating and Air-Conditioning Engineers.

Birch, A. (2003) 'East of Eden', *Building Design*, 2 May: 11-15.

Eden Project (2007) *Eden Project Annual Review 2006/2007*, The Eden Project, Bodelva, St Austell, Cornwall, see also//www.edenproject.com /documents/EdenAnnual_Review_0607.pdf (accessed 29 September 2008).

Grimshaw and Partners Limited (2002) *The Eden Project - The Eden Foundation Building - Quarterly Environmental Management Systems Final Report, No 02*, Nicholas Grimshaw and Partners Limited, 18 November 2002.

Grimshaw website, Eden Project: Foundation Building, available at: www.grimshaw-architects.com/grimshaw/print/projectdata.php?id=95 (accessed 30 September 2008).

Pawlyn, M. (2006) Transcript of interview held on 9 September 2006, London.

Smit, T. (2001) *Eden*, London: Bantam Press.

Turpin-Brooks, S. and Viccars, G. (2006) 'The Development of Robust Methods of Post Occupancy Evaluation', *Facilities*, 24(5/6): 177-96.

第 14 章
数学与统计学以及计算机科学（MSCS）大楼，坎特伯雷大学
基督城，新西兰

背景

于 1998 学年初（在新西兰是 2 月）竣工，MSCS 大楼坐落于基督城坎特伯雷大学校园内。旨在容纳两个系：数学与统计学系以及计算机科学系。

虽然 MSCS 大楼的宗旨是相当平常的，但是明确指出了需要解决能源问题。该大学不想要一座高能耗的建筑。纬度约 44°S，基督城同新西兰大部分地区一样，享受一年 2000 小时的明媚阳光，1% 概率的设计温度约为 -1℃ 和 +26℃（ASHRAE 2001：27.42-3），应该不存在太多的挑战——但令人遗憾的是，这仍然被许多客户和设计师所忽略。然而，设计团队所看到的是一个勇敢之举，该大学追求一个低能耗建筑。

之后，该建筑赢得了国家和地区建筑奖以及 1999 年新西兰咨询工程师协会金奖。

设计过程

这个项目的首席建筑师是帕特里克·克利福德（Patrick Clifford），来自奥克兰 Architectus 公司（de Kretser，2004）。奥雅纳工程顾问公司是这个项目的环境顾问，参与该项目的首席设计师是戴维·富布鲁克（Dave Fullbrook）。克利福德利用自然通风和自然采光的概念赢得了 MSCS 大楼的比赛，并针对其结构和服务工程采取了一个综合的方法（Architectus，1998）。尽管富布鲁克常年在英国奥雅纳的布里斯托尔办公，但是（最初，无论如何）该方法的部分工作是说服客户这将是可行的。

设计过程具有几个特点，有利于项目的最终成功。其中主要的是设计团队在招标前拥有足够的时间（设计阶段和文档阶段均有大约 6 个月的时间）。同时客户也足够多的深入到了设计过程当中。然而，归根结底，该建筑环境设计成功的关键在于最初的建筑理念，并且在理念扩展过程中，克利福德采取了协作的方式，加上富布鲁克的能力，且该大学具有开发低能耗和自然环境控制潜力。在重要的早期概念发展阶段，尽管这两人针锋相对，但还是完成了合作（Clifford，2000；Fullbrook，2000）。

设计过程和建筑成果在别的地方已经详细描述过了（例如见 Spence，1998，and Johnston，2002），所以接下来是最简短的概括，以及更为详细的环境控制系统。

设计成果

建筑布局、构造和被动环境控制系统

该大楼的长轴坐落于西北－东南方向，面积为 11551m^2（占地面积 55m×32m），由一个 7 层高的学术体块和一个 4 层高的本科教学体块组成，前者用于工作人员和研究生。两个体块通过一个 5 层高、玻璃屋顶的中庭空间相连，中庭的两端是流通塔，地下室区域主要包括了教学和服务空间（图 14.1 和图 14.2）。

在首层以上，3 栋学术楼（Academic Towers）（图 14.3）中的每一栋均包含了 3 个复式楼层，每层通常包含 10 个员工办公室，环绕在一个共同的双层区域周围（图 14.4），相邻的三角形空间则用作研究生室和会议/研讨室（图 14.1）。办公室本身是巢状的，并且面朝北（南半球的向阳面）。学术楼的首层则包含更大的教学空间和一些中央服务办公室。

西南向的教学体块（图 14.5）高 4 层、进深 15.7m 以及面宽 55m，旨在容纳大型的开放式计算机实验室和辅导室，下方是地下室区域（图 14.6 和图 14.7）。这些空间具有足够的灵活性，允许被完全开放和详细布局，或者作为走廊两侧的小空间使用。中庭宽 6.8m（图 14.8），其端部的流通塔沿整个建筑面宽分布，连接两个侧翼。中庭的倾斜玻璃屋顶面朝西南方向，同时中庭与相邻的学术楼和教学楼之间的玻璃内墙均设置了可开启窗户，与前者之间的

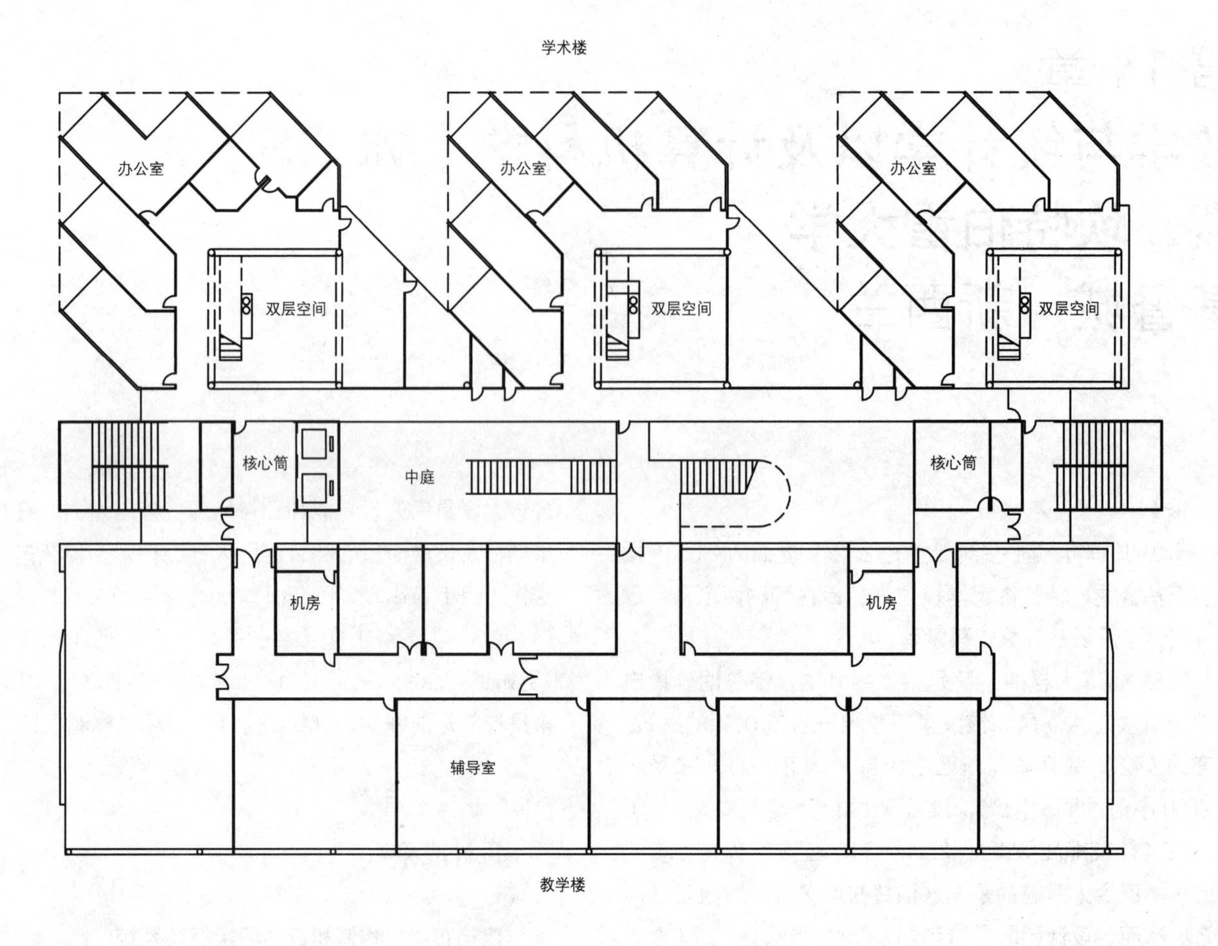

图 14.1　第 2 层布局
资料来源：改编自 Architectus 公司

图 14.2　短横截面
资料来源：改编自 Architectus 公司

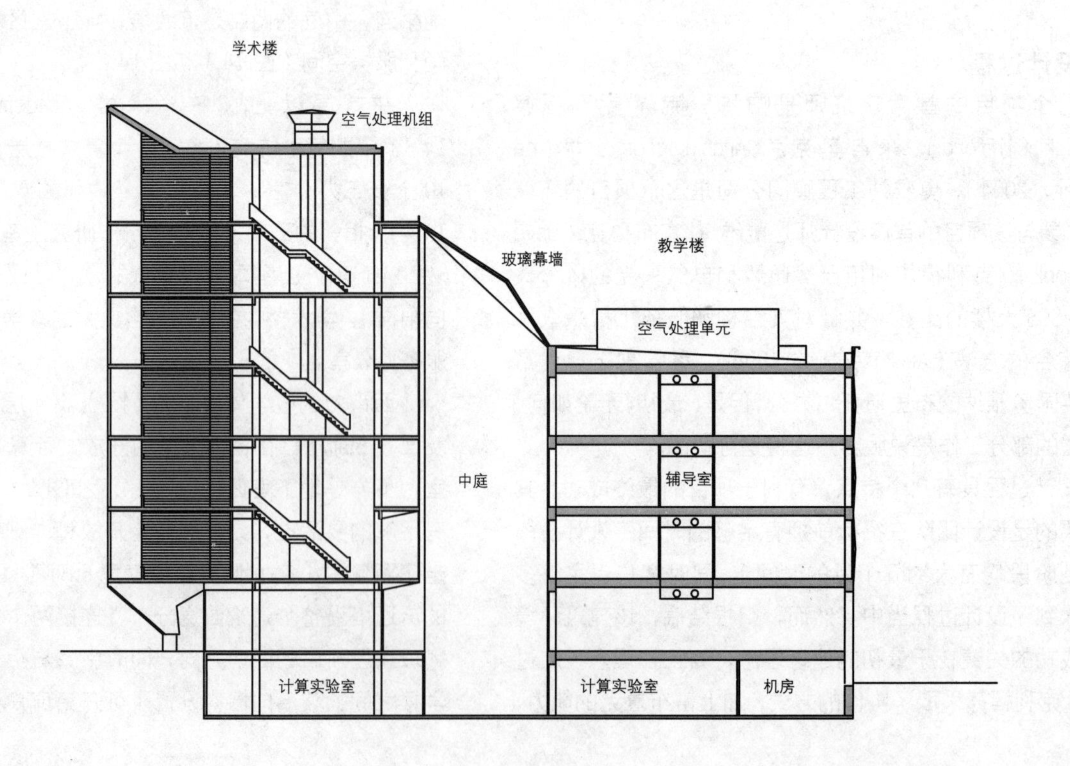

图 14.3　朝北观望的 3 个学术楼

图 14.4　其中一个学术楼的一个双层空间（注意垂直送风和排风管道，以及通风单元）

图 14.5　4 层高的教学楼位于右侧，北端的服务塔位于中心，其中一个学术塔位于照片左侧

窗户可自动控制，与后者之间的窗户则通过手动操作。在中庭的中心位置设置了一些桥梁，这些桥与一个开放式楼梯相连，从首层开始在每一层将 2 个主体块连接在一起。

图 14.6　第 2 层的计算机实验室

图 14.7　地下室的计算机实验室

图 14.8　中庭总视图（教学楼位于左侧，学术楼位于右侧）

主动环境控制系统

整个校园的采暖通过一个燃煤 MTHW（115℃）区域供热系统进行供给。制冷则通过场地下方的一个自然含水层提取 12.5℃的水，返回温度是 18℃。MSCS 大楼同时采用两个系统，并与局部的机械通风机房结合起来使用。然而，该建筑的设计是使学术楼中的办公室和大多数相邻的研讨室均可以利用自然通风，且由一个传统的散热系统进行采暖。学术楼内部的大约 90 个办公模块均配备了全方位的被动热环境控制系统（图 14.8 和图 14.10），包括特意采用的偏北向设计和固定的悬挑（图 14.9）、暴露的热质内墙和顶棚、固定和可调节的室内及室外遮阳设备，以及所选择的大量窗口 / 自然通风口。

一个 1.8m^3/s 的空气处理机组位于每栋学术楼的顶部，它们向复式空间以及首层的研讨室和办公室提供新鲜空气（图 14.4）。外界的空气在入口处过滤，中庭依靠入口空气及相邻空间的溢出空气进行通风，并通过斜玻璃屋顶高处的自动开启式玻璃窗进行排风（图 14.11）。

地下室的 9 个独立空调机组（0.6—1.4m^3/s 不等）为计算实验室的空调提供服务。而两个 5.4m^3/s 的空调机组则为教学楼提供服务，每个空调机组为每个楼层一半左右的面积提供服务。这些空调机组被置于单独的屋顶机房（图 14.11）内，位于所服务区域和相应垂直布井的中央位置。在圆形地板扩散器向各个空间送风之前，空气首先需要通过竖井，然后再经过混凝土楼板中的水平“管道”。目的是最大限度利用楼板的热质，让教学楼内的温度保持均匀。楼层中面向外侧的办公室在其玻璃幕墙下方均安装了散热器，并且在适当时，窗口直接面向外部或面向中庭开启。

所有的热环境控制机房和机动窗口的开启装置均受控于大学计算机楼宇管理系统。在夏季，大多数空调空间的设计温度为 25℃（室外设计温度为 28℃），并且在冬季，除了中庭（目标温度为 16℃）以外，其他空间的设计温度为 20℃（室外设计温度为 1℃）。

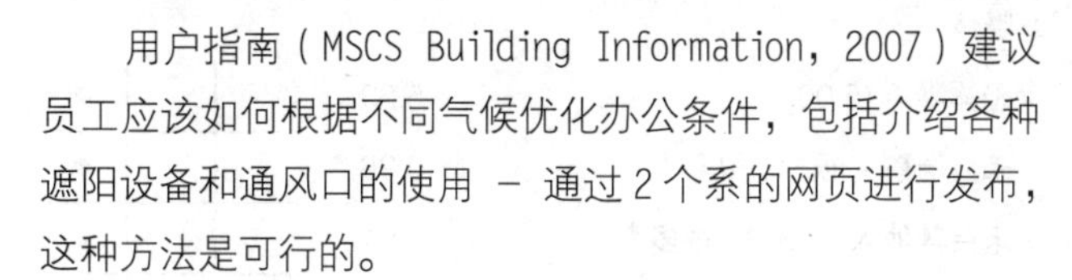

用户指南（MSCS Building Information，2007）建议员工应该如何根据不同气候优化办公条件，包括介绍各种遮阳设备和通风口的使用 - 通过 2 个系的网页进行发布，这种方法是可行的。

用户对建筑物的看法

总体反应

在这个案例中，受访者来自工作人员（学术、研究和行政部门）和本科生，前者使用标准问卷，后者则使用较短的版本。

对于所有大约 57 位受访者（19% 为女性，81% 为男性）而言，该建筑是他们正常工作的地方，大多数（86%）受访者平均每周工作 5 天或更多，每天工作 7.7 小时。大部分人（68%）均超过 30 岁，并且已经在该建筑中工作超过了一年，约 56% 的人在同一个办公桌前或工作区内。花费在办公桌前和计算机前的平均时间分别为 5.8 小时和 4.8

图 14.9　其中一个学术楼的北立面（注意外部（木制）和内部（百叶）遮阳设备的配置范围）

图 14.10　工作人员办公室立面的内部特写，显示了上方的窗口制动器

图 14.11　屋顶视图，教学楼位于左侧，学术楼位于右侧，中庭的玻璃屋顶位于两者之间，服务塔位于两个端头（注意教学楼上的 2 个大型空调机组和每栋学术楼顶部的较小空调机组）

每个影响因素的平均得分，以及得分是否显著高于、相似或者低于 BUS 的基准分　　**表 14.1**

		得分	低于	相似	高于		得分	低于	相似	高于
运行因素										
来访者心中的形象		6.26			●	清洁	5.68			●
建筑空间		5.26			●	会议室的可用性	5.57			●
办公桌空间 – 太小 / 太大 ^{4}		4.37			●	储藏空间的合适度	5.29			●
家具		5.64			●	设施符合工作要求	na			
环境因素										
冬季的温度和空气						夏季的温度和空气				
整体温度 (5.43)		5.25			●	整体温度 (5.35)	5.14			●
温度 – 太热 / 太冷 ^{4}		4.17			●	温度 – 太热 / 太冷 ^{4}	3.49			●
温度 – 恒定 / 变化 ^{4}		4.04			●	温度 – 恒定 / 变化 ^{4}	4.08			●
空气 – 不通风 / 通风 ^{4}		3.02	●			空气 – 不通风 / 通风 ^{4}	3.27			●
空气 – 干燥 / 湿润 ^{4}		2.91	●			空气 – 干燥 / 湿润 ^{4}	3.22	●		
空气 – 新鲜 / 闷 ^{1}		3.56			●	空气 – 新鲜 / 闷 ^{1}	3.25			●
空气 – 无味 / 臭 ^{1}		2.87			●	空气 – 无味 / 臭 ^{1}	2.80			●
整体空气 (5.03)		5.07			●	整体空气 (5.03)	5.23			●
光线						**噪声**				
整体光线 (5.33)		5.17			●	整体噪声 (5.00)	5.39			●
自然采光 – 太少 / 太多 ^{4}		4.18		●		来自同事 – 很少 / 很多 ^{4}	3.98			●
太阳 / 天空眩光 – 无 / 太多		4.46	●			来自其他人 – 很少 / 很多 ^{4}	3.91			●
人工照明 – 太少 / 太多 ^{4}		3.93		●		来自内部 – 很少 / 很多 ^{4}	4.27			●
人工照明眩光 – 无 / 太多 ^{1}		2.95			●	来自外部 – 很少 / 很多 ^{4}	4.07		●	
						干扰 – 无 / 经常 ^{1}	5.39			●
控制因素 [b]						**满意度因素**				
采暖	51%	4.14			●	设计 (5.25)	5.61			●
制冷	42%	3.44			●	需求 (5.56)	5.80			●
通风	51%	5.23			●	整体舒适度 (5.44)	5.86			●
光线	46%	5.09			●	生产力 %	+9.80			●
噪声	40%	3.18			●	健康	4.52			●

注：（a）除非有其他的注明，7 分为“最高”；上角标 ^{4} 表示 4 分最高，上角标 ^{1} 表示 1 分最高；（b）所列出的百分比值表示认为该方面个人控制很重要的受访者百分比。

针对 12 项性能影响因素所提供正面、负面和中立评论的员工受访者人数
（括号里是针对 3 个方面进行反馈的学生受访者人数）

表 14.2

方面	受访者人数			
	正面	中立	负面	总数
设计	13(21)	3(2)	6(11)	22(34)
需求	2	1	3	6
整体舒适度	2	0	7	9
整体噪声	1(0)	3(0)	15(29)	19(29)
整体光线	2	2	15	19
生产力	3	7	1	11
健康	5	3	0	8
工作良好	21	—	—	21
阻碍	—	—	29	29
整体环境	(1)	(1)	(32)	(34)
总计（只针对员工）	49	19	76	144
百分比（只针对员工）	34	13	53	100
百分比	273	187	994	1454
百分比（只针对员工）	18.8	12.9	68.3	100

小时。超过 60% 的人单独工作，而其余的大多数只需要和另一位同事共享办公室。

虽然没有直接询问年龄问题，但是 205 名学生中的绝大多数明显在 30 岁以下—— 42% 为女性和 58% 为男性。

表 14.1 列出了员工和学生对每个相关调查问题的平均评分。表 14.1 同样显示了员工对建筑各个方面的感知评分与基准分以及 / 或中间值的比较情况，分为显著高于、相似或者低于三种不同的情况。总计，约 37 个方面的得分显著高于基准分，4 个方面的得分显著低于基准分，其余 4 个方面的得分与基准分大致相同。总的来说，结果特别良好，甚至引起了分析师的质疑，因为这是我们第一次遇到这样的调查。

重要因素

鉴于整体成绩良好，在这里主要强调一下那些表现特别优秀和少数例外的影响因素。

所有运行因素的得分均显著高于其各自的基准分，其中建筑物形象的得分最高，平均得分为 6.26 分。

同样，大多数环境因素的得分均高于其相应的基准分。例外的是，尽管整体舒适度的得分良好，但是工作人员认为冬季空气有些不通风和干燥；并且反应有太多来自太阳和天空的眩光（与 4.00 分的理想值相比，得分为 4.46 分）。

个人控制因素的平均成绩为 4.21 分（与当时相对较低的基准分 2.60 分相比）。所有个人控制因素的得分均高于各自的基准分，其中通风（5.23 分）和光线（5.09 分）的个人控制得分特别好。受访者认为个人控制重要的平均比例相对较高，为 46%。

满意度因素的平均感知分数远高于其各自的基准分和中间值。

学生的感知分数（在较短的学生问卷中，只针对 8 个整体变量作反馈）大多低于工作人员，但均不低于 5.00 分。

用户意见

总计，共收到来自员工大约 144 条反馈意见，受访者可以在 9 个标题下面添加书面意见——占总 513 条潜在意见的 28% 左右（57 位受访者，9 个标题）。表 14.2 表示正面、中立和负面评论的数量——在这个案例中，约 34 % 的正面评论、13% 的中立评论以及 53% 的负面评论。

虽然整体光线的评价较高，但是光线方面的主要负面评论来自太阳眩光（在 15 条意见中占了 11 条），并且在阻碍类别的评论中收到了相当数量的意见（在 29 条意见中占了 10 条）。这与 7 分制评级中光线所得到的相对较差的评级相对应——在中午时刻，冬日低入射角阳光会照射在电脑屏幕上，这似乎是主要的问题。噪声方面的负面评论主要集中于内部噪声——来自附近的办公室、相邻公共空间的会议，以及使用手机通话的同事（但只是当办公室门打开的时候）——尽管这些因素的得分均超过了各自的基准分。意见中没有出现其他特殊的问题。

虽然建筑设计吸引了来自工作人员和学生的大量正面评论，但是关于噪声的意见几乎完全是负面的——来自电脑、其他人和暖通空调系统的噪声是反复出现的问题。受访者要求针对环境条件添加任何进一步的评论，那些所收到的评论主要是负面的，少数提及了地板的通风口。

整体性能指标

舒适度指数是以整体舒适度、噪声、光线、温度以及空气质量的得分为基础，结果为 +2.43 分，而满意度指数则根据设计、需求、健康和生产力的分数计算而来，结果为 +2.36 分（注意这些情况下，-3 分到 +3 分范围内的中间值为 0）。

综合指数是舒适度指数和满意度指数的平均值，结果为 2.39 分，而在这种情况下，宽恕因子的计算结果为 1.11，表明员工可能对个别方面的小瑕疵相对宽容，如冬夏季温度、空气质量、光线和噪声等（因子 1 表示通常范围 0.8—1.2 的中间值）。

从十影响因素评定量表来看，该建筑在 7 分制评级中位于“杰出”建筑物之列，计算百分比为 100%。当考虑所有变量时，计算百分比为 90%，仍处于“杰出”的行列。

其他报道过的性能

每年的能源使用

通过对 MSCS 大楼的中央锅炉系统的采暖进行独立（BTU）计数，其 2001 年的总能耗约为 780700 kWh，系统运行时间段为 2—10 月，每天上午 6 点至下午 9 点，周一至周五。全年用电量达到 875011kWh 左右。因此，总的 AEUI 结果为 143kWh/（m^2·a）。大致估计其中采暖占 47%，设备占 28%（在该建筑中有大约 660 台计算机在运行），照明占 15%（照明功率密度低于 $10W/m^2$），风扇和水泵占 3%，以及其他杂项占 7%。

夏季和冬季的室内温度

室内（主要是工作人员办公室）和室外温度的测量是在 2000 年 12 月—2001 年 2 月期间，以及 2001 年 6 月和 7 月期间进行的。在夏季期间，内部温度的最高纪录为 26℃（下午 3 点左右，在一个顶层办公室内），最低纪录为 13.3℃（夜间）。在冬季期间，平日进行采暖，所测量的最低温度为 14℃（也是夜间温度）和最高温度为 24.3℃。总的来说，控制水平取决于用户的喜好，决定了温度所达到的范围。这方面的详细内容见贝尔德（Baird）和肯德尔（Kendall）（2003）。

致谢

我特别感谢 Architectus 公司的帕特里克 · 克利福德和奥雅纳工程顾问公司的戴维 · 富布鲁克，他们对该建筑的设计开诚布公。坎特伯雷大学的很多人曾给予了极大的帮助——荣幸地感谢以下人员：助理工程师道格 · 劳埃德（Doug Lloyd）和运营监事罗比 · 兰开斯特（Robbie Lancaster），以及工程和服务部的其他同事；计算机科学系的主任提姆 · 贝尔（Tim Bell）和数学与统计系的主任道格 · 布里奇斯（Doug Bridges），以及他们的工作人员。

参考文献

Architectus (1998) 'Meeting in Light', *Architecture New Zealand*, July/August: 36-49.

ASHRAE (2001) *ASHRAE Handbook: Fundamentals, SI Edition*, Atlanta, GA: American Society of Heating Refrigerating and Air-Conditioning Engineers.

Baird, G. and Kendall, C. (2003) 'The MSCS Building, Christchurch – A Case Study of Integrated Passive Design, Low Energy Use, Comfortable Environment, and Outstanding User Satisfaction', in *Proceedings of IRHACE Annual Technical Conference*, Hamilton, April 2003, pp. 60-8.

Clifford, P. (2000) Transcript of interview held on 19 October 2000, Auckland.

De Kretser, A .H. (ed.) (2004) *Architectus*, Auckland: The New Zealand Architectural Publications Trust.

Fullbrook, D. (2000) Transcript of interview held on 28 September 2000, Wellington.

Johnston, L. (2002) 'Mathematical Formula', *Architectural Review Australia*, 080(Winter): 58-65.

MSCS Building Information (2007) available at: www.cosc.canterbury.ac.nz/open/dept/dept.shtml (user name and password required for access).

Spence, R. (1998) 'Seductive', *Architecture New Zealand*, September/October: 84-90.

圣玛丽信用社的南立面

第 15 章
圣玛丽信用社
纳文，爱尔兰

背景

于 2005 年 8 月竣工，这幢高 5 层的大楼（图 15.1）建筑面积约 1300m²。坐落于纳文（人口约 25000）的市中心，纳文是爱尔兰米斯郡的一个主要的增长中心，距离都柏林东北方向约 50km，位于黑水河和博因河的汇合处。

该大楼用作纳文圣玛丽信用社（St Mary' s Navan Credit Union）的银行营业大厅和办事处，圣玛丽信用社是一个历史悠久的金融服务供应商，其会员包括该地区的大部分人口。因为信用社业务的快速扩张，原先的 2 层楼已经不够用了，原建筑建于 20 世纪 80 年代，当时只有大约 6000 名会员和 6 名工作人员。在此期间，会员已发展到超过 20000 名。新建筑旨在容纳 20 名工作人员，并且考虑了预期人口增长所带来的会员增长及其相关服务的增加。

图 15.1 新的 5 层楼，以及背景中原先 20 世纪 80 年代的建筑

该城市的纬度大约为 54°N，1% 概率的冬季和夏季设计温度（适用于都柏林附近）分别为 -0.4℃和 +20.6℃（ASHRAE 2001：27.36-7）。

该建筑赢得了 An Taisce Ellison 奖。设计过程和建筑成果已在别的地方详细描述过了（Leech，2005a，2005b）。以下是最简短的概括。

设计过程

该建筑是由都柏林的一个小型专业建筑设计公司设计：盖亚生态建筑（Gaia Ecotecture）。该团队由保罗·里奇（Paul Leech）带领，他毕业于都柏林大学的工程和建筑两个专业，是盖亚国际（Gaia International）的创始人之一，并且也是一个整体设计的倡导者（Leech，2006）。主任萨利·星巴克（Sally Starbuck）担任建筑师，Derham McPhillips 咨询工程公司则提供详细的机械和电气服务设计。

虽然可以预见到，业主单位会对任何有关新大楼的建议持长远眼光，但是，主要的设计决策受工程造价的严格控制和信用社董事会建筑委员会的严格审查。在里奇的早期职业生涯中，他已经在纳文做过一个项目，并且在那期间（1979—1987 年）设计了原信用社大楼。而现在，20 年后，他又开始承接新楼的设计，并且决心将新楼建造成生态办公楼的一个典范（Leech，2005a）——这将不会是一个以传统思维来开发的办公大楼。

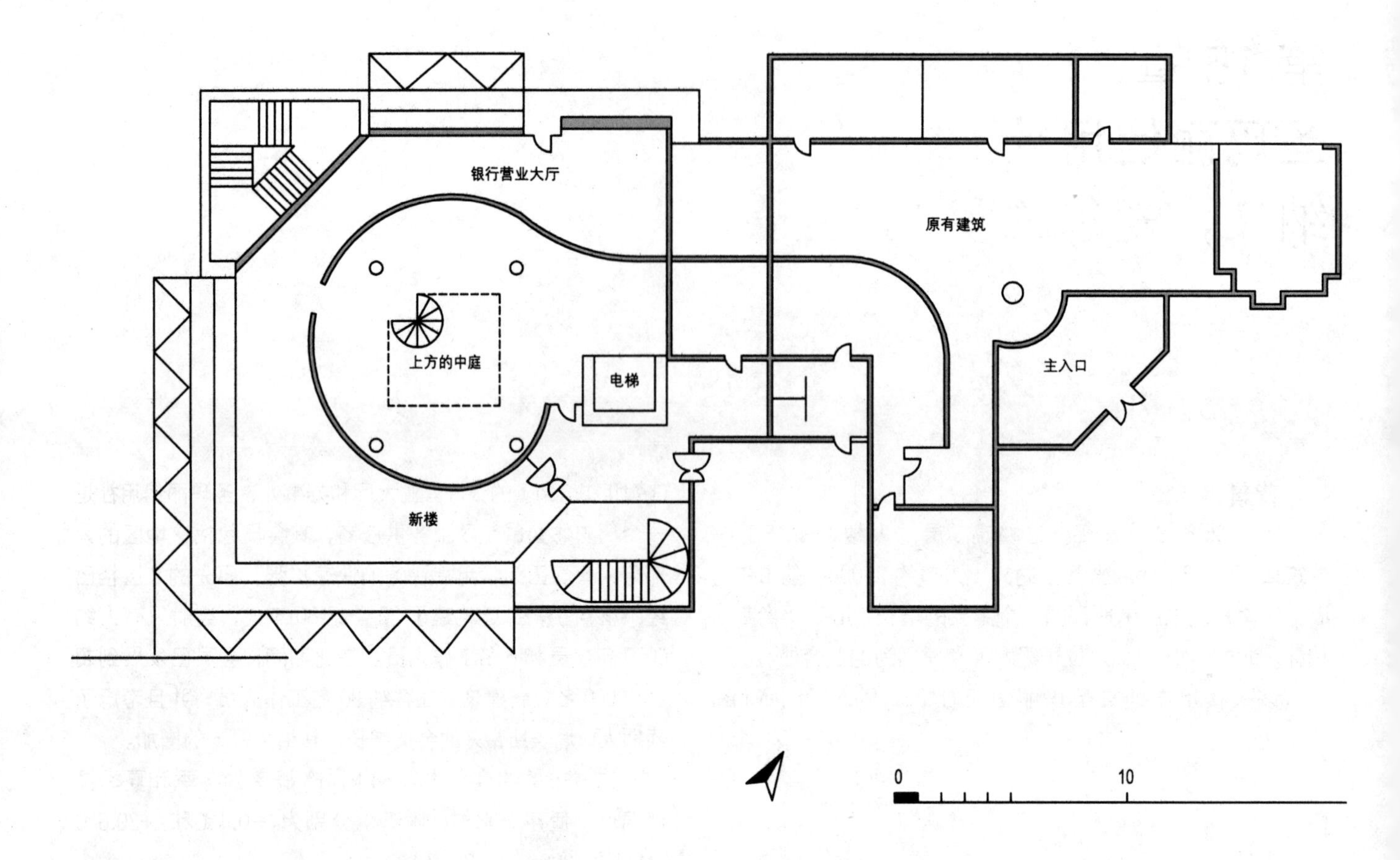

图 15.2　首层平面图（新楼位于左侧，旧楼位于右侧）
资料来源：改编自盖亚生态建筑（Gaia Ecotecture）

图 15.3　新建筑的横截面图（注意地下室区域、中庭、通风设备和太阳能烟囱，其配置允许进行自然通风）
资料来源：改编自盖亚生态建筑

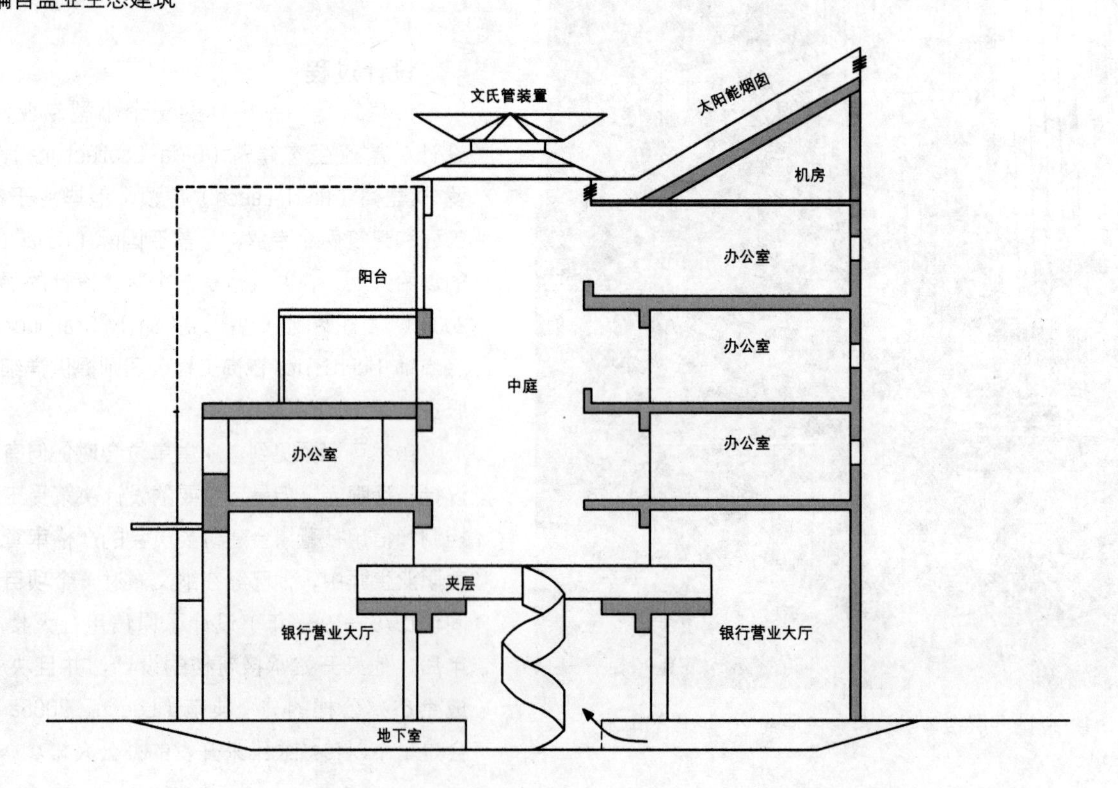

图 15.4　从第 5 层向银行营业厅的中庭区域观望

图 15.5　银行大厅工作人员的内部区域（螺旋式楼梯向上通向夹层，向下通向地下室区域）

要实现这个目标绝不容易——在持久而漫长的过程中，涉及获得该建筑物的规划许可，并且需要克服市场变革的阻力，同时面临项目协调的各种挑战，包括回避传统的建材、产品和方法。然而，在部分设计团队的合作决策下，在设计的开发阶段，便得到了来自盖亚国际的支持以及来自斯特拉斯克莱德大学和布莱顿大学研究人员的专业

图 15.6 第 4 层，办公室位于照片的左右两侧，中央背景的室外区域位于中庭开口的另一侧

图 15.7 顶部 3 层的西南立面特写（注意防雨的空心黏土瓷砖，带有进气口格栅的双层窗位于下方，以及第 4 层的室外区域。文氏管装置在照片顶部可见）

图 15.8 银行大厅双层立面特写（外部藤萝植物形成的自然遮阳屏障还处于一个非常早期的生长阶段）

投入。此外，主要合同商赫加蒂（P.J.Hegarty）选择“不会关注最低的初始费用，而是关注总的质量，并且准备迎接创新的挑战，同时与设计团队采取合作的方式”，该项目于 2005 年 8 月完工，历时 16 个月（Leech，2005a）。

设计成果

建筑布局、构造和被动环境控制系统

该 5 层楼的基本平面是一个 $9m^2$ 的网格（Leech，2005b），场地大致 15m×15m，对角线的方向与指南针的指向一致（图 15.2）。中央“广场”的网格形成了 1 个全高的中庭空间（图 15.3），旨在使中庭周围的空间可以进行自然通风，且阳光可以渗透到建筑物的内部——中庭的“斜坡” 有助于阳光的渗透（图 15.4）。

首层的营业厅是 1 个双层空间，并带有夹层（图 15.5），其以上的 3 层包括办公室、会议室和其他辅助空间（图 15.6）。营业大厅与原有建筑在首层相连，原建筑现在用作主要的董事室。

设计团队致力于最小的能耗，该建筑的主体结构和构造主要使用茂密的松树，甚至将其使用范围扩大到了电梯井，但是在适当时，会结合其他材料的使用。例如，建筑面层（图 15.7）采用 30mm 厚的空心黏土瓷砖，而中庭顶部的文氏管装置则使用铝制框架。

该建筑所处的方位意味着东南立面和西南立面“可用于”收集日照得热（heat gain，亦译热增益——译者注）。这些立面上的玻璃幕墙其用意也在于此，但是北立面却很少考虑这个因素。从长远来看，银行营业大厅大面积玻璃幕墙的遮阳是利用一个外部的落叶藤萝植物屏障来实现的（图 15.8）。——在此期间，为了达到目的，明智的布置了冲孔百叶窗。

最后，在此简要概括，需要特别注意建筑物的气密性，

图 15.9　银行大厅双层立面的内部视图（注意自动玻璃窗和滴流通风口（见右上方），以及立面底部的采暖/制冷终端设备格栅）

图 15.10　银行大厅立面的底部特写（底部小的格栅是地下室的静压空气进口，而窗户下方的大水平百叶则是双层立面滴流通风口的空气进口）

这是自然通风系统进行有效控制和操作的先决条件。建筑师将注意力转移到了 20 世纪 80 年代的原建筑管理系统，由于安全问题，很少使用窗户进行通风，担心窗户整夜开着。结果，出现了过热和空气质量欠佳等一些小问题。银行营业大厅非常繁忙，许多会员每天都汗流浃背。因此，很早就开发了自然通风策略，以改善会员和工作人员的舒适性。

里奇（2005）把整个建筑视为　“一个被动的加热装置”；银行营业大厅拥有双层立面（图 15.8 和图 15.9），且上层的双层玻璃窗是日照得热的主要来源。该建筑旨在冬季使用滴流通风，而在高温的夏季将不需要的日照得热屏蔽掉，并在适当的气候条件下和用户所要求的其余时间内进行通风。

此外，建筑周边的开口（图 15.10）则用作一个 1.4m 高地下室的进气口，这些进气口可使空气流通到建筑物的低层空间。在较高层，中庭的顶部，则通常利用一个专门设计的文氏管装置将空气排出，此装置配备了自动顺应风向的百叶窗（图 15.11 和图 15.12）。在中庭的顶部同样安装了一个太阳能烟囱，当阳光明媚且无风时进行排气（图 15.13）。

主动环境控制系统

主动采暖是由 3 个位于屋顶机房的燃气模块冷凝锅炉以及遍及整个建筑的服务终端单元进行供给的，而主动制冷则通过同样设置于屋顶机房的燃气热水泵来完成。

建筑物的热水由屋顶的一个真空管太阳能电池板进行供给，并且在其旁边设置了一个温和的光伏太阳能装置，用作该建筑水泵、风扇和自然通风控制系统的电源（图 15.13）。屋顶气象站和遍及整个建筑的监测器是输入端，程序控制系统可驱动相关的百叶窗和双层玻璃窗设备，最大限度利用环境条件，并且最大限度减少主动系统的使用（锅炉和热泵）。在控制系统的调试和微调方面，已经持续的投入了相当大的努力，按照一年的不同季节进行优化，

图 15.11　位于中庭顶部的屋顶文氏管装置的外部视图（旨在为建筑提供采光，以及自然通风时用作排气口，开放位置（例如，见左侧）依赖于风的方向）

图 15.12　文氏管装置的底部，可见自动百叶窗的布置

图 15.13　坡屋顶机房用于放置燃气模块冷凝锅炉装置和热泵（太阳能烟囱位于照片中央，“气象站” 在其顶部；真空管太阳能热水器位于左侧；光伏太阳能电池板位于右侧）

并且在最初的几个月，试图量化各种被动系统和太阳能系统的贡献，以维持该建筑物的能量平衡（Leech，2005c）。

雨水被收集和储存在一个地下存储罐内，用于大量内部景观的灌溉以及双模式的冲水式坐便器。

用户对建筑物的看法

总体反应

于 2006 年 9 月期间对该建筑进行了调查。对于所有大约 14 位受访者（92% 为女性，8% 为男性）而言，该建筑是他们正常工作的地方。平均每周工作 4.6 天，每天工作 8.1 小时，其中约 6.5 小时在自己的办公桌和电脑前。30 岁以下和 30 岁以上的受访者比例为 54%：46%，并且大多数（77%）已经在该建筑的同一张办公桌和工作区域工作超过了一年。约 50% 的人在开放性的银行营业大厅内工作，而其余的人拥有独立办公室或需要与 1 位同事共享办公室。

重要因素

表 15.1 列出了每个调查问题的平均得分，并且显示了员工对该建筑各个方面的感知评分与基准分以及 / 或中间值的比较情况，分为显著高于、相似或者低于三种不同的情况。在这个案例中，大约有 24 个方面的得分显著高于基准分，只有两个方面的得分显著低于基准分，其余 19 个方面的得分与基准分大致相同。

从 8 个运行方面的因素来看，在其中的 6 个方面，该建筑物的得分均高于基准分，而其余的两个方面与基准分相似——并且每个方面的得分均与中间值相等或者高于中间值。清洁和形象的得分分别为 6.77 分和 6.17 分，都特别的高。

在夏季和冬季，温度和空气的整体得分均大大高于其相应的基准分和中间值，然而其各个分项则多半与基准分

每个影响因素的平均得分，以及得分是否显著高于、相似或者低于 BUS 的基准分　　　　**表 15.1**

		得分	低于	相似	高于		得分	低于	相似	高于
运行因素										
来访者心中的形象		6.17			●	清洁	6.77			●
建筑空间		5.15			●	会议室的可用性	6.54			●
办公桌空间 – 太小 / 太大[4]		4.36		●		储藏空间的合适度	3.85		●	
家具		4.91		●		设施符合要求	5.73			●
环境因素										
冬季的温度和空气						夏季的温度和空气				
整体温度		5.33			●	整体温度	4.83			●
温度 – 太热 / 太冷[4]		4.30		●		温度 – 太热 / 太冷[4]	3.90			●
温度 – 恒定 / 变化[4]		3.78		●		温度 – 恒定 / 变化[4]	4.90	●		
空气 – 不通风 / 通风[4]		4.27		●		空气 – 不通风 / 通风[4]	3.89			●
空气 – 干燥 / 湿润[4]		4.33		●		空气 – 干燥 / 湿润[4]	4.50		●	
空气 – 新鲜 / 闷[1]		4.00		●		空气 – 新鲜 / 闷[1]	4.25		●	
空气 – 无味 / 臭[1]		3.40		●		空气 – 无味 / 臭[1]	3.55		●	
整体空气		4.92			●	整体空气	5.00			●
光线						**噪声**				
整体光线		4.92			●	整体噪声	5.85			●
自然采光 – 太少 / 太多[4]		4.08			●	来自同事 – 很少 / 很多[4]	4.00			●
太阳 / 天空眩光 – 无 / 太多		4.42	●			来自其他人 – 很少 / 很多[4]	4.23		●	
人工照明 – 太少 / 太多[4]		3.67		●		来自内部 – 很少 / 很多[4]	4.09			●
人工照明眩光 – 无 / 太多[1]		3.25			●	来自外部 – 很少 / 很多[4]	3.58		●	
						干扰 – 无 / 经常[1]	3.18			●
控制因素[b]						**满意度因素**				
采暖	29%	4.17		●		设计	5.62			●
制冷	29%	4.69			●	需求	5.50			●
通风	14%	4.00		●		整体舒适度	5.67			●
光线	14%	4.05		●		生产力 %	+10.83			●
噪声	14%	3.46		●		健康	4.67			●

注：（a）除非有其他的注明，7 分为“最高”；上角标[4]表示 4 分最高，上角标[1]表示 1 分最高；（b）所列出的百分比值表示认为该方面个人控制很重要的受访者百分比。

针对 12 项性能影响因素所提供正面、负面和中立评价的受访者人数　　表 15.2

方面	受访者人数			
	正面	中立	负面	总数
整体设计	4	0	1	5
整体需求	0	0	2	2
会议室	0	1	1	2
储藏空间	0	0	7	7
办公桌 / 办公区域	1	0	2	3
舒适度	0	0	0	0
噪声来源	0	2	1	3
光线条件	0	3	3	6
生产力	1	0	1	2
健康	2	0	2	4
工作良好	7	—	—	7
阻碍	—	—	8	8
总计（仅限员工）	15	6	28	49
百分数（仅限员工）	30.6	12.2	57.1	100.0

或者中间值相似，尽管夏季温度处于变化的一侧。

虽然整体光线的得分高于基准分和中间值，但是工作人员表示有来自太阳和天空的眩光。噪声的整体得分非常高，为 5.85 分——显然这是一个相对安静的环境，尽管该建筑物及其银行营业大厅的功能是开放性的。

只有 29% 的工作人员认为采暖和制冷的个人控制重要，而其他方面的情况甚至更低（14%）——这些分数都远高于其各自的基准分。满意度变量的得分（设计、需求、整体舒适性、生产力和健康）均显著高于其各自的基准分，并且均高于中间值。

用户意见

总计，共收到来自员工大约 49 条反馈意见，受访者可以在 12 个标题下面添加书面意见——占总 168 条潜在意见的 29.2% 左右（14 位受访者，12 个标题）。表 15.2 表示正面、中立和负面评论的数量——在这个案例中，约 30.6 % 的正面评论、12.2% 的中立评论以及 57.1% 的负面评论。

缺乏存储是最常见的抱怨，与运行因素方面相对温和的得分相呼应。光传感器的操控引起了一些评论，但没有其他占主导地位的问题。

整体性能指标

舒适度指数是以舒适度、噪声、光线、温度以及空气质量的得分为基础，结果为 +1.71 分，而满意度指数则根据设计、需求、健康和生产力的分数计算而来，结果为 +1.75 分，注意这些情况下，−3 分到 +3 分范围内的中间值为 0。

综合指数是舒适度指数和满意度指数的平均值，结果为 +1.73 分，而在这种情况下，宽恕因子的计算结果为 1.10，表明员工可能对个别方面的小瑕疵相对宽容，如冬夏季温度、空气质量、光线和噪声等（因子 1 表示通常范围 0.8—1.2 的中间值）。

从十大影响因素评定量表来看，该建筑在 7 分制的评级中位于“杰出”建筑物之列，计算百分比为 100%。当考虑所有变量时，计算百分比为 78%，处于“良好实践”建筑物的行列。

致谢

我必须向行政总裁吉姆・沃特斯（Jim Watters）表达特别感谢之情，感谢其批准我进行这项调查。在我访问该建筑期间，特别感谢洛林・福克斯（Lorraine Fox）、迈克尔・卡希尔（Michael Cahill）和康恒・奥茂拉莱（Caoimhin O' Maollalaigh）在调查各方面所给予的慷慨帮助，感谢凯斯・伯特－奥黛（Kaethe Burt-O' Dea）帮助派发和收集问卷，感谢保罗・里奇协助我理解该建筑物及其建筑设计。

参考文献

ASHRAE (2001) *ASHRAE Handbook: Fundamentals, SI Edition*, Atlanta, GA: American Society of Heating Refrigerating and Air-Conditioning Engineers.

Leech, P. D. (2005a) 'Navan Credit Union: Redefining the Boundaries of Sustainable Building', *ConstructIreland*, 2: 11, see also www.constructireland. ie/Vol-2-Issue11/Articles/Design-Approaches/Redefining-Building-Boundaries.html (accessed 12 September 2008).

Leech, P. D. (2005b) 'Eco-office Building: Realised Project: Navan: Ireland', in *Proceedings of the 2005 World Renewable Energy Conference (SB05)*, Tokyo, September 2005, Paper 01-136, pp. 948–55.

Leech, P. D. (2005c) 'Primary Energy', available at: www.constructireland.ie/ articles/navanresults.php (accessed 9 September 2007).

Leech, P. D. (2006) Transcript of interview held on 28 August 2006, London.

斯科茨代尔生态中心的内立面和分区

第 16 章
斯科茨代尔森林生态中心
塔斯马尼亚州，澳大利亚

背景

于 2002 年竣工，这座高 3 层的建筑（其最高点为 14m）其面积约 1100m²。位于斯科茨代尔镇（Scottsdale）的西部，距离塔斯马尼亚州东北部的朗塞斯顿 68km，纬度为 41°S。

该建筑包括塔斯马尼亚州林业局办公室、塔斯马尼亚旅游信息网商店、咖啡厅、礼品店和信息公示栏。客户最初的设想是设计“两栋独立的建筑 - 一栋办公楼和一个游客中心——两者并排”（Norrie，2003）。然而，一个拥有强大温室设计背景的建筑师（Morris-Nunn，2005）将这些功能结合了起来，“一栋建筑位于另一栋的内部”（图 16.1）。

业主是塔斯马尼亚州林业局和当地的多塞特郡议会。前者负责办公室、咖啡厅和礼品店（拥有超过 40 名员工，其中半数左右在任何时间均有可能在该建筑中工作），后者负责游客中心，其人员主要由志愿者构成（通常是每周工作 1—2 天，1—2 个班次）。

该建筑物曾荣获多个奖项，在 2003 年获得了超过 3 个主要的 RAIA 塔斯马尼亚建筑大奖（分别为商业建筑、环境设计和钢材的创新使用）以及 2003 年 RAIA 国家建筑大奖的环境设计奖。

图 16.1 锥形截面的外部围护结构，可见内部正交的办公室结构

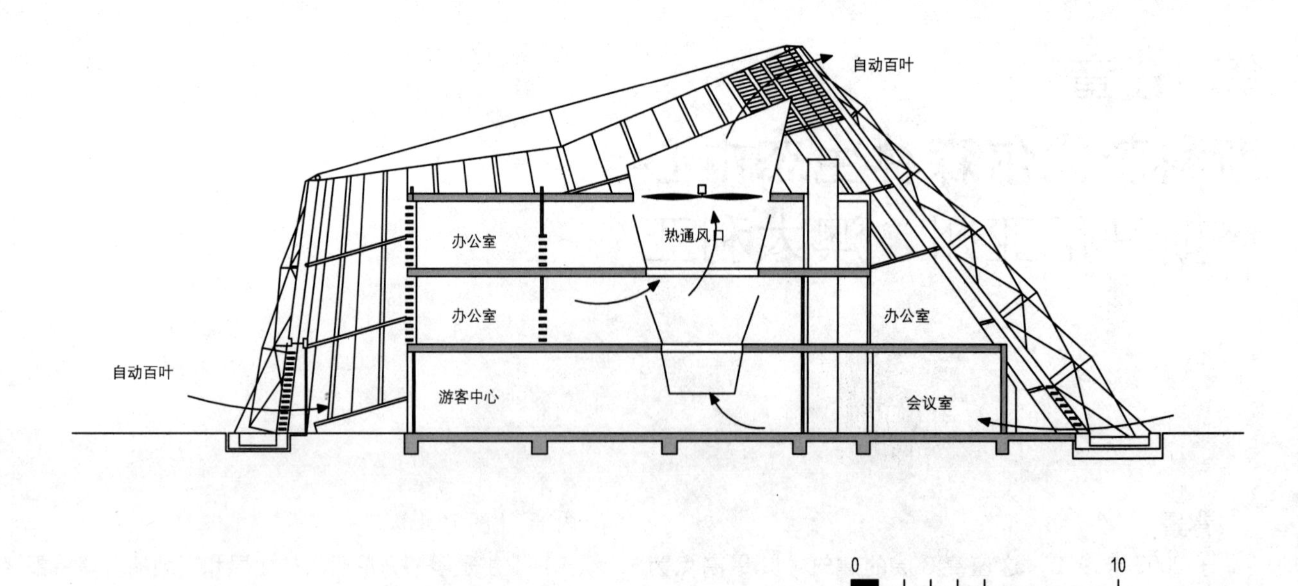

图 16.2　南北轴线截面图（南立面的高水平位置被自动百叶所环绕，而中央通风口的可调节锥体处于 “夏季” 的位置）
资料来源：改编自莫里斯 - 纳恩建筑设计事务所（Morris-Nunn Associated）

图 16.3　首层平面图
资料来源：改编自莫里斯 - 纳恩建筑设计事务所

图 16.4　咖啡区的外围结构位于左侧，办公室外墙位于右侧上方（注意 “外部” 气体辐射加热器的使用）

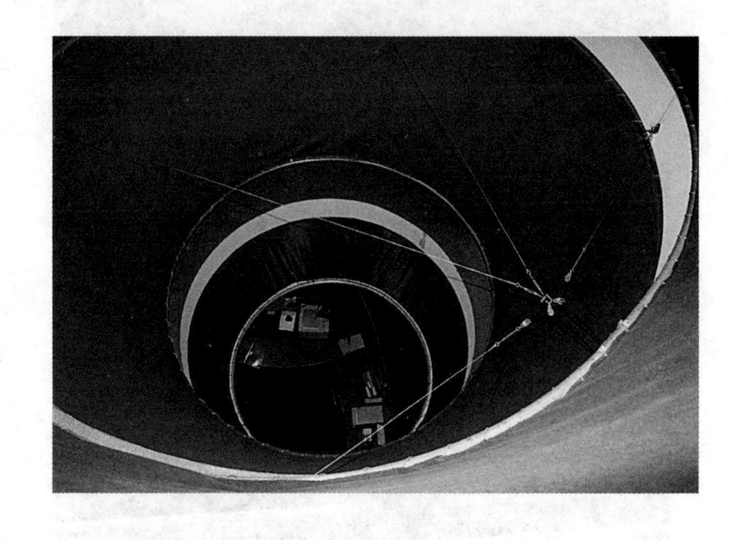

图 16.5　从第 2 层办公区的圆形通风口向首层的接待办公桌观望（注意用于调节锥体位置的绳索和滑轮系统）

设计过程

该建筑物的设计团队除了霍巴特（Hobart）的建筑师罗伯特 · 莫里斯 – 纳恩（Robert Morris-Nunn）以外，还有总部位于悉尼的专业环境设计公司 – 先进环保概念公司（Advanced Environmental Concepts）。

鉴于拥有设计大型温室的丰富经验，建筑师对建筑外壳的环境控制潜力非常有信心。有趣的是，建筑师不知道，大约在他构思斯科茨代尔生态中心（Scottsdale EcoCentre）的同一时间，一个更大规模的探索也正在进行，该项目是位于德国鲁尔工业区 Herne-Sodingen 的政府培训中心，其占地面积为 13000m^2（Kugel，1999）。

据建筑师讲，“从一开始就在构思该建筑的最终形状；外部的锥形用以减少外部皮肤的总表面积，一个 3 层的宜居建筑位于内部”（Morris-Nunn and Associates，2005）（图 16.1）。然而，在 1999 年，在方案被提交给塔斯马尼亚林业局之前，先进环保概念公司证实了该设想的环境控制潜力——随后的模型和报告赢得了有限的竞争（Morris-Nunn，2005）。

环境控制潜力概念的实现需要大量的计算机建模，最终导致圆形内部通风口的开发，其作为一个空气传送装置 “鼓励在夏季进行自然通风，且在冬季循环加热空气”（Spence，2002：2）（图 16.2 和图 16.3）。

事实上，用于任何研究和开发的预算都很少，这给设计团队带来了很大的压力。然而，幸亏在竣工以后，生态中心赢得了 2002 年澳大利亚木材设计奖，其他的建筑师才能有机会访问和感受它，而不是前往位于鲁尔区的那座更大的建筑。

图 16.6 低水平位置自动百叶窗的外部视图

图 16.7 内墙的手动可调节滑动窗口（林业局办公室）

图 16.8 首层（游客中心位于左侧，接待桌位于右侧——注意红色面料的锥体固定于接待区上方）

设计成果

建筑布局和构造

正如斯宾塞（Spence）（2002：4）简单概括的那样，“该建筑包含了一个内部的、正交的、钢和木框架的，以及玻璃幕墙的 3 层办公楼结构（约 15m²），这个内部结构被一个截断的、半透明的锥体（周长约 28m）从其基础开始包围”（图 16.3）。锥形外墙用木材、聚碳酸酯和玻璃将展览空间和咖啡馆包围起来，就像一个室内的种植温室（图 16.4）。

据建筑师（Morris-Nunn and Associates,2005）所言，“该建筑的外部造型是由一个愿望所决定的，想要创造一个与外表面积相关的、拥有内部最大封闭容积的建筑。”斯宾塞认为（2002：5），从材料的选择和处理的角度来看，外部皮肤的设计、圆锥体朝北，以及可调节的百叶窗位置均旨在“在冬季最大限度增加太阳能增益，并且最大限度减少热损失，同时在夏天减少过多的日照得热”。

屋顶材料是一种半透明的聚四氟乙烯涂层的双层玻璃纤维织物（两层皮肤之间的有一定的空气间隙）。此外，若要实现自然通风和热控制概念，需要办公室中心的圆形通风口运行到建筑全高的位置（图 16.5）。

裸露的混凝土和首层所铺设的石材，以及电梯井周围（尚未使用）的混凝土砌块可提供有用的热质，而电梯井本身就可作为一个冷气库（Morris-Nunn，2005）。

被动和主动环境控制系统

按照最初的设想和建造，建筑物的热环境控制需要以下各个方面的共同工作，外部围护结构高低位置处的自动百叶开口（图 16.6）、围护结构内部的手动调节滑动窗口（图 16.7）、办公室门上方的通风格栅（图 16.9），以及办公室中心上方运行的锥形通风口（图 16.8），通风口顶部带有一个可逆向工作的风扇（图 16.11）。这些设

图 16.9　办公楼层的内部走廊［注意可调节锥体处于“冬季”的位置（左侧）和办公室门上方的空气格栅（右侧）］

图 16.10　第 2 层（典型的 4 人办公室布局——注意改装空调系统的顶棚式空气供给格栅）

图 16.11　第 2 层［顶部圆形通风口的可逆行风扇（开关位于相邻的墙壁上）——可调节锥体处在“夏季”的位置］

施使得空气在适当时候得以流通，以适合当时的气候条件。共同工作的设备还有办公室小窗台下的电加热器。

例如，在冬季，所有的外部百叶开口将被关闭，“温室”产生的暖空气在回流到通风口和经过办公室之前会上升到顶部（布锥体位于高位置——图 16.9）。窗台下的加热器则提供清晨所需的热量，操作外部的百叶窗以获得适当的新鲜空气，这取决于咖啡厅和办公区内的 CO_2 含量（图 16.10）。

东西立面之间的外部百叶窗在低水平位置被分离开来（图 16.6），而高水平位置的百叶窗则位于偏南立面（图 16.3）。在夏天，所有的百叶窗都将被开启，通过烟囱效应或适当操作风扇，空气会通过中央通风口向上排出（此时布锥体位于低位置——见图 16.11），使建筑物达到制冷的目的。

该系统由计算机控制——主显示屏特别显示了外界、“温室”空间和所有 3 个楼层办公室的温度和相对湿度；咖啡馆和办公室的 CO_2 含量；以及每个外部通风口的开放程度。通过手动调节绳索和滑轮系统来控制中央通风口的布锥体在夏季和冬季的位置（图 16.5）。结果，对聚四氟乙烯屋顶和聚碳酸酯外墙面热性能的过高估计导致了顶层的办公室过热，且出现眩光问题，致使在顶层办公室安装了一个小型的空调系统（图 16.10），并在“温室”区域悬挂了一些遮阳帆。

顺便说一句，以免读者认为在农村利用自然通风本身就比在城市中更容易，事实上，设计师必须处理非常现实的问题，经过化学喷雾以及其他处理方式处理过的相邻牧场，可能很容易对室外空气质量产生影响。

用户对建筑物的看法

该调查在 2005 年 7 月期间进行，该建筑物容纳了两个不同的用户群：林业局办公室工作人员和游客中心的工作人员（主要是志愿者）。将一并讨论针对他们的调查结果。

林业局办公室员工 – 每个影响因素的平均得分，以及得分是否显著高于、相似或者低于 BUS 的基准分　　表 16.1

运行因素

因素	得分	低于	相似	高于
来访者心中的形象	5.62			●
建筑空间	4.59		●	
办公桌空间 – 太小 / 太大[4]	4.41		●	
家具	5.28			●
清洁	6.00			●
会议室的可用性	5.54			●
储藏空间的合适度	3.62		●	
设施符合工作要求	4.62		●	

环境因素

冬季的温度和空气

因素	得分	低于	相似	高于
整体温度	4.59			●
温度 – 太热 / 太冷[4]	4.76		●	
温度 – 恒定 / 变化[4]	5.07		●	
空气 – 不通风 / 通风[4]	3.50	●		
空气 – 干燥 / 湿润[4]	3.96			●
空气 – 新鲜 / 闷[1]	3.69			●
空气 – 无味 / 臭[1]	3.31		●	
整体空气	4.34		●	

夏季的温度和空气

因素	得分	低于	相似	高于
整体温度	3.00	●		
温度 – 太热 / 太冷[4]	2.54	●		
温度 – 恒定 / 变化[4]	5.08	●		
空气 – 不通风 / 通风[4]	2.96	●		
空气 – 干燥 / 湿润[4]	4.04			●
空气 – 新鲜 / 闷[1]	4.48		●	
空气 – 无味 / 臭[1]	3.76		●	
整体空气	3.08	●		

光线

因素	得分	低于	相似	高于
整体光线	4.55		●	
自然采光 – 太少 / 太多[4]	3.55	●		
太阳 / 天空眩光 – 无 / 太多	4.34	●		
人工照明 – 太少 / 太多[4]	4.34	●		
人工照明眩光 – 无 / 太多[1]	3.76		●	

噪声

因素	得分	低于	相似	高于
整体噪声	2.89	●		
来自同事 – 很少 / 很多[4]	4.89	●		
来自其他人 – 很少 / 很多[4]	5.11	●		
来自内部 – 很少 / 很多[4]	4.93	●		
来自外部 – 很少 / 很多[4]	4.07		●	
干扰 – 无 / 经常[1]	5.19	●		

控制因素[b]

因素	百分比	得分	低于	相似	高于
采暖	50%	4.38			●
制冷	43%	2.72		●	
通风	27%	2.86		●	
光线	37%	2.97	●		
噪声	40%	2.07	●		

满意度因素

因素	得分	低于	相似	高于
设计	4.14		●	
需求	4.71		●	
整体舒适度	4.04		●	
生产力百分比	–4.29		●	
健康	4.10		●	

注：（a）除非有其他的注明，7 分为“最高”；上角标[4] 表示 4 分最高，上角标[1] 表示 1 分最高；（b）所列出的百分比值表示认为该方面个人控制很重要的受访者百分比。

访客中心的员工 – 每个影响因素的平均得分，以及得分是否显著高于、相似或者低于 BUS 的基准分　　　**表 16.2**

		得分	低于	相似	高于		得分	低于	相似	高于
运行因素										
来访者心中的形象		6.42			●	清洁	5.42		●	
建筑空间		6.18			●	会议室的可用性	6.00			●
办公桌空间 – 太小 / 太大[4]		4.25			●	储藏空间的合适度	3.91		●	
家具		6.18			●	设施符合工作要求	5.75			●
环境因素										
冬季的温度和空气						夏季的温度和空气				
整体温度		4.50			●	整体温度	5.56			●
温度 – 太热 / 太冷[4]		5.60	●			温度 – 太热 / 太冷[4]	3.67			●
温度 – 恒定 / 变化[4]		5.25	●			温度 – 恒定 / 变化[4]	3.00		●	
空气 – 不通风 / 通风[4]		5.43	●			空气 – 不通风 / 通风[4]	3.67		●	
空气 – 干燥 / 湿润[4]		3.67		●		空气 – 干燥 / 湿润[4]	3.17	●		
空气 – 新鲜 / 闷[1]		3.50			●	空气 – 新鲜 / 闷[1]	3.62			●
空气 – 无味 / 臭[1]		3.33		●		空气 – 无味 / 臭[1]	3.00			●
整体空气		5.00			●	整体空气	4.62			●
光线						噪声				
整体光线		6.00			●	整体噪声	6.00			●
自然采光 – 太少 / 太多[4]		4.78		●		来自同事 – 很少 / 很多[4]	3.11		●	
太阳 / 天空眩光 – 无 / 太多		4.44	●			来自其他人 – 很少 / 很多[4]	3.33		●	
人工照明 – 太少 / 太多[4]		4.56	●			来自内部 – 很少 / 很多[4]	3.44		●	
人工照明眩光 – 无 / 太多[1]		2.88			●	来自外部 – 很少 / 很多[4]	3.22		●	
						干扰 – 无 / 经常[1]	2.10			●
控制因素[b]						满意度因素				
采暖	8%	3.00		●		设计	6.33			●
制冷	0%	1.91	●			需求	6.33			●
通风	0%	2.18	●			整体舒适度	6.00			●
光线	0%	2.67	●			生产力百分比	+5.00			●
噪声	0%	1.73	●			健康	4.11		●	

注：（a）除非有其他的注明，7 分为“最高”；上角标[4] 表示 4 分最高，上角标[1] 表示 1 分最高；（b）所列出的百分比值表示认为该方面个人控制很重要的受访者百分比。

总体反应

对于所有的大约 29 位林业局的受访者（21% 为女性，79% 为男性）而言，该建筑是他们正常工作的地方。平均每周工作 4.2 天，每天工作 7.6 小时，其中约 6.6 小时在自己的办公桌上以及 5.8 小时在计算机前。其中大部分受访者在 30 岁以上（约 69%），并且大多数（90%）受访者已经在该建筑的同一张办公桌和工作区工作超过了一年。18 人拥有单独的办公室，而其余的人则需要与 1 位同事共享办公室。

共有大约 12 位来自游客中心的受访者，平均每周工作1.6天，每天工作 4.6 小时。所有的受访者均超过了 30 岁，大约一半左右在该建筑物中工作超过了一年。

重要因素

表 16.1 和表 16.2 分别列出了林业局和游客中心的工作人员对每个调查问题的平均评分，并且显示了他们对该建筑各个方面的感知评分与基准分以及 / 或中间值的比较情况，分为显著高于、相似或者低于三种不同的情况。

对于林业局的工作人员来说，有 10 个方面的得分显著高于基准分，16 个方面的得分显著低于基准分，其余 19 个方面的得分与基准分大致相同。从 8 个运行方面的因素来看，该建筑物在其中 4 个方面的得分均高于基准分，其余 4 个方面与基准分相同 - 除了 1 项（储存）以外，其他每一项的得分均高于中间值。

林业厅工作人员对环境因素的反馈较多。虽然冬季的空气仍被认为太不通风，但是同样被认为相对新鲜，并且既不过于干燥也不过于潮湿，冬季整体温度的得分（4.59 分）显著高于基准分。然而，在夏季，温度太热，条件通常不舒适。虽然整体光线的得分与基准分相同，但是一些分项的得分比较低——工作人员表示，有太多的太阳和天空眩光，以及太多的人工照明，并且自然光线不足。工作人员还表示，与大楼的外部相比，各种声源所产生的噪声太多，导致整体噪声分数很低。

根据所考察的方面，27%—50% 之间的林业局工作人员认为个人控制很重要——采暖的个人控制得分（50%）高于基准分，制冷和通风的个人控制得分与基准分相同，其符合以上各自的表现，光线和噪声的得分更糟糕。满意度变量（设计、需求、整体舒适度、生产力和健康）的得分与各自的基准分均相同，并且均高于各自的中间值。

就游客中心工作人员所反馈的情况而言，大约 22 个方面的得分均显著高于其各自的基准分，10 个方面的得分显著低于基准分（包括 4 个个人控制方面被认为是不重要的），而其余的约 13 个方面的得分与基准分大致相同。在运行方面，这栋楼的成绩在 8 个方面非常好——每种情况下的得分均高于中间值，并且除了两个方面（清洁和储存空间）以外，其余方面的得分均高于基准分。形象的得分尤其突出，为 6.42 分，与游客中心的功能有关。虽然用户对环境因素的反馈整体良好，但是其中一些分项的得分很差，如冬季温度寒冷、透风以及出现眩光——这也许反映了游客中心的位置，靠近全玻璃的主要入口。满意度变量（设计、需求、整体舒适度、生产力和健康）的得分均显著高于其各自的基准分，设计、需求、整体舒适度的平均得分超过了 6.00 分，健康的得分为 4.11 分（与林业局的评分几乎相同）。

用户意见

总计，共收到来自林业局办公室员工大约 114 条反馈意见，受访者可以在 12 个标题下面添加书面意见——占总 348 条潜在意见的 33% 左右（29 位受访者，12 个标题）。表 16.3 表示正面、中立和负面评论的数量——在这个案例中，约 20.2 % 的正面评论、11.4% 的中立评论以及 68.4% 的负面评论。

针对 12 项性能影响因素所提供正面、负面和中立评论的受访者人数　　表 16.3

方面	受访者人数			
	正面	中立	负面	总数
设计	3	3	9	15
需求	0	1	6	7
会议室	2	1	6	9
储藏空间	1	1	11	13
办公桌 / 办公区域	2	0	7	9
整体舒适度	1	0	1	2
整体噪声	0	1	12	13
整体光线	1	2	2	5
生产力	1	3	4	8
健康	3	1	1	5
工作良好	9	—	—	9
阻碍	—	—	19	19
总计	23	13	78	114
百分数	20.2	11.4	68.4	100

存储、噪声和设计类别收到了大多数的意见。这些意见主要是负面的——缺乏存储空间、来自游客中心和开放式办公室同事的噪声干扰，连同不良的温度控制和泄漏均为被提及的主要问题。噪声、温度和泄漏问题也经常在阻碍类别中被提及。温度和噪声的意见与这些问题的得分保持一致。就存储的情况而言，虽然接近基准分，但是均小于中间值，表明在许多建筑物中这是一个问题。

游客中心收到了极少数的反馈意见，没有明显的集中问题。

整体性能指标

舒适度指数是以舒适度、噪声、光线、温度以及空气质量的得分为基础，林业局工作人员（括号里代表游客中心的工作人员）的舒适度指数结果为 -0.61 分（+1.29 分），而满意度指数则根据设计、需求、健康和生产力的分数计算而来，结果为 +0.04 分（1.30 分），注意在这些情况下，-3 分到 +3 分范围内的中间值为 0。

综合指数是舒适度指数和满意度指数的平均值，结果分别为 -0.28 分和 +1.29 分，而在这种情况下，宽恕因子的计算结果为 1.08 和 1.14，表明员工可能对个别方面的小瑕疵相对宽容，如冬夏季温度、空气质量、光线和噪声等（因子 1 表示通常范围 0.8—1.2 的中间值）。

从十影响因素评定量表来看，林业局工作人员对该建筑的评分在 7 分制的评级中位于“高于平均水平”建筑物之列，计算百分比为 62%。当考虑所有变量时，计算百分比为 54%，处于 “平均水平” 的前列。

游客中心对该建筑物的评价更高。在 7 分制的评级中，位于“杰出”建筑物之列，计算百分比为 98%。当考虑所有变量时，计算百分比为 71%，处于 “高于平均水平”——“良好” 的边缘。

致谢

我必须向塔斯马尼亚州（Bass 区）林业局的管理部门表达我的感激之情，感谢其批准我进行这项调查。特别要感谢社区联络部主任乔 · 菲尔德（Jo Field）在调查期间所给予的各个方面慷慨帮助，并且感谢罗伯特 · 莫里斯－纳恩帮助我理解该建筑物和建筑设计。

参考文献

Kugel, C. (1999) 'Green Academy', *Architectural Review*, 206: 51–5.

Morris-Nunn, R. (2005) Transcript of interview held on 27 July 2005, Hobart.

Morris-Nunn and Associates (2005) 'The Forest EcoCentre', unpublished report, 12pp.

Norrie, H. (2003) 'Forest Ecocentre', *Architecture Australia*, 92(5): 72–7.

Spence, R. (2002) 'Forest Ecocentre Scottsdale Tasmania', *BDP Environmental Design Guide*, CAS 29, 2–10, Royal Australian Institute of Architects.

第 17 章
东京燃气公司
江北新城，横滨，日本

与伊香贺　俊治和远藤　纯子

背景

东京燃气有限公司是日本最大的天然气公用事业，拥有超过 860 万个用户和近 12000 名员工。在社会压力下，要求其更加具有环保意识，总的来说，该公司大楼拥有 3 个目标："节约能源和资源、延长建筑的使用寿命，以及改善设施"（CADDET，1998）。

在过去的十年中，东京燃气公司办公楼是该公司所修建的 3 个类似建筑中的第一个（Namatame et al.，2005），并被业主命名为"地球港口"，总建筑面积为 5645m²，位于江北新城（图 17.1），神奈川县横滨市的北部。纬度为 35.5°N，其冬季和夏季的设计温度分别为 0℃和 33℃左右。

于 1996 年竣工（Ray-Jones，2000），该建筑最初计划容纳大约 220 名员工，从那以后，它就成为大量监测和研究的主题（例如，见 Kato and Chikamoto，2002）。在此期间，该大楼周边开发了一座新城，员工数量有所波动，并且他们的工作性质也发生了变化。在本次调查期间（2006 年 7 月），该大楼包括 1 个呼叫中心、1 个销售办公室和 1 个安全部门，大约 100 名全职员工——尽管有多达 250 名员工将此作为一个基地。

该建筑获得了许多奖项，包括 1996—1997 年国际贸

图 17.1　建筑东北方向概貌［注意中庭朝北的双层、低 E 值玻璃幕墙，其角度最大限度的"收集"光线且最大限度减少直接的太阳光渗透，并且注意屋顶东端的 3 个通风塔（左侧）］

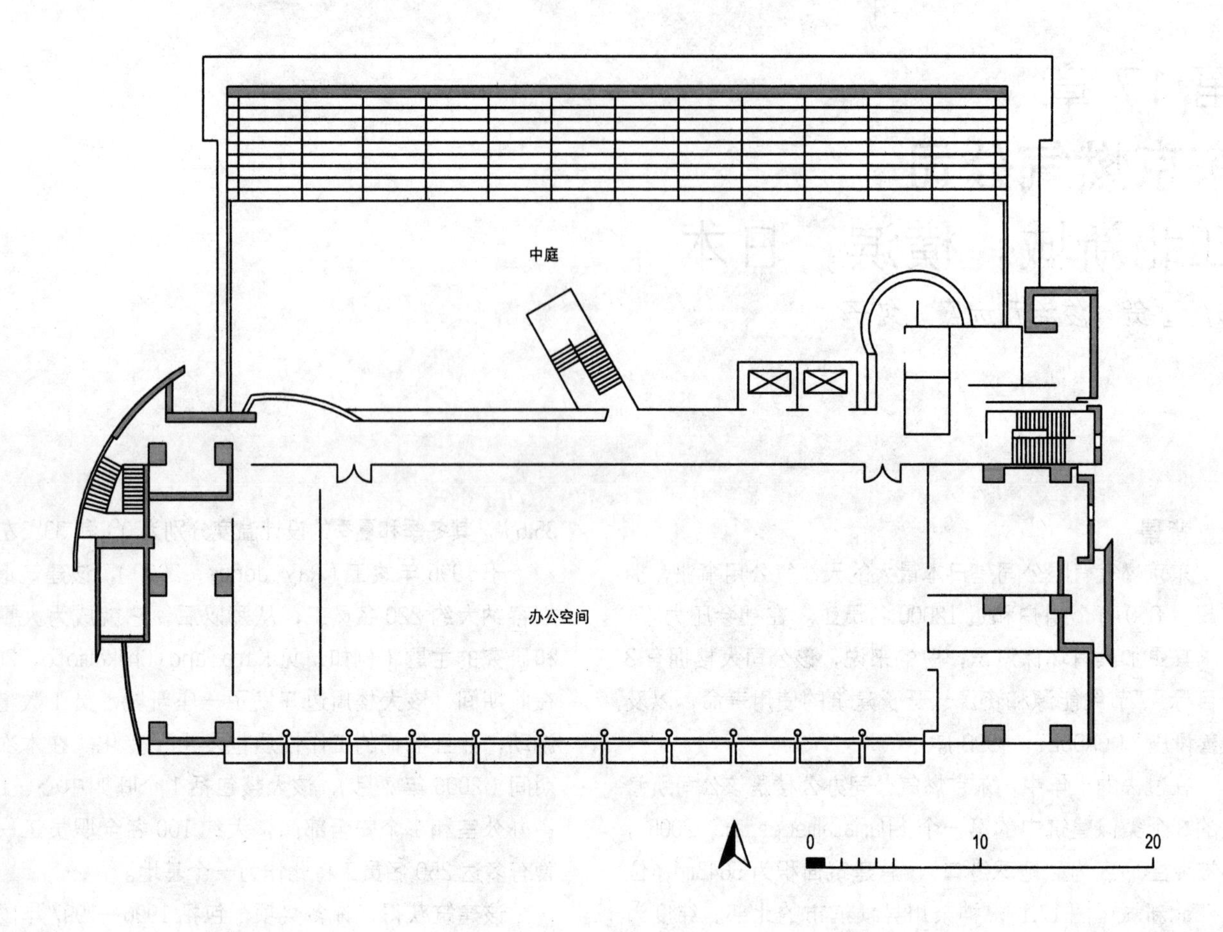

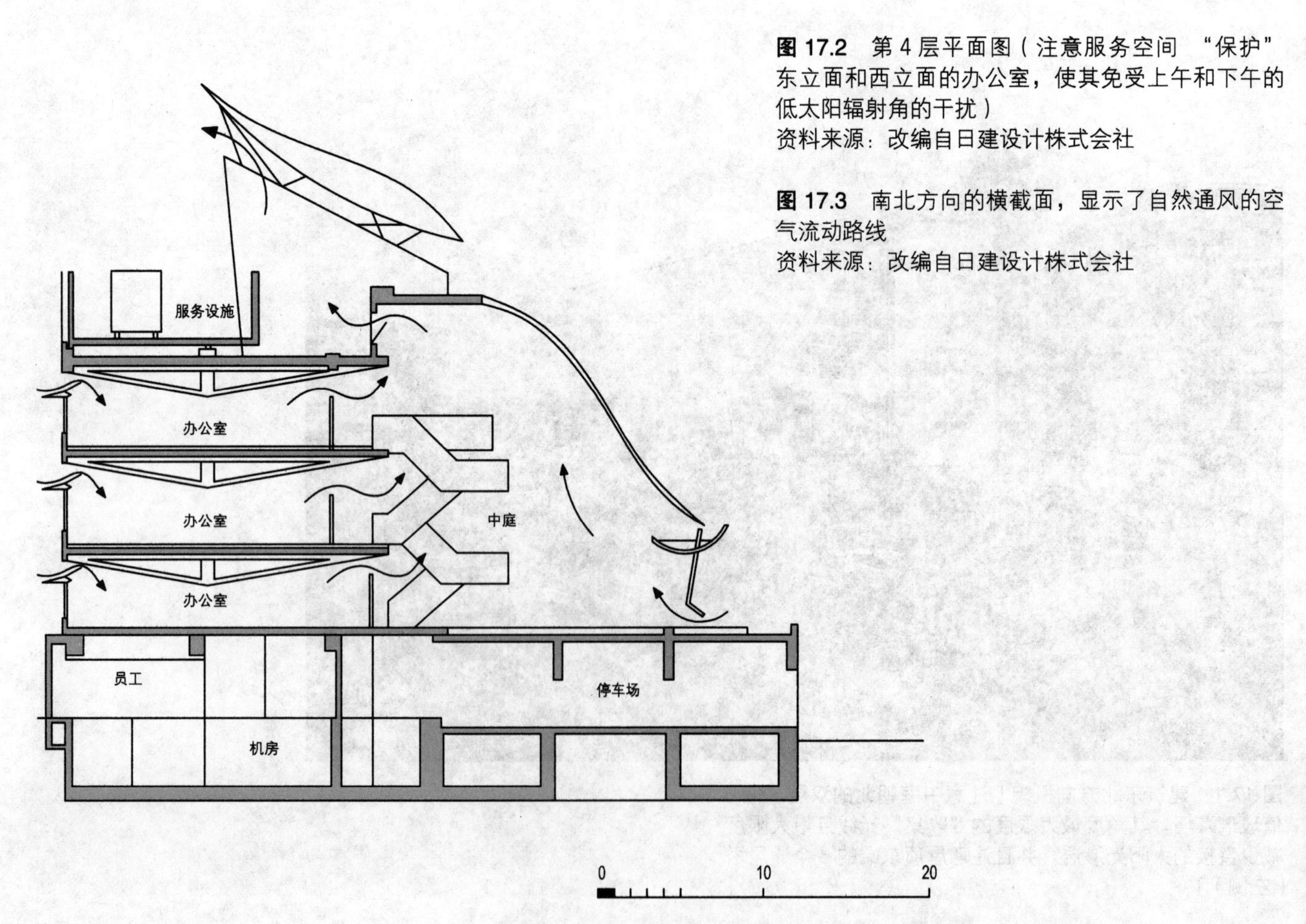

图 17.2　第 4 层平面图（注意服务空间 "保护" 东立面和西立面的办公室，使其免受上午和下午的低太阳辐射角的干扰）
资料来源：改编自日建设计株式会社

图 17.3　南北方向的横截面，显示了自然通风的空气流动路线
资料来源：改编自日建设计株式会社

图 17.4　中庭的内部视图，用作一个陈列室 / 展示空间（注意开放的楼梯和中层的会议空间，玻璃电梯井位于背景的右侧）

图 17.5　西南方向的外部视图，楼梯 / 通风塔位于左侧（注意南立面的遮阳和遮光架布置）

图 17.6　西立面（双层玻璃窗格之间的固定迷你百叶，保护中庭免受太阳的直接渗透，而办公室则受到楼梯塔和服务区的保护）

图 17.7　1 个开放式办公区概貌（西北方向）（通过分区上方的通风口可见右侧的中庭区域）

图 17.8　1 个开放式办公区概貌（西南方向）（南面的玻璃幕墙与高水平位置的可开启玻璃窗位于左边。同样注意线性排列的组合灯具 / 空气供应扩散器）

易和工业部 / 日本工业设计促进组织优秀设计奖，1998 年年度日本建筑学会建筑设计奖，以及 1998 年日本采暖、空调和卫生工程师协会奖。

在日本 CASBEE 可持续性评价系统中，该建筑也取得了（尽管只是）“S” 或 “杰出” 等级，在现有建筑类别中，其建筑环境效益得分为 3.00 分（JSBC，2004）。

设计过程

该建筑的设计由日建设计有限公司负责，该公司拥有日本最大的规划、建筑和工程团队。东京燃气有限公司已与日建设计有限公司建立了合作关系，并与他们直接扩展概念设计。地球港口项目的主要参与人是日建设计的建筑师清樱井（Kiyoshi Sakurai）和工程师 / 建筑师文雄野原（Fumio Nohara），他们对可持续设计都具有浓厚的兴趣，并在可持续设计方面有过相关的经历。

设计师拥有一个相对较长的设计开发阶段，大约两年左右。这使得设计概念的发展贯穿许多会议，人员涉及了东京燃气的柴田修（Osamu Shibata），以及樱井和野原，他们一直在不断地提炼和推敲想法。最后，他们 3 人全部参与了首选方案的介绍，需要向东京燃气公司的董事会进行方案陈述。设计概念需要通过董事会能效问题专家的详细审查，但是他们心目中的低能源建筑是一个紧凑的、高保温的盒子，并利用暖通空调系统进行空气循环——与提交上来的方案有所不同（Sakurai *et al.*，1999）。

设计成果

建筑布局和构造

该建筑的东西轴长 45m，主体部分是一栋位于南侧的 3 层办公楼和一个位于北侧的全高玻璃中庭（图 17.2 和图

图 17.9　沿北立面的外部视图（注意沿中庭玻璃幕墙垂直截面下方运行的一排自动自然通风口）

图 17.10　中庭视图（显示了其与毗邻办公空间之间的自然空气流动间距。同样注意空气可以从中庭的走廊区域经过一个格栅门到达西侧的楼梯 / 通风塔）

图 17.11　办公室的照明控制器和热条件指示器［实施了“清凉商务（COOL-BIZ）”政策］

17.3）。办公空间进深 14m，通过北侧的玻璃中庭以及南立面的窗口进行自然采光。中庭截面大致呈一个三角形，底部大约 40m 长 15m 深，倾斜的玻璃屋顶朝北。该建筑还包括开放式的楼梯和电梯，以及流通走廊，走廊用于展览和示范用途。

主体建筑位于地面以上，地下室包括停车场和其他服务区域。诸如联合发电机和冷却系统的环境控制中心设备均位于大楼顶部的一个开放式的设备甲板上（图 17.3）。

该建筑的整体形式相对紧凑，且东西轴稍长，是按照人们预期的能源效率所设计的。北面玻璃幕墙（图 17.1）的倾角使之成为一个“光收集器”，确保阳光可以平均分布到中庭空间的木地板上（图 17.4），并渗透到北侧的办公室内，同时也避免了夏天直接阳光的渗透，低辐射的倾斜双层玻璃立面与水平面成 75° 夹角，而夏天中午最大的太阳角度为 77°（图 17.1 和图 17.3）。

在垂直的南立面上，3 个楼层均设置了一条连续的 2550mm 高的条状玻璃窗，通过固定的双层水平“架子”进行遮阳，从而避免了高海拔地区的夏季阳光（图 17.5）；上层较窄的架子可为顶部 1000mm 高的可开启单层玻璃进行遮阳，而下层较宽的架子则为底部 1550mm 高的固定双层玻璃进行遮阳，其作用如同一个遮光架，通过玻璃的上半部分将光线反射出去。中庭西侧和东侧的立面（窗格之间安装了带固定迷你百叶的双层玻璃）使光线得以渗透，同时也避免了早晨和午后的低角度阳光穿透；而办公室的立面被这样或那样的服务空间所遮挡，从而避免了低角度阳光的穿透问题（图 17.1 和图 17.6）。

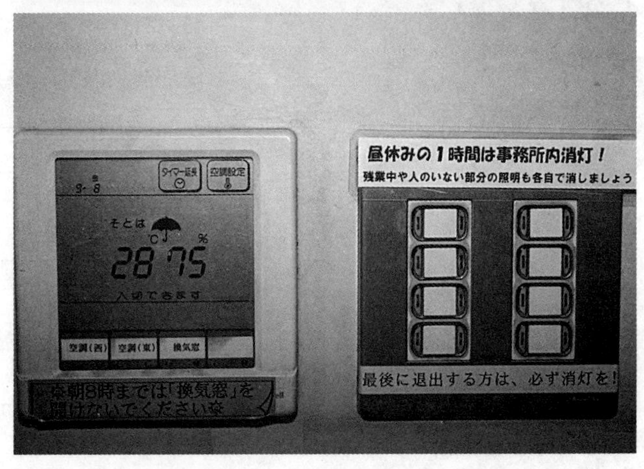

被动和主动环境控制系统

从通风、空调和照明的能耗角度出发，设计从一开始便追求更高的日本标准，该建筑的主要能耗已经完成

每个影响因素的平均得分，以及得分是否显著高于、相似或者低于 BUS 的基准分　　表 17.1

		得分	低于	相似	高于		得分	低于	相似	高于
运行因素										
来访者心中的形象		5.50			●	清洁	5.82			●
建筑空间		3.94		●		会议室的可用性	4.00		●	
办公桌空间 – 太小 / 太大[4]		4.47		●		储藏空间的合适度	4.56			●
家具		4.76		●		设施符合工作要求	4.94		●	
环境因素										
冬季的温度和空气						夏季的温度和空气				
整体温度		3.37	●			整体温度	3.14	●		
温度 – 太热 / 太冷[4]		4.87	●			温度 – 太热 / 太冷[4]	3.36		●	
温度 – 恒定 / 变化[4]		4.50		●		温度 – 恒定 / 变化[4]	5.14	●		
空气 – 不通风 / 通风[4]		4.00			●	空气 – 不通风 / 通风[4]	4.00			●
空气 – 干燥 / 湿润[4]		3.53		●		空气 – 干燥 / 湿润[4]	3.77		●	
空气 – 新鲜 / 闷[1]		4.07		●		空气 – 新鲜 / 闷[1]	4.85	●		
空气 – 无味 / 臭[1]		3.57		●		空气 – 无味 / 臭[1]	3.46		●	
整体空气		3.80	●			整体空气	3.40	●		
光线						**噪声**				
整体光线		4.25		●		整体噪声	5.44			●
自然采光 – 太少 / 太多[4]		4.31	●			来自同事 – 很少 / 很多[4]	4.00			●
太阳 / 天空眩光 – 无 / 太多		3.88		●		来自其他人 – 很少 / 很多[4]	3.94			●
人工照明 – 太少 / 太多[4]		3.81		●		来自内部 – 很少 / 很多[4]	3.56		●	
人工照明眩光 – 无 / 太多[1]		4.12	●			来自外部 – 很少 / 很多[4]	4.00			●
						干扰 – 无 / 经常[1]	3.47			●
控制因素[b]						**满意度因素**				
采暖	0%	3.40		●		设计	4.76		●	
制冷	0%	3.33		●		需求	4.75		●	
通风	0%	2.94		●		整体舒适度	4.75			●
光线	0%	3.80		●		生产力 %	+5.62			●
噪声	0%	3.00		●		健康	4.44			●

注：（a）除非有其他的注明，7 分为“最高”；上角标[4]表示 4 分最高，上角标[1]表示 1 分最高；（b）所列出的百分比值表示认为该方面个人控制很重要的受访者百分比。

针对 12 项性能影响因素所提供正面、负面和中立评论的受访者人数　　表 17.2

方面	受访者人数			
	正面	中立	负面	总数
设计	1	1	5	7
整体需求	0	0	4	4
会议室	0	1	3	4
储藏空间	0	1	3	4
办公桌 / 办公区域	1	0	4	5
舒适度	2	2	1	5
噪声来源	0	0	2	2
光线条件	1	0	2	3
生产力	1	0	1	2
健康	3	0	2	5
工作良好	5	—	—	5
阻碍	—	—	6	6
总计	14	5	33	52
百分数	26.9	9.6	63.5	100.0

了目标，比标准建筑低大约 35%（Kato and Chikamoto, 2002）。这是主动系统和被动系统一体化的结果——前者的核心是燃气热电联产系统和吸收式制冷机系统，均位于屋顶的设备甲板上，后者的关键是中庭或“生态核心”，使得办公室能够进行自然通风和采光。

热电联产系统的额定电和热输出分别为 32kW 和 64kW。如果自然通风条件不适合时，变风量系统会通过顶棚上的沟槽向大多数办公室（图 17.7 和图 17.8）提供冷气，并利用地板周边的格栅进行排风（见后面）。不久之后对第 2 层的部分设施进行了翻新，地板的冷气供应和顶棚的排气在功能上有了一些变化。地面和地下一层空间在必要的地方都安装了空调。

中庭除了向办公区的北侧提供采光以外，在中庭的顶部和底部还分别设置了一套通风口。底部的通风口（图 17.9）沿中庭全长分布，并且可以开启不同的数量。顶部的通风口位于最高楼层办公室的上方，也可以进行同样的操作——那些朝向建筑东端的通风口与 3 个自然通风塔相连（见图 17.1），而在西端，中庭与一个垂直楼梯相连（图 17.6），楼梯也同样可以用作一个通风塔。在办公室的南立面，其上部的玻璃窗是可开启的（图 17.7 和图 17.8）。为了完成这个自然通风系统，在办公室区域和中庭区域之间的“墙”顶部留出了一个 1m 的间距（图 17.10），并且保证任何内部的分区均低于顶棚，无论当时的风力条件如何，空气都可以在办公空间内进行流动。当外界温度在 17—25℃范围内、风速小于 5m/s，且不下雨时，可以使用自然通风。

直接照明控制器和条件指示器均位于办公空间内（图 17.11），注意这是“清凉商务”的时代。整个系统受大楼能源和环境管理体系的监控，照明和“主动”热力系统的操作也同样如此，当外部条件合适时，驱动自然通风口，而当窗户打开时关闭办公室空调。

雨水和散热器的废水回收用于厕所冲洗。

用户对建筑物的看法

总体反应

对于所有的 17 位受访者（44% 为女性，56% 为男性）而言，该建筑是他们正常工作的地方。平均每周工作 5.0 天，每天工作 8.5 小时，其中约 7.3 小时在自己的办公桌上或 6.3 小时在视频显示装置（VDU）前。所有的受访者均在 30 岁以上，并且其中超过 70% 的受访者已经在该建筑的同一张办公桌或工作区域工作超过了一年。其中大多数（80%）在一个开放性的办公区域内工作，其余的则与同事共享办公室。

重要因素

表 17.1 列出了每个调查问题的平均得分，并且显示了员工对该建筑各个方面的感知评分与基准分以及 / 或中间值的比较情况，分为显著高于、相似或者低于三种情况。在这个案例中，有 14 个方面的得分显著高于基准分，8 个方面的得分显著低于基准分，其余 22 个方面的得分与基准分大致相同。

在 8 个运行方面，该建筑物的成绩非常好——每种情况的得分均非常接近或高于中间值；其中 4 个方面的得分显著高于基准分，其中 3 个方面接近基准分。只有一个方面，建筑空间的平均得分低于基准分。

用户对环境因素的反馈变化较大。虽然冬季温度和空气的整体得分低于基准分和中间值，但是大部分分项的得分与基准分相同或高于基准分。夏季温度和空气的得分也类似，但温度倾向“变化”，而空气倾向“闷”。

该建筑噪声的得分非常好，光线的得分也相当不错，虽然有一个意见表明有稍稍太多的自然光线和人工照明眩光。有趣的是，没有受访者认为个人控制重要，虽然在每种情况下，用户所认为的个人控制得分与基准分相同或者高于基准分。

就 5 个满意度的变量而言，其得分均显著高于中间值，整体舒适度、生产力和健康方面的得分显著高于其各自的基准分，设计和需求的得分与基准分相同。健康的成绩尤为显著，得分为 4.44 分——不仅高于基准分，同时也高于中间值，这意味着在此建筑中工作，员工感觉健康。

用户意见

总计，共收到来自员工大约 52 条反馈意见，受访者可以在 12 个标题下面添加书面意见——占总 204 条潜在意见的 25.5% 左右（17 位受访者，12 个标题）。表 17.2 显示了正面、中立和负面评论的数量——在这个案例中，约 26.9 % 的正面评论、9.6% 的中立评论以及 63.5% 的负面评论。

整体性能指标

舒适度指数是以舒适度、噪声、光线、温度以及空气质量的得分为基础，结果为 0.00 分，而满意度指数则根据设计、需求、健康和生产力的分数计算而来，结果为 +0.96 分，注意这些情况下，−3 分到 +3 分范围内的中间值为 0。

综合指数是舒适度指数和满意度指数的平均值，结果为 +0.48 分，而在这种情况下，宽恕因子的计算结果为 1.20，表明员工可能对个别方面的小瑕疵相对宽容，如冬夏季温度、空气质量、光线和噪声等（因子 1 表示通常范围 0.8 到 1.2 的中间值）。

从十影响因素评定量表来看，该建筑在 7 分制的评级中位于“良好”的建筑物之列，计算百分比为 76%。当考虑所有变量时，计算百分比为 66%，处于“高于平均水平”的前列。

致谢

很荣幸地感谢横滨庆应义塾大学系统设计工程系的伊香贺　俊治教授，他给予了巨大的帮助，在我 1998 年和 2005 年访问日本期间，为我安排了行程。我还必须感谢他和东京日建设计研究所环境和能源规划中心的高级顾问远藤　纯子女士，他们共同安排了此次访问。

同样，很荣幸地感谢东京日建设计有限公司的副总工清樱井和高级机械工程师文雄野原，以及东京燃气有限公司能源销售和服务规划部的经理柴田修（Osamu Shibata），为了了解地球港口大楼的有关情况，我曾在 1999 年采访过他，同时也感谢当时作为我方翻译的远藤　纯子女士（日翻英）。我还必须感谢东京燃气公司能源解决方案业务部的经理助理生田目麻生（Sanae Namatame），以及永田贵宏（Takahiro Nagata）和葛木友田（Ryota Kuzuki），他们是我 2005 年 9 月访问期间的采访对象，并帮助我发放调查问卷；感谢纪子　弗利特伍德（Yukiko Fleetwood）将调查问卷翻译成日文以及将评论翻译成英文。

参考文献

CADDET (1998) 'Life Cycle Energy Savings in Office Buildings', *CADDET Energy – Efficiency – Result 308*, The Netherlands.

JSBC (2004) *CASBEE for New Construction – Technical Manual*, Institute for Building Environment and Energy Conservation, Tokyo (see Case H, p. 30).

Kato, S. and Chikamoto, T. (2002) *Pilot Study Report: Tokyo Gas Earth Port*, IEA ECBCS Annex 35: Hyb Vent, February 2002, available at: http:// hybvent.civil.auc.dk/ (accessed 8 June 2007).

Namatame, S., Nohara, F., Tamura, F., Shibata, O., Sakakura, A. and Ichikawa, T. (2005) 'The Initiative in Promoting Ecologically Efficient Building Projects Toward More Sustainable Society and Some Studies on the Findings of their Effectiveness', in *Proceedings of the 2005 World Sustainable Building Conference*, Paper 01-116, Tokyo, 27–29 September.

Ray-Jones, A. (ed.) (2000) 'Tokyo Gas Earth Port', in *Sustainable Architecture in Japan: The Green Buildings of Nikken Sekkei*, Chichester: Wiley-Academy, pp. 98–109.

Sakurai, K., Nohara. F. and Shibata, O. (1999) Transcript of interview of 25 August 1999, Yokohama, with Kiyoshi Sakurai and Fumio Nohara of Nikken Sekkei, and with Osamu Shibata of Tokyo Gas. Ms Junko Endo of Nikken Sekkei in the role of translator.

日建设计大厦周边的可调节终端设备

第 18 章
日建设计大厦
东京，日本

与远藤　顺子和伊香贺　俊治

背景

日建设计有限公司是日本最大的规划、建筑和工程公司，也可能是全世界在该领域最大的企业，其在日本的 5 个城市设有主要办事处，并在整个东南亚设有子公司，共拥有近 2000 名员工。虽然日建设计有限公司自身是一个综合的多学科公司，在其内部就能够开展大部分的项目，但是它仍然与全世界最好的设计事务所合作开展过许多著名的项目（Ray-Jones，2000）。

鉴于以往的经验，或许唯一可以预料的是该公司的领导充分认识到了办公楼在设计和运行方面的挑战。例如，总经理小仓吉冈（Yoshiako Ogura）在 1995 年便写道并指出“那里的办公环境太差，当员工被文件围绕时，他/她可能发现很难工作，或者当使用办公自动化设备时，需要尴尬地坐在一个过时的椅子上”　。他补充说，

只有有限数量的办公室考虑了不同办公桌所需的照明环境和家具布局、合理的存储存放制度、适合个人思考的幽静空间，以及适合情绪变化的空间。

显然，这将成为该公司新总部办公大楼的高期望。

该建筑物的场地位于东京饭田桥的千代田区，纬度约 35°N，冬季和夏季的设计温度分别为 0℃和 32℃左右（ASHRAE，2001：27.38-9）。

该建筑获得了日本 CASBEE 可持续评价体系中的“A”级别，其建筑环境效率在 1.5—3.0 的范围内（JSBC，2004）。

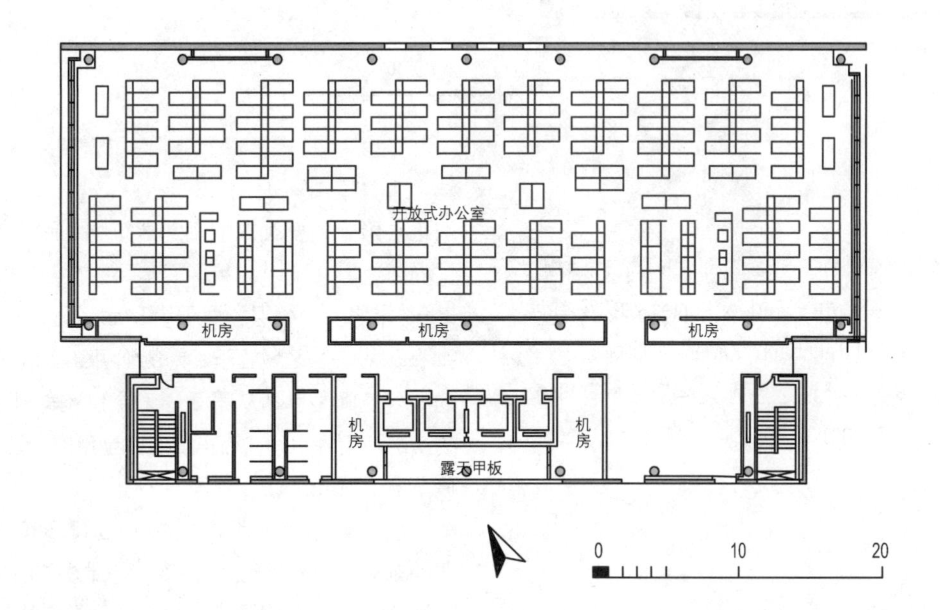

图 18.1　一个典型的办公室平面图（注意北侧的　“被服务”开放式办公空间，以及南侧的“服务”空间，包括电梯、楼梯和厕所等）
资料来源：改编自日建设计

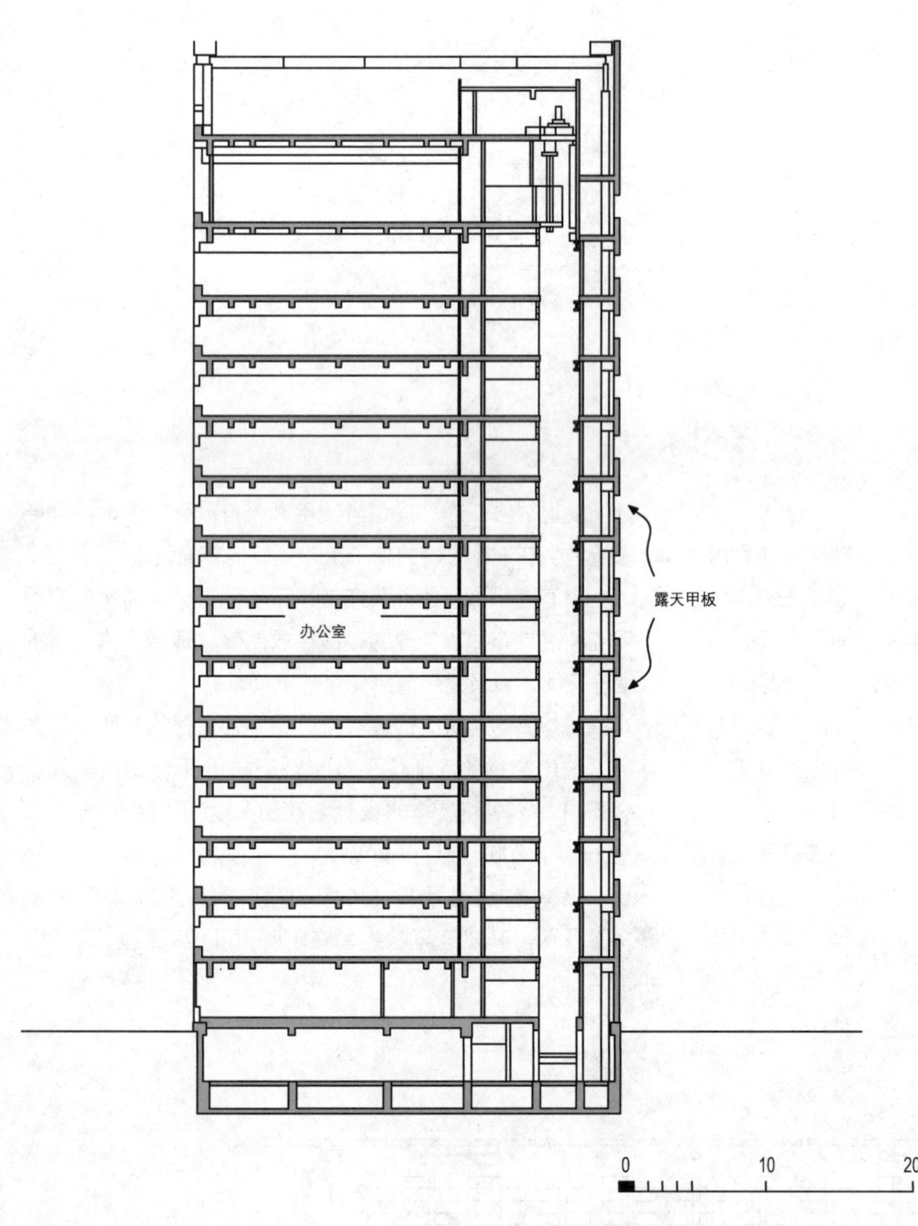

图 18.2　建筑的南北截面
资料来源：改编自日建设计

设计过程

可能已经预计到，该项目由一个内部团队负责，团队由首席设计师尔赫塔德奥龟井（Tadeo Kamei）以及首席机械和电气工程师濑孝治（Takaharu Kawase）带领。一个相对漫长的、为期两年的设计期之后，又经历了一年半的施工期，该建筑物最终于 2001 年开放。

设计成果

建筑布局和构造

日建大楼的楼面面积为 20580m²，位于一个狭窄的场地，其长轴大致为东北－西南方向。它被夹在（约 10m 的间距）两个高度类似的相邻建筑物之间，其正面暴露于繁忙的街道。

“被服务”楼层的面积约 54m×20m，一个面积为 45m×9m 的“服务”区域位于其南侧（图 18.1），该建筑拥有 11 层的办公空间（包括从第 3—13 层）。第 14 层是一个 250 座的演讲和用餐空间，而第 2 层完全用作会议场所，第 1 层是停车场（图 18.2）。

全玻璃幕墙的临街立面（图 18.3 和图 18.4）朝向西方和东方（严格地说是西南和东北方向），意味着在阳光明媚的日子，可获得下午和大部分上午的直接日照得热。

电动外部百叶系统是专为东、西立面开发的——该系统可以按照建筑用户的要求进行布置，根据环境天空条件配合其需要（图 18.5、图 18.6 和图 18.7）。

图 18.3　午后的西立面，办公室空间的太阳（百叶玻璃立面直接面向正面，服务空间的实体立面位于右侧）

图 18.4　东立面细部（没有阳光直射，但仍然布置了百叶）

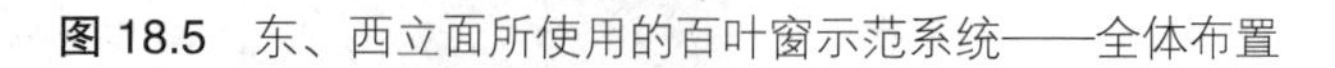

图 18.5　东、西立面所使用的百叶窗示范系统——全体布置

图 18.6　百叶窗系统实践——在一个办公空间全面展开

图 18.7　百叶窗系统实践——在一个办公空间部分伸缩

环境控制系统

主要的中央机房，包括一个燃气发动机热泵和冰蓄冷系统，其位于屋顶上（图 18.8），而变风量送风单元向每层提供暖风或冷风（图 18.9）。

用户对该建筑物的看法

总体反应

于 2006 年 8 月期间对该建筑进行了调查，调查由该

图 18.8　一些屋顶服务设施的布置

图 18.9　南立面显示了半暴露的结构和服务设施，以及有限的玻璃幕墙

建筑第 5 层（图 18.10 和图 18.11）的用户完成，包括日建设计的机械、电力和环境工程部门，据称正常情况下有大约共 100 个用户。

对于所有的 48 位受访者（19% 为女性，81% 为男性）而言，该建筑是他们正常工作的地方。平均每周工作 4.3 天，每天工作 9.9 小时，其中约 7.3 小时在自己的办公桌上以及 6.3 小时在计算机前。约 71% 的受访者在 30 岁以上，超过 79% 的受访者已经在该建筑的同一张办公桌或工作区域工作超过了一年。其中大多数（89%）均在开放式的办公空间内工作，11% 的人拥有自己单独的办公室，而其余

图 18.10　典型的办公楼层，沿照明和结构系统进行观察（注意黑色的顶棚和暴露的服务设施）

图 18.11　典型的办公楼层，垂直于照明和结构系统进行观察

的人则需要和少数同事共享办公室。

重要因素

表 18.1 列出了每个调查问题的平均得分，并且显示了员工对该建筑各个方面的感知评分与基准分以及 / 或中间值的比较情况，分为显著高于、相似或者低于三种不同的情况。在这个案例中，大约有 21 个方面的得分显著高于基准分，只有 8 个方面的得分显著低于基准分，而其余 19 个方面的得分与基准分大致相同。

从 8 个运行因素来看，该建筑物在其中 7 个方面的得分良好——其中 4 个方面的得分显著高于基准分和中间值，3 个方面的得分接近基准分或者高于中间值。只有办公桌空间的平均得分（3.29 分）显著低于基准分和中间值。

用户对各种环境因素的评价一直不错。在所考虑的 26 个因素中，只有两个影响因素的得分低于各自的基准分和中间值，其余影响因素可以划分成几乎相等的两部分，一部分的得分同时高于基准分和中间值，另一部分的得分与基准分和中间值相等。虽然冬季和夏季温度和空气的 4 项整体得分均高于基准分，但是有迹象表明冬季温度太低和夏季温度太高（尽管它们等于或高于其各自的基准分）。然而，受访者认为夏季和冬季的温度相对稳定，而空气相对不通风和无味。

得分表明人工照明量和相对缺乏眩光是令人满意的，但是有一个意见认为自然光太少，导致整体光线的得分低于基准分，但是仍然显著高于（为 4.15 分）中间值。整体噪声的得分良好（同时高于基准分和中间值）——也许来自同事的噪声太多，但是其他大多数方面的得分偏向 “太少” 的一边。虽然个人控制的得分大多在 2—3 分的范围内，但是所有情况下的得分均远低于中间值，极少数的受访者认为通风或者噪声的个人控制重要——不像采暖、制冷和光线，大约三分之一的受访者都认为其个人控制重要。

5 个满意度变量的得分均显著高于其各自的基准分，并且与中间值相等或者高于中间值。这里的生产力得分为 8.51%，成绩尤为显著。

用户意见

总计，共收到来自员工大约 171 条反馈意见，受访者可以在 12 个标题下面添加书面意见——占总 576 条潜在意见的 29.7% 左右（48 位受访者，12 个标题）。表 18.2 显示了正面、中立和负面评论的数量——在这个案例中，约 30.4 % 的正面评论、7.6% 的中立评论以及 62.0% 的负面评论。

在许多情况下，但不是所有的情况，所收到的意见与调查分数相呼应。例如，就存储和办公桌空间而言，其中的大多数负面意见反映了它们相对较低的得分（分别为 3.54 分和 3.29 分）。同样，他人的电话交谈和相邻办公桌的会议干扰也与噪声某些分项的适度得分相呼应。在阻碍项中，缺乏储存和噪声问题也被相对频繁的提及。

相反，评论并没有反映出有关眩光所得到的较高评级，其中一半以上的负面评论提到眩光问题，比如黑色顶棚和灯光之间的反差，以及白色办公桌的反射光。同样，尽管会议室的得分良好，但是许多受访者认为并不足够。

最后，值得注意一下那些工作良好的事项，计算机系统和设施收到了最正面的意见，建筑本身（后者反映了建筑设计的高分 5.31 分）的设计也同样如此。

整体性能指标

舒适度指数是以舒适度、噪声、光线、温度以及空气质量的得分为基础，结果为 +0.59 分，而满意度指数则根据设计、需求、健康和生产力的分数计算而来，结果为 +1.16 分，注意这些情况下，−3 分到 +3 分范围内的中间值为 0。

综合指数是舒适度指数和满意度指数的平均值，结果为 +0.88 分，而在这种情况下，宽恕因子的计算结果为 1.13，表明员工可能对个别方面的小瑕疵相对宽容，如冬夏季温

每个影响因素的平均得分，以及得分是否显著高于、相似或者低于 BUS 的基准分　　　表 18.1

		得分	低于	相似	高于		得分	低于	相似	高于
运行因素										
来访者心中的形象		5.65			●	清洁	5.36			●
建筑空间		5.40			●	会议室的可用性	5.00			●
办公桌空间 – 太小 / 太大 [4]		3.29	●			储藏空间的合适度	3.54		●	
家具		4.35		●		设施符合工作要求	4.89		●	
环境因素										
冬季的温度和空气						夏季的温度和空气				
整体温度		4.68			●	整体温度	4.12			●
温度 – 太热 / 太冷 [4]		4.44		●		温度 – 太热 / 太冷 [4]	3.34		●	
温度 – 恒定 / 变化 [4]		3.58		●		温度 – 恒定 / 变化 [4]	3.62		●	
空气 – 不通风 / 通风 [4]		2.02	●			空气 – 不通风 / 通风 [4]	2.00	●		
空气 – 干燥 / 湿润 [4]		3.20		●		空气 – 干燥 / 湿润 [4]	4.07			●
空气 – 新鲜 / 闷 [1]		3.79			●	空气 – 新鲜 / 闷 [1]	3.95		●	
空气 – 无味 / 臭 [1]		2.22			●	空气 – 无味 / 臭 [1]	2.30			●
整体空气		4.62			●	整体空气	4.14			●
光线						**噪声**				
整体光线		4.15		●		整体噪声	4.75			●
自然采光 – 太少 / 太多 [4]		3.06		●		来自同事 – 很少 / 很多 [4]	4.27		●	
太阳 / 天空眩光 – 无 / 太多		2.42			●	来自其他人 – 很少 / 很多 [4]	4.04			●
人工照明 – 太少 / 太多 [4]		4.12			●	来自内部 – 很少 / 很多 [4]	3.67		●	
人工照明眩光 – 无 / 太多 [1]		3.50			●	来自外部 – 很少 / 很多 [4]	3.21		●	
						干扰 – 无 / 经常 [1]	3.19			●
控制因素 [b]						**满意度因素**				
采暖	27%	2.61		●		设计	5.31			●
制冷	42%	2.62		●		需求	5.44			●
通风	6%	2.11	●			整体舒适度	4.98			●
光线	31%	3.06	●			生产力 %	+8.51			●
噪声	0%	2.00		●		健康	3.95		●	

注：（a）除非有其他的注明，7 分为“最高”；上角标 [4] 表示 4 分最高，上角标 [1] 表示 1 分最高；（b）所列出的百分比值表示认为该方面个人控制很重要的受访者百分比。

针对 12 项性能影响因素所提供正面、负面和中立评论的受访者人数　　表 18.2

方面	受访者人数			
	正面	中立	负面	总数
设计	7	3	3	13
整体需求	3	1	7	11
会议室	1	1	7	9
储藏空间	1	1	15	17
办公桌 / 办公区域	0	2	14	16
舒适度	6	2	5	13
噪声来源	1	1	13	15
光线条件	2	0	12	14
生产力	5	0	1	6
健康	1	2	6	9
工作良好	25	—	—	25
阻碍	—	—	23	23
总计	52	13	106	171
百分数	30.4	7.6	62.0	100.0

度、空气质量、光线和噪声等（因子 1 表示通常范围 0.8—1.2 的中间值）。

从十影响因素评定量表来看，该建筑在 7 分制的评级中位于“杰出”建筑物之列，计算百分比为 92%。当考虑所有变量时，计算百分比为 73%，只是处于“良好实践”的行列。

致谢

很荣幸的感谢横滨庆应义塾大学系统设计工程系的伊香贺　俊治教授所给予的巨大帮助，感谢在我 1998 年、2005 年和 2006 年访问日本期间所安排的行程。我还必须感谢东京日建设计研究所环境和能源规划中心高级顾问远藤　顺子女士，为我安排了此次访问和相关的问卷调查，以及感谢纪子弗利特伍德将调查问卷翻译成日文以及将评论翻译成英文。

参考文献

JSBC (2004) *CASBEE for New Construction – Technical Manual*, Tokyo: Institute for Building Environment and Energy Conservation.

Ogaru, Y. (1995) *Office Buildings: New Concepts in Architecture and Design*, Tokyo: Meisei Publications, pp. 4–5.

Ray-Jones, A. (ed.) (2000) *Sustainable Architecture in Japan: The Green Buildings of Nikken Sekkei*, Chichester: Wiley-Academy.

第 3 部分

暖温带建筑

第 19–27 章

以下的 9 个案例研究均位于可大致归类为暖温带气候的地区，其冬季室外设计温度从 +3℃至 +7℃不等。其中 6 个案例位于澳大利亚东南部，2 个位于新西兰北岛，剩下的 1 个位于南加利福尼亚州。将按照以下顺序对各个案例进行描述:

第 19 章　土地保护研究实验楼，奥克兰，新西兰
第 20 章　校园接待及行政大楼，奥克兰理工大学（AUT Akoranga），新西兰
第 21 章　莱斯特大街 60 号，墨尔本，维多利亚州，澳大利亚
第 22 章　艾伯特街 40 号，南墨尔本，维多利亚州，澳大利亚
第 23 章　红色中心大楼，新南威尔士大学，悉尼，新南威尔士州，澳大利亚
第 24 章　语言学院，新南威尔士大学，悉尼，新南威尔士州，澳大利亚
第 25 章　通用大楼，纽卡斯尔大学，新南威尔士州，澳大利亚
第 26 章　学生服务中心，纽卡斯尔大学，新南威尔士州，澳大利亚
第 27 章　自然资源保护委员会（NRDC），圣莫尼卡，加利福尼亚州，美国

在这些建筑物中，有 4 个拥有先进的自然通风系统，5 个拥有混合模式的通风系统——4 个为转换系统和 1 个（土地保护研究所大楼）为分区系统。

土地保护研究实验楼的东立面细部

第 19 章
土地保护研究实验楼
奥克兰，新西兰

背景

这个高 3 层、面积为 4400m^2 的大楼位于新西兰奥克兰。它容纳了 2 个机构——土地保护研究所和农林部（MAF），分别拥有大约 60 名和 25 名工作人员。除了传统的办公室和行政设施以外，还设有一些专门的国家设施，比如一个 650 万昆虫标本收藏室、1 个 600000 的真菌收集室、研究实验室、防范设施和繁殖温室（图 19.1 和图 19.2）。

为了履行自身的使命，土地保护研究所想要一个可持续设计。该建筑的整体目标是“以综合的方式来管理自身的环境、社会和经济效益，并证明这是可行的”，并且

图 19.1 从东北方向观看大楼——Morrin 路位于前景

图 19.2 南立面和工作人员停车场［收藏室位于上方无玻璃图案立面的背后；温室和雨水收集箱位于主楼后方（照片左侧）］

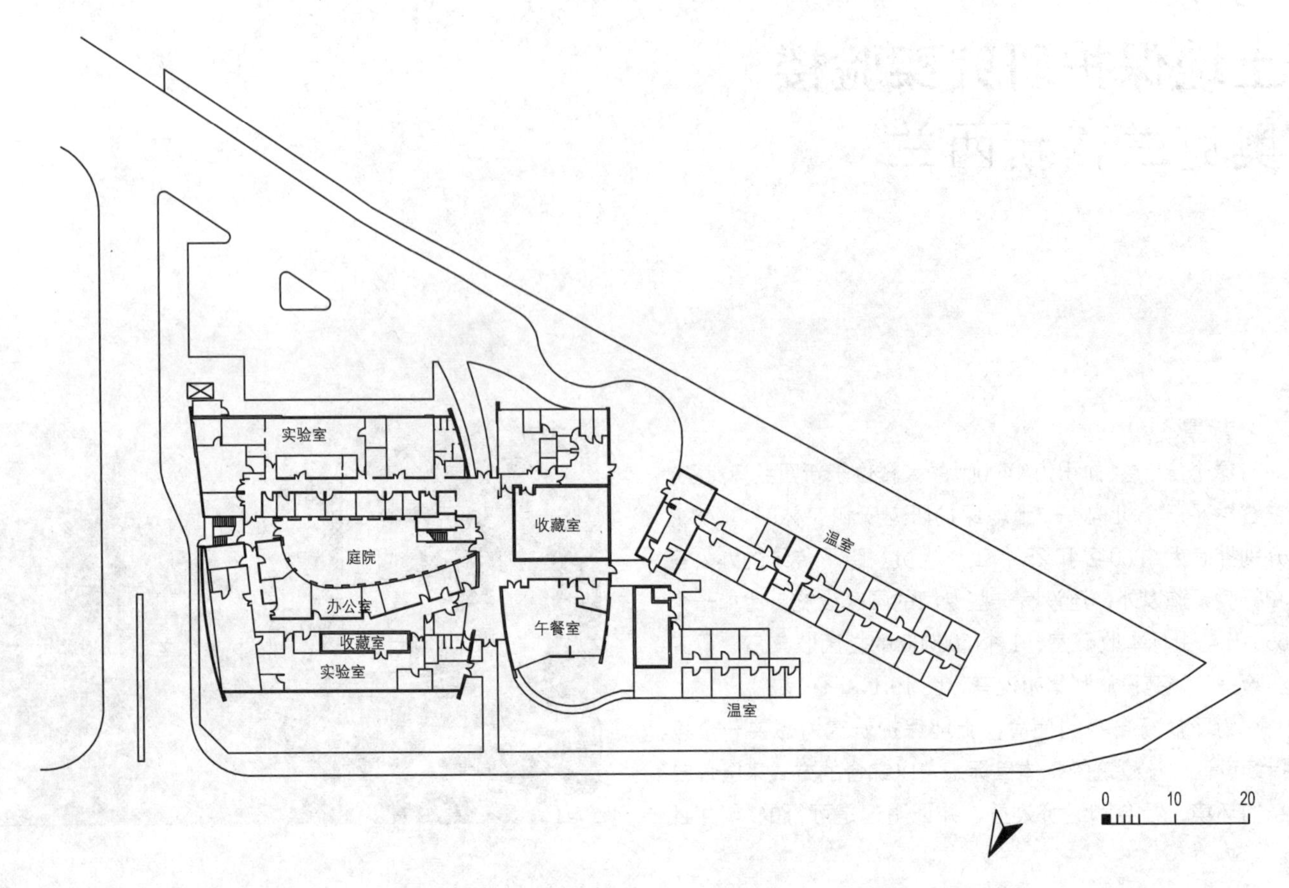

图 19.3　首层平面和场地
资料来源：改编自康奈尔瓦格纳机械工程顾问公司（Connell Wagner）

图 19.4　第一层和第二层平面图
资料来源：改编自康奈尔瓦格纳机械工程顾问公司

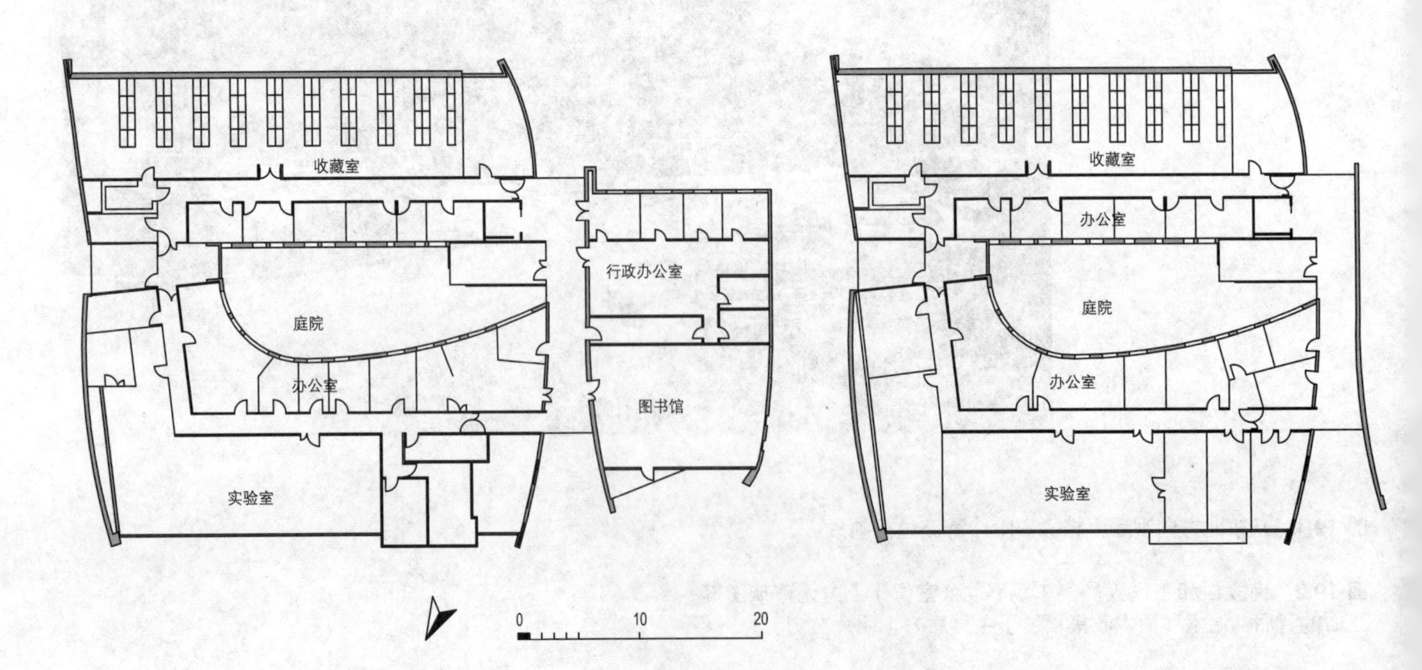

图 19.5　视图显示了屋顶通风设备、庭院区域的上半部分和办公室的玻璃 / 遮阳布置

造价与传统建筑的造价相同（Landcare Research，2006）。环保目标包括利用可再生、可回收和可循环利用的材料，最大限度减少流失到场地外的固体废物、废水和雨水；社会目标包括提供一个健康的内部环境，在公共空间和私人空间利用自然采光和自然通风，鼓励员工间的互动；而经济目标则包括低运行和维护开支，以及低全年能耗，能耗的年度目标是 100kWh/m^2（Landcare Research，2005）。

该建筑位于奥克兰大学 Tamaki 校园边缘的一块狭窄的三角形场地上（图 19.3）。场地本身有一定的高度和边界约束，地质条件为岩石和黏土，一条繁忙的道路位于一侧。奥克兰（纬度为 37°S）的气候可以被归类为暖温带，其冬季和夏季的设计温度大约分别为 3℃和 24℃（ASHRAE，2001：27.42-3）。

于 2004 年竣工，从可持续标准的角度来看，该建筑在澳大利亚国家建筑环境评价体系的初级版本中，获得了办公楼类别的评级成绩为 60%（NABERS，2008）。该评级体系的评价因素包括土地、材料、能源、水、室内、资源、运输和废物，如果要达到 60% 或以上的级别，需要对所有可持续标准采取统一协调的方法。可以说，像土地保护研究所大楼这样的特殊建筑，要想实现这个目标是比较困难的。该建筑同样获得了 2005 年年度商业建筑能源奖。

设计过程

该项目的设计宗旨来源于一系列的初级研讨会，人员涉及可持续发展、生态和能效方面的专家，以及土地保护研究所和农林部的工作人员。该建筑的最终目标要求既要可持续又要经济可行，这个目标与客户的使命保持一致——这成为设计团队的驱动力。

经过一个公开招标后，该项目的获胜团队是总部设在奥克兰的周希尔建筑设计事务所（Chow：Hill），并由该事务所的莫里斯 · 凯利（Maurice Keily）和斯图尔特 · 莫基（Stuart Mackie）负责，同时与可持续建筑专家彼得 · 迪普罗斯（Peter Diprose）以及康奈尔莫特麦克唐纳工程公司（Connell Mott MacDonald）共同合作。罗伯特 · 威尔（Robert Vale）也以一个专家顾问的身份参与了此项目，主要针对该建筑的运行进行研究。以上的所有专家，连同土地保护研究所的业务经理玛吉 · 劳顿（Maggie Lawton）及其团队，他们从一开始就密切工作，共同协作以实现最终的目标。

按照周希尔事务所建筑师凯利的哲学，他们将采取整体的方式来设计和开发最可能的工作环境，平衡可持续成果和固定预算的挑战（Kiely and Mackie，2005）。他的同事斯图尔特 · 莫基举了一个例子，一周 3 次的独立讨论会之后，设计团队就场地如何使用便提出了超过 20 个概念。从项目的宗旨和用户标准的角度出发，他们对每一个概念都进行了评估，范围缩小到了 5 个主要的方案，最终的设计将从中诞生。环境工程师戴维 · 富布卢克（Dave Fulbrook）和康奈尔莫特麦克唐纳工程公司的尼尔 · 普迪（Neil Purdie）从一开始就参与其中，后者在该建筑的能源使用和其他服务设施的监测方面较为深入，并且决定该建筑要在运行中实现目标（Adams，2006）。

项目方案要求减少对选定系统的调查，特别是一些较新的系统，这些新系统对建筑物的整体影响方面缺乏经验，并且其对建筑整体生命周期成本的影响也不明显。同时设计团队也强烈建议将建筑物视作一个整体，对其性能和预算进行长期的调试和观察。

设计成果

建筑布局、构造和被动环境控制系统

据建筑师描述，

> 建筑位于一个面积狭窄的场地上，围绕开放的庭院或行人空间进行设计，最大限度利用自然采光和自然通风。要求机械通风或空调系统的防范实验室或防范区域靠近路边，它们充当了办公区域的隔声和避光屏障。位于上层混凝土房间的收藏区，需要严格控制温度和湿度。
>
> （Lawton *et al.*，2004）

关于这些空间是否应该位于路旁，虽然也有一些争议，但是最后进行了成功的论证，该建筑可以背着道路建设，并且如果将收藏区置于另一侧，则更容易将其扩大。进一步的计划则是，不同建筑体块之间的连接区域将被用作公共区域和展览区域［见平面图，图 19.3、图 19.4（a）和图 19.4（b）］。据建筑师：

> 在能源、施工能力和使用成本方面，针对该建筑体系开展了大量的研究，而不是单独针对独立的元素或者材料进行考量。因此，材料只经过最少的处理便加以利用。混凝土、木材和钢材均处于暴露状态，除了满足结构或遮风避雨的功能以外，它们还有其他的作用。大部分建筑服务工作秉承了类似的理念。然而所面临的挑战并没有增减，反而减少了，同时以一种简洁的方式解决了问题。
>
> （同上）

不用说，该建筑的保温性能良好（厚 150-200mm），拥有干净的双层玻璃窗、外露的热质，以及大量使用的本地材料。“内部装修包括水性涂料、油毡地板（亚麻油和黄麻制成）和由再生塑料制成的非固定地毯。大厦内现有的大多数家具是从蒙特埃伯特大厦（Mount Albert building）［他们以前的工作场所］搬过来的”（Vale et al.，2005）。

图 19.3 显示了主体建筑的首层平面，相邻的两排温室占据了三角形场地的西向顶点。从第 1 层和第 2 层的平面图［图 19.4（a）和图 19.4（b）］可以看出，大多数办公室面向中庭，因此几乎所有的办公桌和工作站都临近一个可开启的窗户（图 19.5、图 19.6 和图 19.7）。

图 19.6　朝东的首层庭院区（注意朝北的内部立面的反光）

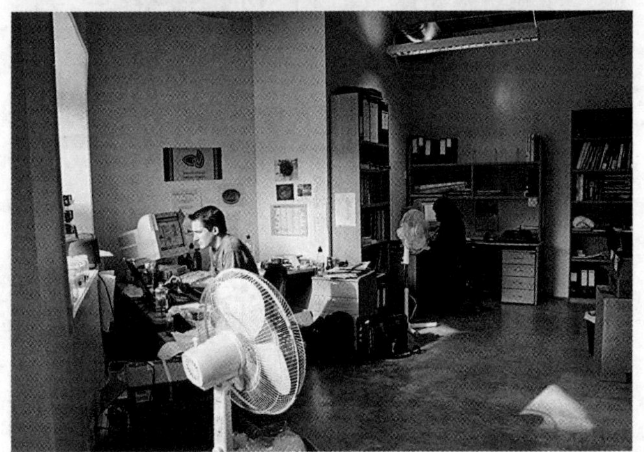

图 19.7　内部的公共办公室（注意房间的内表面和现有家具的再利用）

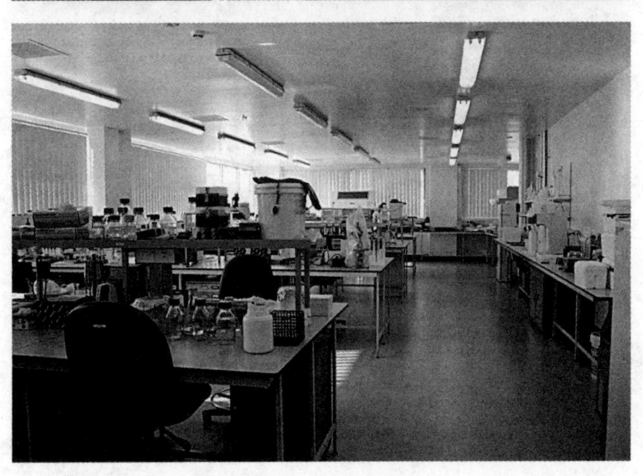

图 19.8　一个实验室空间概貌

主动环境控制系统

大量的设施和处理间（办公室、实验室、不同收集库的控制环境，以及各种冷库——见图 19.8 至图 19.10）需要安装大量的环境控制系统。虽然没有涉及全新的或创新的技术，但是普通技术的一体化是明显的。

例如，服务于中庭周边自然通风办公室的边缘交换器，由各个冷库制冷系统所回收的热水进行加热（在这个案例中，大约是 15kW）。这些办公室的温度范围 20—25.5℃不等，而 5 个冷库 / 冰冻区域需要分别保持 4℃ /-20℃。

两个屋顶集中单元为朝北的实验室、南区的实验室和新西兰节肢动物收藏室（NZ Arthropod Collection offices）提供服务，屋顶集中单元需要与 11 个通风柜一起运行。由于不同楼层通风柜的使用，不仅要求送风量与排风量保持平衡，而且热交换器也需要从一些排出的气流中重新获得能量（图 19.11）。内部温度条件所允许的范围 18—25℃不等，送风不需要进行加热或冷却，而外界的空气温度 12—22℃不等。

中央制冷系统则利用 R404A 制冷机向收集库的空气处理机组提供服务。若收集库温度需要保持在 17℃左右，且相对湿度保持在 50%，则需将其提供的空气在预热后制冷到 6℃——在这种情况下，就可以利用制冷系统所排出的热量。

特殊区域配备了可单独控制的空调系统 -VRV 系统的逆周期热泵 - 旨在将温度保持 21—23℃之间。1 个太阳能热水器供应食堂。另 1 个太阳能热水器供应实验室热水，并同 1 个燃气热水机组一同使用。根据萨瑟兰（Sutherland）（2004），雨水集蓄的简单要求是

> 使该建筑具备一些开创性的特点：第一层和第二层的沼气厕所 [第一次应用在该国的商业建筑中]；虹吸雨水收集器将屋顶的雨水分配到现场的 3 个 25000 升的水池，并且被优先当做混水使用。

图 19.9　典型的实验室通风柜

图 19.10　真菌收藏室

图 19.11　上层走廊及其暴露的服务设施

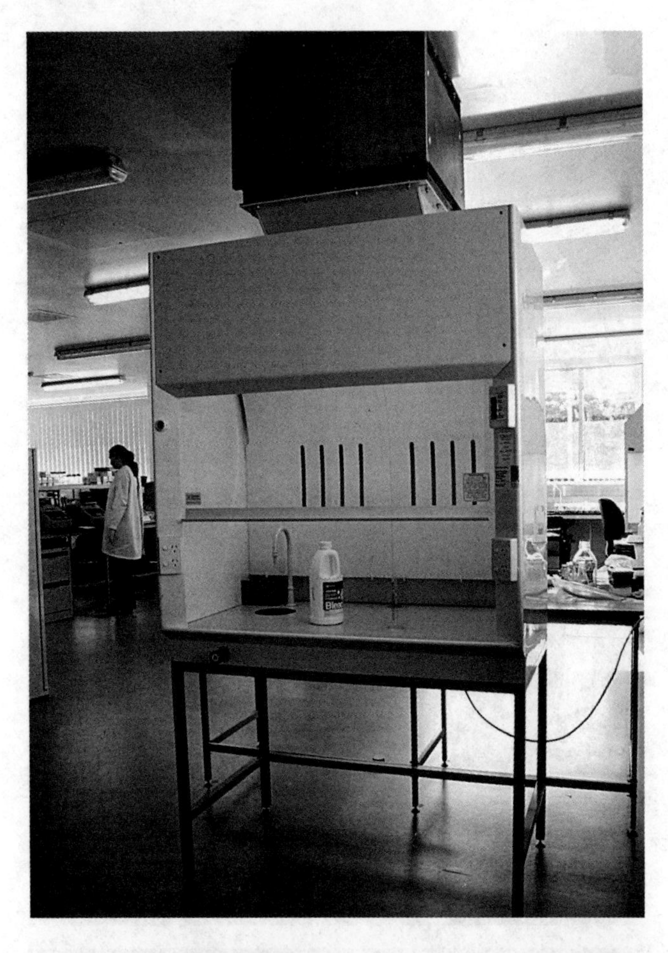

这些水被用于首层的传统厕所和小便池，并且用以灌溉花园和温室（Lawton et al.，2004）。

在首层设置了传统的厕所，以尽量减少公众使用时所造成的不可预知的影响，同时避免了开挖坚硬的岩石场地所需的昂贵费用。一个 400kW 的风力发电机组将混水输送到屋顶的水箱联箱。在场地的其他地方，当停车场的地下水被输送到公共雨水系统之前，将会被引到一个大型的雨水花园中。

用户对该建筑物的看法

总体反应

对于所有大约 59 位受访者（53% 为女性，47% 为男性）而言，该建筑是他们正常工作的地方，其中的大多数（81%）平均每周工作 5 天，每天工作 7.7 小时。大多数（约 86%）的受访者已经超过 30 岁，其中 81% 的人已经在该建筑中工作超过了一年，每天花费在办公桌和电脑前的时间分别为 5.9 小时和 4.9 小时。大约三分之二的人临窗，而拥有单人办公室、需要与一位同事共享办公室，或需要与两位或两位以上的同事共享办公室的人数量相等。

表 19.1 列出了每个调查问题的平均得分，并且显示了员工对该建筑各个方面的感知评分与基准分以及 / 或中间值的比较情况，分为显著高于、相似或者低于三种不同的情况。在这个案例中，有 12 个方面的得分显著高于基准分，12 个方面的得分显著低于基准分，其余 20 个方面的得分则与基准分大致相同。

重要因素

从运行方面来看，该建筑物在清洁、家具、办公桌空间和会议室可用性方面的成绩良好，而其他方面的得分与各自的基准分没有显著的不同。

用户对环境因素的评论变化较多。虽然夏季和冬季温度和空气的整体得分接近各自的基准分，但是温度被认为夏季炎热和变化，且冬季太冷，而空气被认为在冬季过于不通风，且在夏季过于干燥。然而，在冬季，温度被认为恒定且空气清新，在夏季和冬季，空气被认为无味。

整体噪声的得分低于基准分，主要是来自同事和其他内部的噪声，而外部的噪声程度较轻。另一方面，光线的整体得分高于基准分，在自然采光和缺乏眩光方面得分良好。

大约三分之一的受访者认为个人控制重要，采暖和制冷的个人控制得分低于基准分，而光线的控制得分则高于基准分。

就满意度因素而言，用户看法有所不同，但大多数分项的得分要么接近各自的基准分，要么接近中间值。健康的得分为 3.66 分，高于基准分，但低于中间值。

用户意见

总计，共收到来自员工大约 320 条反馈意见，受访者可以在 12 个标题下面添加书面意见——占总 708 条潜在意见的 45% 左右（59 位受访者，12 个标题）。表 19.2 表示正面、中立和负面评论的数量——在这个案例中，约 19.7% 的正面评论、15% 的中立评论以及 65.3% 的负面评论。

噪声问题收到了全部的负面评论，与各个分项的得分趋势相呼应——来自交通和附近采石场的外部噪声，以及来自相邻房间、走廊、上楼层和内部设备的内部声音被最频繁的提及；外部设备和同一个空间内人的噪声也被认为是常见的干扰源。

同样，光线吸引了最多的正面评论和最少的负面评论，符合其相对不错的成绩。

在其他方面，存储的缺乏收到了负面评论——尽管其得分与基准值没有什么不同（诚然相对较低）；虽然会议室可用性的得分良好，但是较大场地的使用（它也作为食堂区的一部分）也收到了负面的意见。

约有 34 位受访者指出了一系列对于他们来说工作良好的东西，而 37 位受访者指出了阻碍事项——后者主要是噪声问题——或与温度相关的问题。

整体性能指标

舒适度指数是以舒适度、噪声、光线、温度以及空气质量的得分为基础，结果为 +0.14 分，而满意度指数则根据设计、需求、健康和生产力的分数计算而来，结果为 +0.04 分（注意这些情况下，−3分到 +3 分范围内的中间值为0）。

每个影响因素的平均得分，以及得分是否显著高于、相似或者低于 BUS 的基准分　　**表 19.1**

		得分	低于	相似	高于		得分	低于	相似	高于
运行因素										
来访者心中的形象		3.86		●		清洁	5.81			●
建筑空间		4.19		●		会议室的可用性	4.47			●
办公桌空间 – 太小 / 太大 [4]		3.89			●	储藏空间的合适度	3.54		●	
家具		5.07			●	设施符合工作要求	4.48		●	
环境因素										
冬季的温度和空气						夏季的温度和空气				
整体温度		4.07		●		整体温度	4.13		●	
温度 – 太热 / 太冷 [4]		4.96	●			温度 – 太热 / 太冷 [4]	2.84	●		
温度 – 恒定 / 变化 [4]		4.00			●	温度 – 恒定 / 变化 [4]	4.48	●		
空气 – 不通风 / 通风 [4]		3.15	●			空气 – 不通风 / 通风 [4]	2.94		●	
空气 – 干燥 / 湿润 [4]		3.17		●		空气 – 干燥 / 湿润 [4]	3.46	●		
空气 – 新鲜 / 闷 [1]		3.87			●	空气 – 新鲜 / 闷 [1]	4.16		●	
空气 – 无味 / 臭 [1]		3.21			●	空气 – 无味 / 臭 [1]	3.27			●
整体空气		4.18		●		整体空气	3.90		●	
光线						**噪声**				
整体光线		5.24			●	整体噪声	3.66	●		
自然采光 – 太少 / 太多 [4]		3.93			●	来自同事 – 很少 / 很多 [4]	4.45	●		
太阳 / 天空眩光 – 无 / 太多		4.07		●		来自其他人 – 很少 / 很多 [4]	4.10		●	
人工照明 – 太少 / 太多 [4]		4.24	●			来自内部 – 很少 / 很多 [4]	4.53	●		
人工照明眩光 – 无 / 太多 [1]		2.95			●	来自外部 – 很少 / 很多 [4]	4.29	●		
						干扰 – 无 / 经常 [1]	4.12		●	
控制因素 [b]						**满意度因素**				
采暖	27%	1.80	●			设计	4.02		●	
制冷	31%	1.78	●			需求	4.37		●	
通风	31%	3.05		●		整体舒适度	3.97		●	
光线	29%	4.83			●	生产力 %	–2.18		●	
噪声	34%	2.19		●		健康	3.66		●	

注：(a) 除非有其他的注明，7 分为“最高”；上角标 [4] 表示 4 分最高，上角标 [1] 表示 1 分最高；(b) 所列出的百分比值表示认为该方面个人控制很重要的受访者百分比。

针对 12 项性能影响因素所提供正面、负面和中立评论的受访者人数　　表 19.2

方面	受访者人数			
	正面	中立	负面	总数
设计	3	4	24	31
整体需求	5	8	13	26
会议室	2	4	17	23
储藏空间	0	7	16	23
办公桌 / 办公区域	4	4	15	23
舒适度	4	0	20	24
噪声来源	0	0	32	32
光线条件	6	4	9	19
生产力	3	6	15	24
健康	2	11	11	24
工作良好	34	—	—	34
阻碍	—	—	37	37
总计	63	48	209	320
百分数	19.7	15.0	65.3	100

综合指数是舒适度指数和满意度指数的平均值，结果为 +0.09 分，而在这种情况下，宽恕因子的计算结果为 0.95，表明员工可能对个别方面的小瑕疵相对宽容，如冬夏季温度、空气质量、光线和噪声等（因子 1 表示通常范围 0.8—1.2 的中间值）。

从十影响因素评定量表来看，该建筑在 7 分制评级中介于“高于平均水平”和“平均水平”之间的建筑物，计算百分比为 56%。当考虑所有变量时，计算百分比为 59%，处于“高于平均水平”的行列。

其他报道过的性能

设计者将该建筑（除了温室）的年能耗目标设定为 100kWh/m²，基于预期 2500 小时的使用时间。在实际使用中，该建筑的使用时间大概为 3500 小时，年能耗量为 191.5kWh/m²（耗电量为 177.5kWh/m²，耗气量为 14kWh/m²）。如果回到正常的 2500 小时的使用时间，其年能耗量为 137kWh/m²。这方面的工作仍在继续，范围包括置换一些效率低下的冷冻设备，以及进一步细化收藏间的运行。

致谢

非常荣幸地感谢土地保护研究所的玛吉 · 劳顿和弗雷泽 · 摩根（Fraser Morgan）所给予的帮助；感谢周希尔建筑设计事务所的莫里斯 · 凯利和斯图尔特 · 莫基；以及康奈尔莫特麦克唐纳工程公司的尼尔 · 普迪为此案例研究所做的准备。

参考文献

Adams, G. (2006) 'Leading by Example', *e.nz magazine,* 7(1): 9–13.

ASHRAE (2001) *ASHRAE Handbook: Fundamentals, SI Edition*, Atlanta, GA: American Society of Heating Refrigerating and Air-Conditioning Engineers.

Baird, G. and Purdie, N. (2006) 'Environmental Design and Performance of the Landcare Research Headquarters Building, Auckland, New Zealand', paper presented at Ninth World Renewable Energy Congress, Florence, August.

Keily, M. and Mackie, S. (2005) Transcript of interview held on 9 May 2005, Auckland.

Landcare Research (2005) 'Energy Efficiency', available at: www.landcareresearch. co.nz/about/tamaki/energy_efficiency.asp (accessed 14 March 2005).

Landcare Research (2006) 'Design Objectives for this Building', available at: www.landcareresearch.co.nz/about/tamaki/design_objectives.asp (accessed 23 March 2006).

Lawton, M., Kiely, M., Sutherland, J. and Turner, D. (2004) 'Green, but Not Wacky', *Architecture New Zealand*, September/October: 78–85.

NABERS (2008) 'Environmental Rating – Tamaki Building', available at: www.landcareresearch.co.nz/about/tamaki/environmental_rating.asp (accessed 5 October 2008).

Sutherland, J. (2004) Transcript of interview held on 20 April 2004, London.

Vale, R., Lawton, M. and Kelsang, W. (2005) 'Walking the Talk – Landcare Research/Manaaki Whenua Tamaki Building', in *Sustainable Buildings in the Auckland Region*, Auckland: Waitakere City Council.

第 20 章
校园接待及行政大楼，奥克兰理工大学
奥克兰，新西兰

背景

该建筑于 2001 年 6 月竣工，面积为 992m²，位于诺斯科特（Northcote）郊区，是奥克兰科技大学 Akoranga 校区的主入口——主校区位于市中心。

为了满足学生人数的增加，并且集中管理健康研究系，该建筑应运而生。根据建筑师所言，其主要动机是为了通过在场地上设置一个突出的“前门”来提高该校园的识别度，并提供一个联络点（参见图 20.1 和图 21.2），同时创造一个健康和环保的建筑，与周边地区紧密联系（DEN Breems，2003）。

图 20.1 从南面观望该建筑的主入口

图 20.2 从西面观望办公室，其设置了机动的遮阳篷［同样注意（位于照片中心）走廊的高屋顶，及其固定的外部百叶窗和上层开启的窗户］

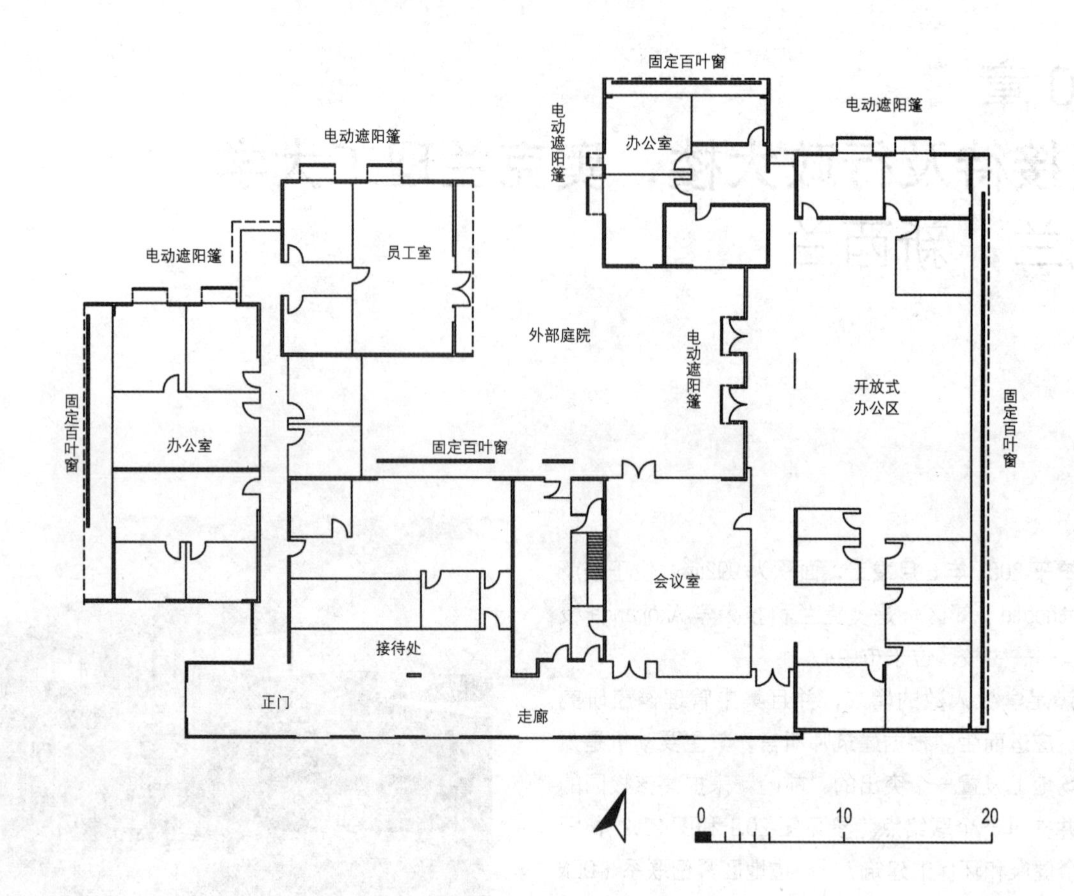

图 20.3　整体平面图
资料来源：改编自 JASMAX 公司

图 20.4　开放式办公室（注意开放式结构和所提供的吊扇）

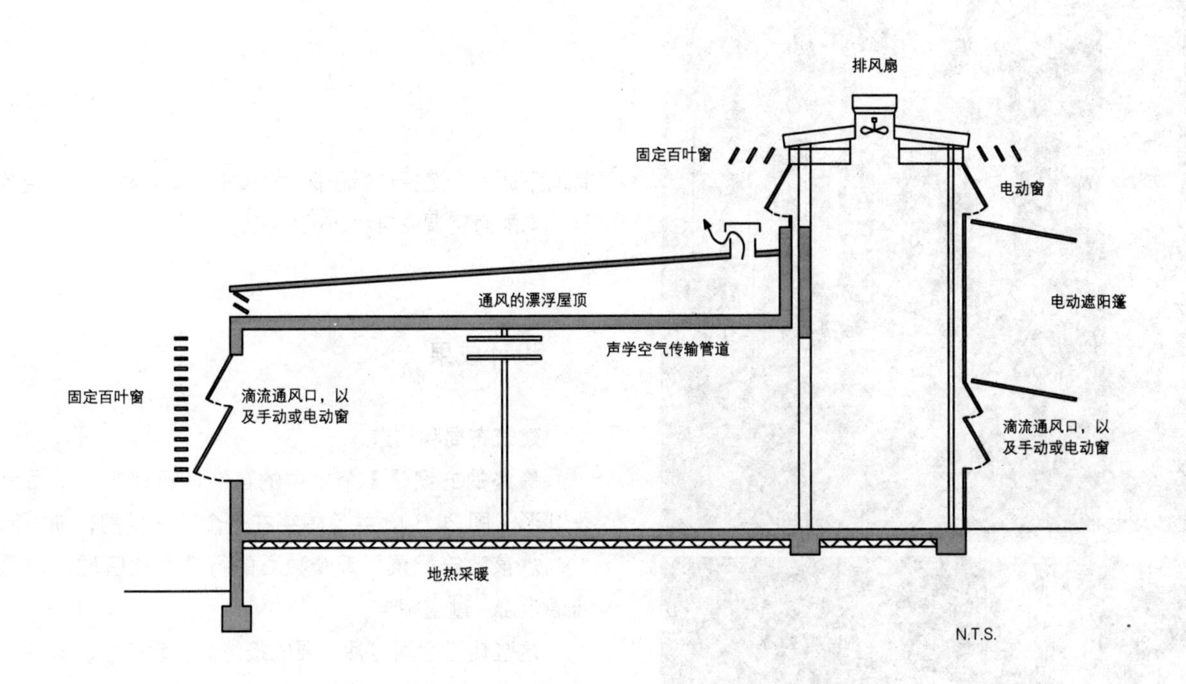

图 20.5　截面显示了被动式环境控制系统的原理
资料来源：改编自 JASMAX 公司

虽然该建筑的宗旨要求考虑环境问题，但是它并没有被定义成一个尖端的节能建筑。然而，在总体规划中，作为未开发校园的第一批新建建筑之一，在客户的全力支持下和设计团队富有“环境敏感设计的激情”（E-W N, 2002：23）下，追求一个“低能耗建筑”的机会应运而生。虽然可能会认为，处于温带气候的奥克兰（纬度 37°S）或许使得一切变得容易可行，其冬季和夏季的设计温度分别大约为 3℃和 24℃（ASHRAE，2001：27.42-3），但是这绝对不是一个常规的建筑。即使在此类问题上客户希望持有相对长远的眼光，但是接受空调往往是毫无疑问的，除此以外的其他任何问题都被视为具有某种程度的“风险”。

次年，该建筑入围并获得了 2002 年年度商业建筑能源奖。在评奖时，由于该项目新近完成，所以可以参考的能源使用数据有限——因此，主要依据能源效率的潜力进行评估。经过 BRANZ 绿色办公室评级制度（然后在试用阶段）的试用评估后，该建筑获得了“良好”级别，反映了其在能源、健康、幸福和管理问题方面的设计重点（Jaques, 2003）。

设计过程

对建筑事务所（JASMAX 公司）的甄选开始于 1998 年，那时 JASMAX 公司便参与了 Akoranga 校区的总体规划和奥克兰主校区建筑的设计。他们所采用的方式是从一开始便进行合作，涉及用户、环境/服务工程师和结构工程师。虽然低能耗结构的基本原理相对简单，但是其应用几乎是一种被遗忘的艺术。这一时期的密切合作至关重要，设计团队的不同成员之间，以及设计成员和最终建筑用户之间都需要密切的合作。

据建筑师马尔科·登·布里姆（Marko den Breems）（2003）所说，设计团队曾多次召开会议，“只是在谈论想法，只是在素描，没有一个完成的建筑”。所涉及的两个环境工程师——概念设计阶段的朱利安·萨瑟兰（Julian Sutherland）（2004）和详设计阶段的斯蒂芬·霍格（Stephen Hogg）（2003）均来自 Norman Disney Young 公司。他们与用户之间进行了大量的协商，从可替代设计的策略影响报告会到运行体系的设施经理审查会，甚至还针对不同建筑方案的热舒适性“后果”进行了讨论。最终，主要

图 20.6　入口走廊视图，接待区域位于照片的左侧，东南立面位于照片的右侧 [注意高位置的可开启玻璃（用于采光和通风）和连接体块的内部构造（提供热质）]

图 20.7　屋顶视图显示了漂浮屋顶的一排通风口；走廊上方高位置处的自动遮阳窗户；以及顶部的一对排风扇位于背景处

图 20.8　东北立面，及其固定的百叶窗和背后的可开启窗户

针对下面 4 个选择进行了探讨——1 个单层和 1 个 2 层的建筑，均配有空调或自然通风系统。

设计成果

建筑布局和构造

最终的方案是 1 个单层的自然通风建筑，平面大概呈 U 形（图 20.3），并且围绕在一个院子周围，朝向西北方向。该建筑配置了 5 个独立的行政职能区域，均通过流通走廊 / 过道相连。

这些功能空间包括主要的接待处、教务处、健康研究系办公室，以及 1 个教员室和 1 个会议室，其中有许多直接面向庭院开放。虽然这些空间都是单层的，但是从所使用的开放式结构体系中获得了最大的高度优势（图 20.4）。另一方面，流通走廊 / 过道高于周边建筑，使其能够具有通风和采光的功能（图 20.5 和图 20.6）。

在建筑施工和材料方面，建筑物内部的混凝土楼板和裸露的混凝土砖覆面提供了有用的热质（图 20.6）。

被动和主动的环境控制系统

在这个混合模式的建筑中，已经使用了一系列的机械（主动）和建筑（被动）环境控制系统。主动系统包括 1 个地板热水采暖系统、1 个用于会议室的分体式空调系统，以及 1 套沿走廊长度布置的屋顶排风扇，地板热水采暖系统由 1 个 76kW 的燃气冷凝式锅炉进行供给。

通过围护结构，某些被动元件有助于控制热损失和热收益——除了利用该建筑外部的浅色（图 20.7）和内部的热质以外，特别是整个建筑物所使用的 100mm 厚的保温以及通风飘浮屋顶的安装。此外，向阳立面的窗口区域安装了固定的外部百叶窗（图 20.8）或机动的可伸缩遮阳篷（图 20.9）。地板采暖、通风（自然和机械）、会议室空调和电

图 20.9　布置于开放式办公区西南立面的电动遮阳篷（高位置处的窗口处于开启位置）

图 20.10　典型的单层办公窗户，拥有一系列类型（百叶窗位于左侧（3 套）、手动窗扇（3 种不图尺寸）、机动平开窗（高位置处右侧），以及一个滴流通风口）

图 20.11　显示了全高门上方的声学处理转移格栅（其大小保证了门关闭时的最低通风率）

动遮阳篷是通过计算机楼宇管理系统来控制的。温度和二氧化碳传感器用来检测建筑物的内部条件，1 个屋顶气象站可以提供当地环境条件的相关数据。自定义的绘图屏幕允许设施经理对建筑系统进行操作、监控和调整。

通过一系列的周边窗户（如图 20.10 所示手动、自动和滴流装置）、适当位置的声学传输格栅（图 20.11），以及走廊沿线高位置处的自动窗口来实现自然通风（图 20.2、图 20.6 和图 20.7）。周边和高位置的玻璃窗旨在向大多数空间提供日光，并通过外部百叶窗和遮阳篷来控制眩光。对于人工照明系统，“对该项目的灯具进行了专门设计，T5 的电子镇流器荧光灯提供了 300lx 的亮度。并且为用户提供了单独的照明灯，以适度补充光照水平”（Cuttle，2003）。

用户对建筑物的看法

总体反应

对于所有大约 25 位受访者（92% 为女性，8% 为男性）而言，该建筑是他们正常工作的地方。平均每周工作 4.8 天，每天工作 7.6 小时，其中约 6.4 小时在自己的办公桌上以及 5.8 小时在计算机前。大多数（约 88%）受访者均在 30 岁以上，大约（64%）的受访者已经在该建筑的同一张办公桌或工作区域工作超过了一年。大约三分之二的人临窗，9 位受访者拥有单独的办公室，其余的则需要与 1 位或多位同事共享办公室。

重要因素

表 20.1 列出了每个调查问题的平均得分，并且显示了员工对该建筑各个方面的感知评分与基准分以及 / 或中间值的比较情况，分为显著高于、相似或者低于三种不同的情况。在这个案例中，有 24 个方面的得分显著高于基准分，10 个方面的得分显著低于基准分，其余 10 个方面

每个影响因素的平均得分，以及得分是否显著高于、相似或者低于 BUS 的基准分　　表 20.1

		得分	低于	相似	高于
运行因素					
来访者心中的形象		6.00			●
建筑空间		5.00			●
办公桌空间 – 太小 / 太大 [4]		4.83	●		
家具		5.96		●	
清洁		2.52	●		
会议室的可用性		5.17			●
储藏空间的合适度		4.25		●	
设施符合要求		na			
环境因素					
冬季的温度和空气					
整体温度		4.35			●
温度 – 太热 / 太冷 [4]		4.68	●		
温度 – 恒定 / 变化 [4]		4.54	●		
空气 – 不通风 / 通风 [4]		4.09			●
空气 – 干燥 / 湿润 [4]		3.39			●
空气 – 新鲜 / 闷 [1]		4.50		●	
空气 – 无味 / 臭 [1]		3.50		●	
整体空气		3.96		●	
夏季的温度和空气					
整体温度		4.95			●
温度 – 太热 / 太冷 [4]		3.43			●
温度 – 恒定 / 变化 [4]		3.86		●	
空气 – 不通风 / 通风 [4]		3.75			●
空气 – 干燥 / 湿润 [4]		3.85			●
空气 – 新鲜 / 闷 [1]		4.19		●	
空气 – 无味 / 臭 [1]		3.40		●	
整体空气		4.27			●
光线					
整体光线		4.88			●
自然采光 – 太少 / 太多 [4]		4.16			●
太阳 / 天空眩光 – 无 / 太多		4.60	●		
人工照明 – 太少 / 太多 [4]		3.88			●
人工照明眩光 – 无 / 太多 [1]		3.56			●
噪声					
整体噪声		4.92			●
来自同事 – 很少 / 很多 [4]		4.58	●		
来自其他人 – 很少 / 很多 [4]		4.64	●		
来自内部 – 很少 / 很多 [4]		4.43	●		
来自外部 – 很少 / 很多 [4]		4.05			●
干扰 – 无 / 经常 [1]		4.71	●		
控制因素 [b]					
采暖	36%	2.08	●		
制冷	28%	2.87		●	
通风	32%	4.13			●
光线	32%	4.63			●
噪声	32%	4.42		●	
满意度因素					
设计		5.46			●
需求		5.26			●
整体舒适度		5.20			●
生产力 %		+3.64			●
健康		4.18			●

注：（a）除非有其他的注明，7 分为“最高”；上角标 [4] 表示 4 分最高，上角标 [1] 表示 1 分最高；（b）所列出的百分比值表示认为该方面个人控制很重要的受访者百分比。

针对 12 项性能影响因素所提供正面、负面和中立评论的受访者人数　　表 20.2

方面	受访者人数			
	正面	中立	负面	总数
设计	8	1	6	15
整体需求	1	2	10	13
会议室	2	0	7	9
储藏空间	0	0	10	10
办公桌 / 办公区域	2	0	8	10
舒适度	4	1	3	8
噪声来源	0	2	10	12
光线条件	4	1	5	10
生产力	1	1	4	6
健康	1	3	4	8
工作良好	12	—	—	12
阻碍	—	—	15	15
总计	35	11	82	128
百分数	27	9	64	100

的得分则与基准分大致相同。

大多数运行因素的得分良好，主要的例外是办公桌空间和清洁两个方面。有趣的是，在前一种情况中，大多数受访者认为自己的办公桌有太多的空间。而后一种情况，清洁的得分只有 2.52 分，显然不能令人满意。

用户对环境因素的评论变化较大。夏季和冬季温度和空气的整体成绩均高于或相似于各自的基准分，正如此方面 12 个分项所显示的那样。唯一例外的是冬季的温度，被认为太冷和变化。整体光线的得分高于基准分，但分数表明有太多的太阳和天空眩光。虽然噪声的整体得分显著高于基准分，但是来自同事、其他人和楼内的噪声得分更差，不必要的干扰同样得分较低。

大约三分之一的受访者认为通风和光线的个人控制重要，得分大大高于基准分，其他方面的得分与基准分大致相同。

在大多数情况下，满意度变量（设计、需求、整体舒适性、生产力和健康）的得分均显著高于其各自的基准分，大多数情况的平均成绩超过 5.00 分。健康例外，但是其得分仍然高于中间值，这意味着员工觉得在该建筑中工作更健康。

用户意见

总计，共收到来自员工大约 128 条反馈意见，受访者可以在 12 个标题下面添加书面意见——占总 300 条潜在意见的 43% 左右（25 位受访者，12 个标题）。表 10.2 显示了正面、中立和负面评论的数量——在这个案例中，约 27％的正面评论、9% 的中立评论以及 64% 的负面评论。

与整体的高得分保持一致，该建筑在整体设计方面收到了大量的正面评论以及有关工作良好方面的一个合理清单。

同样的道理，内部噪声源（主要是来自学生和其他同事）收到的评论为负面（12 个意见中有 10 个是负面的），与其相对较低的得分对应。同样注意到了对其生产力的不利影响。缺乏存储是 10 个负面意见中的一个。在需求项中，大多数的负面评论与学生所使用的中性厕所设施相关。没有其他特殊的评论出现。

整体性能指标

舒适度指数是以舒适度、噪声、光线、温度以及空气质量的得分为基础，结果为 +1.12 分，而满意度指数则根据设计、需求、健康和生产力的分数计算而来，结果为 +1.23 分，注意这些情况下，-3 分到 +3 分范围内的中间值为 0。

综合指数是舒适度指数和满意度指数的平均值，结果为 1.18 分，而在这种情况下，宽恕因子的计算结果为 1.14，表明员工可能对个别方面的小瑕疵相对宽容，如冬夏季温度、空气质量、光线和噪声等（因子 1 表示通常范围 0.8—1.2 的中间值）。

从十影响因素评定量表来看，该建筑在 7 分制的评级中位于“杰出”建筑物之列，计算百分比为 100%。当考虑所有变量时，计算百分比为 73%，处于“高于平均水平”的行列。

其他报道过的性能

同自然通风办公楼的基准指数 210kWh/m^2 相比（Property Council of New Zealand，2000），该建筑物在 2002 年的年能耗指数（AEUI）为 180kWh/m^2（Jackson，2004）。天然气消耗大约占 62%，其他方面的能耗量有所平衡，用于照明的耗电量占 14%（比前两年有下降的趋势），电脑占 9%，复印机占 6%。

至于所关注的办公室温度，例如，在夏季，外部温度从夜间的 15℃至午后的 27℃不等，相应的内部温度范围 17—28℃不等。在冬季，当外界夜间温度下降到 -10℃时，内部温度从未跌破 17℃，并在早晨迅速升温。

致谢

我必须向 AUT 管理团队表达我的感激之情，特别是杰弗里 · 阿什凯特尔（Jeffrey Ashkettle）和库尔特 · 沃恩（Kurt Warn），感谢他们在该研究的各个方面所给予的慷慨帮助; 并且感谢 JASMAX 公司的马尔科 · 登 · 布里姆，并且感谢 Norman Disney Young 公司的斯蒂芬 · 霍格和朱利安 · 萨瑟兰共同协助我理解该建筑和基本的设计过程。

参考文献

Cuttle, K. (2003) ‘Architecture of Air and Light’, *Cross Section*, October: 11–13.

den Breems, M. (2003) Transcript of interview held on 2 April 2003, Auckland.

E-W N (Energy Efficiency and Conservation Authority) (2002) ‘An Educated Risk’, *Energy-Wise News*, 76(April/May): 22–8.

Hogg, S. (2003) Transcript of interview held on 28 August 2003, Auckland.

Jackson, Q. (2004) *Energy Efficiency Audit – Te Mana O Akoranga, Campus Reception and Administration Building, Auckland University of Technology*, Centre for Building Performance Research, School of Architecture, Victoria University of Wellington.

Jaques, R. (2003) ‘Pilots for Green Office Scheme’, *Build*, February/March: 34–5.

Property Council of New Zealand (2000) *Office Building Energy Consumption*, Auckland: Property Council of New Zealand Incorporated.

Sutherland, J. (2004) Transcript of interview held on 20 April 2004, London.

第 21 章
莱斯特大街 60 号
墨尔本，维多利亚州，澳大利亚

背景

于 2002 年年底首次投入使用，这座 4 层高的建筑其净可出租面积为 3400m²。位于墨尔本 CBD 的北部边缘，其外立面部分全新，部分被翻新（图 21.1 和图 21.2）。

在调查期间，这里大约有 15 个不同的承租户。该建筑主要被一些机构租用，这些机构对环境问题均持有强烈的兴趣，如澳大利亚保育基金会办公室（最大的承租户，占据了整个首层）、维多利亚州环境组织和澳大利亚可持续能源商业理事会办公室，以及位于首层的“利用太阳能”的零售店铺（图 21.3 和图 21.4）。

该建筑由绿色建筑联盟开发、拥有并管理（两个道德投资公司的一个合作），“该项目用于演示环境可持续的办公设计和建造在商业领域的可行性和实用性”（GBP，2003：3）。

图 21.1　莱斯特大街（西）立面（注意现有立面顶部新附加的第 4 层楼）

图 21.2　翻新的兰斯多恩广场（Lansdowne Place）（东）立面，入口位于首层

图 21.3　典型的办公室（注意每个房间单元，及其高位置处的反向循环采暖 / 制冷系统、顶棚式的新鲜空气供应扩散器，以及提供热质的外露砖墙）

图 21.4　首层的零售店铺（注意高能级的房间单元和新鲜空气供应扩散器、暴露的混凝土、固定的双层玻璃窗和采光井的自动窗）

图 21.5　第 2 层平面图（注意沿建筑三分之二长度布置的中央中庭，以及“切入”北立面和南立面的通风采光井）
资料来源：改编自 Spowers 建筑事务所

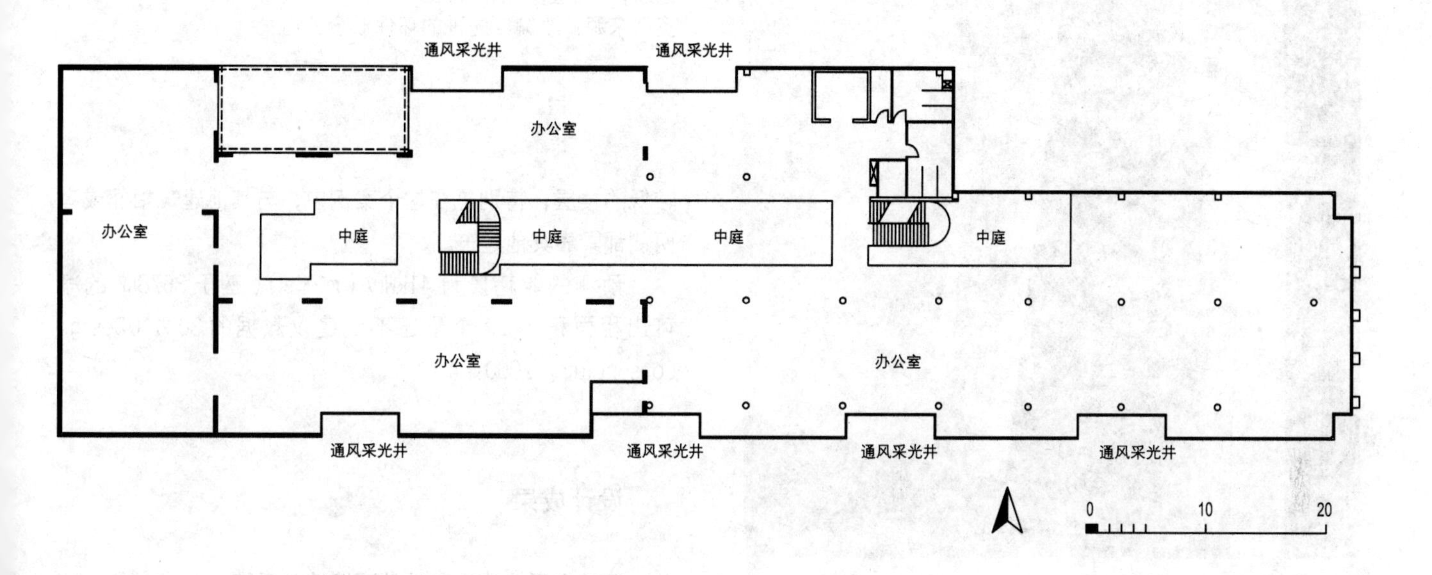

该项目的 4 个可持续发展原则是：“原料采购效率；能源效率和温室气体效率；水和废水效率；以及所参与的人”（同上：4）。虽然，这些对于读者来说都不是惊喜，但是绿色建筑联盟制定了一个“绿色”租约，租约中列出了绿色建筑的相关原则和规定，并在该建筑物的环境管理方案中明确指出了承租户的义务和业主的承诺。租赁装修手册和租户指南中还包括了材料、家具和装修的选择（Hovenden，2004）。同时绿色建筑联盟还发表了声明，“60L 的健康工作场所将减少‘病态建筑综合症’和提高生产力”（60L Brochure，2003）。

该建筑在 2003 年获得了多个奖项，包括（维多利亚）总理可持续发展奖，第 10 类别班克西亚环境奖（可持续建筑的领跑者），以及澳大利亚地产协会年度优秀地产（环境发展）奖。

设计过程

受绿色建筑联盟和澳大利亚保育基金会的共同委托，该设计团队包括墨尔本 Spowers 建筑设计事务所、澳大利亚 Lincolne Scott 公司（建筑服务顾问），以及总部位于悉尼的环境设计专业公司 - 先进的环保概念公司。该项目的规划为期两年，并且“为了形成一体化的解决方案，所有顾问均参与了设计专家研讨会”（GBP，2003：Attachment B，9）。

根据开发设计报告（Design Consortium，2000：3），其整体设计方法是“在预算限制范围内，尽量采取最优的被动［通风］系统，［该建筑在商业上必须是可行的］，并且一旦使用被动系统的建筑性能得到优化，就考虑综合互补的主动［通风和空调］服务系统”。

结果，一个混合模式的热环境控制策略被提出并被接受，当外界温度介于 19℃和 26℃之间时，采用自然通风，当温度超过这个范围时，则采用机械通风（适当进行采暖或制冷）——冬季和夏季室外设计温度分别为 3.5℃和 34.5℃。

最顶层（第 4 层）的热环境设计也值得特别注意（因为有时会被忽视），该层所处的气候条件在本质上不同于

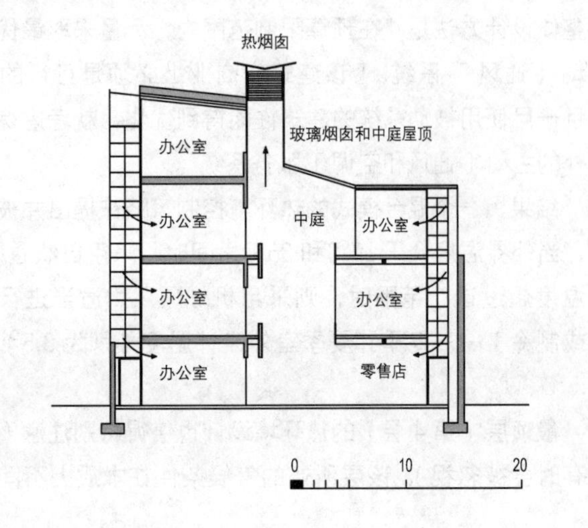

图 21.6　俯视北立面的其中一个采光井（注意 60L 立面的大量玻璃幕墙和靠近的相邻商业建筑）

图 21.7　从一个首层办公空间南立面的采光井向外和向上观望（注意垂直玻璃幕墙的自动窗口。附近的阳台是相邻住宅区的北立面）

图 21.8　截面显示了被动式通风系统，空气通过周边采光井进入，并通过热烟囱排出
资料来源：改编自先进的环保概念公司

较低的楼层，特别是在这个案例中，与其他建筑相邻或者两侧都紧靠其他建筑。

预测的能耗量为 41kWh/（m^2·a）（基于 3578m^2 的净可出租面积），这个量还不到建议数据的 30%（Design Consortium，2000：4）。

设计成果

建筑布局、构造和被动环境控制系统

该建筑的平面为长方形（图 21.5），场地大小约 20m×72m，被夹在相邻的商业区和住宅区之间，其长轴位于东西方向，保留了面向莱斯特街（朝西）的原有立面（图 21.1）。该建筑被多个用户租用（首层有 5 个承租户，第 3 层有 6 个承租户，顶层有 3 个承租户，其中有 1 个承租户占据了整个第 2 层），每个承租户的工作人员 2—40 位不等。

尽管存在某些制约因素，但是已经对该建筑进行了规划，当外部条件允许时，可使用自然通风和自然采光。因此，采光井被分割到南北立面（南立面有 2 个，北立面有 4 个——图 21.5）。采光井是玻璃的，并在每层都设置了窗户，使空气和光线得以进入办公室和商店（图 21.6 和图 21.7）。这些被租用的空间被划分成不同的组群，围绕在中央的玻璃中庭周围，使日光得以渗透到建筑物的中心位置。大多数空间的空气通过其内部分区的百叶窗被排出（图 21.8 和图 21.9），而第 4 层的空气则通过顶层的 4 个热烟囱被排出（图 21.10 和图 21.11）。

外露的砖墙和混凝土提供了可用的热质（图 21.3 和图 21.4），而屋顶和墙壁的 R 值分别为 3.5m^2·℃/W 和 1.5m^2·℃/W。除了百叶窗和热烟囱以外，整个建筑均采用双层玻璃。中庭的屋顶使用了夹层的低辐射玻璃，外部配备了伸缩式的百叶窗。

图 21.9　中庭中间位置的内部视图，显示了空气传输百叶窗和遮光架

图 21.10　玻璃中庭的屋顶视图（朝西观望），显示了热烟囱之间的连接（当天的室外温度在 26℃以上，百叶窗均位于关闭位置）

图 21.11　屋顶视图（朝东观望）（热烟囱位于右侧，屋顶式新鲜空气通风机房位于上方中部，采光井顶部和可以通向屋顶的区域位于左侧）

主动环境控制系统

如上所述，该建筑物采用了混合模式的热环境控制系统，并与自然通风、机械通风和反向循环式采暖 / 制冷系统相结合。

自然通风系统的运行涉及许多承租户的电动百叶窗（例如，参见图 21.4 和图 21.7）和热烟囱（图 21.10 和图 21.11）的使用，电动百叶窗由计算机控制。当外界气温介于 19℃和 26℃之间时，这些窗户才会被开启，适当条件时才会从完全关闭状态调节到完全开启状态。此时，机械新鲜空气供给系统和用户反向循环采暖 / 制冷系统均处于关闭状态。当温度高于或低于该范围时，电动百叶窗和热风回收系统一同关闭，机械通风系统将向承租户提供最低规定量的新鲜空气（图 21.11）。如果需要的话，之后用户反向循环系统将被开启——每个承租户都拥有自己的系统，他们可以控制特定的区域，当设定点为（不大于）19℃时进行采暖，设定点为 26℃（不小于）时进行制冷。手动窗户和百叶窗均可随时开启，但只有在采暖或制冷系统被关闭时。

承租户单元的反向周期系统主要位于被使用空间的顶部（图 21.3 和图 21.4），而外部的冷凝器则安装在屋顶上。

在夏季适当条件下，自然通风系统也可以自动向建筑提供夜间制冷。

该建筑物旨在使该类型建筑的主要用水减少 10%。耗水量的减少主要是通过使用节水装置和设备来实现的，包括无水小便器的使用。所安装的设施包括用于水池和淋浴间的废水处理和储存装置；用于厕所和灌溉的废水处理和回收装置（GBP，2003：Attachment B，8）；以及屋顶的 64 个用于发电的光电板。这些电池板所产生的电量不到该建筑物电力需求的 10 %，所需的剩余电量则购买 100 % 的“绿色”电。

每个影响因素的平均得分，以及得分是否显著高于、相似或者低于BUS的基准分　　　　**表21.1**

因素		得分	低于	相似	高于
运行因素					
来访者心中的形象		6.18			●
建筑空间		5.59			●
办公桌空间 - 太小 / 太大 ^{4}		4.52		●	
家具		5.31			●
清洁		4.99		●	
会议室的可用性		5.41			●
储藏空间的合适度		4.44			●
设施符合工作要求		5.56			●
环境因素					
冬季的温度和空气					
整体温度		4.56			●
温度 - 太热 / 太冷 ^{4}		4.89		●	
温度 - 恒定 / 变化 ^{4}		4.01			●
空气 - 不通风 / 通风 ^{4}		3.44	●		
空气 - 干燥 / 湿润 ^{4}		3.33		●	
空气 - 新鲜 / 闷 ^{1}		2.94			●
空气 - 无味 / 臭 ^{1}		2.70			●
整体空气		4.64			●
夏季的温度和空气					
整体温度		5.50			●
温度 - 太热 / 太冷 ^{4}		3.74			●
温度 - 恒定 / 变化 ^{4}		3.72	●		
空气 - 不通风 / 通风 ^{4}		3.24		●	
空气 - 干燥 / 湿润 ^{4}		3.46	●		
空气 - 新鲜 / 闷 ^{1}		3.03			●
空气 - 无味 / 臭 ^{1}		2.86			●
整体空气		5.33			●
光线					
整体光线		5.75			●
自然采光 - 太少 / 太多 ^{4}		3.96			●
太阳 / 天空眩光 - 无 / 太多		3.30			●
人工照明 - 太少 / 太多 ^{4}		4.02			●
人工照明眩光 - 无 / 太多 ^{1}		2.92			●
噪声					
整体噪声		4.22		●	
来自同事 - 很少 / 很多 ^{4}		4.42		●	
来自其他人 - 很少 / 很多 ^{4}		4.39		●	
来自内部 - 很少 / 很多 ^{4}		4.25		●	
来自外部 - 很少 / 很多 ^{4}		4.04			●
干扰 - 无 / 经常 ^{1}		4.12		●	
控制因素 ^{b}					
采暖	36%	4.39			●
制冷	24%	4.37			●
通风	24%	3.40		●	
光线	25%	4.66			●
噪声	28%	2.63		●	
满意度因素					
设计		5.61			●
需求		5.87			●
整体舒适度		5.62			●
生产力 %		+11.39			●
健康		5.25			●

注：（a）除非有其他的注明，7分为“最高”；上角标 ^{4} 表示4分最高，上角标 ^{1} 表示1分最高；（b）所列出的百分比值表示认为该方面个人控制很重要的受访者百分比。

针对 12 项性能影响因素提供正面、负面和中立评论的受访者人数　表 21.2

方面	受访者人数			
	正面	中立	负面	总数
设计	30	10	14	54
整体需求	11	7	20	38
会议室	4	6	12	22
储藏空间	0	3	23	26
办公桌 / 办公区域	7	5	19	31
舒适度	14	2	8	24
噪声来源	4	6	32	42
光线条件	13	10	12	35
生产力	21	13	5	39
健康	27	8	3	38
工作良好	58	—	—	58
阻碍	—	—	73	73
总计	189	70	221	480
百分数	39.4	14.6	46.0	100.0

用户对建筑物的看法

总体反应

对于所有 100 位左右的受访者（56% 为女性，44% 为男性）而言，该建筑是他们正常工作的地方。平均每周工作 4.1 天，每天工作 8.0 小时，其中约 6.8 小时在自己的办公桌上以及 6.2 小时在计算机前。大多数（约 77%）的受访者均在 30 岁以上，70% 左右的人已经在该建筑的同一张办公桌或工作区域工作超过了一年。55% 的受访者拥有单人办公室或者工作区，而其余的则需要和另一位同事共享办公室。

重要因素

表 21.1 列出了每个调查问题的平均得分，并且显示了员工对该建筑各个方面的感知评分与基准分以及 / 或中间值的比较情况，分为显著高于、相似或者低于三种不同的情况。在这个案例中，有 30 个方面的得分显著高于基准分，3 个方面的得分显著低于基准分，其余 12 个方面的得分与基准分大致相同。

从运行因素的角度来看，该建筑在 8 个方面的得分均非常良好——在所有情况下，其得分均高于中间值，除了两个方面以外，其余方面的得分均高于基准分。大部分受访者认为办公桌空间太多，清洁的得分（4.99 分）接近基准分。形象的得分为 6.18 分，尤其显著。

用户对环境因素的评论变化较大。夏季和冬季的温度和空气的整体成绩均高于或接近各自的基准分，12 个分项因素中的大部分同样如此。只有空气的 3 个分项例外，冬季不通风，夏季恒定且稍干燥。所有光线分项的得分均显著高于基准分，而噪声的得分大多接近基准分。

关于个人控制因素方面，24%—36% 的受访者认为个人控制重要——采暖、制冷和光线的个人控制得分高于基准分，而通风和噪声的个人控制得分与基准分相似。

满意度因素（设计、需求、整体舒适度、生产力和健康）的得分均显著高于其各自的基准分，每种情况的平均得分均远远超过 5.00 分。在这里，健康的成绩尤为显著，得分为 5.25 分——不仅高于基准分，也高于中间值，表明员工认为在该建筑物中工作感觉更加健康。

用户意见

总计，共收到来自员工大约 480 条反馈意见，受访者可以在 12 个标题下面添加书面意见——占总 1152 条潜在意见的 42% 左右（96 位受访者，12 个标题）。表 10.2 显示了正面、中立和负面评论的数量——在这个案例中，约 39.4 % 的正面评论、14.6 % 的中立评论以及 46.0 % 的负面评论。

与优异的整体成绩保持一致，该建筑的整体设计收到了大量的正面评论以及收到了一系列关于工作良好方面的清单——后者中三分之一左右的受访者显然享受了新鲜空气、自然通风和自然采光。

在生产力和健康方面，主要收到的是正面评论，强调了此方面的高得分——评论中经常提及自然光线和新鲜空气。

尽管所有与光线相关的得分均高于其各自的基准分，但是眩光显然是第 3 层和第 4 层的问题。从光线和阻碍项中的有关评论来看，朝西窗户的低角度太阳穿透似乎是主要的问题。

就噪声的情况而言，与其他大多数因素相比，主要是负面意见，与噪声相对较低的得分相呼应。其他较典型的问题是开放式办公室的声学问题，首层和第 2 层噪声干扰的主要来源似乎是从上楼层传来的楼梯和木制人行道的脚步声，而第 4 层的噪声则是屋顶空调的设备噪声，吸引了几位受访者的关注。阻碍方面的半数评论均与噪声问题有关，评论数量和 4 个楼层每层的员工数量大致成比例。

在其他阻碍项中，受访者相对频繁的提到了首层和第 2 层的温度较冷，而缺乏存储的评论来自所有的 4 个楼层。

整体性能指标

舒适度指数是以舒适度、噪声、光线、温度以及空气质量的得分为基础，结果为 +0.84 分，而满意度指数则根据设计、需求、健康和生产力的分数计算而来，结果为 +1.63 分，注意这些情况下，−3 分到 +3 分范围内的中间值为 0。

综合指数是舒适度指数和满意度指数的平均值，结果为 +1.23 分，而在这种情况下，宽恕因子的计算结果为 1.12，表明员工可能对个别方面的小瑕疵相对宽容，如冬夏季温度、空气质量、光线和噪声等（因子 1 表示通常范围 0.8—1.2 的中间值）。

从十影响因素评定量表来看，该建筑在 7 分制的评级中位于“杰出”建筑物之列，计算百分比为 96%。当考虑所有变量时，计算百分比为 83%，处于“良好”的前列。

致谢

我必须向绿色建筑联盟表达我的感激之情，感谢其批准我开展这项调查。特别感谢阿利斯泰尔・梅勒（Alistair Mailer）在研究各方面所给予的慷慨援助，并协助我理解该建筑及其基本的设计和运行过程。

参考文献

Design Consortium (2000) '60L Green Building - 60 Leicester Street, Carlton', Lincolne Scott, Advanced Environmental Concepts, and Spowers, April.

GBP (2003) '2003 Victorian Premier's Business Sustainability Award - Application', Melbourne: Green Building Partnership.

Hovenden, D. (2004) 'Green Lease Puts the Wood on Tenants', available at: www.lawyersweekly.com.au/articles/0F/0C01F90F.asp?Type=53&Category=853 (accessed 24 April 2007).

60L Brochure (2003) 'People, Environment & Technology Together', overview of 60L, available at www.60lgreenbuilding.com/DL%20brochure.pdf (accessed 27 April 2007).

艾伯特街 40 号东立面的屏障

第 22 章
艾伯特街 40 号
南墨尔本，维多利亚州，澳大利亚

与莫妮卡 · 范登堡和蕾娜 · 托马斯

背景

艾伯特路 40 号 Szencorp 大楼的翻新工作于 2005 年完成，位于南墨尔本的一块填充场地上。在翻修之前，该建筑包括一个 5 层的办公楼和一个沿场地全长 55m 布置的地下室，是该地区 20 世纪 70 年代至 80 年代大多数普通办公楼的代表。

翻新建筑面临着一系列的关键挑战，而不仅仅是建筑的朝向问题。该建筑被中型和大型的办公楼所包围，一个狭窄的 10m 宽的门脸面向艾伯特街，其北面和南面（图 22.1）则与其他建筑相邻。核心服务区位于北面边缘，包括男女厕所、2 个独立的逃生楼梯和 1 个电梯（图 22.2）。

墨尔本的气候特点是夏季由温暖变为炎热，而冬季由凉爽变为寒冷，属于暖温带气候。同时夏季的平均最高气温为 25.5℃，且超过 32—35℃的城市历史气温至少占整个夏季的 10％。冬季的平均最高气温为 14.5℃，平均最低气温为 8℃。

通过客户和设计团队之间的协商，确定了主要的环境目标（SJB，2006）。这些环境目标包括：室内气候问题、能源消耗和环境影响的最小化；富有想象力的产品和日光的优化利用，创造大多数的外部景观；在符合建筑法规、防火、排烟和其他法定要求下，创造理想的内部和外部美

图 22.1 背景中的建筑拥有狭窄的东立面，面向艾伯特街，以及位于其北面和南面的建筑

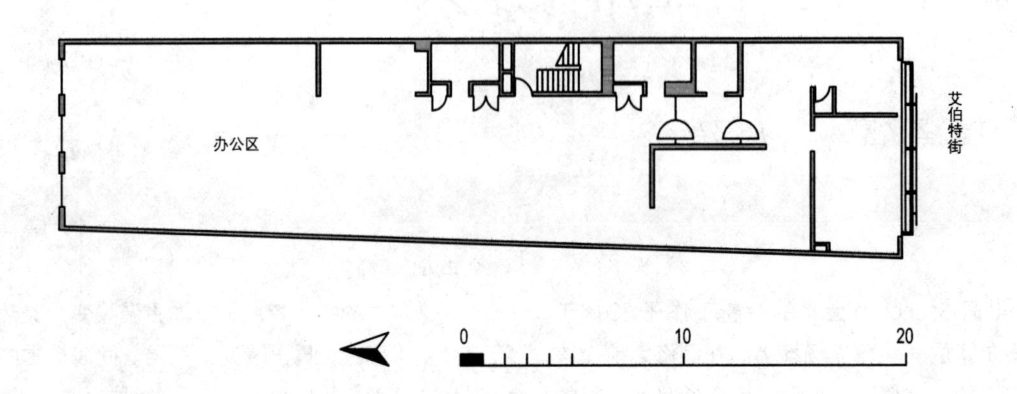

图 22.2　第 3 层的平面图（注意面向东面和西面的开放式区域，以及位于北部边界中心的楼梯）
资料来源：改编自 SJB 建筑事务所

学；以及全寿命成本的优化。

从一开始，该建筑就设定了雄心勃勃的目标，包括独立的自来水和电网，以及零温室气体排放。同样，从一开始就有一个强有力的承诺，即对该建筑物的环境性能进行持续的监测，以确保建筑成果的透明度，以及将关键发现应用到其他的项目中去。

自建筑竣工以来，已经获得了无数的奖项，包括澳大利亚房地产协会奖（维多利亚司）、澳大利亚皇家建筑师学会维多利亚州最佳可持续建筑奖、澳大利亚联合协会奖，以及世界环境日绿色建筑大奖，所有奖项均在 2006 年获得。该建筑也取得了办公室设计的 6 星评级（澳大利亚的 GBC），以及能源（ABGR）和水（NABERS）方面的 5 星评级。

该建筑的设计过程和成果，以及大量的性能调查结果，已经在别的地方详细描述过了（Thomas and Vandenberg，2007）。以下是最简短的概括。

设计过程

基于过去的工作关系和信任，Szencorp 选择了该项目的设计团队（Szental，2007）。虽然 SJB 建筑事务所对环境可持续设计（ESD）的经验有限，但是有一点是明确的，该项目相当重视合作方式："拥有合作的精神、良好的催化剂和开放意识"（Bialek，2007）。机械工程顾问公司（康奈尔瓦格纳顾问公司（Connell Wagner）、SJB 建筑事务所，以及 Szencorp 的节能系统团队合作密切，在早期设计过程中便考察了一系列的开发概念。

设计团队追求的是一系列可持续策略的无缝一体化，而不是开发一个标志性的可视"绿色"美学作品。"该建筑创作的重要组成部分是兴趣和性格、趣味性和开放性，以及社区归属感和一个健康的环境"（Mathieson，2007）。该项目的推进是一个协作的决策过程，从建筑需求、成本和相对的 ESD 效益的角度来评估各项举措的价值，包括每项举措对绿色之星评级和 ABGR 评级的影响。

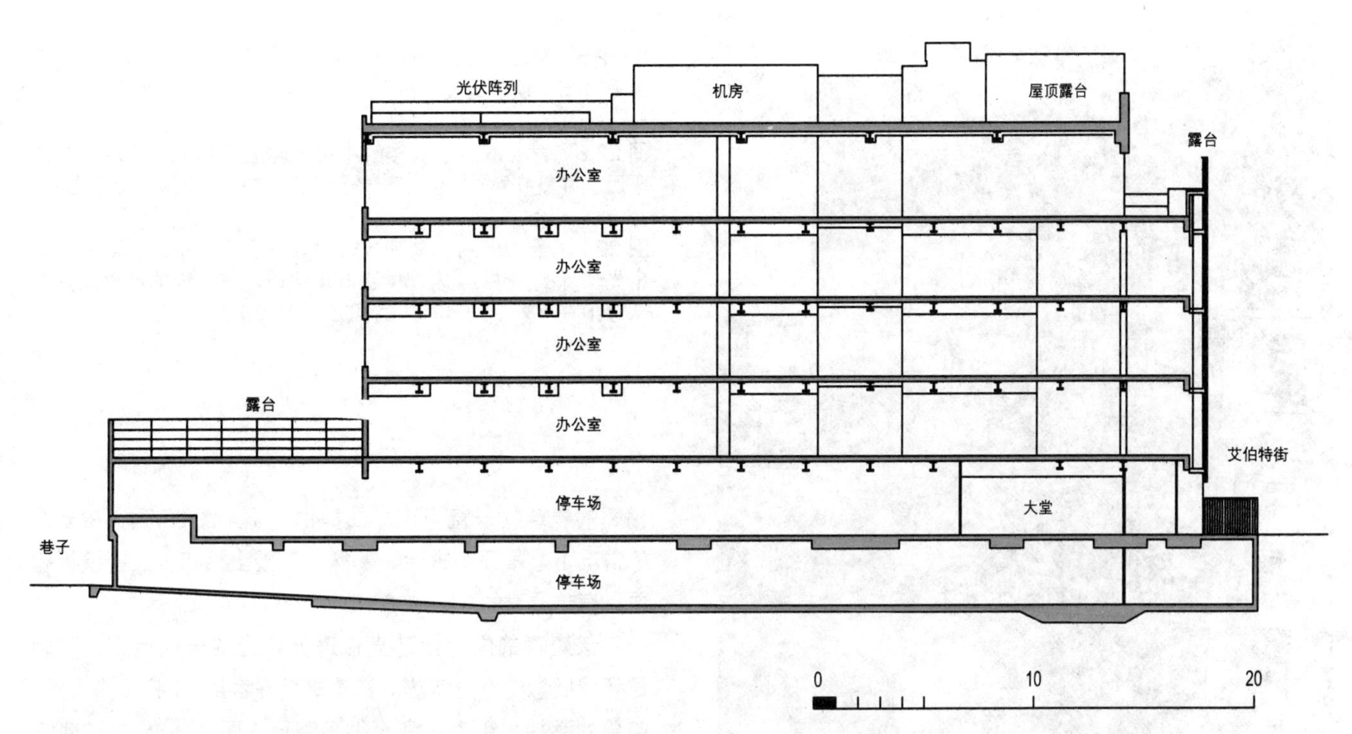

图 22.3　长横截面，显示了 4 层的办公楼（注意屋顶机房和地下室区域，以及屋顶和车库扩展区域上方的休闲区）
资料来源：改编自 SJB 建筑事务所

图 22.4　主楼梯，也用作采光井和自然通风的烟囱（注意大量的玻璃幕墙和空气传输栅格，使得日光得以渗透和空气得以流动）

设计成果

建筑布局和构造

最终的建筑保留了原有建筑的基本的结构完整性，但是引入了一些战略性的干预措施，旨在使狭窄的场地可最大限度利用楼层空间、增加日照和外部景观（图 22.2 和图 22.3）。

主楼梯的改造包括屋顶的天窗、露明踏步楼梯，以及每层毗邻办公区的内部玻璃窗。粉刷过的明亮楼梯形成了一个鲜明的建筑特色，并同时用作一个采光井和一根热烟囱（图 22.4）。进一步的采光是通过顶楼的天窗来完成的。根据新的消防逃生法规，一个不必要的次级楼梯已经被去除。这增加了东立面附近的可用楼层空间。

原有的临街混凝土立面被全高的、清晰的、低辐射的双层玻璃取代。所选择的玻璃能最大限度提高光传输并降低日照得热，另外还使用了一个钢制冲孔网以提供额外的遮阳（图 22.1）。虽然西立面的窗户也重新安装了清晰的低辐射双层玻璃，但是并没有设置外遮阳，因为多年以来，

图 22.5 背（西）立面，有色的玻璃窗、可开启的窗户和内部百叶窗（顶楼的光伏阵列向窗户提供了一定的遮阳）

图 22.6 第 4 层（沿顶楼的中央走廊进行观望，开放区域位于远端并就在背后，会议室位于右侧，楼梯间和厕所位于左侧）

图 22.7 第 4 层的西向开放式办公室［注意外部遮阳（由一个光伏阵列提供）、内部的百叶窗，以及玻璃窗的可自动开启部分（在可开启部分下方可见启动装置）］

相邻的建筑物一直为该立面提供遮阳（图 22.5）。在允许的情况下，吊顶被拆除，暴露的混凝土板和永久钢模板底面具有热质潜力。

该建筑的内部设计直接遵循相应的干预措施，以确保环保概念的充分实施。该建筑旨在容纳 54 名工作人员。简单的举措是引入了两个循环路径（图 22.6），与该建筑两端的开放式办公室（图 22.7）以及建筑中间需要进行隔声和隐私设计的巢状办公室连接在一起，确保最大限度获取自然光线和自然景观。为员工设置的外部便利设施包括建筑东端的屋顶和第 2 层封闭式停车场的顶部（图 22.5）。

除了重新利用原有的结构以外，该建筑的翻新还包括一个完全一体化的装修，谨慎的选择材料和饰面，以尽量减少对环境的影响，并改善室内的空气质量。

被动和主动的环境控制系统

在使用时间段内，办公空间旨在将温度调整到 19—25℃范围内。当需要进行采暖和制冷时，则使用混合运行模式和 HVAC 系统，并且在环境条件允许的情况下，可与自然通风相结合。所有的运行均由楼宇管理系统（BMS）控制。

该建筑的自然通风是这样实现的，空气从所有立面的可开启窗户进入（图 22.7），然后利用开放式楼梯的烟囱效应（图 22.4）将办公室内的空气吸出，最后通过楼顶的百叶窗将其排出。该系统还用于夏季和中间季节的夜间制冷。夜间的寒冷空气（10—12℃）用于室内和顶棚混凝土的制冷。在白天，该系统用来稳定内部的温度。

外部空调机组（图 22.8）采用天然气发动机。之所以选择这些设备，是因为这些设备的二氧化碳排放量低，且降低了建筑物高峰期的电力需求。在空调模式下，新鲜空气可以通过一个外部的空气处理机组进行过滤和除湿。为开放式办公区服务的风机盘管单元与结构梁集成一体，冷气通过线性扩散器（图 22.9）向空间进行供给。

适用于低亮度遮光隔栅的单线性 T5 荧光灯管件与高频调光 DSI 的电子镇流器一起安装，旨在最大限度减少眩光和功率密度。这些都是通过创新的照明管理系统（MLS）来控制的，包括建筑物周围用来检测用户的运动传感器。MLS 用以向照明系统提供开关和调光控制，当空间无人时，BMS 接口可以关闭风机盘管单元。

除了购买“绿色”电以外，该建筑也曾尝试减少对电网的依赖，利用现场的发电源，这种发电源的二氧化碳排放比褐煤发电（该地区的传统发电源）低，并且尝试了多项创新技术。无论是在整体上，还是在用电高峰期，其目的是减少对电网的需求，并且采用了几种方法。关键的基础是将气候反应、能效、环境控制策略融入建筑结构和管理体系中去；同时，从可再生能源的角度来看，热水系统旨在将天然气推动太阳能热水系统、燃料电池的废热量回收系统，以及多个位于屋顶的光伏阵列（图 22.8）共同结合起来使用。

澳大利亚最近的干旱形势意味着水的利用和再利用已经成为建筑环境的一个重大问题。在这里，雨水和混水用于厕所冲洗，节水设备已经遍布了整个建筑（图 22.10）。

用户对建筑物的看法

总体反应

Szencorp 的工作人员使用了 Building Use Studies（BUS）公司的问卷调查对其先前的租用地进行了预使用评估，先前的租用地距离艾伯特街 40 号 1km。 在 12 个月后，当新办公室的翻新完成后，一个使用后评估（POE）便开始展开，采用了 BUS 的调查问卷和关键小组调查相结合的方式。

预使用评估分析和 BUS 的使用后评估分析可以在两个建筑之间进行直接的比较，同时关键小组调查可以对不同

图 22.8　前景处的光伏阵列，太阳能热水器和空气处理机组位于背景，燃气燃料电池和冷却装置紧随其后

图 22.9　第 3 层西端的开放式区域（注意线性空气扩散器、结构梁周围的套管和暴露的模板）

图 22.10　地下室区域停车场的水处理机房，背景处的右侧可见其中一个储存罐（软篷车的正上方）

每个影响因素的平均得分，以及得分是否显著高于、相似或者低于 BUS 的基准分　　表 22.1

项目		得分	低于	相似	高于
运行因素					
来访者心中的形象		6.73			●
建筑空间		5.38			●
办公桌空间 – 太小 / 太大 [4]		4.38		●	
家具		5.50			●
清洁		5.54			●
会议室的可用性		5.96			●
储藏空间的合适度		4.92			●
设施符合工作要求		5.88			●
环境因素					
冬季的温度和空气					
整体温度		4.42			●
温度 – 太热 / 太冷 [4]		5.08	●		
温度 – 恒定 / 变化 [4]		4.28		●	
空气 – 不通风 / 通风 [4]		2.44	●		
空气 – 干燥 / 湿润 [4]		3.04	●		
空气 – 新鲜 / 闷 [1]		2.20			●
空气 – 无味 / 臭 [1]		1.64			●
整体空气		4.36		●	
夏季的温度和空气					
整体温度		5.35			●
温度 – 太热 / 太冷 [4]		3.65		●	
温度 – 恒定 / 变化 [4]		4.05			●
空气 – 不通风 / 通风 [4]		2.32	●		
空气 – 干燥 / 湿润 [4]		3.45	●		
空气 – 新鲜 / 闷 [1]		2.42			●
空气 – 无味 / 臭 [1]		1.73			●
整体空气		5.56			●
光线					
整体光线		6.04			●
自然采光 – 太少 / 太多 [4]		3.88			●
太阳 / 天空眩光 – 无 / 太多		3.38		●	
人工照明 – 太少 / 太多 [4]		4.20		●	
人工照明眩光 – 无 / 太多 [1]		2.58			●
噪声					
整体噪声		5.12			●
来自同事 – 很少 / 很多 [4]		4.42		●	
来自其他人 – 很少 / 很多 [4]		3.96			●
来自内部 – 很少 / 很多 [4]		3.58	●		
来自外部 – 很少 / 很多 [4]		3.36	●		
干扰 – 无 / 经常 [1]		3.77			●
控制因素 [b]					
采暖	14%	2.38		●	
制冷	23%	2.38		●	
通风	25%	1.96	●		
光线	20%	3.96		●	
噪声	34%	2.58		●	
满意度因素					
设计		6.27			●
需求		6.00			●
整体舒适度		5.65			●
生产力 %		+10.00			●
健康		4.73			●

注：（a）除非有其他的注明，7 分为“最高”；上角标 [4] 表示 4 分最高，上角标 [1] 表示 1 分最高；（b）所列出的百分比值表示认为该方面个人控制很重要的受访者百分比。

针对 12 项性能影响因素所提供正面、负面和中立评论的受访者人数　　**表 22.2**

方面	受访者人数			
	正面	中立	负面	总数
设计	4	1	4	9
整体需求	2	1	3	6
会议室	1	1	1	3
储藏空间	1	0	6	7
办公桌 / 办公区及家具	3	6	8	17
舒适度	4	1	3	8
噪声来源	2	0	3	5
光线条件	3	1	5	9
生产力	3	3	0	6
健康	1	2	1	4
工作良好	16	—	—	16
阻碍	—	—	14	14
总计	40	16	48	104
百分数	38.5	15.4	46.1	100

楼层进行更深入的了解。以下部分将集中在新大楼的调查结果上。

注意，在第一年中，该建筑只有四分之三的部分被使用，对于所有 26 位受访者（35% 为女性，65% 为男性）中的大多数而言，该建筑是他们正常工作的地方。平均每周工作 4.4 天，每天工作 8.2 小时，其中约 6.8 小时在自己的办公桌上或现在的工作空间内，而 6.6 小时在计算机前。30 岁以下和 30 岁以上的受访者比例为 31：69，且其中 35% 的受访者已经在该建筑中工作超过了一年，并在同一张办公桌或工作区域。大约一半的人拥有独立的办公室，而剩余的人则需要与 1—8 位同事共享办公室（3 个楼层只有 5 个巢状办公室）。虽然一半的受访者指出他们拥有一个临窗的座位，但是设计意图是让大多数人可以 “接近” 自然光——“在设计过程中获得自然光是一个重要的组成部分”（Mathieson，2007）。

重要因素

表 22.1 列出了每个调查问题的平均得分，并且显示了员工对该建筑各个方面的感知评分与基准分以及 / 或中间值相比，分为显著高于、相似或者低于三种不同的情况。在这个案例中，有 26 个方面的得分显著高于基准分，8 个方面的得分显著低于基准分，其余 11 个方面的得分与基准分大致相同。

从 8 个运行方面的因素来看，除了办公桌空间以外，该建筑的得分均高于基准分。分析表明，35 % 的受访者认为他们拥有太多的空间，而 25 % 的则认为空间太少。在后一种情况中，某个区域团队以某种方式快速的增长，这在设计和规划阶段都未曾预料过，所以员工需要共享办公空间。

用户对环境因素的评论变化较大。虽然夏季和冬季温度和空气的整体分数均高于其基准分，但是个别因素的得分表明冬季非常寒冷且夏季非常炎热，这与一些评论相呼应（见下文）。员工认为冬季和夏季的空气过于不通风和干燥。冬季的温度波动，最初造成了不正确的设置点，并且不论外界气温如何，夜间净化系统均在运行。这些系统正在密切监视中，并且鼓励工作人员进行反馈。工作人员指出有待改善的方面还包括西向窗户的眩光和热质，以及冬季温度的变化。该建筑的业主目前正在试验遮阳装置——光伏太阳能板已被安装，可对西立面顶层的窗户进行部分遮阳（图 22.5）。

有一个关于空气质量的正面评论，冬季和夏季空气的清新和气味成绩优异。

从日光量和相对缺乏人工照明眩光的角度来看，整体光线的成绩非常出色（6.04 分）。整体噪声的得分也非常良好（5.12 分），但有一个意见表明，来自建筑内部和外部的噪声太少——可能是因为当时相对较低的入住率。

虽然用户认为自身对环境的个人控制水平较低，但是这对整体舒适度和生产力影响不大。这可以同其他建筑物的调查结果结合起来（Leaman and Bordness，2005；Thomas and Baird，2006），个人控制和生产力的关联度随建筑物的表现良好而下降。

就满意度变量而言，所有 5 个方面的得分均显著高于其各自的基准分和中间值。需求和设计得到 6.00 分或更高，生产效率平均提高了 10%。在后一种情况中，54% 的工作人员认为他们的生产力得到了提高，38% 认为没有变化和 8%（2 人）认为有所下降。这些差异都不能归结到一个特定的楼层。

用户意见

总计，共收到来自员工大约 104 条反馈意见，受访者可以在 12 个标题下面添加书面意见——占总 312 条潜在意见的 33.3% 左右（26 位受访者，12 个标题）。表 22.2 显示了正面、中立和负面评论的数量——在这个案例中，约 38.5% 的正面评论、15.4% 的中立评论以及 46.1% 的负面评论。

在具体类别中，办公桌 / 工作区及家具吸引了最多的意见，紧接着是设计、舒适度和光线。

大多数方面的正面评论和负面评论的数量相当。然而，存储吸引了主要的负面评论，即使得分（4.92 分）较好（对于人们来说，似乎从来都觉着不够）。另一方面，生产力获得了完全的正面或者中立评论，反映了其所获得的高分。

同时整体舒适度的正面意见和负面意见数量持平，与该方面的高分保持一致，但是一些阻碍方面的评论与温度有关，又一次与该方面的得分保持一致。

整体性能指标

舒适度指数是以舒适度、噪声、光线、温度以及空气质量的得分为基础，结果为 +1.11 分，而满意度指数则根据设计、需求、健康和生产力的分数计算而来，结果为 +1.73 分，注意这些情况下，-3 分到 +3 分范围内的中间值为 0。

综合指数是舒适度指数和满意度指数的平均值，结果为 +1.42 分，而在这种情况下，宽恕因子的计算结果为 1.10，表明员工可能对个别方面的小瑕疵相对宽容，如冬夏季温度、空气质量、光线和噪声等（因子 1 表示通常范围 0.8—1.2 的中间值）。

从十影响因素评定量表来看，该建筑在 7 分制的评级中位于 “杰出” 建筑物之列，计算百分比为 100%。当考虑所有变量时，计算百分比为 76%，舒适的位于 “高于平均水平” 的行列。

其他报道过的性能

一个关于该建筑性能的详细分析受 Szencorp 委托完

成。报告详细描述了该建筑在（ECS，2006）能源、水和运输 3 个关键领域的性能测试结果。其他的建筑评估由外面的不同机构完成，包括废物和室内环境质量评估，以及一个用户研究。关于用水和耗能的实时监测均在该建筑的网站上公开（见 www. ourgreenoffice. com/monitoring）。

这些评估特别指出：相比外面的空气而言，该建筑物已经减少了超过 90% 的空气污染和灰尘；通过雨水收集、水保护和混水处理，污水量已经减少了 70%；在 2006 年 4 月—2007 年 4 月期间，一个规范化的年二氧化碳排放量为 168kg CO_2/m^2。

综上所述，可以看出，艾伯特街 40 号在能源、水和废物方面已经取得了良好的环境成果，这与正面的用户满意度反馈相匹配。所有的结果认可了客户的价值、清晰的环境目标，以及用户响应和所采取的建筑设计、调试和管理的综合方法。据 Szencorp 的可持续发展经理所说，"关于该建筑的性能，这里有一个持续的、透明的承诺"（Madden，2007）。

致谢

我们必须要表达我的感激之情，尤其要感谢 Szencorp 的利奈 · 梅登（Rina Madden）和彼得 · 赞特尔（Peter Szental）在研究各个方面所给予的慷慨援助；并且特别感谢 SJB 建筑事务所的迈克尔 · 比亚雷克（Michael Bialek）和保罗 · 彭纳齐（Paolo Pennacchia），以及来自康奈尔瓦格纳顾问公司的机械工程师彼得 · 马西森(Peter Mathieson)，使我们能对该建筑的设计和功能拥有清晰的认识。

参考文献

Bialek, M (2007) Transcript of interview with SJB architect held on 18 April 2007, Melbourne.

ECS (2006) *Szencorp Building – Performance Verification Report – 1st Year Full Report*, Melbourne: Energy Conservation Systems, available at: www. ourgreenoffice.com (accessed 19 September 2008).

Leaman, A. and Bordass, B. (2005) 'Productivity in Buildings – the Killer Variables', *Ecolibrium*, April: 16–20.

Madden, R. (2007) Transcript of meeting with Szencorp Group Manager (Sustainable Buildings) on 18 April 2007, Melbourne.

Mathieson, P. (2007) Transcript of interview with Connell Wagner engineer held on 18 April 2007, Melbourne.

SJB (2006) *RAIA EED+ESD Awards Information Submission: 40 Albert Road*, Melbourne: SJB Architects.

Szental, P. (2007) Transcript of interview with building owner held on 18 April 2007, Melbourne.

Thomas, L. and Baird, G. (2006) 'Post Occupancy Evaluation of Passive Downdraft Evaporative Cooling and Air Conditioned Buildings at Torrent Research Centre, Ahmedabad, India', in *Proceedings of the 40th annual conference of the Architectural Science Association (ANZAScA)*, Adelaide, November.

Thomas, L. and Vandenberg, M. (2007) '40 Albert Road, South Melbourne:Designing for Sustainable Outcomes: A Review of Design Strategies, Building Performance and Users' Perspectives', *BEDP Environment Design Guide*, May 2007, Case Study 45, The Royal Australian Institute of Architects.

红色中心的通风烟囱和百叶窗

第23章
红色中心大楼
新南威尔士大学
悉尼，新南威尔士州，澳大利亚

背景

红色中心大楼是新南威尔士大学科学园区发展的第一阶段，是该大学进行了数年的最大的项目。场地沿着大学中心商场的东西侧分布（图23.1和图23.2），中心部分已经被一个20世纪60年代的建筑所占据，用作建筑学院（图23.3）。

新大楼将占据整个场地，并需要整合原有建筑，为3个主要的学院提供办公室、教室和工作室 - 数学学院、国际学生中心和建筑环境学院。新大楼长150m、6/8层高，1996年首次使用时的净楼面面积为17500m^2。大学的政策是除了具有高内部热质的特殊区域以外，其余地方均不安

图23.1 沿中央商场向西观望（东立面的玻璃窗和百叶窗；瓷砖——镶在北立面）

图23.2 沿中央商场向东观望（西立面的玻璃窗和百叶窗；瓷砖——镶在北立面）

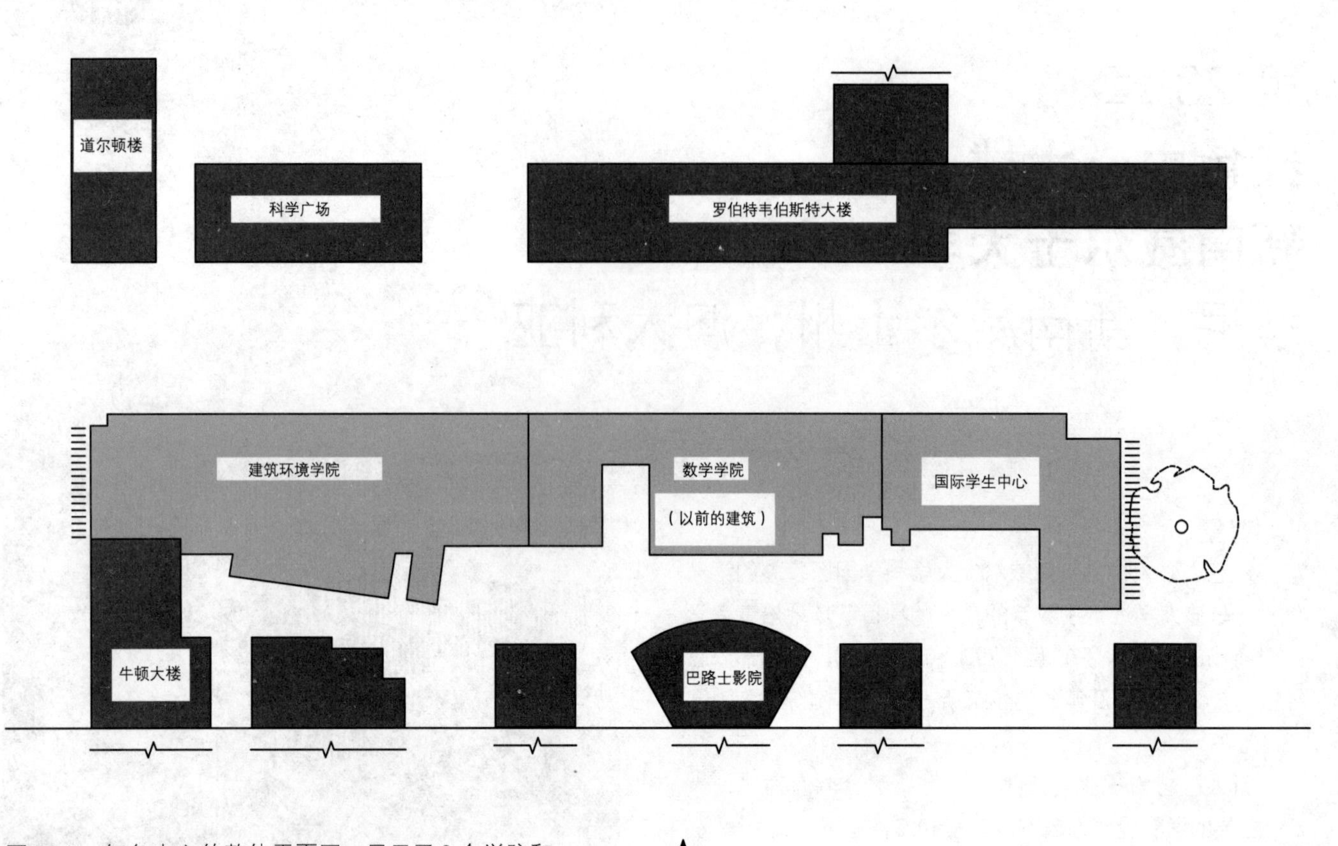

图 23.3　红色中心的整体平面图，显示了 3 个学院和周围建筑的布置
资料来源：改编自新南威尔士大学

装空调——鉴于悉尼的纬度和气候，设计师有了明确的挑战。纬度为 34°S，1％概率的冬季和夏季的设计温度分别为 6.8℃和 29.5℃（ASHRAE，2001：27.26-1），利用自然通风进行制冷绝非易事。

设计过程

经过一个有限的建筑设计竞赛后，米切尔／朱尔格拉和索普（MGT）建筑设计事务所被选定为该建筑的设计者，其在堪培拉和悉尼均设有办事处。团队由理查德·弗朗西斯－琼斯（Richard Francis-Jones）带领，该建筑师持有一个非常明确的观点 “作为一个整体的文化活动，远离对人工服务设施的依赖，进而转向被动系统的举动对建筑来说是非常重要的”（Francis-Jones，1997）。在这个案例中，工程顾问公司是奥雅纳，该公司悉尼办事处的保罗·A·史蒂文森（Paul A. Stevenson）成功地在该大学进行了演讲，之后他们便获得了此项目。

这是一个典型的大学筹资开发项目，在悉尼的气候条件下，鉴于预算的限制，在相对密集的使用空间内有必要采用自然通风。并且，在那个时候，缺乏整体文件记录的先例，该大学除了能积极解决一些问题外，一些重大的挑战仍然扔给了设计团队。

建筑师和工程师，连同多个学院一起召开了一系列的会议，这些学院是该建筑未来的用户——数学学院、国际学生中心，以及最终被纳入建筑环境学院的几组用户。这些会议的目的之一是为该项目制定详细的宗旨。鉴于客户的数量和类别，以及其中一个主要用户的建筑专长，完成该任务绝非易事。

然而，该大学的一个副校长“非常支持被动系统和绿色建筑问题”（Francis-Jones，1999），并且设计团队的原则是采用一个更持续的建筑环境视角，所以，该项目的宗旨要求最大限度的利用自然通风和自然采光几乎不可避免。

设计团队对实现自然通风的各种方法进行了探讨——在尝试过单面通风和交叉通风之后，烟道和烟囱通风的概念便应运而生。

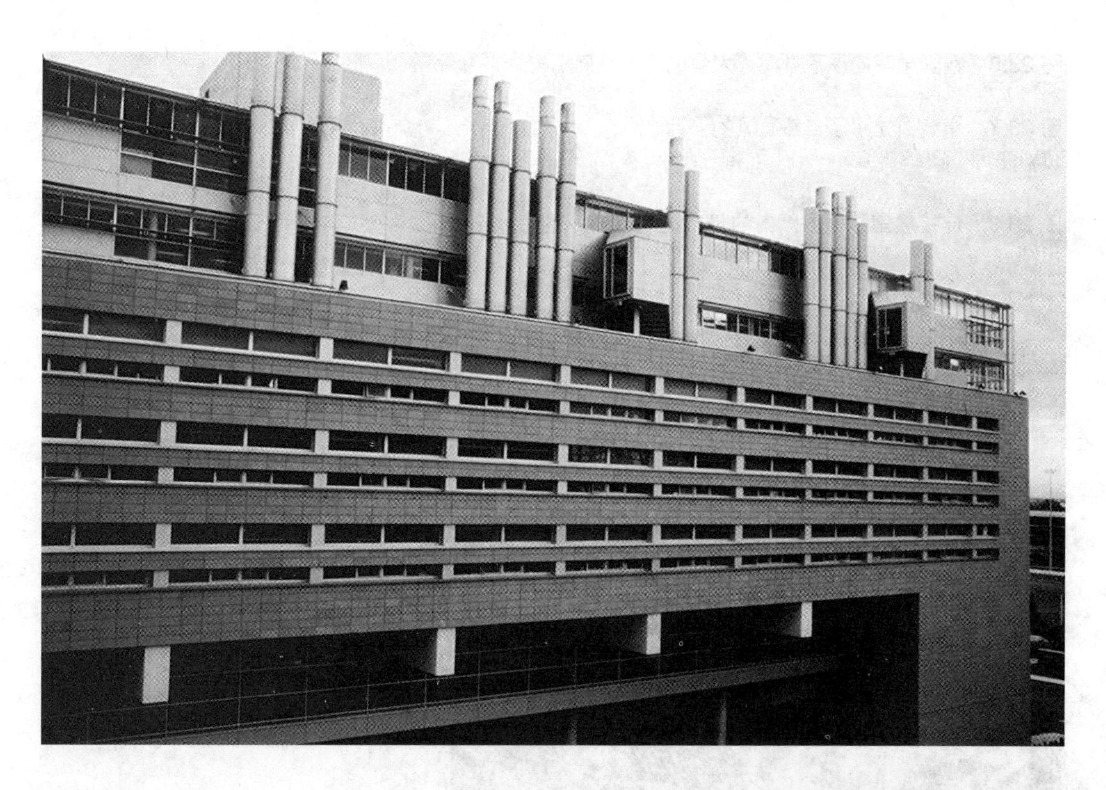

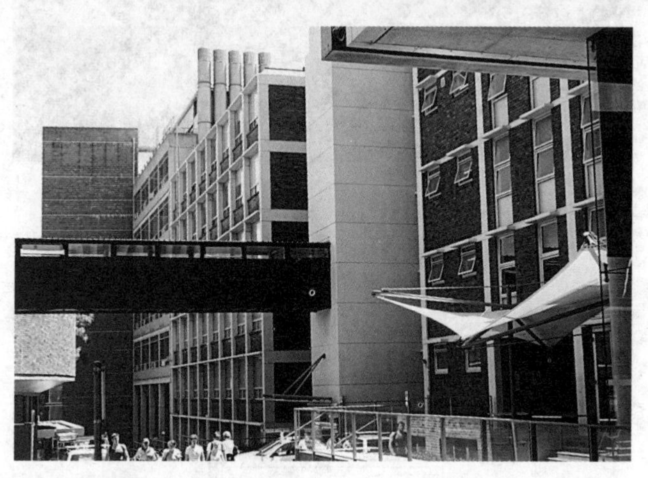

图 23.4　北立面西端特写，其工作室位于上楼层，员工办公室位于中间楼层（注意在后一种情况中，采用了双水平条状的玻璃窗，其较低的部分可开启；以及通风烟囱阵列）

图 23.5　沿建筑物背面的服务巷道向西观望（南立面位于右侧）

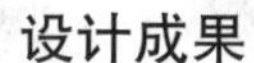

设计成果

设计过程和建筑成果均在别的地方详细描述过了（Cantrill，1997；Baird，2001）；以下是最简短的概括，以及更详细的环境控制系统。

建筑布局和构造

该建筑的整体形状是一个长约 150m、宽度可变（15.7—19.3m 不等），以及 6—8 层高的体块，其净楼层面积为 17500m^2。该场地自东向西缓缓倾斜。主要包括办公室、教室、工作室、演讲厅和电脑室，只有最后一个安装了空调。

北立面主要采用意大利瓷砖贴面，旨在与校园周围形成适当的关系（图 23.1 和图 23.2）。该立面的上部工作室楼层安装了固定的水平遮阳，而低层办公楼层的双层玻璃有很深的（图 23.4）凹“槽”。南立面采用了大量的玻璃幕墙，使教室得以采光（图 23.5）。

东立面（图 23.1）和西立面（图 23.2）采用全玻璃幕墙，但是其外部设有垂直光传感驱动的电动百叶窗作为保护。 屋顶的主要特点是一系列旋转带顶盖的通风烟囱（图 23.6）。

被动和主动环境控制系统

据理查德 · 弗朗西斯 - 琼斯（1997）：

> 制冷、采暖和通风过程已经通过一个集成设计得以实现，该集成设计综合了热质、通风井、热烟道、遮阳、通风口和“呼吸”立面。这些系统均由个人用户来控制，同样，在对应的外界温度条件下，由中央计算机管理系统来调节空气流动。

图 23.6　数学学院的屋顶景观（大量的通风烟囱）

图 23.7　横截面显示了自然通风的设计原理
资料来源：改编自 Cantrill（坎特里尔）

图 23.8　连接教室和垂直烟囱的楼层通风管道间的空气路径示图

热质的获得一目了然，该建筑物的内表面拥有大量裸露的混凝土表面，不仅楼梯间和走廊如此，办公室、教室以及工作室的顶棚和隔墙也同样如此。通风井与该建筑的垂直截面合为一体（图 23.7 和图 23.8），这样空气很容易在设定的楼层间进行流动，从而为交叉通风和烟道通风提供了各种潜在的空气路径。

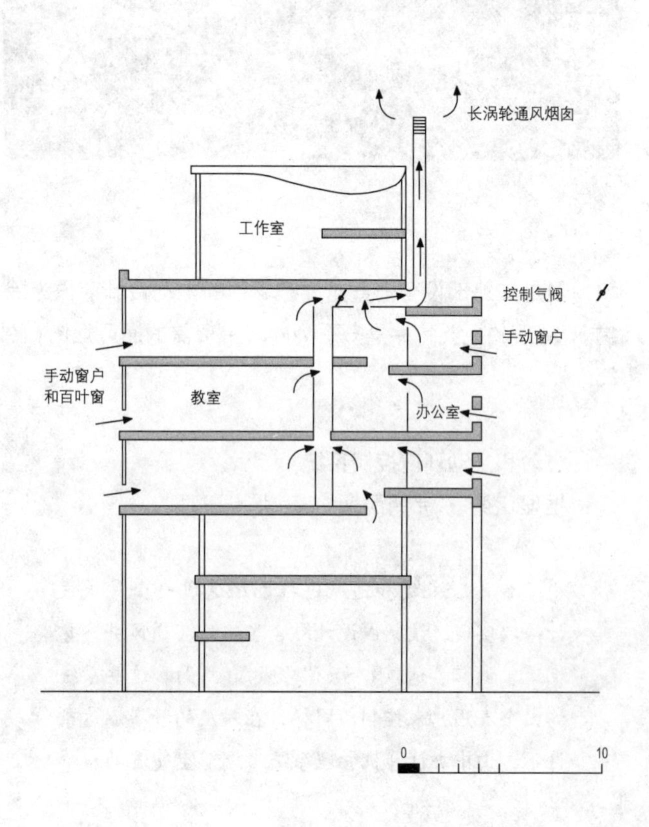

图 23.9　工作室和走廊之间的滑动门和分区，及其顶部和底部的交叉通风百叶

图 23.10　与员工办公室相邻的走廊，每个办公室门上方的可开启玻璃百叶位于左侧，以及一个固定的空气传输格栅位于右侧

图 23.11　员工办公室内部，显示了下方的可开启玻璃窗、玻璃窗书架上方的通风槽，以及一个吊扇

热烟道或烟囱的总截面面积大约为总楼层面积的 1%，为该建筑物底部三分之二空间的大多数教室、工作室和办公空间提供了排风方式（图 23.8）。每个烟道内都设置了一个自动气阀，旨在相应内部温度下控制空气流量。据估计，当烟囱产生压力时，该系统可以提供每小时 10—20 次的空气变化（Stevenson，1999）。

除了传统窗户以外，所有 4 个“呼吸”立面的玻璃幕墙和一些内部的分区均安装了固定和手动操作的通风百叶，以及大型的滑动门（图 23.9）。这些装置旨在使空气得以从周围以及高楼层和低楼层的教室、展览区域和楼梯间进入；并且空气可以在建筑空间内流动，诸如上楼层的工作室和职员办公室（图 23.10 和图 23.11）。

每个影响因素的平均得分，以及得分是否显著高于、相似或者低于 BUS 的基准分（学生评分在括号中）　　表 23.1

		得分	低于	相似	高于		得分	低于	相似	高于
运行因素										
来访者心中的形象		5.10		●		清洁	5.21			●
建筑空间		3.88		●		会议室的可用性	4.37		●	
办公桌空间 – 太小 / 太大[4]		4.03			●	储藏空间的合适度	3.35		●	
家具		4.92		●						
环境因素										
冬季的温度和空气						夏季的温度和空气				
整体温度 (4.89)		3.54	●			整体温度	3.22	●		
温度 – 太热 / 太冷[4]		5.39	●			温度 – 太热 / 太冷[4]	2.68	●		
温度 – 恒定 / 变化[4]		4.50		●		温度 – 恒定 / 变化[4]	4.38		●	
空气 – 不通风 / 通风[4]		4.30	●			空气 – 不通风 / 通风[4]	3.50		●	
空气 – 干燥 / 湿润[4]		3.32		●		空气 – 干燥 / 湿润[4]	4.41	●		
空气 – 新鲜 / 闷[1]		3.41			●	空气 – 新鲜 / 闷[1]	4.00			●
空气 – 无味 / 臭[1]		3.00			●	空气 – 无味 / 臭[1]	3.34			●
整体空气 (5.09)		3.72	●			整体空气	3.35	●		
光线						**噪声**				
整体光线 (5.01)		5.32			●	整体噪声 (4.50)	3.29	●		
自然采光 – 太少 / 太多[4]		4.22		●		来自同事 – 很少 / 很多[4]	4.74	●		
太阳 / 天空眩光 – 无 / 太多		4.60	●			来自其他人 – 很少 / 很多[4]	4.85	●		
人工照明 – 太少 / 太多[4]		4.19		●		来自内部 – 很少 / 很多[4]	4.56	●		
人工照明眩光 – 无 / 太多[1]		3.33			●	来自外部 – 很少 / 很多[4]	4.66	●		
						干扰 – 无 / 经常[1]	4.71		●	
控制因素[b]						**满意度因素**				
采暖	48%	4.09			●	设计 (5.01)	3.63	●		
制冷	44%	2.68		●		需求	4.11	●		
通风	40%	4.62			●	整体舒适度 (4.95)	3.75	●		
光线	39%	5.34			●	生产力 % (+8.54)	–5.00	●		
噪声	45%	1.95	●			健康 (4.35)	3.72		●	

注：（a）除非有其他的注明，7 分为“最高”；上角标[4] 表示 4 分最高，上角标[1] 表示 1 分最高；（b）所列出的百分比值表示认为该方面个人控制很重要的受访者百分比；（c）学生评分在括号中——温度和空气的得分包含所有因素。

针对 12 项性能影响因素所提供正面、负面和中立评论的受访者人数，在括号中表示学生对普遍环境的反馈意见　表 23.2

方面	受访者人数			
	正面	中立	负面	总数
设计	12	7	55	74
整体需求	5	8	46	59
会议室	4	4	30	38
储藏空间	1	3	44	48
办公桌 / 办公区及家具	13	5	36	54
舒适度	5	5	28	38
噪声来源	0	8	46	54
光线条件	10	8	23	41
生产力	3	13	24	40
健康	4	11	18	33
工作良好	58	—	—	58
阻碍	—	—	88	88
普遍环境（仅限学生）	(9)	(5)	(75)	(89)
总计（仅限员工）	115	72	438	625
百分数（仅限员工）	18.4	11.5	70.1	100

窗户、通风百叶窗、吊扇、燃气热水器和断电式卷帘是由学院的职员和学生进行手动控制的，但是在每一个空间的关键位置，均设置了一小块墙砖，上面有直接的操作说明。

虽然目前只有大约 10% 的楼面面积（主要电脑室）安装了空调，但是整个建筑已经安装了一个循环水冷凝器和冷凝水排放装置，使其能够应付额外的设备得热或夏季的密集使用。

用户对建筑物的看法

总体反应

在这个案例中，受访者来职员和学生，前者使用标准问卷，后者使用更短的版本。这项调查是在 2002 年 11 月期间进行的。

对于所有大约 122 位受访者（43% 为女性，57% 为男性）而言，该建筑是他们正常工作的地方，大多数（80%）的受访者平均每周工作 5 天，每天工作 7.9 小时。大多数（约 83%）的受访者在 30 岁以上，并且已经在该建筑中工作超过了一年，约 77% 的人在同一张办公桌或同一个工作区域。大约 67% 的受访者单独工作，而其余的大多数需要和一位或多位同事共享办公室。花费在办公桌和计算机前的平均时间分别是 6.2 小时和 5.1 小时。在 122 位受访者中，大约 42% 来自建筑环境学院，51% 来自数学学院，而其余的 7% 来自国际学生中心。

虽然没有直接询问年龄问题，但这是显而易见的，303 位受访学生均在 30 岁以下——约 59％的学生使用该建筑超过了一年，平均每周 2.9 天，每天 3.2 小时。

重要因素

表 23.1 列出了工作人员和学生对每个调查问题的平均评分。表 23.1 还显示了员工对该建筑各个方面的感知评分与基准分以及中间值的比较情况，分为显著高于、相似或者低于三种不同的情况。整体而言，有 11 个方面的得分显著高于基准分，19 个方面的得分显著低于基准分，其余 14 个方面的得分与基准分大致相同。

在 7 个运行因素中，有两个方面（清洁和桌面空间）的得分高于基准分，其余 5 个方面的成绩与基准分或中间值相同。

对大量的环境因素而言，这不是一个特例。虽然整体光线的得分远高于其相应的基准分和中间值，但是其他的 5 个“整体”评价（夏季和冬季的温度和空气，以及噪声）的成绩均显著低于其相应的基准分和中间值，在 3.2—3.7 分之间。而两个季节的空气均被认为比较新鲜和无味，但是在冬季被认为过于寒冷和通风，而夏季太热和潮湿。似乎有太多的噪声来自每个地方——来自同事、其他人、内部和建筑外部。即使是整体评价较高的光线，其太阳和天空眩光的得分也较低。

对于个人控制因素而言，39%—48% 的工作人员认为个人控制重要——采暖、通风、光线和制冷的个人控制得分均高于基准分（虽然制冷远低于中间值），噪声的得分与基准分相似，但是其 1.95 分的低得分与上述的表现相匹配。

在满意度变量（设计、需求、整体舒适度、生产力和健康）中，除了健康以外，其余的得分均低于各自的基准分，健康的得分为 3.72 分，甚至也低于中间值 4.00 分。

大部分学生的感知分数（在较短的学生问卷中，只针对 8 个整体变量作反馈）比工作人员的高，从 4.35 分（健康）至 5.09 分（温度）不等。与工作人员相比，学生对整体光线的评分稍低（5.01 分比 5.32 分），但仍高于基准分。学生认为该建筑对生产力能产生积极的影响。

用户意见

总计，共收到来自员工大约 625 条反馈意见，受访者可以在 12 个标题下面添加书面意见——占总 1464 条潜在意见的 43% 左右（44 位受访者，12 个标题）。表 8.2 显示了正面、中立和负面评论的数量——在这个案例中，约 18.4 % 的正面评论、11.5% 的中立评论以及 70.1% 的负面评论。

整体而言，大约 60% 的评论者来自建筑环境学院，34% 来自数学学院，而其余的 6% 来自国际学生中心（与分别占 42%、51% 和 7% 的调查问卷的反馈数量相比）。个别方面的评论与整体评论的比例大致相同——只有储存例外，建筑环境学院的员工占了 92%，其中 80% 的人认为需要更多的储存空间。

一般来说，意见的性质和类型反映了分数的高低。该建筑物的计算设施和照明功能工作良好，而阻碍项中包括声学、温度和眩光问题（加上建筑环境学院的工作人员认为缺乏空间）。

噪声问题被最频繁的提及，包括主要的内部噪声、来自建筑物周围正在施工的外部噪声，以及适当条件下的风噪；噪声对生产力、整体舒适度、设计以及缺乏隔音措施的数学系会议室也带来了负面影响。同样的，温度问题也常常被提及，常常与整体舒适度、设计和生产力联系在一起。在光线类别中，眩光是迄今为止最常见的抱怨。

约 30 % 的受访学生对该建筑的一般环境条件进行了评论——均以负面评论为主，问题包括来自相同或相邻空间和走廊内（包括分区和连接处）人的噪声、来自施工和其他地方的外部噪声、不可接受的温度，以及（数学学院学生）教室内固定家具的尴尬问题。

整体性能指标

舒适度指数是以舒适度、噪声、光线、温度以及空气质量的得分为基础，结果为 -0.39 分，而满意度指数则根据设计、需求、健康和生产力的分数计算而来，结果为 -0.35

分，注意这些情况下，-3 分到 +3 分范围内的中间值为 0。

综合指数是舒适度指数和满意度指数的平均值，结果为 -0.37 分，而在这种情况下，宽恕因子的计算结果为 1.00，表明员工可能对个别方面的小瑕疵相对宽容，如冬夏季温度、空气质量、光线和噪声等（因子 1 表示通常范围 0.8 到 1.2 的中间值）。

从十影响因素评定量表来看，该建筑在 7 分制的评级中位于“低于平均水平”建筑物之列，计算百分比为 36%。当考虑所有变量时，计算百分比增加为 53% 左右，处于“平均水平”的前列。

使用同一个系统对本科学生所评价的影响因素进行了评估，计算百分比值为 100%，位于“杰出”建筑物的顶端。

其他报道过的性能

关于东翼一系列空间内温度和湿度的监测工作是由建筑环境学院的职员和研究人员负责开展的（King and Hall，2002）。结果发现，“在相当一段时期内，部分房间的表现超过热舒适度的限制”。然而，“大部分空间在夏季的表现均比预期更好”以及“相比而言，在冬季保持舒适条件似乎问题较多。”同时提及了由于西立面大量玻璃幕墙的使用所产生的辐射效应和多余眩光。

致谢

为了在其部门进行调查，我想感谢以下人员及其所给予的帮助：建筑环境学院（FBE）的代理院长彼得 · 墨菲（Peter Murphy）教授、数学学院的主任迈克尔 · 柯林（Michael Cowling）教授、新南威尔士大学国际学生中心的执行主任珍妮 · 兰（Jennie Lang）女士，以及 FBE 道德委员会的召集人罗伯特 · 塞纳（Robert Zehner）副教授。我还必须感谢理查德 · 弗朗西斯 - 琼斯（以前在 MGT 建筑设计事务所工作）和保罗 · A · 史蒂文森（以前在奥雅纳工程顾问公司工作）帮助我理解红色中心的设计，并且感谢新南威尔士大学的设施主任罗杰 · 帕克斯（Roger Parks）和能源经理罗伯特 · 格里梅特（Robert Grimmett）所提供的帮助。

参考文献

ASHRAE (2001) *ASHRAE Handbook: Fundamentals, SI Edition*, Atlanta, GA; American Society of Heating Refrigerating and Air-Conditioning Engineers.

Baird, G. (2001) *The Architectural Expression of Environmental Control Systems*, London: Spon Press, Chapter 14.

Cantrill, P. J. (1997) ‘Green Machine’, *Architectural Review Australia*, 62: 81–7.

Francis-Jones, R. (1997) ‘Passive Design in Architecture’, *Architectural Review Australia*, 62: 90–2.

Francis-Jones, R. (1999) Transcript of interview of 14 May 1999, Sydney.

King, S. and Hall, M. (2002) ‘Analysis of Red Centre (East Wing) Building Performance – Final Report’, 6 June 2002, Sydney: SOLARCH Centre for a Sustainable Built Environment, UNSW.

Stevenson, P. A. (1999) Transcript of interview of 14 May 1999, Sydney.

语言学院的楼层开洞

第 24 章

语言学院

新南威尔士大学

悉尼，新南威尔士州，澳大利亚

蕾娜 · 托马斯

背景

作为总体规划的一部分，新南威尔士大学语言学院大楼修建于 1999 年，是重振兰德威克（Randwick）校区的一个重要组成部分。兰德威克校区迫切需要建立一个以国际学生为主的密集型语言学校，对于这些学生来说，该大楼是他们与大学的第一次接触。从营销和教学的角度来看，除了需要给这些国际用户提供现代舒适的条件以外，该大学的领导和设计团队还希望用一种长寿命的宽松方式来设计该项目，以便未来向更大的教室、甚至是开放式的办公室进行转变。

该建筑位于澳大利亚悉尼（南纬 34℃），其 1% 概率的冬季和夏季设计温度分别为 6.8℃和 29.5℃（ASHRAE，2001：27.26-7）。所选场地位于兰德威克园区的入口处，允许该建筑的长轴位于东西方向。该建筑面向繁忙的国王街（图 24.1），并且，在被使用的第一个 7 年中，毗邻一个主要的公共巴士站。

该建筑已经被多篇文章所引用，且已经获得了多个奖项，其中包括 2000 年澳大利亚皇家建筑师学会（国家）可持续发展奖以及 2001 年建筑杂志和弗朗西斯格林威协会绿色建筑金奖。

图 24.1 面向国王街的南立面（砖覆面的电梯井、一楼大堂以及厕所区域位于左侧，教室位于右侧）

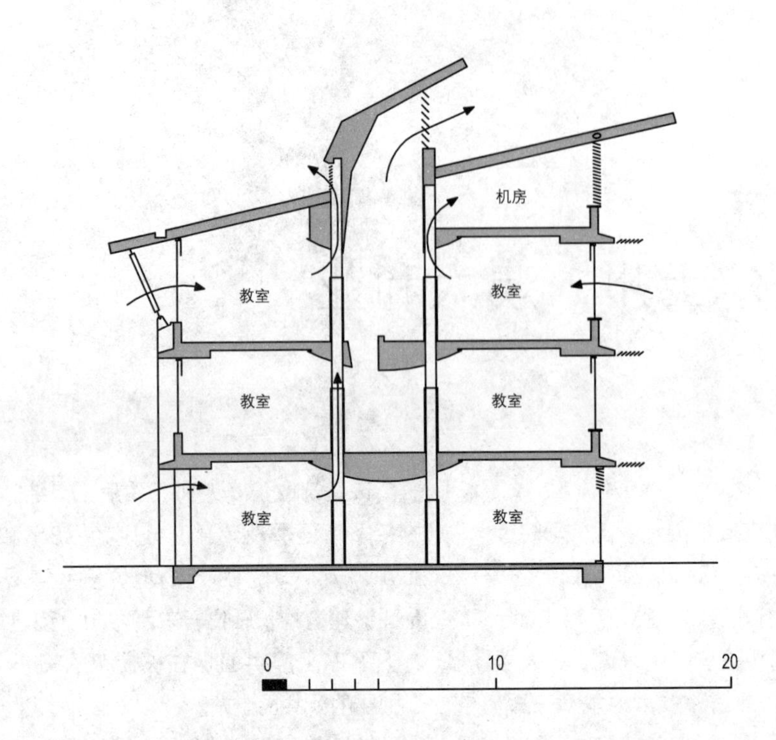

图 24.2　建筑的横截面（注意上楼层中央走廊的天窗和日光渗透布置，以及便于通风的空气传输路径）
资料来源：改编自杰克逊 · 蒂斯（Jackson Teece）

图 24.3　参考平面图显示了一个中央走廊两侧的教室（注意教室和走廊之间双墙系统内的 VRV 单位和垂直通风管道的位置）
资料来源：改编自杰克逊 · 蒂斯

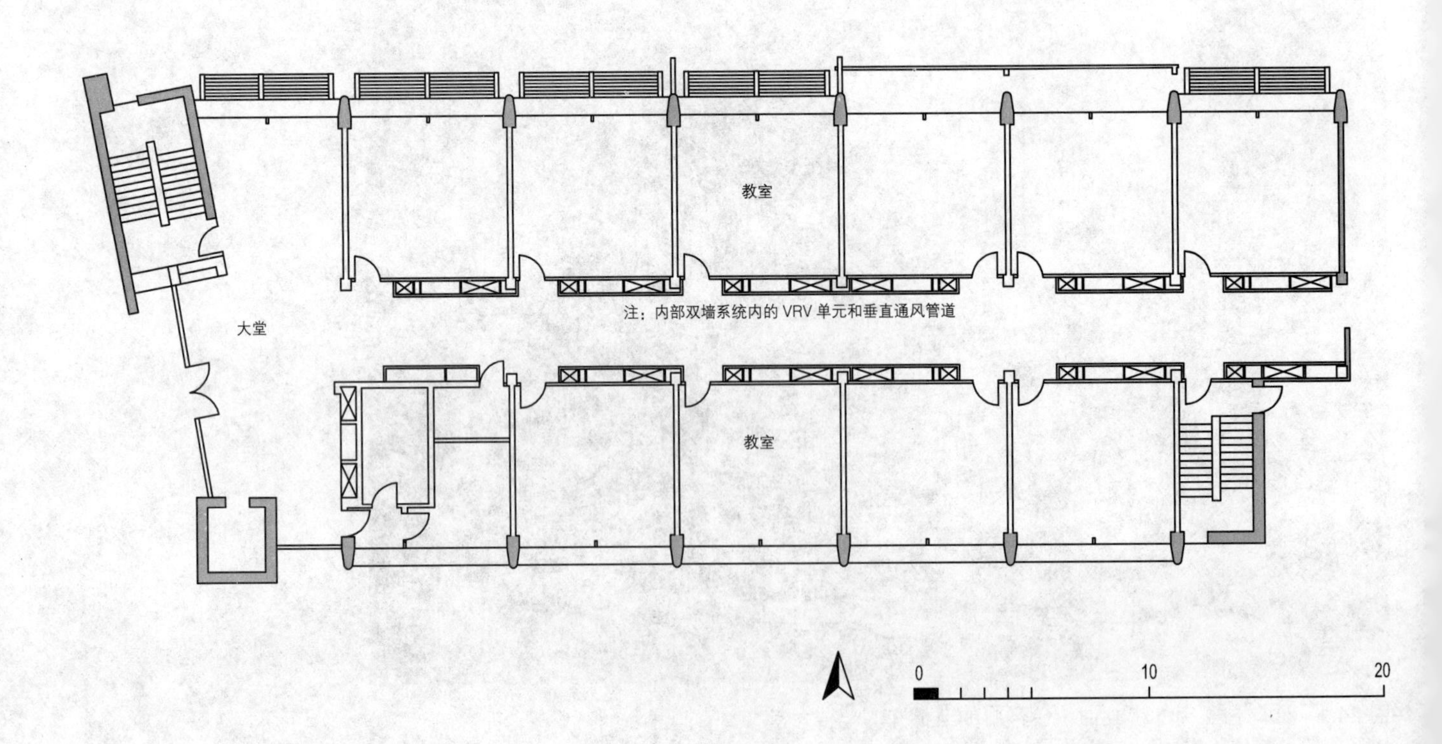

图 24.4　西侧主入口（其外部的烧结玻璃幕墙为上楼层的玻璃走廊提供遮阳；楼梯塔位于左侧）

图 24.5　沿北立面向东观望（利用树木、悬挑和固定水平格栅进行遮阳）

设计过程

由客户选定的设计团队整合了它们在开发环境可持续的当代教学楼方面的专业知识。Jackson Teece Chesterman and Willis 建筑事务所负责大学的总体规划，该事务所从一个有限的竞争中脱颖而出，之后与该大学所委任的机械和环境工程公司 -Steensen Varming 公司组成了设计团队。Steensen Varming 公司已经完成了多项领先的环保重点建设项目，这些项目有单独完成的，也有与他人合作完成的。在接受记者采访时，建筑师达米安・巴克（Damian Barker）（2003）和机械工程师巴里・塔姆（Barry Tam）（2003）对于协作的一体化设计方法都非常赞同，这是设计概念初期便萌生的想法。

该设计团队开发了一系列的可替代设计方案，能够同时满足灵活性和低能耗的双重想法。此外，所有的设计决策都经过了严格的成本效益分析，在该大学预算紧张的情况下，确保能完成该项目。

设计成果

建筑成果已经在别的地方详细描述过了（Margalit，2000），下面将对以下内容进行概括性的描述：通过对设计进行有计划的环境考量，建筑形式是如何受到布局和设计影响的。

一项研究（Thomas and Ballinger，1997）表明，在悉尼的气候条件下，一个自由运行的办公楼，在每年大约 80％的时间内没有空调，它同样可以达到舒适性（与被使用教室的内部负荷水平相比），该研究还讨论了另一问题，此类建筑的成功依赖于所采取的方式，即如何减轻不舒适性。值得注意的是，语言学院所采取的方法是设计一个混合模式的大楼，在极端条件下依靠机械系统进行采暖和制冷。与此宗旨相反的是，在新南威尔士大学早先的一个项目中采用了无空调设计——红色中心大楼（见第 23 章）。红色中心大楼的目的还在于扩大将建筑构造作为一个环境调节器的使用原则，该大楼于 1993 年进行开发，

图 24.6　南立面细部［注意滑动窗口两侧的百叶窗。一般来说，左侧的百叶窗安装了自动制动装置，而右侧的百叶窗则需要进行手动操作（参见图 24.11）］

图 24.7　屋顶走廊天窗布置的外部视图（同样注意自然通风系统的一排格栅出风口，就位于玻璃的下方，以及空调机房“位于”　前景处）

图 24.8　一个典型的天窗，从顶层走廊向上观望（第 2 层）

位于该大学纽卡斯尔园区内的高级技术中心（Prasad and Thomas，1995）。

设计概念是从一个典型的 2—3 层的教学楼演变而来，这种类型的教学楼两侧均是教室，往往受到以下的各种困扰。教室不充足的单面通风、黑暗的走廊，以及高位置处的环境噪声，由于交叉通风的缘故，噪声通过内部百叶从门上方传播到中央走廊。最终的设计则围绕一个最小的模块进行，即 6m×6m 大小的教室，这样的模块可以进行独立的气候控制，并且通过拆除隔墙可以扩展成更大的演讲厅或开放式的办公室。

建筑布局、构造和被动环境控制系统

作为一个门户建筑，语言学院的最终形式是 1 栋 3 层高的大楼（图 24.2），本质上是将一系列 6m 见方的教室进行简单而有效的布置，分布于一个中央走廊的北侧和南侧，在西立面设有一个入口门厅（图 24.3）。该建筑的特点是在北立面和南立面使用大量的玻璃，而东、西立面则较短（图 24.4）。利用水平的遮阳篷和树荫（图 24.5）使北（面向赤道）立面避免受到过分的太阳能热负荷。南立面的处理方式基本相同，立面的侧壁可以有限的削弱清晨和傍晚夏日的阳光（图 24.1 和图 24.6）。首层的教室均能通到阳台。每侧教室之间的隔墙与承重的混凝土结构并不是一体的，当空间需要扩大时，隔墙可以被移除。在该建筑目前的布局下，这种处理形式在顶楼的演讲厅是显而易见的。

从传统模式出发，在内部走廊引入了自然光布置，并且进行了一个创造性的尝试，通过利用烟囱效应来提供声学隔离的自然通风。走廊顶层上方北立面的一系列天窗（图 24.7 和图 24.8）通过上层楼的开洞向中间楼层提供日光（图 24.9）。一个关键的创新是沿内部走廊布置的双墙系统，利用烟囱效应进行自然通风，并且在其内部安放了变制冷剂流量（VRV）空调机组。所选择的布置

图 24.9　沿走廊顶层向东观望（第 2 层）（注意顶棚的天窗开口，有空隙的栏杆使得日光可以渗透到下方的走廊，以及浅色的饰面）

图 24.10　一个典型教室的内部视图，面向走廊观望（注意低位置处的通风格栅，以及墙体结构内部高位置处的玻璃通风管道，中央走廊的每侧均有设置，用于放置 VRV 单元。在灯具之间刚好可以看见狭窄的空调系统扩散器）

图 24.11　南立面教室显示了典型的百叶窗和手动制动装置（窗户另一侧的百叶窗也同样设有自动制动装置）

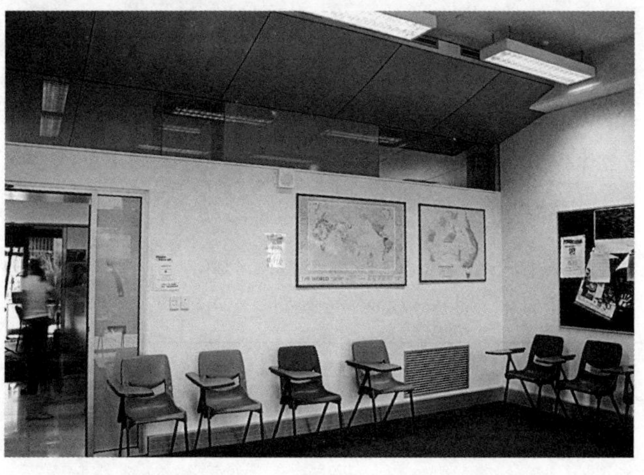

形式允许垂直管道内的两个环境模式进行无缝集成，而并非在教室或走廊安装单独的 VRV 单元，同时利用双墙系统获得部分声学效益（图 24.10）。

除了天窗和采光井以外，走廊内进一步的宽阔明亮感（图 24.9）是通过浅色的饰面和一个凹型的顶棚来完成的，并且还利用了内部双墙系统的上半部分玻璃，其位于门上方，显示了环境控制系统的一些内部运作。

每个影响因素的平均得分，以及得分是否显著高于、相似或者低于 BUS 的基准分（学生评分在括号中 – 所有学生）　表 24.1

		得分	低于	相似	高于
运行因素					
形象	(4.75)	5.24			●
建筑空间		4.84		●	
办公桌空间 – 太小 / 太大[4]		3.52	●		
家具		4.57		●	
清洁		4.81		●	
会议室的可用性		4.86		●	
储藏空间的合适度		3.75		●	
设施符合工作要求		4.88		●	
环境因素					
冬季的温度和空气					
整体温度	(4.45)	4.23		●	
温度 – 太热 / 太冷[4]		4.36		●	
温度 – 恒定 / 变化[4]		4.65		●	
空气 – 不通风 / 通风[4]		3.78			●
空气 – 干燥 / 湿润[4]		3.79		●	
空气 – 新鲜 / 闷[1]		4.33		●	
空气 – 无味 / 臭[1]		3.90		●	
整体空气	(4.84)	4.05		●	
夏季的温度和空气					
整体温度	(4.62)	3.63		●	
温度 – 太热 / 太冷[4]		3.62			●
温度 – 恒定 / 变化[4]		4.38		●	
空气 – 不通风 / 通风[4]		3.20		●	
空气 – 干燥 / 湿润[4]		3.60	●		
空气 – 新鲜 / 闷[1]		4.23		●	
空气 – 无味 / 臭[1]		3.76		●	
整体空气	(4.74)	3.50	●		
光线					
整体光线	(4.85)	5.86			●
自然采光 – 太少 / 太多[4]		4.57		●	
太阳 / 天空眩光 – 无 / 太多		3.90		●	
人工照明 – 太少 / 太多[4]		4.29		●	
人工照明眩光 – 无 / 太多[1]		3.71		●	
噪声					
整体噪声	(4.90)	3.96		●	
来自同事 – 很少 / 很多[4]		4.80	●		
来自其他人 – 很少 / 很多[4]		5.00	●		
来自内部 – 很少 / 很多[4]		4.85	●		
来自外部 – 很少 / 很多[4]		5.32	●		
干扰 – 无 / 经常[1]		3.65			●
控制因素[b]					
采暖	38%	2.41		●	
制冷	35%	2.45		●	
通风	27%	3.00		●	
光线	23%	4.33		●	
噪声	23%	2.24		●	
满意度因素					
设计	(4.94)	4.42		●	
需求	(4.79)	4.64		●	
整体舒适度	(4.88)	4.65			●
生产力百分比	(+9.07)	+0.48		●	
健康	(4.43)	4.04		●	

注：（a）除非有其他的注明，7 分为“最高”；上角标[4]表示 4 分最高，上角标[1]表示 1 分最高；（b）所列出的百分比值表示认为该方面个人控制很重要的受访者百分比。

学生调查——所考察的 14 个影响因素，并显示了得分是否显著高于、相似或者低于 BUS 的基准分　　表 24.2

因素	学生小组				
	所有学生	夏季白天	冬季白天	夏季夜晚	冬季夜晚
数量（最大）	394	73	164	58	99
运行因素					
形象	s	s	s	s	s
环境因素					
温度和空气					
整体温度	b	b	s	b	b
整体空气	b	b	b	b	b
光线					
整体光线	s	s	s	s	s
自然采光 – 太少 / 太多 [4]	s	s	s	b	b
太阳 / 天空眩光 – 无 / 太多	s	s	s	s	s
人工照明 – 太少 / 太多 [4]	w	s	w	s	w
人工照明眩光 – 无 / 太多 [1]	s	w	s	s	s
噪声					
整体噪声	b	s	b	b	b
满意度因素					
设计	b	s	s	b	b
需求	s	s	s	b	s
整体舒适度	b	s	b	b	b
生产力百分比	b	b	b	b	b
健康	b	b	b	b	s

注： b- 表示高于；s- 表示相似于；w- 表示低于。

主动环境控制系统

采用混合模式的运行标准，每个空间都能在任何的自然通风模式或空调模式下进行操控。巢状教室的独立操控需求以及走廊自然通风路径的声学独立需求，要求对双墙系统进行精心的构思和规划。

通过窗户进行自然通风得以增强，空气可以通过内部双墙系统底部的百叶窗（图 24.10）被吸入，然后经过专用的垂直排气通风口被排放到屋顶（图 24.7）。在空调模式下，通过关闭外部窗户及其通向屋顶的专用排风口可使每个房间都成为独立的系统，同时通过安置在双墙系统内的 VRV 单元对空间进行采暖或制冷。当每个教室的用户需要时，可启动该系统，并且由一个定时开关进行关闭，而不是依赖楼宇管理系统在预定的温度设定点来调节空调设置。

集成的窗户系统包括滑动玻璃窗每端的一对百叶窗和手动操作的内部百叶窗（图 24.11）。在大多数情况下，房间依赖于日光，且通过高效节能荧光灯提供人工照明。

用户对建筑物的看法

总体反应

在这个案例中，受访者来自教职员和学生，前者使用标准问卷，后者使用更短的版本。于 2004 年期间进行了此项调查。

由于大多数学生只在此建筑物中学习一个学期，所以进行了两次同样的调查——一次在 8 月份（冬季学生），另一次在 12 月份（夏季学生）——以确保获得全季节范围内的评价。学生包括两个不同的群体：对于此建筑物，白天上课的学生每周平均使用 18—20 小时，通常从上午 9 时至下午 3 时；而傍晚上课的学生平均每周使用 3 小时，从下午 6 时至 21 时。虽然没有直接询问年龄，但是显而易见，白天上课的学生绝大多数在 30 岁以下，而晚上上课的学生通常比较成熟，年龄超过了 30 岁。

所有大约 26 位工作人员受访者（80％为女性，20％为男性）均超过了 30 岁，其中大多数（92％）在此建筑中工作超过了一年。兰德威克园区是其正常工作的地方，其中大部分受访者在相邻的行政大楼内与他人共享办公室。每周在此建筑中的时间平均为 3.4 天，每天 4.3 小时（还有 3.1 小时在办公室）。

重要因素

表 24.1 列出了工作人员和学生对每个调查问题的平均评分。表 24.1 还显示了员工对该建筑各个方面的感知评分与基准分以及 / 或中间值的比较情况，分为显著高于、相似或者低于三种不同的情况。在这个案例中，有 6 个方面的得分显著高于基准分，7 个方面的得分显著低于基准分，其余 32 个方面的得分与基准分大致相同。

在学生子群中，针对用户的认知变化进行了一系列的子分析。表 24.2 总结了这些分析。

在所有运行因素方面，工作人员对建筑物形象的评分最高，而较低的办公桌空间得分反映了行政大楼的条件，而并非学院的条件。

在环境影响因素方面，工作人员对冬季和夏季温度和空气评价相当不错，学生的评价甚至更高。然而，工作人员针对空气过于干燥发表过一些看法，因此该因素的得分远远低于整体的基准分。

大量的采光设计使得工作人员对整体光线的评分高于基准分，其各个分项的得分都类似于各自的基准分。另一方面，学生一致认为整体光线的得分与基准分相同，冬季的人工照明太多。

员工认为该建筑的噪声来源于每个地方，来自同事、其他人，以及建筑物的内部和外部。从工作人员的评论和讨论中可以看出，在他们讲课前后，走廊学生的群体运动和聚集发出了大量的噪声。可开启玻璃扩展到整个外墙，似乎也有一些从毗邻教室传来的噪声。学生对此的评分高于工作人员，并且高于基准分。

7 个控制方面的得分较低，但是采暖、通风、光线、制冷和噪声（已相对较低）的个人控制得分与基准分相似。根据所考虑的方面，23%—38% 的工作人员认为个人控制重要。采暖、制冷和通风的个人控制分数较低，有点令人惊讶，因为在教室里可以打开窗户和操控内部百叶窗，并且可以通过壁挂式开关启动空调。

就满意度因素而言，在大多数情况下，工作人员评分（所有均高于各自的中间值）与各自的基准分没有显著不同。平均来看，他们认为该建筑的环境条件对其生产力稍有正面的影响（+0.48％）。学生认为生产力平均提高了 +9.07％，该类别中的所有其他分数均高于工作人员的评分。相比晚上上课的学生而言，白天上课的学生使用该建筑物的时间较长，他们对设计的赞赏程度不高，并且对满足其需求的设施的满意程度也不高。

针对 12 项性能影响因素所提供正面、负面和中立评论的受访者人数。括号中表示学生对普遍环境的反馈意见　　表 24.3

方面	受访者人数			
	正面	中立	负面	总数
设计	0	2	12	14
需求	2	2	7	11
会议室	1	0	5	6
储藏空间	0	0	8	8
办公桌 / 办公区域	3	2	4	9
整体舒适度	0	0	5	5
整体噪声	0	0	10	10
整体光线	4	0	2	6
生产力	1	3	2	6
健康	1	2	4	7
工作良好	13	—	—	12
阻碍	—	—	15	15
普遍环境（仅限学生）	(3)	(12)	(75)	(90)
总计（仅限员工）	25	11	74	110
百分数（仅限员工）	22.7	10.0	67.3	100

用户意见

总计，共收到来自员工大约 110 条反馈意见，受访者可以在 12 个标题下面添加书面意见——占总 300 条潜在意见的 35% 左右（26 位受访者，12 个标题）。表 24.3 显示了正面、中立和负面评论的数量——在这个案例中，约 22.7 % 的正面评论、10% 的中立评论以及 67.3% 的负面评论。

一般来说，意见的性质和类型反映了成绩的高低，特别是缺乏储存和噪声的情况。工作人员认为噪声和空调系统故障（特别是无法将空调关闭）是阻碍工作项中的主要问题。在调查时，有人指出邻近的巴士站也是一个噪声源。这导致了无法在南（街道）立面开窗，加剧了对空调而非自然通风的依赖。

员工认为该建筑拥有良好的光线、明亮和通风的教室，以及良好的视听设备。也有一些意见表明，北立面（夏天太热）和南立面（冬季太冷）的性能有差异。

大约 20 % 左右的受访学生针对该建筑的一般环境条件进行了评价——主要是负面意见和对职员意见的重申，包括来自他人和空调的内部噪声、来自巴士站的外部噪声、不可接受的温度，以及对空调的控制。他们还提出了有关设施的意见，如女厕不足（仅一层设置）、分隔空间和饮用水。

整体性能指标

舒适度指数是以舒适度、噪声、光线、温度以及冬季和夏季的空气得分为基础，结果为 +0.04 分，而满意度指数则根据设计、需求、健康和生产力的分数计算而来，结果为 +0.21 分，注意这些情况下，−3 分到 +3 分范围内的中间值为 0。

综合指数是舒适度指数和满意度指数的平均值，结果为 +0.12 分，而在这种情况下，宽恕因子的计算结果为 1.11，表明员工可能对个别方面的小瑕疵相对宽容，如冬夏季温度、空气质量、光线和噪声等（因子 1 表示通常范围 0.8—1.2 的中间值）。

从十影响因素评定量表来看，该建筑在 7 分制的评级中位于“平均水平”建筑物之列，计算百分比为 68%。当考虑所有变量时，计算百分比为 59%，处于“平均水平”的后列。

对本科生所评估的 10 个整体影响因素采用了相同的系统，获得了 88 % 的计算百分比值，位于 “杰出” 建筑物的底端。

致谢

在乔治 · 贝尔德（George Baird）的协助下完成了此项夏季调查，在这个案例研究中借鉴了他与 Jackson Teece Chesterman Willis 建筑事务所的达米安 · 巴克（Damian Barker）和 Steensen Varming 公司的巴里 · 塔姆（Barry Tam）的访问内容。我们同样必须感谢新南威尔士大学语言学院的业务经理阿兰 · 周（Alan Chow）以及新南威尔士大学能源管理中心的罗伯特 · 格里梅特（Robert Grimmet）对此项调查所提供的帮助。

参考文献

ASHRAE (2001) *ASHRAE Handbook: Fundamentals, SI Edition*, Atlanta, GA: American Society of Heating Refrigerating and Air-Conditioning Engineers.

Barker, D. (2003) Transcript of interview of 6 November 2003, Sydney.

Margalit, H. (2000) 'Logic and Language', *Architecture Australia*, July/ August.

Prasad, D. and Thomas, L. (1995) 'Advanced Technology Centre, Newcastle', *RAIA Environment Design Guide*, (CAS1, February), Canberra: RAIA.

Tam, B. (2003) Transcript of interview of 6 November 2003, Sydney.

Thomas L. E. and Ballinger J. A. (1997) 'Climate Interactive Low-Rise Suburban Office Buildings for Sydney', in T. Lee (ed.) *Solar '97: Sustainable Energy, Proceedings of 35th ANZSES Conference*, Canberra, 69: 1–7.

第 25 章
通用大楼
纽卡斯尔大学
新南威尔士州，澳大利亚

朱迪 · 狄克逊

背景

于 1995 年竣工，通用大楼是纽卡斯尔大学校园第一批探索特定自然通风极限建筑中的一个，在那时候，这样的举动是不常见的。

图 25.1 中庭空间，从第 3 层向西观望（员工办公室位于右侧，教室位于左侧，玻璃窗和自动开启窗户位于上方。注意办公室门和教室门上方的百叶开口，以及走廊板凳下方和后方的开口）

纽卡斯尔位于澳大利亚新南威尔士州东海岸，属温带 - 亚热带边缘气候，冬季最低温度为 4℃，夏季最高温度可达到 40℃。纬度 33°S，海拔高度 +21m，该城市的建筑通常采用 HVAC 系统，特别是在湿度高的夏季。

为了在适度的预算内修建教室和学术办公楼，该建筑使用了一个交叉通风中庭。这种通风设计允许对通过办公室和教室的水平气流进行个人控制，并且可以利用屋顶位置的自动开启天窗来控制垂直的中庭气流（图 25.1）。

设计过程

设计进入了一个传统的顾问 - 客户流程，但是建筑师和机械工程师之间的协作确保了该多层建筑采用被动式设计方案的可行性。Suters 建筑事务所最终获得了此项目，它和该大学的设施管理团队一起制定了项目宗旨。

Suters 建筑事务所的迪诺 · 迪 · 保罗（Dino Di Paolo）（2007）承认，在早期，客户对空调有一些要求。好在他们 “像大多数客户一样，在那段时间并不是太关注空调”。迪诺 · 迪 · 保罗将此建筑作为第一批由他设计的大规模采用被动设计的建筑之一，并且进行了如下的介绍：

> 在此之前，我们一直在一些小项目上……短暂的使用这种被动方式……这是第一个建筑……感觉非常大，这是一个商业建筑，也是一个教育设施，我们有机会在这里运用一些东西。

很显然，设计团队的密切合作使得校园文化有了转变，从对机械系统的依赖转移到对低能耗的尝试。

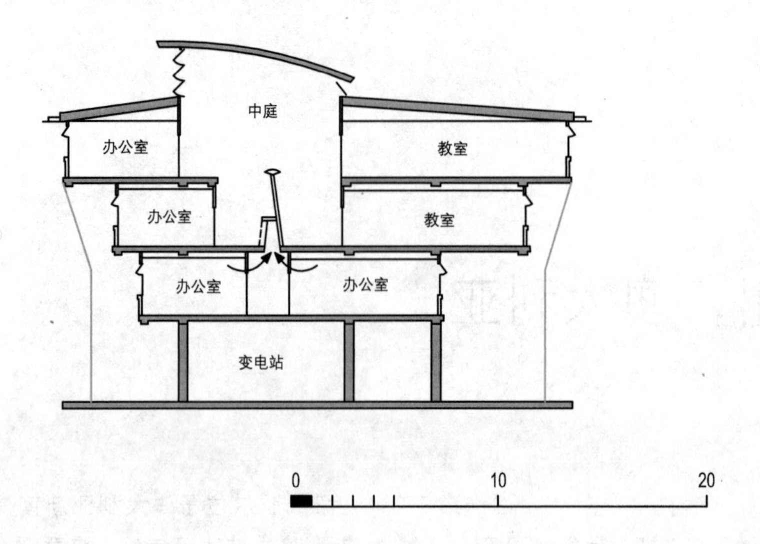

图 25.2　总截面图，显示了工作人员办公室和教室的布置，以及空气流动和中庭空间的采光供给
资料来源：改编自 Suters 建筑事务所

图 25.3　第 3 层平面图，及其北面的办公室和南面的教室（注意第 3 层的循环走道和桥，第 2 层的大型开洞，以及第 1 层一系列的 5 个较小的开洞，位于走廊下方）
资料来源：改编自 Suters 建筑事务所

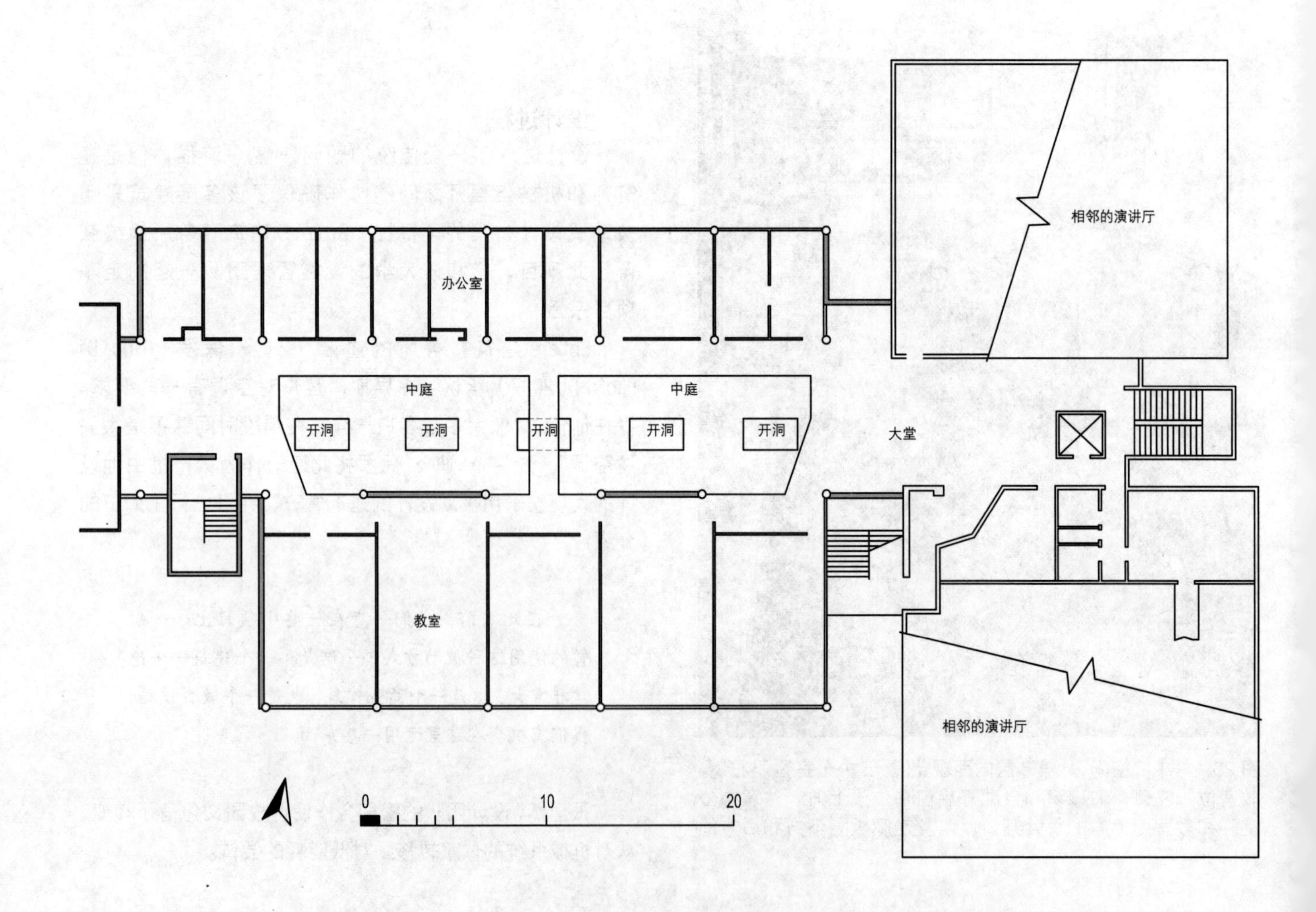

图 25.4　北立面视图（注意悬挑楼板，高处中庭顶部的天窗，以及首层变压器两侧的流通路线。刚好可见其中一个相邻演讲厅的砖覆面位于右侧）

图 25.5　南立面视图（注意悬挑楼板和建筑物下方的流通路线）

设计成果

建筑布局、构造和被动环境控制系统

该建筑的北面 3 层主要是办公室，南面是大型的教室或员工办公室，还有一个中央的朝北中庭作为建筑的循环流通脊（图 25.2 和图 25.3）。项目要求横跨一个原有的地面变电站，并且架设“一个非常坚固的步行通道”。选择正交的步行路线允许迪 · 保罗（2007）“获得良好的南北走向”（图 25.4 和图 25.5）。

该建筑高 4 层，在一个公共的首层上方还有 3 个楼层。除了远东端的空调演讲厅和一个首层的公共诊所外，该建筑的其余部分均采用被动控制系统。

建筑物的上楼层向外突出，可以在北面对低楼层进行遮阳（图 25.6），并且对南面提供气候保护（图 25.4 和图 25.5）。上楼层更宽的中央干道由开洞空间和走廊垂直相连，通过走廊可进入大型的教室空间（图 25.1 和图 25.7）。工作人员办公室、教研室和一个小的走廊占据了下面的楼层。下层走廊的顶棚开洞可促使气流进入中庭（图 25.2 和图 25.8）。

该建筑是一个混凝土框架结构，建筑外围采用轻钢框架以及保温的金属覆面夹心板。砌体墙内部暴露于中庭（图 25.1 和图 25.7），轻质的保温金属板屋顶呈弧形（图 25.9）。北面和南面的天窗玻璃挡板可自动开启和关闭，就位于弧形屋顶的正下方（图 25.9 和图 25.10）。混凝土楼板被整个顶棚所覆盖。

图 25.6 西侧“山墙”视图，沿着北立面向西观望，其悬挑结构清晰可见（同样注意超大的遮阳格栅布置和排雨管）

图 25.7 中庭空间，从第 2 层向东观望（工作人员办公室位于左侧，教室位于右侧，天窗位于上方。注意办公室和教室门上方的百叶窗开口和板凳下方的开口，使空气得以流通，并且注意热质的砖覆面和裸露的混凝土结构）

图 25.8 沿第 1 层走廊进行观望（办公室位于两侧，以及一系列的 5 个顶棚开洞，使上方中庭空间的空气得以流通）

被动和主动环境控制系统

中庭以上两个楼层的裸露砌体墙提供了内部的热质（图 25.1 和图 25.7）。在夏季，由于日晒，墙壁提供了一个内部储热器，并在夜间进行制冷，驱除白天存储的任何热量。在冬季，由于阳光射入朝北的天窗，该墙壁同样可以进行保温。

该建筑的通风概念如下，利用夜间通风和交叉通风，依赖自动的天窗百叶（图 25.9 和图 25.10），并且用户可以

图 25.9　中庭天窗东南方向的外部视图（同样注意南侧挡板的开口和顶部的排烟口）

图 25.10　中庭天窗的北向玻璃（注意安装在可开启窗户外部的挡板，以防止雨水渗透）

图 25.11　第 3 层的典型工作人员办公室（注意一系列的窗口和遮阳措施，工作台下方的 1kW 功率的电加热器和桌面的风扇）

调整内部办公室门上方的百叶窗（图 25.1 和图 25.7）和周边的窗户（图 25.11）。建筑部分（图 25.2）显示了热空气如何通过天窗通风口自然上升和排出的。该大学的能源经理戴维 · 亚历山大（David Alexander）（2007）指出，自动天窗系统着眼于“内部和外部的温度、风向以及雨水，并且决定是否开启”。低层走廊的开洞还配备了自动防火阀，以满足高度在 2 层以上建筑的建筑规范要求。

此外，在冬季，百叶窗可调节太阳能增益或减少透过玻璃的热损失。在夏季，北面的窗户通过外部维护结构的出挑和一个上层的超大型遮阳格栅进行遮阳（图 25.6）。个人加热器和风扇则为了满足个人采暖和制冷的需求（图 25.11）。

通过中庭空间，建筑可以获得充足的自然光线。日光条件的变化在整个建筑中均有反映。另外还提供了个人工作照明和一般的荧光灯照明。

用户对该建筑的看法

总体反应

在接受 GP 大楼调查的 52 位工作人员和研究生中，有 23 位作出了回应，其中 19 人（83％）在 30 岁以上，15 人（65％）是女性。其中，15 人单独工作，其余的与一位或多位同事共享办公室——18 人临窗。 18 人（78％）曾在同一建筑物工作超过一年。一般而言，员工每周在此建筑中花费 4.5 天，每天 7.8 小时，其中 5.6 小时在其办公桌或目前的工作空间内，而 5.2 小时在计算机前。

作为 6 栋校园建筑调查的一部分（Dixon，2005），通用大楼是 4 栋专门设计了自然通风系统建筑中用户反馈最佳的建筑。

重要因素

表 25.1 列出了每个调查问题的平均得分，并且显示

每个影响因素的平均得分，以及得分是否显著高于、相似或者低于 BUS 的基准分　　**表 25.1**

运行因素

	得分	低于	相似	高于
来访者心中的形象	4.59		●	
建筑空间	4.55			●
办公桌空间 – 太小 / 太大 [4]	4.91		●	
家具	5.26			●
清洁	5.41			●
会议室的可用性	4.80			●
储藏空间的合适度	4.14			●

环境因素

冬季的温度和空气

	得分	低于	相似	高于
整体温度	3.57	●		
温度 – 太热 / 太冷 [4]	5.60	●		
温度 – 恒定 / 变化 [4]	3.75		●	
空气 – 不通风 / 通风 [4]	4.36		●	
空气 – 干燥 / 湿润 [4]	3.22		●	
空气 – 新鲜 / 闷 [1]	3.74			●
空气 – 无味 / 臭 [1]	3.26		●	
整体空气	4.23			●

夏季的温度和空气

	得分	低于	相似	高于
整体温度	2.18	●		
温度 – 太热 / 太冷 [4]	1.86	●		
温度 – 恒定 / 变化 [4]	3.95			●
空气 – 不通风 / 通风 [4]	2.76	●		
空气 – 干燥 / 湿润 [4]	5.16	●		
空气 – 新鲜 / 闷 [1]	5.26	●		
空气 – 无味 / 臭 [1]	4.00		●	
整体空气	2.86	●		

光线

	得分	低于	相似	高于
整体光线	5.70			●
自然采光 – 太少 / 太多 [4]	4.13			●
太阳 / 天空眩光 – 无 / 太多	4.26	●		
人工照明 – 太少 / 太多 [4]	4.35		●	
人工照明眩光 – 无 / 太多 [1]	3.45			●

噪声

	得分	低于	相似	高于
整体噪声	3.78		●	
来自同事 – 很少 / 很多 [4]	3.86			●
来自其他人 – 很少 / 很多 [4]	5.17	●		
来自内部 – 很少 / 很多 [4]	5.27	●		
来自外部 – 很少 / 很多 [4]	5.14	●		
干扰 – 无 / 经常 [1]	na			

控制因素 [b]

		得分	低于	相似	高于
采暖	[65%]	3.43		●	
制冷	[78%]	2.87		●	
通风	[65%]	4.82			●
光线	[43%]	4.91			●
噪声	[57%]	2.35		●	

满意度因素

	得分	低于	相似	高于
设计	4.00		●	
需求	4.78			●
整体舒适度	3.48	●		
生产力 %	–11.90	●		
健康	3.55		●	

注：（a）除非有其他的注明，7 分为“最高”；上角标 [4] 表示 4 分最高，上角标 [1] 表示 1 分最高；（b）所列出的百分比值表示认为该方面个人控制很重要的受访者百分比。

针对 12 项性能影响因素所提供正面、负面和中立评论的受访者人数　　表 25.2

方面	受访者人数			
	正面	中立	负面	总数
设计	4	0	13	17
需求	1	0	4	5
会议室	0	3	1	4
储藏空间	0	2	2	4
办公桌 / 办公区域	0	1	4	5
舒适度	3	3	9	15
噪声来源	0	0	8	8
光线条件	1	0	3	4
生产力	1	4	7	12
健康	0	1	0	1
工作良好 (n/a)	—	—	—	—
阻碍 (n/a)	—	—	—	—
总计	10	14	51	75
百分数	13.3	18.7	68.0	100

了员工对该建筑各个方面的感知评分与基准分以及 / 或中间值的比较情况，分为显著高于、相似或者低于三种不同的情况。在这个案例中，有 15 个方面的得分显著高于基准分，14 个方面的得分显著低于基准分，其余 14 个方面的得分与基准分大致相同。

整体上，运行因素的得分均良好，7 个因素中有 5 个的得分高于各自的基准分。有建议表明桌面空间太多。

在夏季和冬季期间，整体温度并不理想。5.60 分和 1.86 分的成绩表明冬季太冷和夏季太热。另一方面，在冬季期间，空气取得了良好的成绩，所有方面的得分均相似或高于基准分，但是，在夏季，得分大多低于基准分，而其整体空气的得分只有 2.86 分。

该建筑整体光线的得分非常好，虽然有一些关于太阳和天空眩光的建议。

噪声的得分仅低于可接受水平的 BUS 基准分。噪声一般来自走廊的游客，以及室外和室内的噪声源。这表明该建筑的结构易于噪声传递，可能是由于自然通风系统的开放性质所造成的。

虽然所有环境因素的个人控制得分相似或高于基准分，但是个人控制不能保证整体舒适度、设计或生产力等方面的满意度。需求的平均得分为 4.78 分，大多数受访者认为满足了他们的需求，而设计和健康的得分与各自的基准分相近。

用户意见

总计，共收到来自员工大约 75 条反馈意见，受访者可以在 12 个标题下面添加书面意见——占总 230 条潜在意见的 33% 左右（23 位受访者，12 个标题）。表 25.2 显示了正面、中立和负面评论的数量——在这个案例中，约 13.3 % 的正面评论、18.7% 的中立评论以及 68.0% 的负面评论。

大多数的负面评论描述了夏季和冬季温度的不舒适，以及不可控的噪声渗透对整体舒适度和工作效率的影响。

这些评论与这些问题所得到的低分数相对应，从它们与基准分和中间值的比较情况中也可以看出。

噪声来源收到了 8 个意见，均是负面的，有关整体舒适度的 15 个意见中有 9 个是负面的，与温度问题的关系最大，有关生产力的 12 个评论中有 7 个是负面的。有关办公桌空间和家具的 5 个评论中有 4 个是负面的。有关光线的 4 个评论中有 2 个是关于自然光眩光的。

在温度和噪声方面，除了经常得到一些负面评论以外，也收到了一些正面的评论。

整体性能指标

舒适度指数是以舒适度、噪声、光线、温度以及空气质量的得分为基础，结果为 -0.39 分，而满意度指数则根据设计、需求、健康和生产力的分数计算而来，结果为 -0.39 分，注意在这些情况下，-3 分到 +3 分范围内的中间值为 0。

综合指数是舒适度指数和满意度指数的平均值，结果为 -0.39 分，而在这种情况下，宽恕因子的计算结果为 0.93，表明员工可能对个别方面的小瑕疵相对宽容，如冬夏季温度、空气质量、光线和噪声等（因子 1 表示通常范围 0.8—1.2 的中间值）。

从十影响因素评定量表来看，该建筑在 7 分制的评级中位于“平均水平”建筑物之列，计算百分比为 48%。当考虑所有变量时，计算百分比为 61%，处于“高于平均水平”的行列。

其他报道过的性能

纽卡斯尔大学的设施管理组已经对众多校园建筑的用电情况进行了监测。同时，这些建筑的能源使用情况也由私人顾问进行了间歇性的测量，或者使用一些与建筑物电气总机连接的内部软件进行了监控。结果发现（Energetics，1998），通用大楼的年能耗量为 139MJ/（m^2・a）[或 38.6kWh/（m^2・a）]，确定这个采用自然通风系统的建筑可以节能。

作为一个更大研究的一部分，结合问卷调查和观测数据获得了这座大楼的室内和室外的温度和湿度数据（Dixon，2005）。冬季最低的室内温度在 9.8—16℃之间，最高温度在 20℃和 25℃之间，平均值在 16—19.6℃之间，表明了为了保持办公场所舒适性用户所采取的各种措施。相对室外条件来看，几乎所有的温度远低于可接受的舒适标准范围（ASHRAE，1992），表明建筑物内部供暖不足 。

室外温度每增加 1℃，建筑的整体室内温度则上升 0.6℃，表明围护结构容易受到室外温度的影响。研究发现，室外温度有助于解释 35 %（R^2 = 0.35）的夏季室内温度变化。

该建筑面朝北，沐浴在自然光中，享受着新鲜空气，并且可以最好的利用热质。简单来说，它涵盖了良好被动设计的所有需求，这反过来减少了能源的使用。不幸的是，在冬季寒冷的办公空间中，1kW 的个人加热器并没有被成功使用。在潮湿和高温的夏季，所有空间内的风扇也同样未能被使用。从调查结果来看，这些方面的改善是可行的。

虽然该建筑舒适度的自我评估并没有得到用户的一致好评，但是个人控制的程度被认为相当高。窗户的个人控制，充足的自然光，但是发现温度低于可接受的热条件。虽然温度的舒适性是一个很大的问题，但是用户发现，比起那些使用更先进自然通风设计建筑的人来说，他们在这个设计简单的建筑中感到更加幸福。

致谢

非常感谢对这项研究付出宝贵时间的用户，并且感谢纽卡斯尔大学的设施管理团队：建筑及设施管理部负责人菲利普・波拉德（Phillip Pollard）；该大学的建筑师杰夫・怀特诺（Geoff Whitnall），机械工程－能源管理部门的戴维・亚历山大。我还必须感谢 Suters 建筑事务所的首席建筑师迪诺・迪・保罗帮助我理解整个设计过程，以及感谢百瀚年建筑事务所（Bligh Voller Nield architects）所赞助的硕士项目，其中包括该建筑的研究。

参考文献

Alexander, D. and Whitnall, G. (2007) Transcript of interview of 12 February 2007, Newcastle, NSW.

ASHRAE (1992) *Standard 55 – Thermal Environment Conditions for Human Occupancy*, Atlanta, GA: American Society of Heating Refrigerating and Air-Conditioning Engineers.

Di Paulo, D. (2007) Transcript of interview of 14 February, Sydney.

Dixon, J. (2005) 'Thermal Comfort and Low Energy Building Ventilation Strategies: Investigating Buildings in Use', unpublished thesis, University of Newcastle, NSW, Australia.

Energetics (1998) 'Energetics – Energy Strategy Study' and updated with 2001–2002 figures using Newcastle University building monitoring system data.

学生服务中心东立面的网状遮阳屏障

第 26 章
学生服务中心
纽卡斯尔大学
新南威尔士州，澳大利亚

朱迪・狄克逊

背景

学生服务中心是一个面积为 2700m^2 的建筑，于 2001 年完工，位于澳大利亚新南威尔士州纽卡斯尔大学的卡拉汉校园内。该建筑为砖混结构、高 4 层，且分层进行设计。该建筑原本是一个体育馆，在 2000 年进行了翻新，翻新后用作一个集中化的学生服务中心，每天大约有 111 名员工在此工作（图 26.1）。该建筑使用一个混合模式的采暖、制冷和通风系统。

纽卡斯尔大学校园主要位于澳大利亚新南威尔士州的东海岸，南纬 33°S，海拔 21m。气候条件为温带－亚热带边缘气候。在温带气候条件下，拥有温暖的夏季和凉爽的冬季，而典型的亚热带气候条件则是夏季温暖和潮湿。

20 世纪 90 年代期间，该大学的设施管理组采用低能耗的通风方案，以遏制建筑能源成本的上升。这项举措被视为一个在校园内开发低能耗和环境可持续建筑的机会。原体育馆的改造成为这一理念的代表，原建筑已经得到了保留和翻新，并且重新用于一个新的目的。

室外温度和湿度数据显示了被动式散热设计带来的挑

图 26.1 东南方向视图。注意砖混的南立面（左侧）和东立面的大量遮阳屏障（右侧）。暖通空调（HVAC）系统的新鲜空气进口就位于照片的最左边，并且可见锯齿形的通风天窗位于屋顶

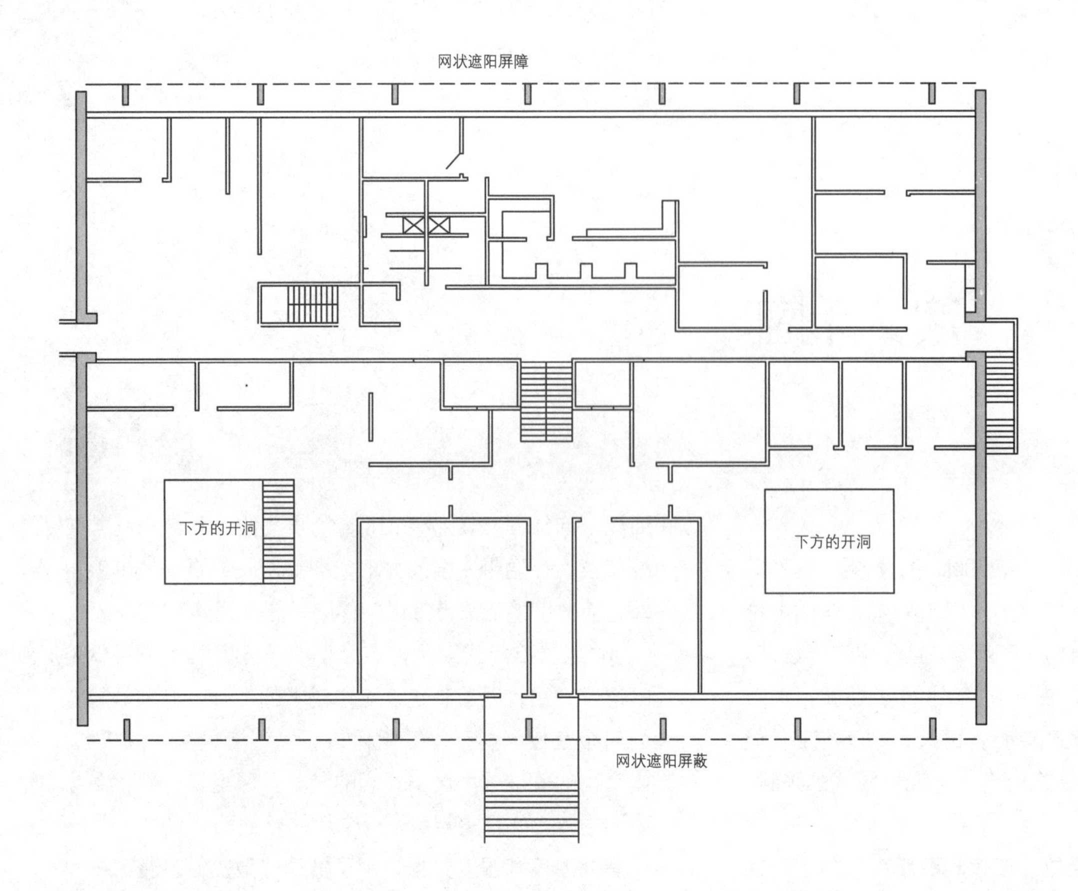
网状遮阳屏障
下方的开洞
下方的开洞
网状遮阳屏蔽

图 26.2　上楼层平面图（显示了南立面和北立面的砖墙，以及东立面和西立面的遮阳。同样注意开放区域或办公空间下方的洞口，以及开放式办公室和巢状办公室的结合）
资料来源：改编自英国纽卡斯尔大学的设施管理部门（Newcastle University Facilities Management）

图 26.3　上楼层（西南角）的开放式办公区（注意下方地板的开洞、木制墙覆面、顶棚上的大量天窗区域，以及照片右上角的机械通风供应管道）

图 26.4　穿过高低层办公区域之间的开洞向下观望（注意上方的天窗，周边的通风管道，以及右侧的无窗单人办公室）

图 26.5　主入口的大厅区，问询处位于左侧，“公用”计算机位于右侧

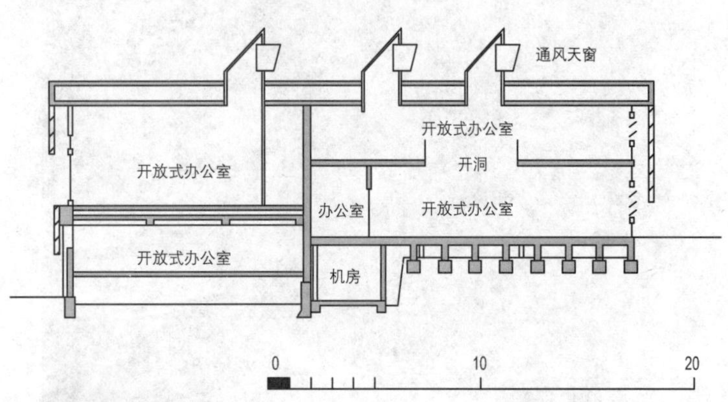

图 26.6　东西截面显示了楼层的重新布局（注意开放式办公室之间的开洞和通风天窗，旨在适当条件下允许自然空气排放）

资料来源：改编自英国纽卡斯尔大学的设施管理部门

图 26.7　东立面显示了网状遮阳屏障的范围，用于玻璃幕墙的遮阳

图 26.8　西立面的部分视图显示了网状遮阳屏障的范围，用于玻璃幕墙的遮阳。大堂区域的入口位于外部楼梯的后方。注意屋顶上显而易见的天窗

战。虽然在冬季，其温度低点为 4℃，温度高点为 22℃，表明在温和的条件下具有潜力，易于获得太阳能增益或采暖需求。但是在夏季，可能出现 37℃的温度高点，加之高湿度，在缺乏风扇辅助气流或除湿的情况下，很难进行生理冷却。

设计过程

该大学关注于可持续建筑实践，在其驱动下，设计团队选择保留一个原有的体育馆并重新加以设计，以满足一个新学生服务中心的宗旨和预算。该大学的建筑师杰夫·怀特诺、机械工程师戴维·亚历山大和使用者共同确定了该项目的宗旨和示意草图。由 Shaddock Smith 建筑设计事务所、Bassets 咨询工程公司，以及环境顾问先进的环保理念（AEC）公司共同开展进一步的工作，产生了一个非正式的设计和文档过程。

在确保使用被动环境系统的过程中，该大学起到了至关重要的作用，并且确定了间歇性使用机械采暖、通风和制冷的需求。由于该建筑不具有一个理想的冬季太阳能或自然通风方位，加之用户先前已经不适应空调环境，所以在此建筑中必然要采用一个新的采暖和制冷系统。所选择的方法是采用混合模式的设计，将间歇性使用空调和一些被动设计原则结合起来。怀特诺（Alexander and Whitnall, 2007）指出，这些系统是“经济合理的决定”。

基于初始的示意草图，各方均参与了设计过程。确保了使用混合模式系统的最佳低能耗目标设计可以得到进一步的扩展。

设计成果

建筑布局和构造

完成的建筑重新利用了原有的砌体体育馆，环绕在一

个中心大堂周围，提供了 4 个高且开放式的办公空间（图 26.2、图 26.3、图 26.4 和图 26.5）。所有的开放式空间均采用自然通风系统和间歇性的机械采暖、制冷和通风系统。怀特诺所设计的夹层将西侧的两个原有的健身空间进行了垂直分割（图 26.6）。而东侧和西侧的开放式空间均使用了新的玻璃幕墙，并且安装了金属格栅遮阳屏障（图 26.7 和图 26.8）。东西两侧的工作站紧靠玻璃幕墙，用户可以获得充足的日光，并且可以对各层的窗户进行操作（例如，参见图 26.3）。

尽可能地保留了原有的建筑结构，并且保留了原有体育馆的一些美学元素。对体育馆和舞蹈室原有的木楼板进行了加固和抛光。开放式办公空间周围的墙体均采用石膏板内衬轻框墙。而北侧和南侧的周边均采用预制砖混空心墙（图 26.2）。这些墙面通常利用原有的内部木材衬板进行覆面，具有声学和热优势（例如，参见图 26.3）。

混凝土楼板使用瓷砖覆面。办公室和接待区之间的新的墙体主要使用轻质的木框架和石膏板，外涂墙漆或者设置内部的玻璃窗。一些巢状办公室裸露了原有的混凝土墙体。

被动和主动环境控制系统

从建筑构造的角度来看，保留了砖墙的内部木制墙衬，当在室内暴露高质量表面时，可以调节热储存和声学缺陷。混凝土楼板主要是铺设地毯或以木材作为内衬。新的可开启玻璃幕墙窗用以辅助自然通风设计，并且与通风天窗（图 26.9 和图 26.10）一起向大型开放式的工作空间提供自然采光（例如，参见图 26.3 和图 26.4）。钢丝网状的外部屏障向玻璃幕墙提供遮阳，避免夏天西侧和东侧的日照得热（例如，参见图 26.7 和图 26.8）。

该建筑使用了一个自动混合模式的通风、采暖和制冷设计的传感器。一个恒温系统用于监控内部和外部的空气

图 26.9　2 排屋顶通风天窗的外部视图（注意防雨挡板背后的百叶开口）

图 26.10　一个典型的西向天窗，通过顶棚式的光扩散屏向上观望（在适当条件下，天窗的垂直玻璃窗使空气得以排出）

图 26.11　地下室区域暖通空调视图（注意送风管道的热水和冷水循环盘管，服务于建筑的不同区域）

每个影响因素的平均得分，以及得分是否显著高于、相似或者低于 BUS 的基准分 **表 26.1**

		得分	低于	相似	高于		得分	低于	相似	高于
运行因素										
来访者心中的形象		4.72		●		清洁	5.36			●
建筑空间		3.84	●			会议室的可用性	5.29			●
办公桌空间 – 太小 / 太大[4]		5.28	●			储藏空间的合适度	3.61		●	
家具		4.92		●			na			
环境因素										
冬季的温度和空气						夏季的温度和空气				
整体温度		3.93		●		整体温度	4.77			●
温度 – 太热 / 太冷[4]		5.26	●			温度 – 太热 / 太冷[4]	4.00			●
温度 – 恒定 / 变化[4]		4.61	●			温度 – 恒定 / 变化[4]	4.51	●		
空气 – 不通风 / 通风[4]		4.04			●	空气 – 不通风 / 通风[4]	3.35		●	
空气 – 干燥 / 湿润[4]		3.36		●		空气 – 干燥 / 湿润[4]	3.98			●
空气 – 新鲜 / 闷[1]		3.91		●		空气 – 新鲜 / 闷[1]	4.26		●	
空气 – 无味 / 臭[1]		2.86			●	空气 – 无味 / 臭[1]	3.02			●
整体空气		4.62			●	整体空气	4.76			●
光线						**噪声**				
整体光线		5.24			●	整体噪声	4.04		●	
自然采光 – 太少 / 太多[4]		3.70	●			来自同事 – 很少 / 很多[4]	4.52	●		
太阳 / 天空眩光 – 无 / 太多		3.10			●	来自其他人 – 很少 / 很多[4]	4.73	●		
人工照明 – 太少 / 太多[4]		4.10			●	来自内部 – 很少 / 很多[4]	3.40	●		
人工照明眩光 – 无 / 太多[1]		3.44			●	来自外部 – 很少 / 很多[4]	3.29	●		
						干扰 – 无 / 经常[1]	na			
控制因素[b]						**满意度因素**				
采暖	26%	4.60			●	设计	4.33		●	
制冷	24%	2.33		●		需求	4.92			●
通风	36%	2.74		●		整体舒适度	4.52			●
光线	12%	1.50	●			生产力 %	−2.04%		●	
噪声	16%	2.54		●		健康	3.44		●	

注：（a）除非有其他的注明，7 分为“最高”；上角标[4]表示 4 分最高，上角标[1]表示 1 分最高；（b）所列出的百分比值表示认为该方面个人控制很重要的受访者百分比。

针对 12 项性能影响因素所提供正面、负面和中立评论的受访者人数　　表 26.2

方面	受访者人数			
	正面	中立	负面	总数
整体设计	1	1	8	10
整体需求	1	2	6	9
会议室	0	2	1	3
储藏空间	0	1	5	6
办公桌 / 办公区域	1	0	2	3
舒适度	1	1	7	9
噪声来源	1	0	8	9
光线条件	1	0	1	2
生产力	0	2	2	4
健康	0	0	1	1
工作良好 (n/a)	—	—	—	—
阻碍 (n/a)	—	—	—	—
总计	6	9	41	59
百分数	10.7	16.1	73.2	100

温度。当室外温度允许直接利用新鲜空气时，服务于空调系统的锅炉和制冷机将自动关闭，只使用 AHU 系统风扇(图 26.11)。当只使用风扇时，通过上层的天窗通风口而非回风管道进行排风，并且用户可以开启窗户。

能源经理戴维 · 亚历山大（2007）可控制用作警报系统的光板。“当橙色灯亮起时告诉工作人员，他们可以打开窗户，因为系统内部只吸入新鲜空气”，而当绿灯亮时表示室外温度 “不是超过 30℃就是低于 15℃，且系统正运行空调模式”，建议用户应该关闭窗户。一个超驰开关供下班后使用。个人窗口控件提供给那些临窗的用户，但与风扇驱动室外空气供应战略无关，也不是必不可少的。

用户对该建筑物的看法

总体反应

在学生服务中心工作的 111 人中，有 50 位永久用户作出了回应，其中 82% 的受访者为 30 岁或 30 岁以上，并且其中 70% 为女性；20% 的受访者单独工作，而 70% 的受访者需要和 5 位或者更多的人一起工作。62% 的受访者使用开放式的办公室，并且肯定未临窗。共有 74% 的受访者曾经在同一栋大楼中工作，且 60% 的受访者在同一个工作区域超过一年。一般来说，工作人员在该建筑中每周工作 4.7 天，每天工作 7.3 小时，其中 6.8 小时是在自己的办公桌前或目前的工作空间，且 6.1 小时在计算机前。

重要因素

表 26.1 列出了每个调查问题的平均得分，并且显示了员工对该建筑各个方面的感知评分与基准分以及 / 或中间值的比较情况，分为显著高于、相似或者低于三种不同的情况。在这个案例中，有 17 个方面的得分显著高于基准分，11 个方面的得分显著低于基准分，其余 15 个方面的得分与基准分大致相同。

在运行方面，清洁和会议室可用性的得分良好，但是有看法认为似乎存在太多的桌面空间且该建筑的空间利用性差。

冬季和夏季温度和空气的整体得分良好。从更详细的内容来看，用户认为冬季和夏季的温度变化太大，并且冬季过于寒冷，但是两个季节的空气均相对无味。

整体光线的得分（5.24 分）优异，自然和人工照明眩光远低于中间值和相应的基准分，虽然有建议表明自然光线太少。

受访者对噪声的评分表明来自同事和其他人的噪声太多，且来自其他内部和外部的噪声过少，而整体噪声的分数与 BUS 的基准分相似。这表明该建筑的内部构造易于人与人之间的噪声传输，可能是由于开放式的空间和硬表面所造成的。该建筑也同样没有任何其他的噪声产生或对用户产生影响。

虽然可以打开窗户，但是通风的个人控制得分在此组中却是最高的，然而其得分相对较低。虽然采暖的个人控制得分较高，但是却显著低于基准分。光线因其重要性，所得分数非常低。

从满意度因素的角度来看，需求和整体舒适度的得分高于其各自的基准分，而设计、健康和生产力的得分与基准分相似。

用户意见

总计，共收到来自员工大约 47 条反馈意见，受访者可以在 12 个标题下面添加书面意见——占总 230 条潜在意见的 11.2% 左右（50 位受访者，12 个标题）。表 26.2 显示了正面、中立和负面评论的数量——在这个案例中，约有 10.7 % 的正面评论、16.1% 的中立评论以及 73.2% 的负面评论。

在所收到的 56 条意见中，只有其中 6 条意见是正面的，与设计有关。除了一些温和的调查分数以外，其余的 50 条意见集中在过去和现在的问题上。

从工作空间舒适性的角度来看，需要更多的大小不一的会议场所供私人谈话，以及需要更多的厕所、储藏室和储物架。

光线设计收到了不同的反馈，从自然光的供给到眩光的产生，或在不同的天气情况下，天窗缺乏光线，以及一些办公室内缺乏自然采光。

约有 19 位受访者认为噪声和该建筑的一般隔音存在问题。在整体噪声、设计、整体舒适度和生产力方面进行了强调。这些看法在很大程度上归咎于双层的开放式空间，噪声通过楼层间的开洞进行传输。

一些人认为采暖差，虽然这可能反映了臭名昭著的“啤酒瓶” 事件。据亚历山大（2008）说：

> 啤酒瓶事件是指，最初当锅炉被安装后，由于燃烧故障不断停机。一段时间后发现，几年前当输气管道从铸铁升级到尼龙材质时，在安装过程中，一个啤酒瓶被插入其中。在天然气消耗量高时，瓶子会被塞入到一个非离心减速器中，并且阻止气流通过，但是当气流停止时，瓶子便会回落，并允许气体通过。耗费了一定的时间来确定阻塞的确切位置，当管道被挖出时——那里有一个啤酒瓶。

但是，对于该建筑物，仍然有一个关于冬季太冷的看法。

整体性能指标

舒适度指数是以舒适度、噪声、光线、温度以及空气质量的得分为基础，结果为 +0.58 分，而满意度指数则根据设计、需求、健康和生产力的分数计算而来，结果为 +0.11 分，注意这些情况下，−3 分到 +3 分范围内的中间值为 0。

综合指数是舒适度指数和满意度指数的平均值，结果为 +0.34 分，而在这种情况下，宽恕因子的计算结果为 0.99，表明员工可能对个别方面的小瑕疵相对宽容，如冬夏季温度、空气质量、光线和噪声等（因子 1 表示通常范围 0.8—1.2 的中间值）。

从十影响因素评定量表来看，该建筑在 7 分制的评级中位于“良好”建筑物之列，计算百分比为 76%。当考虑所有变量时，计算百分比为 66%，处于“平均水平”的中间。

其他报道过的性能

该调查是在一个硕士研究期间进行的，该硕士研究旨在调查低能耗建筑的通风策略，着眼于服役建筑的热舒适性能，共涉及 6 个案例研究，学生服务中心是其中的一个（Dixon，2005）。自然通风建筑创造了低能耗利用的记录，但是其夏季的湿度问题并没有被处理得很好，并且在冬季不容易保留热量或充分的加热热质表面。空调建筑的用户反馈良好，但产生了非常高的能耗数字。相比而言，从客户的满意度和显著的节能效果来看，这种混合的模式表现相对较好。

纽卡斯尔大学的设施管理组已经对众多校园建筑的用电情况进行了监测（Energetics，1998）。与采用自然通风的通用大楼[年能耗量为 38.6kWh/（m^2·a）]（见第 25 章）和采用全空调的总理府大楼[年能耗量为 190kWh/（m^2·a）] 相比，学生活动中心的年能耗量为 107kWh/（m^2·a）。结果有力地证明了混合模式可以提供适度的舒适性，并在这一地区的气候条件下提供了一个居中的能源使用模式。

作为一个更大研究的一部分，结合问卷调查和观测数据，获得了学生服务中心室内和室外的温度和湿度数据（Dixon，2005）。结果发现，夏季温度适度，最高气温在 26—30℃范围内，并且由于使用 HVAV 系统的缘故，湿度可以被接受。冬季的平均温度在 21—23℃之间，位于 ASHRAE 标准 55 自适应舒适区的下端。间歇性的使用空调用以调节室外温度或湿度对室内气候的任何影响。

在此研究过程中同样对该建筑进行了巡视。发现该建筑的窗户使用总是与光板的建议不符。

致谢

非常感谢给予此项调查时间的受访者。并且感谢纽卡斯尔大学的设施管理团队：建筑师和设施管理的主管菲利普 · 波拉德；该大学的建筑师杰夫 · 怀特诺；以及能源管理 – 机械工程师戴维 · 亚历山大。我还必须感谢百瀚年建筑事务所赞助的硕士项目，其中包括对此建筑的研究。

参考文献

Alexander, D. (2008) Personal communication, 4 June.

Alexander, D. and Whitnall, G. (2007) Transcript of interview of 12 February 2007, Newcastle, NSW.

ASHRAE (1992) *Standard 55: Thermal Environment Conditions for Human Occupancy*, Atlanta, GA: American Society of Heating Refrigerating and Air-Conditioning Engineers.

Dixon, J. (2005) ‘Thermal Comfort and Low Energy Building Ventilation Strategies: Investigating Buildings in Use’, unpublished thesis, University of Newcastle, NSW, Australia.

Energetics (1998) ‘Energetics – Energy Strategy Study’ and updated with 2001–2002 figures using Newcastle University building monitoring system data.

NRDC 大楼的屋顶和西南立面

第 27 章
自然资源保护委员会（NRDC）
圣莫尼卡，加利福尼亚州，美国

背景

罗伯特雷德福大楼（Robert Redford Building）是自然资源保护委员会在加利福尼亚州南部的总部，其楼层面积为 1400m^2。自然资源保护委员是一个非营利组织，它的使命是保护公众健康和环境。这个 3 层高的建筑坐落于圣莫尼卡，距离洛杉矶市以西约 20km，靠近公共交通设施。

鉴于 NRDC 的目标，可以预料到，当该组织开始翻修全国各地的办事处时，环境原则具有高度的优先权。1988 年，当自然资源保护委员会的总监约翰 H ·亚当斯（John H. Adams）决定将 NRDC 现有的办公室从威尔特中部搬迁到圣莫尼卡的 “绿洲” 时（Petersen，2006），就下定决心要展示可持续设计。选择了一个已有建筑进行适当再利用，将建筑还原到 20 世纪 20 年代的木结构，在完成了全部的整修后，罗伯特雷德福大楼于 2003 年 11 月对外开放（图 27.1）。大楼主要包括办公室、会议室、NRDC 法律和行政人员的工作空间，以及一个临街的环境行动中心，用于公众宣传和教育。

场地本身距离太平洋沿岸仅有一个街区的距离（靠近历史悠久的 66 号公路西端——现在的圣莫尼卡大道），属于加利福尼亚州南部相对温和的气候（纬度 34°N），夏季和冬季的设计温度分别是 30.9℃和 5.8℃［长滩（Long Beach）附近］（ASHRAE，2001：27.8-9）。

该建筑获得了 2004 年新城市主义大会特许奖（在街区、街道和建筑分类中），并且是首批获得第 2 版美国绿

图 27.1 第 2 大道正面，越过左侧车道是 NRDS 办公室的入口，右侧树干处是环境学习中心的大门［同样注意该立面和其他立面的纤维增强覆面板］

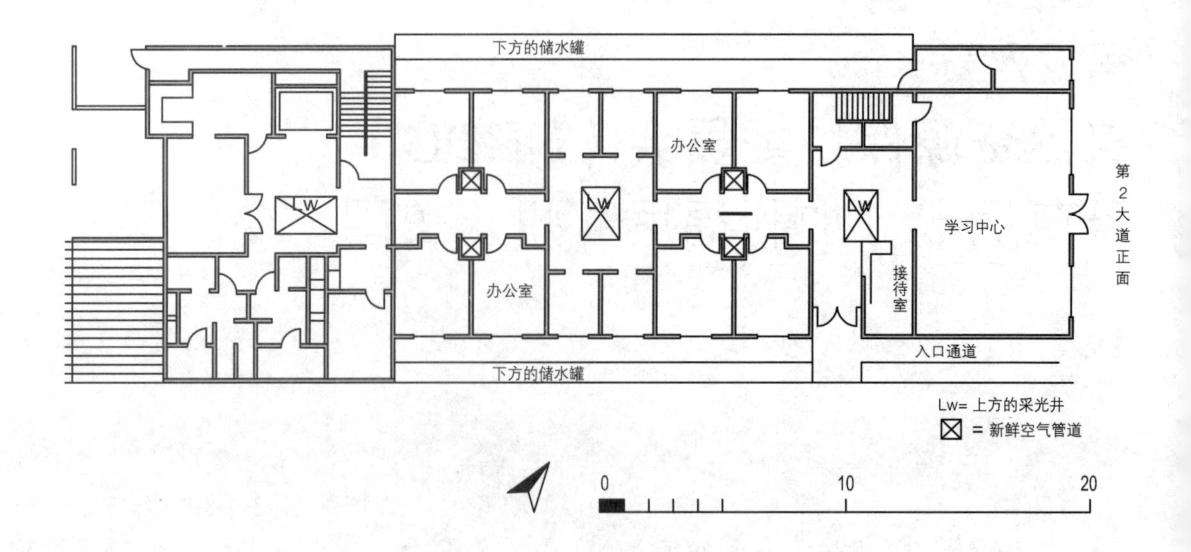

图 27.2　首层平面图［注意 3 个采光井的位置和补充空调系统的垂直管道布局］
资料来源：改编自 Moule 和 Polyzoides 建筑设计事务所

图 27.3　屋顶和第 2 大道立面视图，刚好可见位于照片顶部的太平洋［注意以下几点：（1）自然资源保护委员会与毗邻建筑物之间的日照距离；（2）第 3 层会议室和员工工作室聚集在屋顶的远端；（3）水平光伏板覆盖了大部分屋顶；（4）2 个采光井位于照片中心，其附加的排风扇显而易见，以及顶部的光伏电池板；（5）6 个规则排列的通风帽，构成了补充空气调节系统的新鲜空气进口；（6）第 3 层厕所顶部的采暖系统和其他机房设备（见照片左上角顶部）］

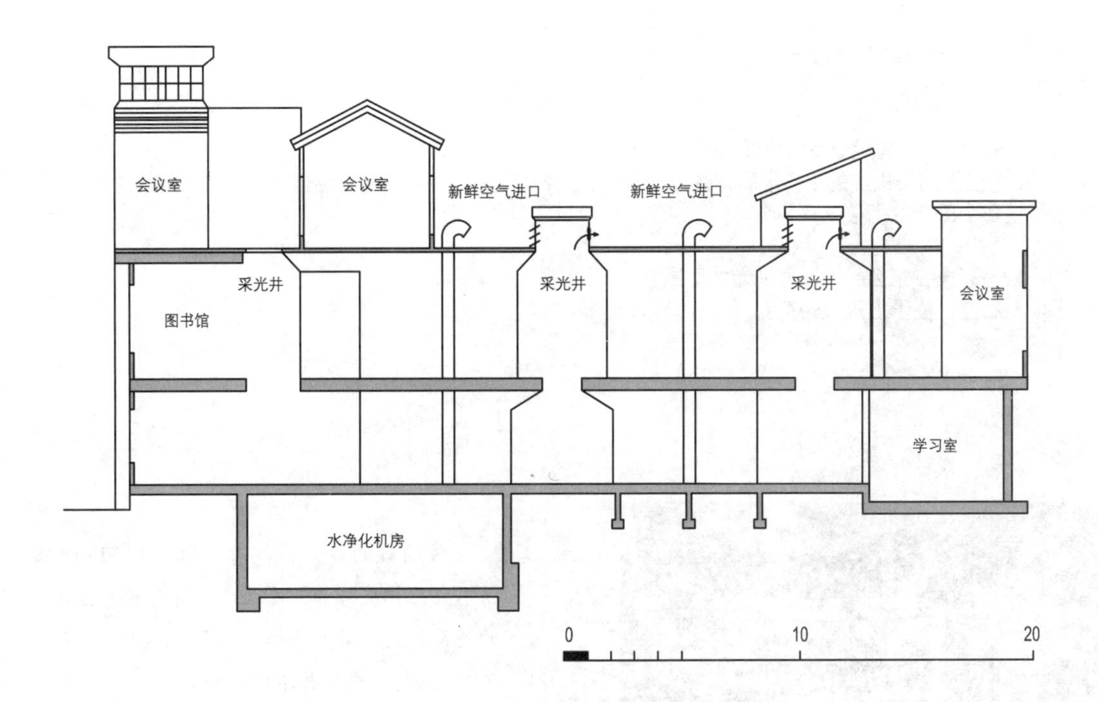

图 27.4　长横截面［注意 3 个采光井的位置和垂直空气分配管道］
资料来源：改编自 Moule 和 Polyzoides 建筑设计事务所

图 27.5　第 3 层露台，其员工工作区位于右侧，会议室位于中心及左侧［注意露台楼面的玻璃部分，其构成了采光井的顶部］

色建筑理事会 LEED 新建筑白金认证的建筑之一（LEED，2004），是当时所有建筑中的最高分。

已经在别的地方详细描述过设计过程和建筑成果（Griscom，2003；NRDC，2004；Scott，2004）。以下是最简短的概括。

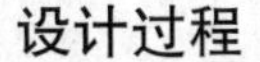

设计过程

经过大量的面试，涉及大约 25 个公司，帕萨迪纳的 Moule 和 Polyzoides 建筑设计及城市规划事务所（Moule and Polyzoides，Architects and Urbanists of Pasadena）被最后选中。该公司的合作伙伴包括斯特法诺斯·波利佐伊迪斯（Stephanos Polyzoides）和伊丽莎白·莫尔（Elizabethe Moule），他们是新城市主义大会的创始人，新城市主义大会是　“一个致力于重建美国大都会，并且关注社区和自然资源保护的组织”（Scott，2004）。机械、电气以及给排水方面的专业设计均由 Syska Hennessy 集团（Syska Hennessy Group）负责。

据首席建筑师伊丽莎白·莫尔说，“她的团队首先考虑在市中心寻找一个现有的、可以翻修的结构”（Griscom，2003），且该结构具有所有固有的资源效率。实现低能耗也是一个重要的考虑因素，这栋楼将要最大限度地利用日光和自然通风。

NRDC 是一个宣传环保的组织，并且其资深科学家罗布·沃森（Rob Watson）也深入参与了 LEED 认证计划，这些对该项目实现一个高的评级均有贡献。然而，根据莫尔勒说：

图 27.6　光伏阵列特写，一些新鲜空气进气口，以及采光井顶部［背景的楼梯塔可通向屋顶］

图 27.7　东南立面视图，沿相邻建筑之间的空隙进行观望。2 个主要蓄水池中的 1 个位于加长机房的下方［同样注意远处立面上小心布置在屋顶各个部分的衔接式落水管］

图 27.8　“开放”办公室聚集在第 2 层的 1 个采光井周围［注意 1 个排风扇位于格栅后方，位于上层玻璃旁边］

> 该项目的最大挑战却与取得 LEED 评级的关系不大，相反与如何处理一个高度不足的现有建筑的关系较大。虽然原结构始于 20 世纪 20 年代，但是 70 年代的整修并不值得保留——从这里可以得到一个教训，确保一个建筑值得挽救的前提是该建筑具有结构和建筑的完整性。

最后，只有外墙得以保留，其他被拆除的材料进行了再利用和回收。她还发现：

图 27.9　典型的办公室窗户，基座加热器位于下方。窗框的传感器用于控制加热器，当窗口开放时，将加热器关闭。1 个简单的卷帘装置用以控制眩光

图 27.10　冷却设备（六个之一）位于百叶门的橱柜中，构成了新鲜空气垂直管道分配系统的一部分［温度和相对湿度指示器和用户控件就位于旁边］

图 27.11　1 间会议室的温度（℉）和二氧化碳（ppm）指示器。红灯亮时表示二氧化碳水平超过了预定值［提醒用户打开窗户（事先安装了声响警报，但证明过于分散注意力 – 红灯随后安装）］

> 另一个挑战是与该城市的协同工作。圣莫尼卡引以为豪的是，小镇自身就是一个拥有绿色准则的先锋城市。对于所面临的许多技术问题，得到工作人员的许可却并不容易——无论是绿色的还是非绿色的问题。一个想要建造绿色建筑的城市必须通过一定的流程找到激励开发商和业主的方法。
>
> （Moule，2004）

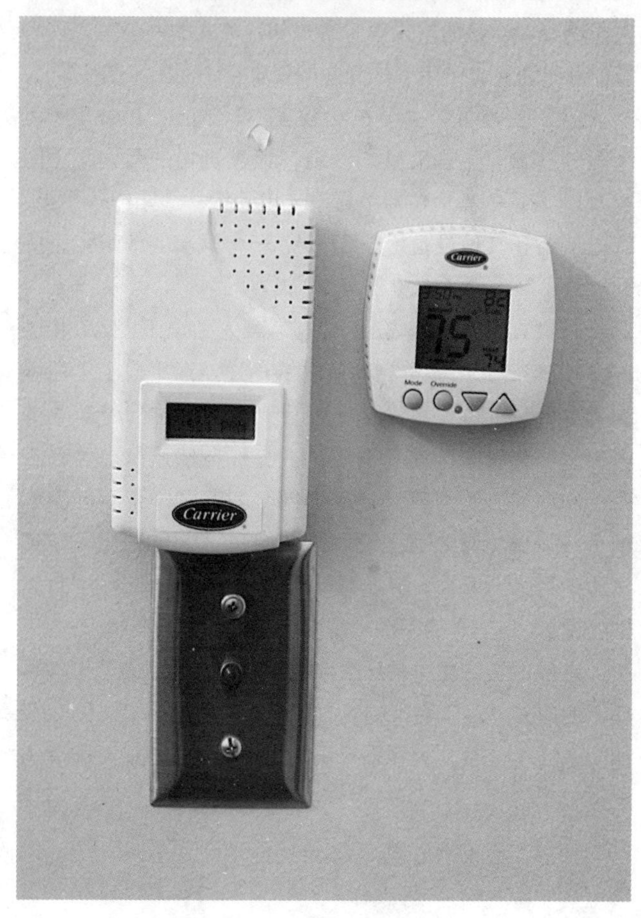

设计成果

建筑布局、构造和被动环境控制系统

建筑平面为矩形（图 27.2），紧靠相邻的建筑物，占据了大约 37m×14m 大小的城市场地，其长轴大致为东北－西南方向。除了每个长立面与相邻建筑物有一个 2m 的空隙外，该建筑几乎占据了大部分的场地（图 27.3）。

两个主要的楼层（第 1 层和第 2 层）占据了建筑物的整个长度（图 27.4）。这些楼层主要用作 NDRC 的办公室及相关设施。该建筑的主要入口位于第 2 大道的东南立面。包含环境学习中心的东南立面是 NRDC 的公共形象，欢迎大家的光临。该建筑设有封闭式和开放式的办公室，后者集中在一系列上方带有采光井的聚集空间周围（图 27.2）。

第 3 层有两个主要的会议室、1 个员工工作室和 1 个室外露台，这些空间均围绕在该建筑物的西南端（图 27.5）。屋顶的其他位置放置了光电池板、太阳能热水器、冷凝机组和其他设备（图 27.6）。一个紧凑的地下室空间则放置了净水设备（图 27.4）。

长立面和相邻建筑之间的距离为 2m（图 27.7 和图 27.3），使日光可渗透到建筑物的周边，而平面图中所强调的 3 个采光井（图 27.2）使日光可以渗透到建筑物的内部。周边窗户均是可开启的，允许自然通风，并且在两个采光井上部可开启的玻璃部分安装了一个百叶窗和一个排风扇（图 27.8）。3 个采光井的顶部均采用了玻璃材质的可步行表面，并构成了上方露台的一部分。“封闭办公室” 门上方的手动气窗使空气可以进行传输。

主要的覆面材料是纤维增强水泥，其中包含了可循环使用的成分，用于所有的立面和采光井（图 27.1、图 27.7 和图 27.8）。 窗户大多采用低反射率的双层玻璃，配有内部卷帘，并允许控制任何眩光（图 27.9）。

主动环境控制系统

虽然第 3 层的挑高会议室能够完全依赖自然通风，并且当需要时还可以利用屋顶的吊扇促进空气流动，但是第 1 层和第 2 层办公室的进深较深，需要补充机械通风系统装置。6 个小型的新鲜空气供应单元均与结构集成一体，在高峰时段对空气进行加热或制冷（图 27.10）。

一个燃气系统向办公室的散热器和基座扩散器提供热水。每个办公室的恒温器允许对这些系统进行个人控制——当窗户被打开时，所安装的传感器用以关闭该区域的终端设备（图 27.9）。

已经采取了大量的措施确保工作人员能注意到该建筑的环境条件，并且可以作出适当的反应。整个建筑在关键位置均设有室内温度和湿度的读数（图 27.10）以及二氧化碳读数。二氧化碳传感器包括一个警示灯，当到达大约 750ppm 时提醒用户打开窗户（图 27.11）。

人工照明包括高效节能灯的安装，例如在办公室使用的 T8 灯管。此外，用户感应器和日光感应器均已安装，当空间没人时，前者将灯熄灭，当光线充足时，后者将灯光调暗。每个办公室的手动开关也有调光控制。

1 个 7.5kW 容量的电网连接了光伏阵列（图 27.6），旨在向此建筑提供大约 20％的需求量，已经被安装在该建筑的两个采光井的平顶上。

水槽和淋浴间的雨水和混水经过收集和处理后被存储在两个大型的地下水箱中。沿着该建筑，两个水箱被置于加长机房的下方（例如，图 27.7）。处理后的水用于灌溉和厕所冲洗。虽然处理后的水质量超过了饮用水的要求，但是目前的城市附属条例限制重复使用非饮用水。

用户对建筑物的看法

总体反应

于 2005 年 12 月期间对该建筑进行了调查。对于所有的大约 20 个受访者（83% 为女性，17% 为男性）而言，该建筑是他们正常工作的地方，平均每周工作 4.8 天，每天工作 8.9 小时，其中约 7.5 小时在自己的办公桌上以及 6.9 小时在计算机前。30 岁以下和 30 岁以上的受访者比例为 32：68，并且大多数（65%）受访者已经在该建筑的同一张办公桌或工作区域工作超过了一年。大多数人拥有独立的办公室和工作区。

重要因素

表 27.1 列出了工作人员对每个相关调查问题的平均得分。表 27.1 也显示了员工对该建筑各个方面的感知评分与基准分以及 / 或中间值的比较情况，分为显著高于、相似或者低于三种不同的情况。在这个案例中，有 30 个方面的得分显著高于基准分，4 个方面的得分显著低于基准分，其余 11 个方面的得分与基准分大致相同。

在 8 个运行因素方面，该大楼的得分在 7 个方面均高于基准分。唯一的例外是桌面空间得分。

虽然夏季和冬季的温度及空气的整体得分均远远高于其相应的基准分，但是在个别方面仍然有一些变化。在今年的两个季节中，空气本身是新鲜和无味的，但均被认为干燥和不通风；并且，虽然温度在两个季节均稳定，但是却被认为冬季太冷和夏季太热。

虽然光线的整体得分高于基准分和中间值，并且在人工照明方面并没有提出相关的问题，但是工作人员表示有过多的自然光线。噪声的整体得分也很高，但是与其他潜在来源相比，认为有太多来自同事的噪声。

约有 60%—70% 的工作人员认为采暖、制冷、通风和采光的个人控制重要（在接受调查的建筑中所占比例最高），并且这些方面的得分也高于相应的基准分。另一方面，噪声的个人控制得分相对较低。

满意度变量的得分（设计、需求、整体舒适度、生产力和健康）均显著高于其各自的基准分，并远远超过中间值。

用户意见

总计，共收到来自员工大约 92 条反馈意见，受访者可以在 12 个标题下面添加书面意见——占总 240 条潜在意见的 38.3% 左右（20 位受访者，12 个标题）。表 27.2 显示了正面、中立和负面评论的数量——在这个案例中，约 45.7 % 的正面评论、7.6% 的中立评论以及 46.7% 的负面评论。

缺乏存储是一些受访者发现的问题，尽管其平均得分良好；然而，还有一些受访者提出了与噪声以及太阳和天空眩光相关的问题，与这些方面所取得的温和分数相呼应。还有 3 个评论超出问卷的范围，反映了其他方面的内容。关于健康的意见都是正面的，反映了其非常高的得分，为 5.85 分。

整体性能指标

舒适度指数是以整体舒适度、噪声、光线、温度以及空气质量的得分为基础，结果为 +2.27 分，而满意度指数则根据设计、需求、健康和生产力的分数计算而来，结果为 +3.37 分，均高于中间值（注意这些指数的范围在 −3 分到 +3 分之间）。

综合指数是舒适度指数和满意度指数的平均值，结果为 2.82 分，而在这种情况下，宽恕因子的计算结果为 1.20，表明员工整体上可能对个别方面的小瑕疵相对宽容，如冬夏季温度、空气质量、光线和噪声等（因子 1 表示通常范围 0.8—1.2 的中间值）。

从十影响因素评定量表来看，该建筑在 7 分制的评级中位于“杰出”建筑物之列，计算百分比为 100%。当考虑所有变量时，计算百分比为 82%，处于“良好”的顶端。

每个影响因素的平均得分，以及得分是否显著高于、相似或者低于 BUS 的基准分 表 27.1

		得分	低于	相似	高于		得分	低于	相似	高于
运行因素										
来访者心中的形象		6.85			●	清洁	5.85			●
建筑空间		6.20			●	会议室的可用性	6.60			●
办公桌空间－太小/太大[4]		4.40		●		储藏空间的合适度	4.50			●
家具		6.05			●	设施符合工作要求	6.40			●
环境因素										
冬季的温度和空气						夏季的温度和空气				
整体温度		4.84			●	整体温度	5.39			●
温度－太热/太冷[4]		4.67	●			温度－太热/太冷[4]	3.41		●	
温度－恒定/变化[4]		3.83		●		温度－恒定/变化[4]	3.53		●	
空气－不通风/通风[4]		2.94	●			空气－不通风/通风[4]	3.31		●	
空气－干燥/湿润[4]		3.22		●		空气－干燥/湿润[4]	3.59		●	
空气－新鲜/闷[1]		2.21			●	空气－新鲜/闷[1]	1.83			●
空气－无味/臭[1]		1.47			●	空气－无味/臭[1]	1.56			●
整体空气		5.32			●	整体空气	5.61			●
光线						**噪声**				
整体光线		6.30			●	整体噪声	5.05			●
自然采光－太少/太多[4]		4.50	●			来自同事－很少/很多[4]	4.95	●		
太阳/天空眩光－无/太多		3.85		●		来自其他人－很少/很多[4]	4.47		●	
人工照明－太少/太多[4]		3.95			●	来自内部－很少/很多[4]	3.90			●
人工照明眩光－无/太多[1]		2.53			●	来自外部－很少/很多[4]	4.60		●	
						干扰－无/经常[1]	3.53			●
控制因素[b]						**满意度因素**				
采暖	70%	5.15			●	设计	6.65			●
制冷	65%	5.20			●	需求	6.20			●
通风	70%	6.50			●	整体舒适度	6.50			●
光线	60%	6.05			●	生产力 %	+23.00			●
噪声	50%	3.40		●		健康	5.85			●

注：（a）除非有其他的注明，7 分为“最高”；上角标[4]表示 4 分最高，上角标[1]表示 1 分最高；（b）所列出的百分比值表示认为该方面个人控制很重要的受访者百分比。

针对 12 项性能影响因素所提供正面、负面和中立评论的受访者人数　　表 27.2

方面	受访者人数			
	正面	中立	负面	总数
整体设计	6	—	4	10
整体需求	1	—	5	6
会议室	3	—	—	3
储藏空间	1	2	7	10
办公桌 / 办公区域	2	1	3	6
舒适度	2	—	1	3
噪声来源	1	3	5	9
光线条件	4	—	5	9
生产力	5	1	—	6
健康	6	—	—	6
工作良好	11	—	—	11
阻碍	—	—	13	13
总计	42	7	43	92
百分数	45.7	7.6	46.7	100

致谢

我必须向环境行动中心（Environmental Action Center）的艾芙琳娜·斯拉文（Evelyne Slavin）表达我的感激之情，感谢其批准我进行这项调查。特别感谢办公室管理员盖尔·彼得森（Gayle Petersen）协助我理解该建筑及其运作，以及感谢莫尔和波利佐伊迪斯建筑事务所的戴维·瑟曼（David Thurman）对本章草案进行了审阅。

参考文献

ASHRAE (2001) *ASHRAE Handbook: Fundamentals, SI Edition*, Atlanta, GA: American Society of Heating Refrigerating and Air-Conditioning Engineers.

Griscom (2003) 'Who's the Greenest of Them All?' available at: www.grist.org/ news/powers/2003/11/25/of/ (accessed 27 September 2005).

LEED (2004) 'Ratings and Awards', available at: http://leedcasestudies.usgbc. org/ratings.cfm?ProjectID=236 (accessed 15 September 2007).

Moule, E. (2004) 'Lessons Learned', available at: http://leedcasestudies.usgbc. org/lessons.cfm?ProjectID=236 (accessed 14 September 2007).

NRDC (2004) 'Greener by Design: NRDC's Santa Monica Office', available at: www.nrdc.org/cities/building/smoffice/into.asp (accessed September 2007).

Petersen, G. (2006) Transcript of interview held on 16 December, 2005, Santa Monica.

Scott, Z. D. (2004) *From Solar Power to Eco-Friendly Desk Chairs – A Resource Guide for the Greenest Building in the United States – the Robert Redford Building*. Santa Monica, CA: Natural Resources Defense Council.

第 4 部分

湿热带建筑

第 28–31 章

下面的案例研究均坐落于那些可大致归纳为湿热带气候的地区。其中两个位于马来西亚，一个位于在新加坡，其余的两个位于印度西北部古吉拉特邦的同一个地点。将按照以下顺序描述对其进行描述：

第 28 章　工艺教育学院（ITE），璧山，新加坡
第 29 章　能源、水和通信部（MEWC）大楼，普特拉贾亚，马来西亚
第 30 章　梅纳拉 UMNO 大厦，槟城，马来西亚
第 31 章　Torrent 研究中心，艾哈迈达巴德，古吉拉特邦，印度
本案例研究包括针对全空调系统和只利用蒸发冷却系统建筑的调查。

在 5 个案例中，其中一个拥有先进的自然通风系统，两个是完全的空调系统，以及两个混合模式系统（一个是转换系统，另一个是分区系统）。

璧山 ITE 礼堂南立面的厨房排烟管道

第 28 章
工艺教育学院（ITE）
璧山，新加坡

背景

新加坡工艺教育学院共有大约 11 个分院，璧山工艺教育学院是其中的一个，面积为 20300m²。璧山学院共有大约 100 名员工，可招收 1600 名左右的学生，其中 85％是女性，主要提供商业管理和护士课程。两个并行的教学体块呈一个弧形平面，一条 18m 宽的街道将其分离开来。行政区和图书馆位于北侧，多用途礼堂和餐厅位于南侧（图 28.1）。

1989 年，国立商学院（NIC）为了重建一个新的设施，在新加坡举办了一个比赛，该设计脱颖而出，国立商学院是尚未成立（1992 年）的工艺教育学院（ITE）的前身。新加坡南华建筑设计第二研究所（Akitek Tenggara II）赢得了此次比赛，该建筑于 1994 年 7 月 28 日正式开放。

4.6hm² 的场地位于璧山新镇，将成为 2 个 ITE 学院中的一个，提供大专商业管理课程，靠近新加坡岛的地理中心。坐落于赤道以北约 1.5°，1％概率的设计温度从 23—32℃左右不等（ASHRAE，2001：27.48-9）。

设计过程和建筑结果在别的地方已经详细描述过了（Baird，2001）。以下是最简短的概括。

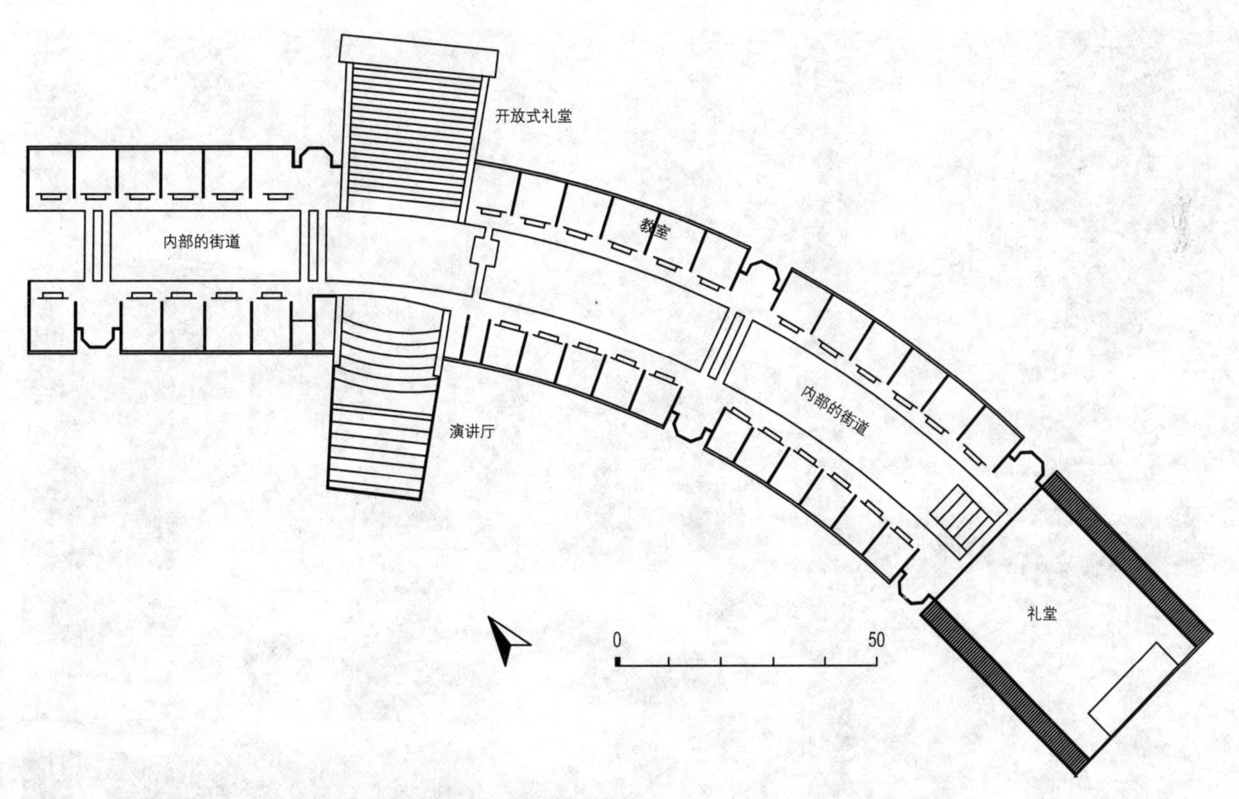

图 28.1 总平面图［尤其显示了模块化的教学空间、大厅地板的通风口、演讲厅和开放式露天剧场的位置，以及建筑的总体方位］
资料来源：改编自鲍威尔（Powell）（1994：71）

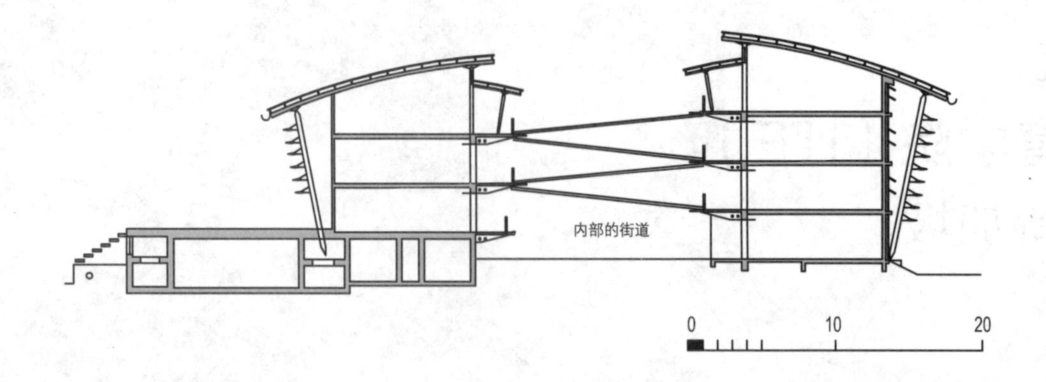

图 28.2　教学体块的典型东西方向截面［注意遮阳和通风口，以及两个体块之间的桥梁］
资料来源：改编自鲍威尔（1997：125）

图 28.3　一个典型的空调教室［其分离式空调系统的嵌入单元向空间提供冷气］

图 28.4　自然通风教室［面朝外立面的可开启窗户］

图 28.5　自然通风教室［面朝内立面 - 注意位于较高水平位置的固定百叶通风口和柜子下方的格栅、打开的教室门，以及墙上及落地式的风扇］

设计过程

该学院的设计师旨在“通过开发场地和区域的几何形状，不仅要体现出技术进步，并且在使用最少人工能源的情况下，为热带气候环境提供解决方案”（Powell，1994：68）。他们希望“塑造一个热带气候的城市缩影”（Powell and Akitek Tenggara，1997）。

新加坡南华建筑设计研究所的郑庆顺（Tay Kheng Soon）认为该实践涵盖了多个学科，并且坚决回避在可持续设计中采用一些时髦的、但常常肤浅的方式，并将其视为 “生态美学或生态造型”。对如何通过适合场地气候特点的建筑手段来实现气候控制，他拥有一个清晰的概念，加上对一些空调系统所声称的能源效率持有合理的怀疑态度，因此，该实践需要考虑设计的方方面面（Tay，1999）。

建筑设备的详细设计是由 BECA（Beca Carter Holling and Ferner（S E Asia）Pte Ltd）新加坡办事处的 Loh Kay Weng 和 Alice Goh 负责。虽然已经在几个项目上有过合作，但是璧山的 ITE 项目却是两家公司共同合作的第一个项目。就设计过程本身而言，据 BECA 的 Loh Kay Weng 回忆，该项目是新加坡一个相当典型的传统项目，自被委任以来，就经常召开技术和客户协商会议（Loh，1999）。

根据建筑师反映，“在气候上，该设计强调了空间结构的透明度和渗透性。通道悬挑部分的遮阳效果创造了一个建筑遮阳，而不是一个建筑质量”（Powell and Akitek Tenggara，1997）。

图 28.6　沿内部景观街道朝南观望［注意人行道的百叶扩展部分、两个体块之间的流通桥，以及（上层背景）露天剧场的开放式屋顶］

图 28.7　从开放的建筑北端向内观望

图 28.8　从南侧沿东侧体块的内立面观望［从台阶到主大厅］

设计成果

建筑布局、构造和被动环境控制系统

该场地平整且四周开放。其南端是用餐区和大型多用途礼堂，该建筑的长轴曲线缓缓偏向东北方向，内径170m（图 28.1）。两个并行的教学大楼，一个 4 层高，一个 3 层高（图 28.2），正如人们所期望的那样，用作该培训机构的设施和教室——专业电脑室、模拟办公室和语言实验室，主要采用空调系统（图 28.3）；以及更加通用的教学空间，其中部分使用自然通风（图 28.4 和图 28.5），部分使用空调。一个大型的空调演讲厅以及一个开放式的圆形礼堂在平面图上格外引人注目（图 28.1）。

长轴大致呈南北方向，就尽量减少上午和下午的日照得热而言，总体方位并不符合传统的处理方式，但是这使得该建筑处于主风向。并且，在两个体块间设置了一条遮阳的内部街道（图 28.6），这确实有助于减少太阳辐射，否则太阳光将到达东立面和西立面。同时，即便在中午，弯曲的平面使得街道的一部分也能进行遮阳（图 28.7 和图 28.8）。

在两个体块弧形屋顶结构的东 / 东南和西 / 西南两侧设置了大型的悬挑结构，这样缓解了教学区的直接日照得热（图 28.2）。此外，外立面还设置了大量的百叶（图 28.9 和图 28.10）。面对景色优美的内部街道，内立面通过屋顶出挑和每层走道的百叶延伸部分进行遮阳，同时，在礼堂和演讲厅之间的高位置处搭起了桥梁（图 28.6）。绿化本身对直接太阳辐射的反射就很低。

非空调教学空间则借助外部的可开启窗户和内部的固定开口进行自然交叉通风（图 28.4），后者在高水平位置是百叶式通风口，在低水平位置则是格栅式通风口（位于黑板的上方和下方）（图 28.5）。此外，还提供了壁扇、立式风扇和吊扇。用餐区位于多用途礼堂的下方，其东西两侧是完全开放的，可以充分利用交叉通风（图 28.9）。半

图 28.9　西侧的遮阳设计［向首层开放式就餐区域的南侧观望］

图 28.10　前景是开放式的运动场地以及建筑的东立面［正好可见主大厅的弧形屋顶位于左侧；开放式露天剧场和演讲厅的屋顶结构位于右侧］

图 28.11　西立面的其中一个模块［注意主要的水平太阳能百叶、窗户和安装框架，以及分体式空调冷凝单元的百叶屏障］

圆形截面的多用途礼堂在其楼层的两侧边缘、山墙的弧形边缘以及屋顶的顶端沿线均设置了大量的连续通风口，用于自然通风。教学体块自身沿长度方向间隔布置，使得风可以穿过结构，从景观街进入和排出（见图 28.10）。鲍威尔（Powell）（1994：69-70）认为，“每一个组件的设置都有一个结构原因，或者是一个重要的气候控制装置。”

主动环境控制系统

空调教学空间使用了一个多重分体式的系统单元。通常，每个单元服务于一个大小约 7.5m 宽和 9.0m 深的建筑模块，拥有 12kW 的冷却容量。大多数的独立冷凝器安装在外墙上，位于一个百叶屏障背后，邻近被服务的教学空间（图 28.11）。令人遗憾的是，有的冷凝器被放置在悬挑下方，靠近自然通风教室的开启窗口。而少数位于地面上，例如那些服务于工作人员区域的冷凝器。一个拥有 90kW 冷却容量的组装单元，以 3.2m^3/s 的速度向中心演讲厅提供服务。该单元位于演讲厅的顶部，但仍然在主要弧形屋顶结构的遮阳下方。该系统由讲师控制，送风口和排风口均位于顶棚上。空调空间的设计条件是 23 ± 1℃ wb 和 17.5℃ wb。

在所使用的两种类型的排风系统中，一种用于学生厕所的烟囱装置，沿平面间隔布置，另外一种服务于就餐区的几个厨房区域。后者则将风收集到该建筑南端屋顶的双排风管道中。

每个影响因素的平均得分，以及得分是否显著高于、相似或者低于 BUS 的基准分（学生评分在括号中——所有的学生）表 28.1

		得分	低于	相似	高于			得分	低于	相似	高于
运行因素											
形象	(4.75)	3.60	●			清洁		3.42	●		
建筑空间		2.97	●			会议室的可用性		3.43		●	
办公桌空间 – 太小 / 太大 ^{4}		3.17	●			储藏空间的合适度		2.81	●		
家具		3.73	●								
环境因素											
空调空间						自然通风空间					
整体温度	(3.73)	3.88		●		整体温度	(2.84)	2.70	●		
温度 – 太热 / 太冷 ^{4}		3.59		●		温度 – 太热 / 太冷 ^{4}		2.50	●		
温度 – 恒定 / 变化 ^{4}		4.52		●		温度 – 恒定 / 变化 ^{4}		3.97			●
空气 – 不通风 / 通风 ^{4}		3.55		●		空气 – 不通风 / 通风 ^{4}		3.03	●		
空气 – 干燥 / 湿润 ^{4}		4.27		●		空气 – 干燥 / 湿润 ^{4}		4.75	●		
空气 – 新鲜 / 闷 ^{1}		4.94	●			空气 – 新鲜 / 闷 ^{1}		3.13	●		
空气 – 无味 / 臭 ^{1}		4.44	●			空气 – 无味 / 臭 ^{1}		4.47	●		
整体空气	(3.75)	3.55		●		整体空气	(3.22)	2.85	●		
光线						**噪声**					
整体光线	(4.04/3.56)	4.52		●		整体噪声	(3.57)	3.29	●		
自然采光 – 太少 / 太多 ^{4}		3.18	●			来自同事 – 很少 / 很多 ^{4}		4.29		●	
太阳 / 天空眩光 – 无 / 太多		3.97		●		来自其他人 – 很少 / 很多 ^{4}		4.13		●	
人工照明 – 太少 / 太多 ^{4}		3.97			●	来自内部 – 很少 / 很多 ^{4}		4.15		●	
人工照明眩光 – 无 / 太多 ^{1}		3.79		●		来自外部 – 很少 / 很多 ^{4}		4.26	●		
						干扰 – 无 / 经常 ^{1}					
控制因素 ^{b}						**满意度因素**					
采暖	11%	2.24		●		设计	(3.47/3.56)	2.86	●		
制冷	41%	2.79		●		需求		3.03	●		
通风	38%	2.29	●			整体舒适度	(3.81/3.18)	3.29	●		
光线	22%	2.66	●			生产力 %	(+6.22/+1.70)	−10.61	●		
噪声	32%	2.29		●		健康	(3.68/3.39)	3.00	●		

注：（a）除非有其他的注明，7 分为“最高”；上角标 ^{4} 表示 4 分最高，上角标 ^{1} 表示 1 分最高；（b）所列出的百分比值表示认为该方面个人控制很重要的受访者百分比。

针对 12 项性能影响因素所提供正面、负面和中立评论的受访者人数。括号中表示学生对所选影响因素和总体环境问题的反馈意见　　表 28.2

方面	受访者人数			
	正面	中立	负面	总数
整体设计	1	2	18	21
整体需求	—	2	14	16
会议室	—	1	12	13
储藏空间	—	—	19	19
办公桌 / 办公区域	1	3	19	23
舒适度	2	1	4	7
噪声来源	—(—)	1(10)	12(37)	13(47)
整体光线	1	—	4	5
生产力	1	3	3	7
健康	—(—)	1(—)	4(32)	5(32)
工作良好	15	—	—	15
阻碍	—	—	22	22
总体环境	—	—	(30)	(30)
总计（仅限员工）	21	14	131	166
百分数（仅限员工）	12.7	8.4	78.9	100
百分数（学生）	0	9.2	90.8	100

用户对建筑物的看法

总体反应

在这个案例中，受访者来自职员和学生，前者使用标准问卷，后者则使用较短的版本。在这个案例中，鉴于新加坡的气候全年温暖湿润，所以针对工作人员的问卷进行了修改，要求分别对采用空调和自然通风的建筑部分进行反馈；在对学生的调查问卷中，分开调查了那些使用空调和自然通风空间的受访学生。于 2001 年 11 月期间对该建筑进行了调查。

对于所有的 37 位员工受访者（83.3% 为女性，16.7% 为男性）而言，该建筑是他们正常工作的地方。平均每周工作 5 天，每天工作 8.7 小时。大多数（97.1%）受访者在 30 岁以上，并且已经在该建筑中工作超过了一年，83.3% 的人在同一张办公桌或工作区域。每天花费在办公桌上和计算机前的时间平均分别为 3.7 小时和 2.9 小时。

虽然没有直接询问年龄问题，但是明显可以看出，在受访的 154 名学生中，大多数（其中 102 名学生使用空调空间，52 名学生使用自然通风空间）均在 30 岁以下。大多数（约 78%）受访者使用该建筑不到一年，平均每周 4.6 天，使用空调的受访学生每天使用此建筑大约 6.0 小时，而使用自然通风空间的受访学生每天使用 3.8 小时。

重要因素

表 28.1 列出了针对每个调查问题的职工和学生给出的平均评分。表 28.1 同时显示了员工对该建筑各个方面的感知评分与基准分以及/或中间值的比较情况，分为显著高于、相似或者低于三种不同的情况。在这个案例中，有两个方面的得分显著高于基准分，25 个方面的得分显著低于基准分，其余 16 个方面的得分与基准分大致相同。

在所考虑的 7 个运行因素中，工作人员对每一项的评分均低于基准分和中间值。

自然通风空间的温度和空气也出现了类似的情况，整体得分很低，分别为 2.70 分和 2.85 分——温度太热以及空气比较潮湿、闷和臭。空调空间的情况有所好转，温度和空气的整体得分分别为 3.88 分和 3.55 分——然而，得分仍然偏向炎热和潮湿的一边，并且同样又闷又臭。

工作人员对整体光线的评分高于中间值，但低于基准分。虽然太阳和天空眩光的得分高于基准分，但是自然光线的得分表明光线并不充足（可以推测这两方面之间存在某种紧张的关系）。

似乎每个地方都有太多的噪声——来自同事、其他人，以及建筑物的内部和外部，噪声的整体得分（3.29 分）远低于基准分和中间值。

约 32%、38% 和 41% 的工作人员分别认为噪声、通风和制冷的个人控制重要，但这些因素和其他考虑因素的得分均在 2.2—2.8 分之间。

满意度变量（设计、需求、整体舒适度、工作效率和健康）的得分均低于其各自的基准分和中间值，大多在 3 分左右。

学生的感知评分相似（在较短的学生问卷中，只要求针对较少的整体变量进行评分），但是光线例外，学生的评分高于工作人员。自然通风空间的平均分数始终低于空调空间，整体温度（2.84 分比 3.73 分）的得分相差最大。最值得注意的是学生对生产力的评分，自然通风和空调空间的得分分别为 +1.70% 和 +6.22%，均高于基准分，并大大高于员工的评分 −10.61%。

用户意见

总计，共收到来自员工大约 166 条反馈意见，受访者可以在 12 个标题下面添加书面意见——占总 444 条潜在意见的 37.4% 左右（37 位受访者，12 个标题）。表 28.2 显示了正面、中立和负面评论的数量——在这个案例中，在来自员工的意见中，约有 12.7% 的正面评论、8.4% 的中立评论以及 78.9% 的负面评论，而在相应的来自学生的意见中，约有 0% 的正面评论、9.2% 的中立评论以及 90.8% 的负面评论。

一般来说，意见的性质和类型反映了分数的高低。缺乏会议室和存储吸引了主要的负面意见，并且一半左右的负面意见均关于桌面空间，与缺乏存储有关。在设计和需求项中，缺乏避雨设施是主要的负面评论，并且有几个受访者强调厕所布置不足和残疾人设施不足。对于员工和学生来说，噪声问题直接与其得分相呼应，与教室外其他学生的活动和运动有关（尤其是自然通风空间），再加上装修和空调系统的噪声。

整体性能指标

在这个早期的调查中，没有舒适度、满意度或综合性能指标，在这种情况下，宽恕因子的计算结果为 1.15，表明员工可能对个别方面的小瑕疵相对宽容，如冬夏季温度、空气质量、光线和噪声等（因子 1 表示通常范围 0.8—1.2 的中间值）。

从十影响因素评定量表来看，该建筑的空调部分在 7 分制的评级中位于“低于平均水平”之列，计算百分比为 29%，而自然通风部分位于“差”的类别，其计算百分比为 24%。当考虑所有变量时，相应的计算百分比分别为 49% 和 36%——空调部分处于“平均水平”的行列，而自

然通风部分处于 “低于平均水平” 的行列。

对学生所评价的 8 个影响因素也采用了相同的系统，空调部分的计算百分比为 49%，处于 “平均水平” 的行列，而自然通风部分的计算百分比为 36%，处于 “低于平均水平” 的行列。

致谢

很荣幸地感谢新加坡南华建筑设计所的主任郑庆顺，以及副主任 Loh Kay Weng，还有 BECAs 机电工程署的领导，在有关 ITE 璧山学院的设计中采访过他们。

我还必须感谢副校长 Angela Lim 女士和校园经理 Michelle Low 小姐在采访期间所给予的帮助，并且感谢包括培训主任 Chong Chai Yi 在内的许多教职员工，他们为此调查贡献了宝贵的时间。

参考文献

ASHRAE (2001) *ASHRAE Handbook: Fundamentals, SI Edition*, Atlanta, GA; American Society of Heating Refrigerating and Air-Conditioning Engineers.

Baird, G. (2001) *The Architectural Expression of Environmental Control Systems*, London: Spon Press, Chapter 4.

Loh, K. W. (1999) Transcript of interview of 5 May, Kuala Lumpur.

Powell, R. (1994) 'The Great Unlearning', *Architectural Review*, 194(1171): 68–71.

Powell, R. and Akitek Tenggara (1997) *Line, Edge & Shade*, Singapore: Page One Publishing.

Tay, K. S. (1999) Transcript of interview of 4 May, Singapore.

MEWC 大楼的中庭空间

第 29 章
能源、水和通信部（MEWC）大楼
普特拉贾亚，马来西亚

与迈沙拉 · 阿里和希琳 · 雅恩 · 卡西姆

背景

经过为期两年半的施工，该建筑于 2004 年 9 月竣工，6 层高的办公楼拥有面积超过 19200m² 的空调区域，以及超过 2 层的停车场。该建筑包含两个相连的体块，位于马来西亚联邦政府行政首都（Administrative Capital of the Malaysian Federal Government）普特拉贾亚（Putrajaya）市 1 区（Precinct 1）政府办公 E 区（Government Complex Parcel E）的东北角。

该建筑用作能源、水及通信部大楼。旨在成为一个能效和低环境影响的示范建筑，并且兑现马来西亚政府的承诺 “通过能效和节能实现可持续发展”（MEWC，2006）。除了以身作则外，该部委希望 “消除在建筑中实现节能但在财政上并不可行的概念”，同时期望 “这将激励更多类似的建筑，不管是公共建筑还是私人建筑”（Danker，2004：24，84）。

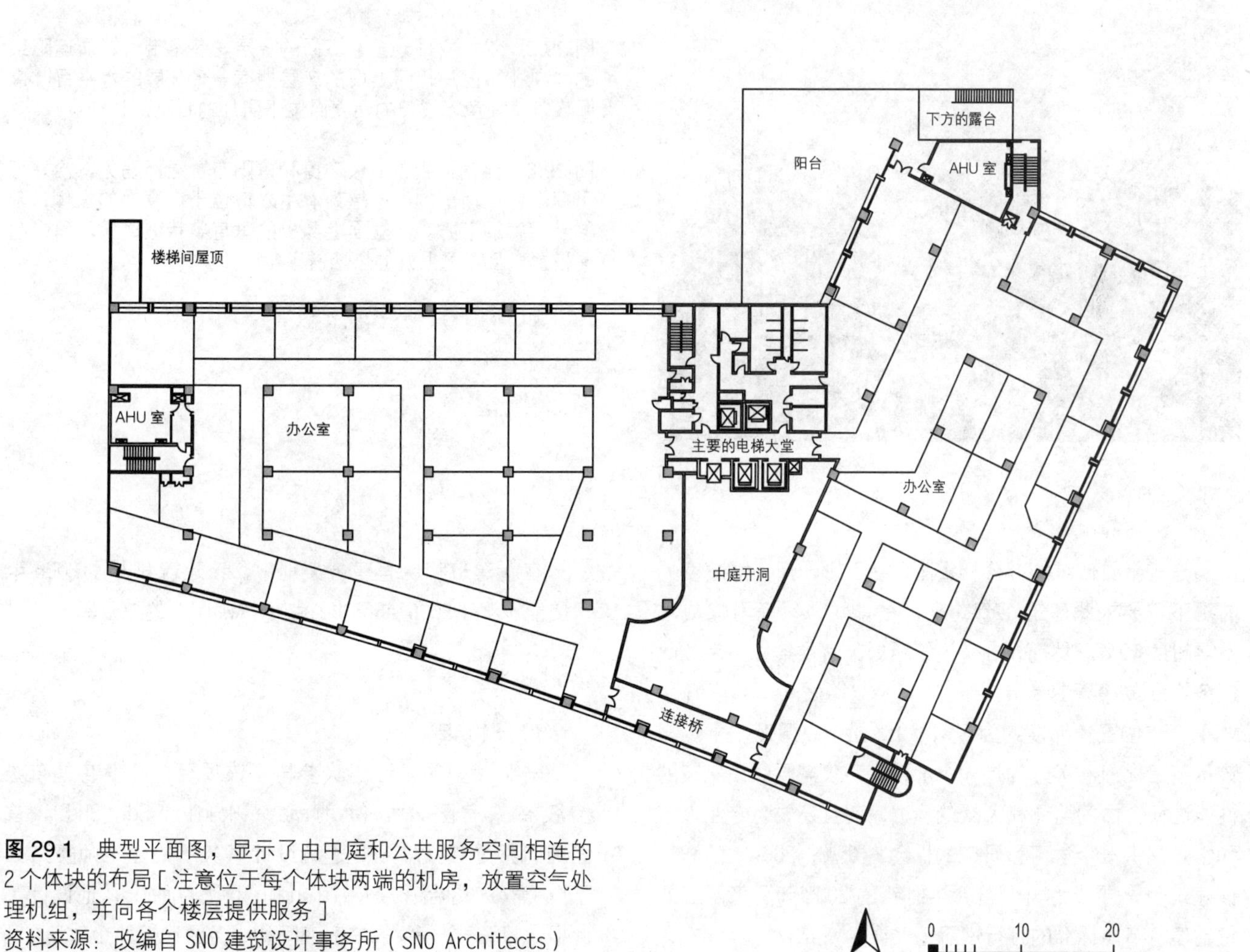

图 29.1 典型平面图，显示了由中庭和公共服务空间相连的 2 个体块的布局［注意位于每个体块两端的机房，放置空气处理机组，并向各个楼层提供服务］
资料来源：改编自 SNO 建筑设计事务所（SNO Architects）

图 29.2　沿北立面观望［下面的 3 层安装了带有轻质遮阳架的“冲孔”窗户，而上面的 2 层拥有一个 3 层的水平百叶遮阳设备（注意无玻璃的西立面位于照片的右侧）］

图 29.3　西南面视图［玻璃窗和遮阳布置显而易见，恰好可见每个体块顶部的天篷屋顶。主入口位于南立面的左侧，延伸至门廊的下方。南立面上凸出的垂直条状玻璃显示了中庭的位置，且可见上方的热烟道］

与一个更传统的办公楼相比，在不影响用户舒适度的前提下，要求此建筑能节约 50％的能源，然而附加成本不得超过 10％。然而，在该建筑所处的气候条件下完成此任务绝非易事，其终年温度在 22—34℃之间，并且几乎处于赤道位置，纬度约为 3°N，始终处于高湿度水平。与该示范工程密不可分的是一个承诺，不仅需要对该建筑的性能进行全面的监测和大量的反馈，而且还要为专业人士和学者提供一个学习和研究的机会（MEWC，2004），同时，该建筑也需要成为一个符合当时新的 2001 年马来西亚非住宅建筑节能标准的可行性示范工程。

在新建筑和现有建筑类别中，该建筑获得了 2006 年东盟能源奖（2006 ASEAN Energy Award）的总冠军。

设计过程

一个大型的设计团队参与了该项目，开发商是布城控股私人有限公司（Putrajaya Holding Sdn Bhd）。首席建筑师是吉隆坡 SNO 建筑设计事务所的建筑师赛义夫丁・宾・艾哈迈德（Saifuddin bin Ahmad），他设计了此概念，用一个公共的中庭空间和服务区连接两个体块（见

图 29.4　两个主要开窗类型的外部特写，具有不同的遮阳 / 遮阳架布局［较低层的“冲孔”窗户带有遮阳架，而上层则安装了一个 3 层的水平百叶遮阳设备］

图 29.5　自然通风中庭空间的内部视图［上层的玻璃向整个空间提供日光，除此之外，热烟道提供了空气流动］

图 29.1）。两个体块的位置和方位与区域 E 的总体规划保持一致，其围护结构旨在减少得热，并且最大限度地利用日光（Saifuddin，2006）。Norman Disney Young 公司负责基本的机械和电气工程系统设计。

在丹麦国际发展援助（DANIDA）项目的主持下，由保罗 · 克里斯特森（Poul Kristesen）（2006）领导的专家组负责这些系统的能耗最小化设计（及其随后的监测）（MEWC，2004）。他们的计算机模型显示，该建筑可以达到 50% 的节能目标，预计能源用量为 100kWh/（m^2 · a），甚至比马来西亚新标准的 135kWh/（m^2 · a）还要低。

图 29.6　垂直玻璃热烟道的外部视图［其顶部的自动百叶通风口可排出中庭空气。低水平位置的倾斜玻璃向中庭提供日光，并装有用以控制眩光的可伸缩帆布］

图 29.7　典型的单人办公室四周［注意用以控制眩光的垂直百叶窗位于左侧，玻璃隔断位于右侧，使得一些日光能够渗透到相邻的走廊空间］

图 29.8　与中庭空间毗邻的典型开放式办公室

设计成果

建筑布局、构造和被动环境控制系统

该建筑的场地位于区域 E 的东北角。平面大致呈 L 形（见图 29.1），其布局旨在向大多数立面提供一个偏北或偏南方向，尽量减少直接日照得热（图 29.2 和图 29.3）。墙壁拥有良好的保温，并且颜色为浅色（与邻近的一些建筑物相比），而顶层拥有 100mm 厚的保温和一个额外的罩篷屋顶（图 29.3）。

单层玻璃遍及整个建筑，并且主要为非开启式设计，建筑的开窗设计（图 29.4）旨在尽量减少日照得热和优化日光渗透。高楼层的窗户设置了一个 3 层的外部百叶窗，最高的一层作为遮阳设施，其他的中间层既用作遮阴设施，又部分当做遮光架使用（其拥有一个开放式的结构，允许空气通过）。低楼层的深凹“冲孔”窗口（Suifuddin，2006）提供了一个初步的遮阴措施，同时在中间高度安装了实心的外部遮光架，提供了额外的遮阳，并且使得日光渗透可达 6m。除了进入紧急楼梯的一些小窗口以外，西立面没有安装玻璃窗，而东 - 东南（ESE）立面的窗户均已安装了遮光架，其进深比南立面和北立面的遮光架更大，以辅助应付低入射角度的太阳光（图 29.2、图 29.3 和图 29.4）。

虽然两个主体块均安装了空调，但是用以连接两个体块的 4 层高的中庭和入口区域却采用自然通风（图 29.5），从气候和功能的角度来看，它们是一个过渡空间。中庭的低层完全开放，允许外面的空气进入，而中庭内高 2 层、全玻璃、偏东方向设置的热烟道，旨在通过空间的自然对流吸入空气，通过高处的自动百叶窗向外排风（图 29.6）。

虽然该建筑的进深规划使其难以向整个楼层提供日光，但是已经试图在建筑的周边优先考虑永久的工作区域（图 29.7），在内部考虑次要的功能（存储区域、会议室等）（KTAK，2006，Paper 3）。此外，利用玻璃的内部隔断和

图 29.9　开放式办公室［注意高水平位置处的各种环境传感器以及典型的顶棚布局］

图 29.10　典型的机房［（位置见图 29.1），用于放置空气处理机组，服务于其中一个体块的其中一层。注意照片左侧墙中心位置的百叶新鲜空气进气口、空气处理机组进风口的 8 个静电过滤器、空气处理机组顶部的送风管道，以及与冷却机房连接的制冷管道］

图 29.11　中央建筑控制系统［通过相邻入口区的窗口可见工作人员和游客］

将一些办公室置于中庭周边也可提供一个额外的环境日照条件（图 29.8 和图 29.9）。

主动环境控制系统

如前所述，除了中庭区域和一些紧急的开口以外，该建筑是一个密封的空间，完全采用空调系统，由附近的一个燃气区域冷却机房提供冷水。每个体块的每层均设有一个空气处理单元，位于楼层的一端（图 29.1 和图 29.10）。这些空调机组通过一个区域变风量系统向各自的办公楼层供应新鲜空气，旨在将内部温度维持在 24℃。

通过 CO_2 传感器来控制新鲜空气供应率，并且在供给到办公室以前，利用静电空气过滤器（图 29.10）对新鲜空气和返回空气所组成的混合空气进行清洁。单独和独立的电力驱动分体式空调系统用于需要连续运行 24 / 7 的地方（例如，计算机和电信设施）。

为了和日光保持一致，人工照明一直保持在 $11W/m^2$ 左右的安装负载，从而维持 350 lux 的平均照度。

由一个全面的建筑能源管理和控制系统对这些环境控制系统的运作进行监控和控制，并且针对该建筑的能源消耗进行详细的报告（图 29.11）。可以说，同样重要的是，该建筑在此方面的运行由一个高素质的内部能源管理经理负责（MEWC，2004），并为建筑使用者提供指导性的文件。

从罩篷屋顶流下的雨水被收集在屋顶的水箱中，并用于植物灌溉，而一个 3kWp 的光伏阵列与电网连接，用于中庭的用水供应。

每个影响因素的平均得分，以及得分是否显著高于、相似或者低于 BUS 的基准分　　表 29.1

因素		得分	低于	相似	高于
运行因素					
来访者心中的形象		5.52		●	
建筑空间		5.10			●
办公桌空间 – 太小 / 太大 [4]		4.86		●	
家具		5.36			●
清洁		4.99		●	
会议室的可用性		5.44			●
储藏空间的合适度		4.87			●
设施符合要求		5.22		●	
环境因素					
冬季的温度和空气					
整体温度		5.16			●
温度 – 太热 / 太冷 [4]		4.51	●		
温度 – 恒定 / 变化 [4]		4.54		●	
空气 – 不通风 / 通风 [4]		4.13			●
空气 – 干燥 / 湿润 [4]		4.21		●	
空气 – 新鲜 / 闷 [1]		3.95		●	
空气 – 无味 / 臭 [1]		3.55		●	
整体空气		4.96			●
夏季的温度和空气					
整体温度					
温度 – 太热 / 太冷 [4]					
温度 – 恒定 / 变化 [4]					
空气 – 不通风 / 通风 [4]					
空气 – 干燥 / 湿润 [4]					
空气 – 新鲜 / 闷 [1]					
空气 – 无味 / 臭 [1]					
整体空气					
光线					
整体光线		5.10			●
自然采光 – 太少 / 太多 [4]		4.32		●	
太阳 / 天空眩光 – 无 / 太多		3.68		●	
人工照明 – 太少 / 太多 [4]		4.10			●
人工照明眩光 – 无 / 太多 [1]		3.91		●	
噪声					
整体噪声		4.99			●
来自同事 – 很少 / 很多 [4]		3.49		●	
来自其他人 – 很少 / 很多 [4]		3.53		●	
来自内部 – 很少 / 很多 [4]		3.17		●	
来自外部 – 很少 / 很多 [4]		2.99	●		
干扰 – 无 / 经常 [1]		3.19			●
控制因素 [b]					
采暖	7%	2.90		●	
制冷	22%	3.04		●	
通风	8%	3.17		●	
光线	18%	3.95		●	
噪声	8%	3.46		●	
满意度因素					
设计		5.44			●
需求		5.26			●
整体舒适度		5.20			●
生产力 %		+16.00			●
健康		4.77			●

注：（a）除非有其他的注明，7 分为“最高”；上角标 [4] 表示 4 分最高，上角标 [1] 表示 1 分最高；（b）所列出的百分比值表示认为该方面个人控制很重要的受访者百分比。

针对 12 项性能影响因素所提供正面、负面和中立评论的受访者人数　　表 29.2

方面	受访者人数			
	正面	中立	负面	总数
整体设计	26	3	7	36
整体需求	19	—	7	26
会议室	18	1	9	28
储藏空间	5	1	14	20
办公桌 / 办公区域	19	3	10	32
舒适度	14	3	2	19
噪声来源	12	1	8	21
光线条件	16	1	10	27
生产力	7	6	3	16
健康	8	4	3	15
工作良好	36	—	—	36
阻碍	—	—	30	30
总计	180	23	103	306
百分数	58.8	7.5	33.7	100.0

用户对建筑物的看法

总体反应

对于大约 148 位受访者（56% 为女性，44% 为男性）中的大多数（84%）而言，该建筑是他们正常工作的地方，平均每周工作 5 天，每天工作 8.6 小时，其中约 7.1 小时在自己的办公桌上以及 6.1 小时在计算机前。大约 46% 的受访者超过了 30 岁，56% 的在 30 岁以下，且 71% 的受访者已经在该建筑中工作超过了一年，大多数在同一张办公桌或工作区域。约 33% 的人需要与 5 位或者更多的同事共享办公室，其余的人一半拥有单独的办公室，一半则需要和一位同事或者和 2—4 位同事共享办公室。

重要因素

表 29.1 列出了每个调查问题的平均得分，并且显示了员工对该建筑各个方面的感知评分与基准分以及 / 或中间值的比较情况，分为显著高于、相似或者低于三种不同的情况。在这个案例中，有 16 个方面的得分显著高于基准分，两个方面的得分显著低于基准分，其余 19 个方面的得分与基准分大致相同（注意缺乏该位置的冬季数据）。

从运行的角度来看，该建筑在 8 个方面的得分均良好——每个方面的得分均高于中间值，并与基准分相同或高于基准分。办公桌空间的得分（4.86 分）暗示受访者感觉自己的办公桌空间太多！

用户对环境因素的反馈变化较大。温度和空气的整体得分均高于各自的基准分，并且远远高于中间值。然而，有迹象表明，温度被认为偏冷和变化，并且空气有点潮湿。虽然整体光线的得分显著高于基准分和中间值，且受访者并不认为存在过度的眩光，但是有迹象表明存在过多的自然光。受访者对该建筑的整体噪声和低干扰率评价良好，表明所有内部和外部的潜在噪声源所产生的噪声很少。只有光线和制冷两个方面获得了中等数量的受访者的认可

（分别占18%和20%）——个人控制得分不是非常高，尽管等于或高于各自的基准分。

满意度变量的得分（设计、需求、整体舒适度、生产力和健康）均显著高于其各自的基准分，在大多数情况下，平均得分超过了5.00分。即使是健康（一个例外）也显著高于基准分，得分为4.77分，明显高于中间值，意味着员工觉得在此建筑中工作比较健康——一个相对不寻常的事情。

用户意见

总计，共收到来自员工大约306条反馈意见，受访者可以在12个标题下面添加书面意见——占总1776条潜在意见的17%左右（306位受访者，12个标题）。表29.2表示正面、中立和负面评论的数量——在这个案例中，约58.5%的正面评论、7.5%的中立评论以及33.7%的负面评论。评论数量似乎与各层用户的数量大致成比例。

与整体成绩保持一致，该建筑得到了高比例的正面评论和一个关于工作良好项的可靠清单——根据大多数受访者对工作良好的反馈，该建筑清洁、舒适、宽敞，并且具有良好的计算设施。主要的阻碍项似乎与电源和计算机运行中断有关。

正面评论的比例反映了大多数情况的得分，主要的例外是存储，其中多数意见均为负面，尽管该方面的得分高于基准分和中间值。

整体性能指标

舒适度指数是以舒适度、噪声、光线、温度以及空气质量的得分为基础，结果为+1.23分，而满意度指数则根据设计、需求、健康和生产力的分数计算而来，结果为+1.42分，显著高于基准分和中间值，（注意这些情况下，-3分到+3分范围内的中间值为0）。

综合指数是舒适度指数和满意度指数的平均值，结果为+1.33分，而在这种情况下，宽恕因子的计算结果为1.03，表明员工可能对个别方面的小瑕疵相对宽容，如冬夏季温度、空气质量、光线和噪声等（因子1表示通常范围0.8到1.2的中间值）。

从十影响因素评定量表来看，该建筑在7分制的评级中位于“杰出”建筑物之列，计算百分比为98%。当考虑所有变量时，计算百分比为76%，舒适的处于“良好”的行列。

其他报道过的性能

用户调查

如此前的工作报告所述，DANIDA（KTAK，2006，Paper 5）已经开展过关于室内环境性能的调查问卷。该问卷涉及了149名受访者，虽然不易进行比较，但是有趣的是可以看到整体的效果。

例如，办公室的空气质量和温度，被90%的受访者评为“可接受”到“非常好”，与上述所得到的高分相呼应。不太确凿的迹象显示，大约40%的受访者认为该建筑经常或有时候“整天太冷”，40%左右的受访者认为太热。

就光线的情况而言，约80%的受访者认为“恰到好处”，而大约55%的受访者声称有时受到眩光的影响，或多或少与上述所报道的结果保持一致。

能耗和内部温度

如前所述，客户致力于该项目的全面监控和反馈。其主要表现是一个关于项目经验教训的研讨会（KTAK，2006），以及一个详细描述建筑物能源性能的报告（MEWC，2006）。

在2006年5月举行的研讨会上，该建筑已经被使用了大约20个月，来自部委和DANIDA的主要官员介绍了该建筑的调试、运行和监测情况。虽然涵盖了许多方面，但是可能值得注意的是，正如人们所预期的那样，空调办公室的温度维持在合理的 24℃左右，自然通风的中庭温度相对稳定，在白天，大约低于室外温度 2—3℃左右，而在晚上，高于室外温度 2℃。

报告指出，该建筑 2005 年的运行时间是 2930h，能源使用指数为 114kWh/（m^2·a）。同样有趣的是，该建筑的 CO_2 水平主要在 280—450ppm 范围内，这是由于相对较低的人口密度以及相对较高的空气渗透率所决定的。

致谢

我首先要感谢能源管理部经理 Abdul Rahim bin Mahmood 批准我进行这项调查。还要感谢他的技术助理 Nadrahanim Nordin Hanim 在调查过程中所给予的帮助，以及来自 Pusat Tenaga 马来西亚能源中心的人员，协助分发问卷。

特别感谢马来西亚国际伊斯兰大学建筑与环境设计学院的 Dr Puteri Shireen Jahn Kassim 和 Dr Maisarah Ali，感谢其慷慨援助和直接参与各方面的研究；并且荣幸地感谢 SNO 建筑设计事务所的主任 Ar·赛义夫丁·宾·艾哈迈德、IEN 顾问公司的主任保罗·E·克里斯特森，以及 ECO Energy 公司（之前与 DANIDA 一起）的 Steve Lojuntin，Putra Pedana Construction Sdn Bhd 公司的 Seng、Bee 和 Thong 三位先生，以及再次感谢能源经理 Abdul Rahim bin Mahmood 帮助我理解该建筑和建筑设计和运行过程。

参考文献

Danker, M. (ed.) (2004) *Low-energy Office: The Ministry of Energy, Water and Communications Building*, Putrajaya: Kementerian Tenaga, Air dan Komunikasi.

Kristensen, P. (2006) Transcript of interview held on 11 August, Kuala Lumpur.

KTAK (2006) 'Seminar on the KTAK Low Energy Office – Lessons Learned', Ministry of Energy, Water and Communications, Putrajaya, 6 May.

MEWC (2004) *MEWC Low Energy Office Building in Putrajaya: Energy Efficient Design Features*, Putrajaya: Ministry of Energy, Water and Communications.

MEWC (2006) *Energy Performance of LEO Building*, Putrajaya: Ministry of Energy, Water and Communications.

Saifuddin, A. (2006) Transcript of interview held on 17 August, Kuala Lumpur.

梅纳拉 UMNO 大厦西北立面的遮阳

第 30 章
梅纳拉 UMNO 大厦
槟城，马来西亚

与希琳 · 雅恩 · 卡西姆

背景

梅纳拉 UMNO 大厦（Menara UMNO）是一幢位于乔治市（Georgetown）的商业开发大厦，高 21 层、楼层面积 16700m²。乔治市是槟榔屿州州府及主要城市，位于马来西亚半岛的西海岸。该大厦坐落在一个主要的购物区内，其场地面积为 1920m²，裙房部分包含一个银行营业大厅、礼堂和数层的停车场，共拥有 14 层办公空间，被一系列小型到中型的机构所使用（图 30.1 和图 30.2）。工程已于 1997 年 12 月完工。

据建筑师杨经文（1999）所述，初步设计为非空调建筑，

> 由于当时槟城的租金非常低，所以，如果你要建造一座空调建筑，就无法得到足够的回报。在槟城，这样的建筑也与低层的非空调大楼相竞争（尽管所有的用户在进入以后自行安装空调系统）。

对于想要使用自然通风的设计师来说，近赤道纬度（约 5°N）和本岛温暖湿润性的气候（1％概率的设计温度

图 30.1 朝西北立面观望

图 30.2 朝北视图［停车场位于下方，办公楼层位于上方，东北翼墙位于左上角］

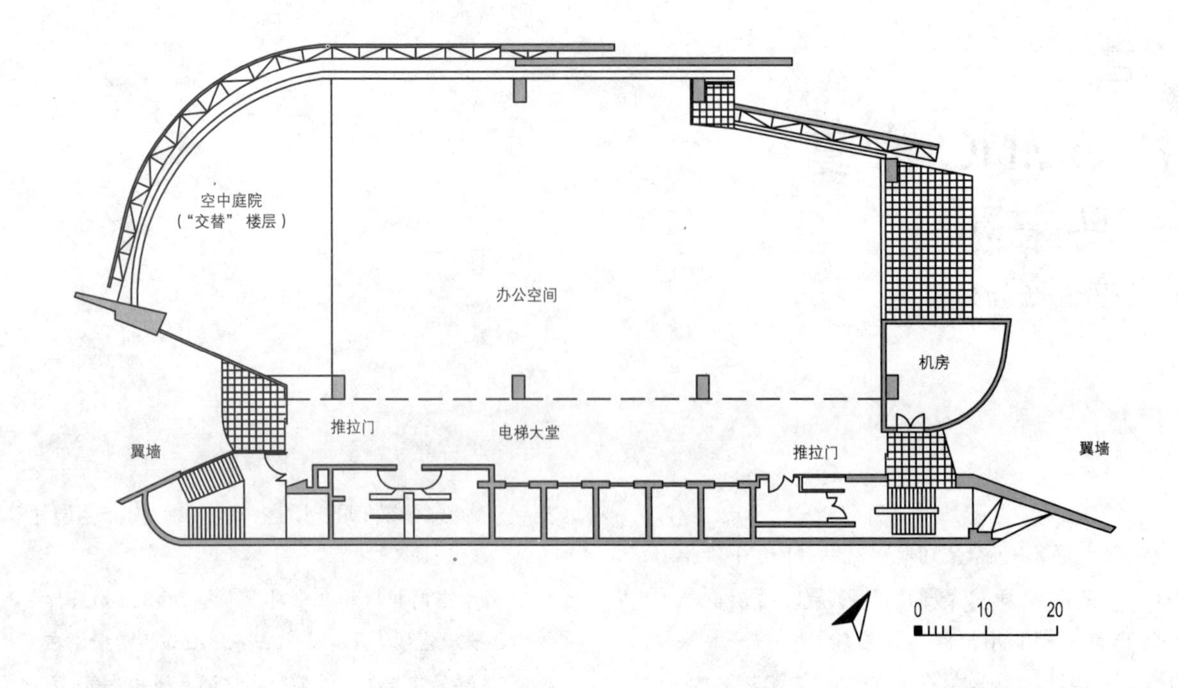

图 30.3 典型的平面图显示了翼墙、阳台、开口和空中庭院［注意东南立面扩展的服务中心和空气处理机组机房］
资料来源：改编自 Hamzah and Yeang 建筑事务所（Hamzah and Yeang）

图 30.4 东南立面

图 30.5　典型的空气处理单元向 1 个楼层提供服务

分别为 22.9℃和 32.2℃（ASHRAE，2001：27.40-1））是一个真正的挑战。

面对挑战，杨经文说：

> 好吧，我会为您设计一座建筑，一个龙门架位于建筑外部，作为一个框架或一个通道。当用户自己安装空调时，他们可以将冷凝器放置在龙门架上，冷凝器可以被遮阳设施隐藏起来。在之后的施工过程中，开发商对市场充满了信心，并表示："是的，我认为我们可以把这个建筑与空调结合起来"，因此中央空调的安装要晚得多。
>
> （Yeang，1999）

这些是建筑行业的不确定性。尽管存在这些问题，该建筑还是获得了 1998 年澳大利亚皇家建筑师学会国际奖（RAIA，1998）。

设计过程

至少在最初阶段，该建筑的宗旨不包括完全依赖全空调系统。并且，当了解了主要风向来自北 / 东北方向和来自西南方向之后，杨经文就着手设计一个能够且具有自然通风潜力的建筑，提供热舒适性，虽然仍旧允许用户自行安装空调系统设施。

在许多方面，设计过程并没有遵循杨经文最喜欢的程序，比如在刚开始就应该与其他的关键顾问一起合作。然而，在该项目的设计和施工阶段，由于其宗旨性质发生了改变，这个项目按照杨经文所喜欢的程序来执行是不可行的。专家顾问的参与是在检查和修改阶段，而非设计的概念阶段，并且，在当市场条件得到了极大的改善，足以证明安装中央系统的必要性后，详细的暖通空调设计或重设计才在施工阶段开始展开。有趣的是，这对工程师并没有带来任何问题（Ranhill Bersekutu Sdn Bhd 有限公司的总部设在吉隆坡）- 想必允许个别租户拥有足够的空间安装自己的系统 - 但一些小的设计变更则需要每一层设有 AHU 新鲜空气进口（Chow，1999）。

同样收到了来自威尔士建筑学院建筑科学研究系主任菲尔 · 琼斯（Phil Jones）博士以及理查德 · 安斯利（Richard Aynsley）博士（那时是詹姆斯库克大学澳大利亚热带建筑研究所的主任）的忠告，关于一般建筑的空气动力学和特别的"翼墙"。之后，这些忠告在该建筑的立面上均有所体现，建筑立面开口附近可以捕获盛行风，并且其自然通风潜力得到了增强。可以从贝尔德的著作（2001，第 18 章）中找到一个针对设计过程和设计成果的更全面描述。

图 30.6　办公楼层的接待区

图 30.7　1 个典型办公楼层的内部布局

图 30.8　面向东北方向的翼墙［翼墙位于左侧，机房的弧形立面位于右侧］

设计成果

建筑布局和构造

长轴大致为东北 - 西南方向，梅纳拉 UMNO 大厦的 14 层办公室位于 7 层高的裙房之上，与周围店铺划分明显，因此很好地暴露在了日照和风中（图 30.1 和图 30.2）。一个典型的办公楼层 - 总楼面面积为 615m^2，宽高比为 2：1- 沿东南立面拥有一个扩展的服务中心和一个相当开放的内部布局（图 30.3）。

该建筑的三大特点证明了杨经文在最大限度减少日照得热方面所作出的努力，同时仍然允许合理的视野和采光潜力。其中第一项是加长服务中心、东南立面的不透明墙体和东北立面机房的布置，有效地消除了清晨低角度太阳入射角带来的得热（图 30.3 和图 30.4）。其次，北向和偏西方向的日照得热由深色的百叶遮阳板和空中庭院控制（14 层办公室中有 6 层均设置了空中庭院），与该建筑的外墙相连接（图 30.1）。最后，通过加长服务中心的上部扩展区域和一个大型的弧形罩篷对屋顶和 3 个冷却塔进行遮阳，在这一纬度可吸收最多的日照得热（图 30.1）。

被动和主动环境控制系统

为了进行自然通风，“实验性”（Hamzah and Yeang, 1998）的翼墙从每个短立面伸出，以获得主要的风，并将其聚集到玻璃通风口处（图 30.3）。一系列的滑动门、楼板两端的两个辅助翼墙、两个面向东北方向的更传统的翼墙，加上不定的空中庭院以及该建筑周围的可开启窗户，在适宜的气候条件下，可以实现自然通风（或紧急情况下的停电）。

大多数的办公楼层已经安装了成套的空气处理机组，每层一个，且冷却容量为 76kW 或 100kW 左右，其大小取决于特殊办公室的楼面面积。这些空气处理机组通过一个共同的立管与屋顶的 3 个冷却塔相连。空气处理机组（图 30.5）被置于相对宽敞的机房内，背靠东北立面，通过吸入

图 30.9　面向西南方向的翼墙

图 30.10　向一个空中庭院下方观望 [朝西的角落]

图 30.11　偏西向立面显示了垂直遮阳的程度

新鲜空气向相邻的办公空间供给（图 30.6 和图 30.7）。这些系统由楼层承租户所控制，并可独立运行自然通风系统。

被动式环境控制主要是通过翼墙与每个办公楼层阳台和窗户共同协调完成的。两个主翼墙为东北方向（图 30.8）和西南方向（图 30.9），向相应的迎风阳台通风口输送空气。附属阳台开口和可开启窗户都分布在东北、西北和西南立面（图 30.3）。约一半的办公楼层拥有空中庭院（图 30.10），空中庭院占据了朝西区域的一个角落，可提供进一步的自然通风选择，并且在这个困难的方向进行遮阳。

西北立面提供了更传统的遮阳（图 30.11），包括龙门

19 个被考虑影响因素的平均得分，以及得分是否显著高于、相似或者低于 BUS 的基准分 表 30.1

	得分	低于	相似	高于
环境因素				
全年的温度和空气				
整体温度	4.36			●
温度－太热 / 太冷[4]	4.56	●		
空气－不通风 / 通风[4]	3.56		●	
空气－干燥 / 湿润[4]	3.64		●	
空气－新鲜 / 闷[1]	4.07		●	
光线				
整体光线	3.71	●		
自然采光－太少 / 太多[4]	4.00			●
太阳 / 天空眩光－无 / 太多	4.33	●		
人工照明－太少 / 太多[4]	3.92			●
人工照明眩光－无 / 太多[1]	3.69			●
控制因素[b]				
采暖	2.88	●		
制冷	4.47		●	
通风	4.15		●	

	得分	低于	相似	高于
附加问题				
早上温度－舒适 / 不舒适[1]	4.3		●	
下午温度－舒适 / 不舒适[1]	4.6	●		
早上温度－太热 / 太冷[4]	4.3		●	
下午温度－太热 / 太冷[4]	4.2		●	
满意度因素				
设计	2.21	●		
需求	3.30			●

注：（a）除非有其他的注明，7 分为“最高”；上角标[4] 表示 4 分最高，上角标[1] 表示 1 分最高；（b）所列出的百分比值表示认为该方面个人控制很重要的受访者百分比。

架上玻璃幕墙的外部百叶，旨在为无处不在的冷凝器提供一个方便的、但不显眼的位置，个别租户有加装分体式系统空调。

用户对建筑物的看法

总体反应

就梅纳拉 UMNO 大厦的情况而言，其调查问卷由其他案例研究的问卷略加修改而成。但是，保留了相当多的标准问题，并补充了一些具体问题。同时，针对该建筑设计进行了一个彻底的调查，并监测了它的热性能和视觉性能，这些工作由马来西亚国际伊斯兰大学 Kulliyyah 建筑与环境设计学院的环境分析团队完成（Jahnkassim，2004）。从广义上讲，调查问卷的问题包括了与温度、空气质量、光线、个人控制和满意度相关的问题，同时省略了运行和噪声问题，以及某些满意度方面的问题，附加问题则包括建筑特殊区域的条件（如入口、电梯大堂和空中庭院）以及一天不同时段的办公室情况。

对于大约 52 位受访者（50% 为女性，50% 为男性）中的大多数而言，该建筑是他们正常工作的地方，每人平均每周工作 5.5 天。大约有 37 % 的受访者在 35 岁以上，63% 的受访者低于 35 岁，并且大约 53% 的人已经在该建筑中工作超过了一年，大多数人在同一张办公桌或工作区域。约 37% 的人需要和 5—8 位同事共享办公室，14% 的人在一般情况下单独办公，其余一半的人需要和 1 位同事共享办公室，另一半则需要和 2—4 人共享办公室。

重要因素

表 30.1 列出了每个调查问题的平均得分，并且显示了员工对该建筑各个方面的感知评分与基准分以及 / 或中间值的比较情况，分为显著高于、相似或者低于三种不同的情况。在这个案例中，在其所涉及的 15 个 “标准”问题中，有 7 个方面的得分显著高于基准分，4 个方面的得分显著低于基准分，其余 4 个方面的得分与基准分大致相同。

在这次调查中没有涉及运行方面的问题，就环境影响因素而言，主要集中在温度、空气、光线及这些方面的个人控制。

虽然整体温度的得分高于基准分和中间值，但是有迹象表明温度偏低。这一发现得到了进一步的强调，从附加问题中关于工作场所上午和下午的热舒适度和温度的反馈中可以看出。上、下午的热舒适度得分分别为 4.3 分和 4.6 分（在 7 分制量表中，其中 1 分表示舒适，而 7 分表示不舒服），上、下午的温度得分分别为 4.3 分和 4.2 分，在 7 分制中，其中 1 分表示太热，而 7 分表示太冷。

整体光线的得分显著低于基准分和中间值。虽然自然光和人工照明的量被认为比较平均，且后者产生的眩光也不是主要的问题，但是太阳和天空眩光的确是整体低分的主要原因。光线、通风和制冷的个人控制得分显著高于其各自的基准分。

满意度变量（在这个案例中只涉及设计和整体舒适度）的得分有不同的结果。然而设计的成绩并不高，整体舒适度成绩良好，为 3.6 分（在 7 分制量表中，其中 1 分表示舒适和 7 分表示不舒适）。

整体性能指标

在这个案例中，该调查的重点对象排除了舒适度、满意度和综合指数的计算。然而，从整体研究变量的平均感知分数来看，工作人员对整体舒适度和整体温度的评分较高（高于基准分和 / 或中间值），而整体光线的得分低于其相应的值，可能是考虑到太阳和天空眩光的缘故 。

其他报道过的性能

该建筑的设计和性能已经引起了一些研究者的关注，不同的调查结果至少成为了两篇博士论文的部分内容

（Kishnani，2002；Jahnkassim，2004）。业主和设计师愿意支持这些独立的研究。

Kishnani 没有进行详细的用户研究，只研究了一层楼。不过，借此机会他对空调楼层和空置自然通风楼层的温度、湿度、空气流动和光线进行比较测量。在研究期间（2000 年 1 月 19—25 日），外界空气温度介于 23.7—33.5℃之间，相对湿度介于 65％ rh—77％ rh 之间。在此研究期间内，空调办公室的空气温度在 21.3—24.3℃范围内，而自然通风楼层的温度从主要楼层部分的 28.0℃至朝西立面的 38.8℃不等（这层楼没有设置空中庭院）；两种情况下的湿度在 59％—75％范围内（Kishnani，2002：104）。两个楼层在相同时间的温度记录表明自然通风楼层的夜间温度只比空调楼层高了 1℃（27.5℃对 26.5℃）。白天的空调楼层大约在 23℃左右，而自然通风楼层的温度只上升了 1℃左右（Kishnani，2002：128）。

针对两个空置自然通风楼层，他也开展了同步的温度记录，一个设置了空中庭院，一个没有设置。结果发现空中庭院拥有显著的效果，可使空气温度降低 1℃—3℃（差异随着时间增加），并且，在下午高峰期西立面，其附近温度则要低 7℃左右（同上：117）。

发现空调空间内的空气速率在 0—0.1m/s 之间，然而，在一个空置的自然通风办公楼层，所有的门窗均开放，其空气速率从低于 0.3m/s 到 5m/s 之间，相应的外部风速为 0.7—4.4m/s 之间。

致谢

我们感谢在该项目采访中涉及的所有设计者——T. R. Hamzah & Yeang 事务所的杨经文博士，Ranhill Bersekutu 公司的 Ir Choon Yan Chow，这两个公司均设在吉隆坡，以及威尔士建筑学院的菲尔·琼斯教授。我们特别感谢该项目的副经理，Amanah Capital Property Management 公司的 Shytul Shahryn Mohamad Shaari，在 1999 年乔治·贝尔德对梅纳拉 UMNO 大厦进行调查期间，他给予了大量的帮助，并且感谢马来西亚理工大学房屋及建筑系的 Mohammed Zahry Shaik Abdul Rahman，其在 2006 年安排了另一次访问。

参考文献

ASHRAE (2001) *ASHRAE Handbook: Fundamentals, SI Edition*, Atlanta, GA: American Society of Heating Refrigerating and Air-Conditioning Engineers.

Baird, G. (2001) *The Architectural Expression of Environmental Control Systems*, London: Spon Press, Chapter 18.

Chow, C. Y. (1999) Transcript of an interview held on 6 May, Kuala Lumpur.

Hamzah, T. R. & Yeang (1998) 'Umno Tower, Penang, Malaysia', *Domus*, 808: 22–5.

Jahnkassim, P. S. (2004) 'The Bioclimatic Skyscraper: A Critical Analysis of the Theories and Designs of Ken Yeang', unpublished PhD thesis, University of Brighton.

Jahnkassim, P. S., Ali, M., Abkr, Y., and Aripin, S. (2004) 'Environmental Performance Menara UMNO', Centre of Built Environment Report EAG 101-03, Kulliyyah of Architecture and Environmental Design, International Islamic University Malaysia.

Kashnani, N. (2002) 'Climate, Buildings and Occupant Expectations: A Comfort- Based Model for the Design and Operation of Office Buildings in Hot Humid Conditions', PhD thesis, School of Architecture, Construction and Planning, Curtin University of Technology, Perth, Australia, available at: http://adt.curtin.adu.au/theses/available/adt-WCU20030526.135244/.

RAIA (1998) 'International Award – Menara UMNO, Malaysia', *Architecture Australia*, 87(6): 58–9.

Yeang, K. (1999) Transcript of an interview held on 5 May, Kuala Lumpur.

第 31 章
Torrent 研究中心
艾哈迈达巴德，古吉拉特邦，印度

与蕾娜 · 托马斯

背景

位于艾哈迈达巴德的托伦特研究中心已经完工，作为托伦特制药有限公司的新研究设施（图 31.1），于 1997 年完全投入使用。该建筑设计获得了多项国家奖，包括 2000 年公共建筑杰出 JIIA-ANCHOR 奖以及 2004 年印度建筑师和建造者“企业文化设计”大奖，并且，由于能效和被动太阳能设计，该建筑已经被广泛地报道（Baird，2001；Majumdar，2001）。最初设计可容纳 150 名员工，而现在已经超过 300 多人，一些工作是轮班作业的（图 31.2）。

艾哈迈达巴德拥有 3 个不同的气候季——3—6 月炎热和干燥，其气温可达到 40℃以上；6—9 月季风季节温暖湿润；11—2 月凉爽干燥。凉爽季节和炎热季节百年一遇的设计温度分别为 +12.8℃和 +41℃（ASHRAE，2001：27.36-7）。尤其是炎热的旱季给该项目带来了环境方面的

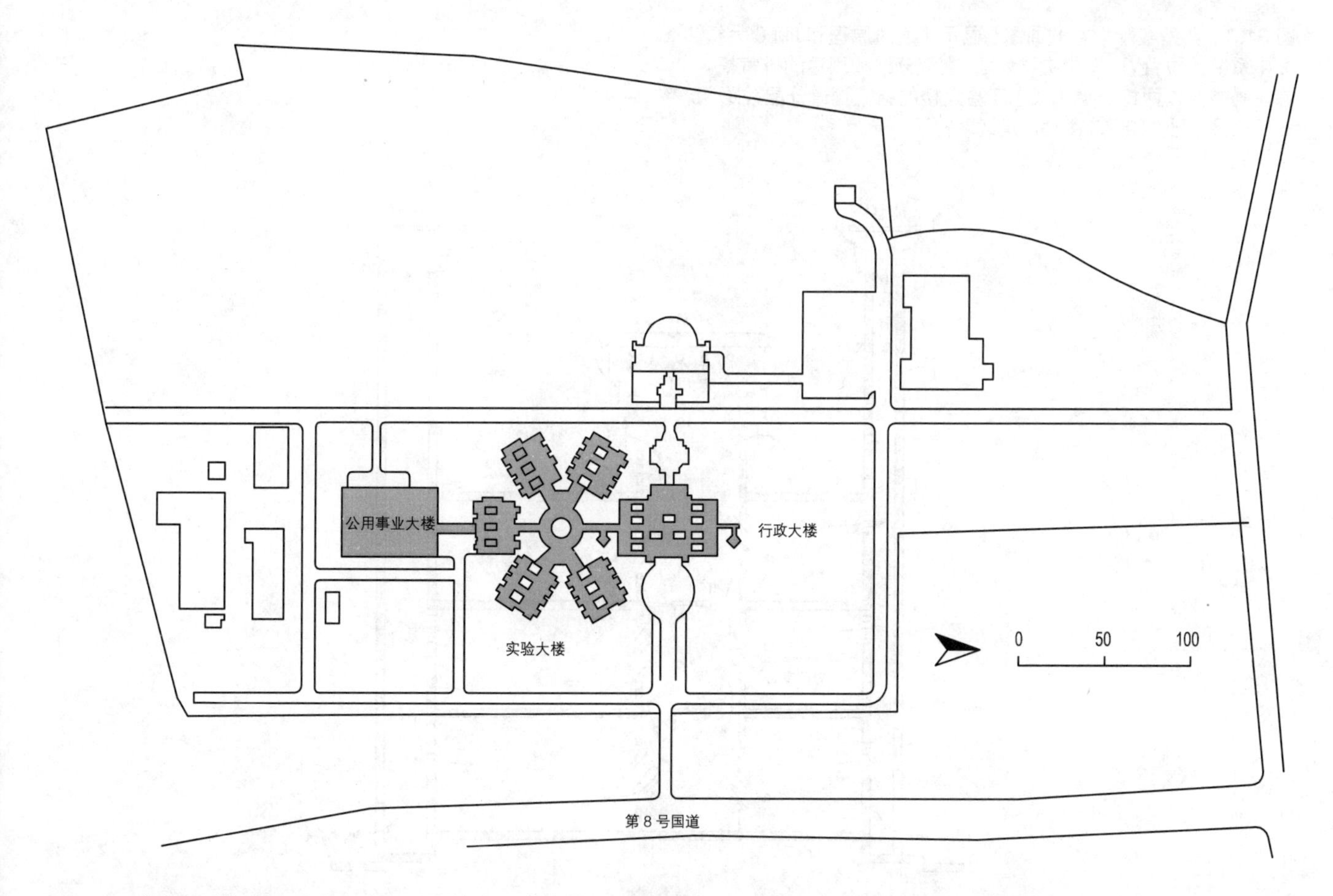

图 31.1 整体场地规划（注意 5 个实验大楼从中央的核心建筑辐射开来，行政大楼位于北侧，公用事业大楼位于南侧。三栋 PDEC 实验大楼和行政大楼未被遮挡，而两栋 AC 实验大楼完全被遮挡）
资料来源：改编自 Abhikram 建筑事务所

图 31.2　从西北方向观望（行政大楼位于照片的左侧，五栋实验大楼中的一个位于右侧）

图 31.3　典型实验大楼截面图［显示了通风原理和 PDEC 大楼雾化系统的位置，以及中央进气塔、空气分配和周边的排气塔。这些塔被用作两栋空调（AC）实验大楼的空气管道分配线路］
资料来源：改编自 Abhikram 建筑事务所

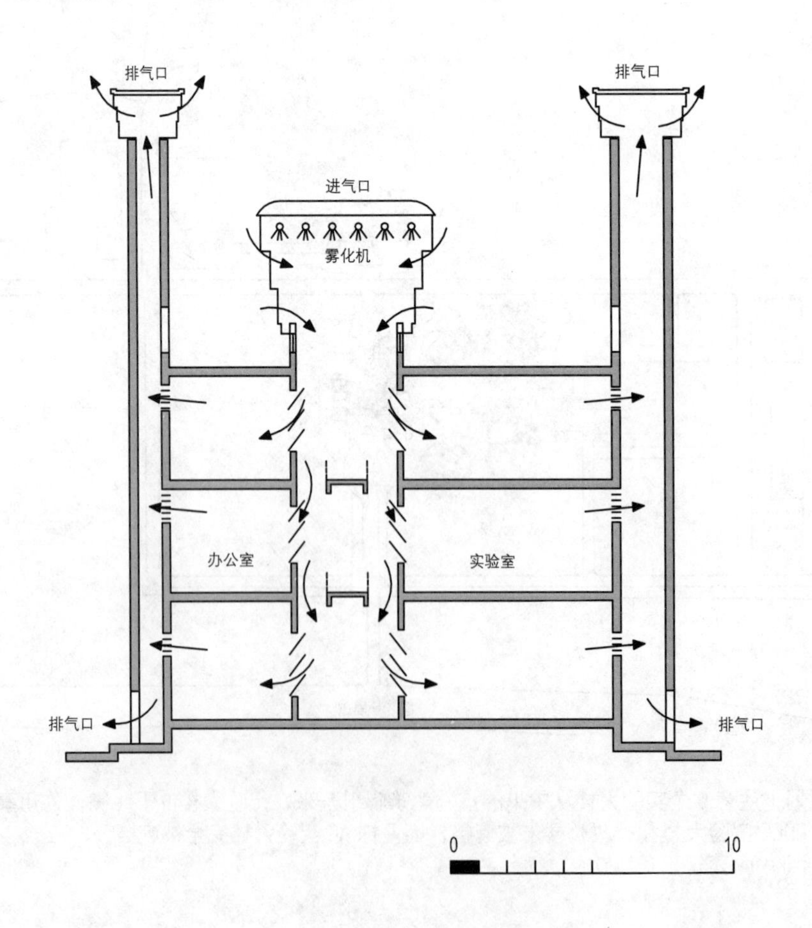

图 31.4　一个典型 PDEC 实验大楼的外部视图（注意相对矮的结构在其屋顶设置了进气口，以及周边高和窄的排气塔）

图 31.5　典型实验楼层平面图（其办公空间位于左侧，实验空间位于右侧。同样注意通风塔的布置以及允许垂直空气运动的走廊开洞位置）
资料来源：改编自 Abhikram 建筑事务所

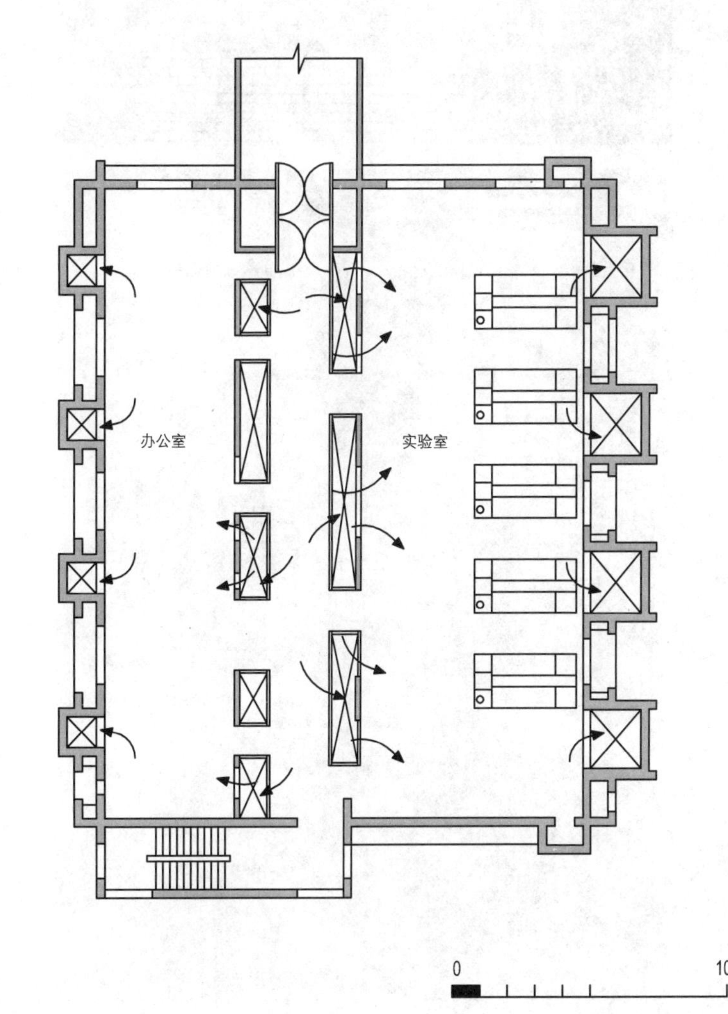

挑战——最大限度地利用自然采光和自然通风，利用当地现有的天然材料，并控制灰尘进入。

该建筑的设计过程和建筑成果在别的地方已经详细描述过了（Baird，2001）。以下是最简短的概括。

设计过程

该设计是基于以下的平台展开的，拥有客户对环保设计的承诺、拥有明确的环保性能目标、采用一个符合客户需求的综合多学科团队设计方法，并且在调试和运行阶段拥有相应的建筑管理，这一切都被视为成功环境设计的标志（Thomas and Hall，2004）。

该项目的首席建筑师是 Abhikram 事务所的尼米什·帕特尔（Nimish Patel）和帕鲁·扎韦里（Parul Zaveri）。第一个实验体块的设计始于 1992 年初，从一开始，设计团队就已经实现所有建筑都能在白天时段使用最低的电能。总部位于伦敦的肖特福特公司（Short Ford

图 31.6　一个进气塔的特写（显示了 PDEC 雾化系统的集水供应管道）

图 31.7　仰望其中一个进气塔的顶部（注意雾化管道和喷嘴阵列，由高处的一个矩形框架支撑）

图 31.8　沿着一个典型实验大楼中间层的走廊进行观望（其上下方的开洞使空气得以流动，注意该空间任意一侧的窗户布置，旨在捕捉下沉空气，并且使其直接进入办公室和实验室）

Associates）为该项目的典型实验体块提供了环境设计咨询服务。其余实验大楼和行政大楼则采用被动下沉式蒸发制冷系统（图 31.3），由 Abhikram 事务所在 Solar Agni International Pondicherry 公司的协助下完成开发和扩展设计。托伦特的内部工程小组也参与了设计，由南西（S.B. Namjoshi）和来自新德里的空调顾问达斯图尔（M. Dastur）带领。

在这之前，肖特福特公司已经使用过被动下沉式蒸发制冷（PDEC）技术，曾用于马耳他的啤酒厂，那里的气候相对温和。但是，将其作为四栋实验室大楼（共六栋实验大楼）和行政大楼（图 31.1）的专用制冷模型，也是存在计算风险的，在艾哈迈达巴德的气候条件下，其温度经常超过 35℃和 40℃。除了设计团队的专业知识和协作方式以外，此技术的实施归结于客户愿意接受阈值温度设计方法（28—28.5℃，基于自适应舒适模型），阈值温度允许超过几个小时，而不像传统的空调建筑那样，有严格的舒适度要求。在这方面，设计师们一直很钦佩杜特（C. Dutt）博士。作为托伦特研究中心的主任，他不但是一个关键人物，而且也是一个相当积极的用户（Chauhan,1998）。在一些问题上，他也很愿意采取"观望"的态度——例如通风塔的潜在雨水渗透问题，或某些地方缺乏空气流动的问题。

设计成果

建筑布局和构造

此次研究的重点是一个主楼群，该楼群以一个圆形平面的建筑为核心，向外辐射布置了 5 栋 3 层的实验大楼和 1 栋行政大楼，据说其总楼层面积大约为 12000m^2（图 31.1）。5 栋实验大楼中的 2 栋采用空调系统，其余的 3 栋则采用 PDEC 系统。在一条中心走廊两侧设置工作区，通过中央走廊进行空气供给，并通过外围进行排气（图 31.3 和图 31.4），于 1994 年 2 月通过最终设计。所有的实验大楼具有相似的平面——长 22m 宽 17m，一条 4m 宽的中心走廊，两侧分别是 5m 进深的办公空间和 8m 进深的实验空间（图 31.5）。较大的主行政大楼位于实验室的北侧，1 栋公用设施大楼位于南侧，两者由一条 2 层的走廊相连（图 31.1）。

被动和主动环境控制系统

该建筑采用钢筋混凝土框架结构，墙体用空心砖进行填充，屋顶的花格镶板采用空心混凝土砌块，以保证该结构具有热质。蛭石被用作屋顶和墙壁的保温材料。外表面是白色的，墙壁被粉刷过，屋顶采用陶瓷马赛克贴面。

炎热的旱季是一年中的关键时刻，午后室外温度一般可达到 40℃或更高。这些都是 PDEC 系统运行下的气候条件。每个实验大楼中央走廊上方的 3 个大型进气塔通过顶部的 50Pa 压力的喷嘴水管产生细雾（由布莱恩 · 福特（Brian Ford）称为“雾化”系统）来达到控制目的（图 31.6 和图 31.7）。细水雾的蒸发用于空气冷却，通过中央走廊两侧的开口缓缓下降（图 31.8）。每一层的下悬窗旨在捕捉下降的气流，可将冷空气转移到邻近的空间。空气流经各个空间后，由高位置处的玻璃 - 百叶窗被排出（图 31.9），这些窗口直接连接到外围的排气塔。在这个季节进行夜间通风也同样是种选择。

在温暖湿润的季风季节，当不合适使用雾化设施时，吊扇（在第一个季风季节期间，用以改善闷热条件）则可投入运行，为办公室和实验室提供额外的空气流动。在较冷的季节，运行战略则旨在控制通风，尤其是在夜间尽量减少热损失 - 用户可以简单的调节各自空间内的下悬窗和百叶开口，从而满足个性化的需求。此研究设施的中央机房包括两个容量为 4t/h 的燃油蒸汽锅炉、两个 175cfm 的空气压缩机和两个 725KVA 的柴油发电机组，其制冷能力约为 350 万吨。

图 31.9 一个典型实验室空间的内部视图（注意高位置处左侧的百叶口，其可直接通向排气塔，以及所提供的吊扇）

图 31.10 一个实验室的立面特写（注意各楼层高低水平位置的窗口组合，水平出挑和垂直塔的组合提供了大量的遮阳）

该大楼拥有大量的综合设计实例，建筑元素的使用目的均不止一个。通过周边排风塔之间的凹窗和有限的窗口面积来控制阳光，并且通过水平悬挑来进行遮阳（图 31.10）。进气塔的天窗同样将日光引入到邻近的中央走道。

接受调查的每个建筑体块最初旨在容纳 25 个科学家。随着近年来活动的增多，人员的增加和重叠的班次，目前一些建筑同时容纳高达 70—80 人。

每个影响因素的平均得分，以及得分是否显著高于、相似或者低于 BUS 的基准分，仅限 PDEC 建筑　　表 31.1

运行因素

	得分	低于	相似	高于		得分	低于	相似	高于
来访者心中的形象	6.56			●	清洁	5.92			●
建筑空间	5.03			●	会议室的可用性	5.06			●
办公桌空间 - 太小 / 太大 [4]	4.19		●		储藏空间的合适度	4.89			●
家具	4.91			●	设施符合要求	5.06		●	

环境因素

温度和空气	冬季	低于	相似	高于	季风 [c]	夏季	低于	相似	高于
整体温度	5.84			●	4.97	4.61			●
温度 - 太热 / 太冷 [4]	4.61	●			4.04	3.38		●	
温度 - 恒定 / 变化 [4]	3.81		●		3.89	3.87		●	
空气 - 不通风 / 通风 [4]	3.66		●		4.05	3.70		●	
空气 - 干燥 / 湿润 [4]	3.48		●		4.95	3.68		●	
空气 - 新鲜 / 闷 [1]	3.10			●	3.48	3.50			●
空气 - 无味 / 臭 [1]	3.15			●	3.33	3.24			●
整体空气	5.54			●	3.68	4.44			●

光线	得分	低于	相似	高于	噪声	得分	低于	相似	高于
整体光线	5.86			●	整体噪声	5.09			●
自然采光 - 太少 / 太多 [4]	3.82			●	来自同事 - 很少 / 很多 [4]	3.45		●	
太阳 / 天空眩光 - 无 / 太多	2.93			●	来自其他人 - 很少 / 很多 [4]	3.13		●	
人工照明 - 太少 / 太多 [4]	4.86		●		来自内部 - 很少 / 很多 [4]	2.91		●	
人工照明眩光 - 无 / 太多 [1]	3.52			●	来自外部 - 很少 / 很多 [4]	2.24	●		
					干扰 - 无 / 经常 [1]	3.20			●

控制因素 [b]		得分	低于	相似	高于	满意度因素	得分	低于	相似	高于
采暖	14%	3.85		●		设计	5.86			●
制冷	16%	4.08		●		需求	5.44			●
通风	17%	3.74		●		整体舒适度	5.03			●
光线	18%	4.97			●	生产力百分比	+13.66			●
噪声	16%	3.91		●		健康	4.74			●

注：（a）除非有其他的注明，7 分为“最高”；上角标 [4] 表示 4 分最高，上角标 [1] 表示 1 分最高；（b）所列出的百分比值表示认为该方面个人控制很重要的受访者百分比；（c）季风季节没有基准分。

每个影响因素的平均得分，以及得分是否显著高于、相似或者低于 BUS 的基准分－安装全空调系统的建筑　　**表 31.2**

运行因素

	得分	低于	相似	高于
来访者心中的形象	6.39			●
建筑空间	5.29			●
办公桌空间－太小 / 太大[4]	3.97			●
家具	4.75		●	
清洁	6.11			●
会议室的可用性	5.68			●
储藏空间的合适度	5.16			●
设施符合要求	5.26		●	

环境因素

温度和空气	冬季	低于	相似	高于	季风[c]	夏季	低于	相似	高于
整体温度	5.54			●	5.75	5.86			●
温度－太热 / 太冷[4]	5.29	●			4.66	4.35		●	
温度－恒定 / 变化[4]	3.06		●		3.12	3.32		●	
空气－不通风 / 通风[4]	3.74		●		3.65	3.38		●	
空气－干燥 / 湿润[4]	3.53		●		4.35	3.32	●		
空气－新鲜 / 闷[1]	2.38			●	2.41	2.43			●
空气－无味 / 臭[1]	2.14			●	2.72	2.59			●
整体空气	5.62			●	5.47	5.73			●

光线

	得分	低于	相似	高于
整体光线	6.46			●
自然采光－太少 / 太多[4]	3.96			●
太阳 / 天空眩光－无 / 太多	2.52			●
人工照明－太少 / 太多[4]	4.79	●		
人工照明眩光－无 / 太多[1]	3.36			●

噪声

	得分	低于	相似	高于
整体噪声	5.39			●
来自同事－很少 / 很多[4]	3.59		●	
来自其他人－很少 / 很多[4]	2.79		●	
来自内部－很少 / 很多[4]	2.31		●	
来自外部－很少 / 很多[4]	1.95	●		
干扰－无 / 经常[1]	2.87			●

控制因素[b]

		得分	低于	相似	高于
采暖	19%	4.45			●
制冷	25%	4.43			●
通风	11%	4.35			●
光线	12%	4.94			●
噪声	17%	4.43			●

满意度因素

	得分	低于	相似	高于
设计	6.10			●
需求	5.79			●
整体舒适度	5.72			●
生产力百分比	+20.88			●
健康	5.53			●

注：（a）除非有其他的注明，7 分为“最高”；上角标[4]表示 4 分最高，上角标[1]表示 1 分最高；（b）所列出的百分比值表示认为该方面个人控制很重要的受访者百分比；（c）季风季节没有基准分。

图 31.11　7 分制评级量表中 AC 大楼和 PDEC 大楼在冬季、夏季和季风条件的平均得分 [与一个“理想”(在这个案例中) 的 4.00 分相比。(a) 温度 (太热 / 太冷),(b) 空气 (干燥 / 湿润)]

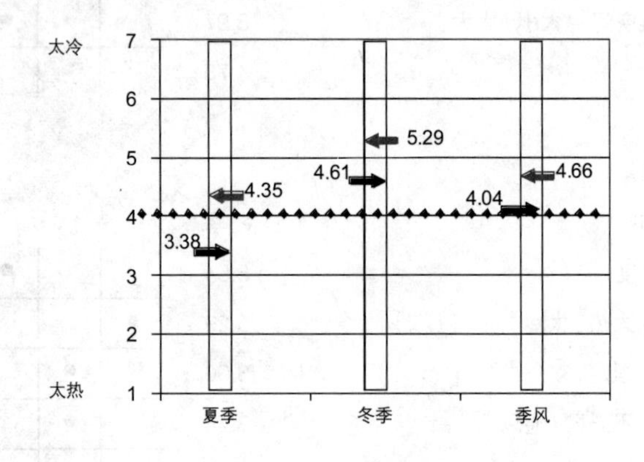

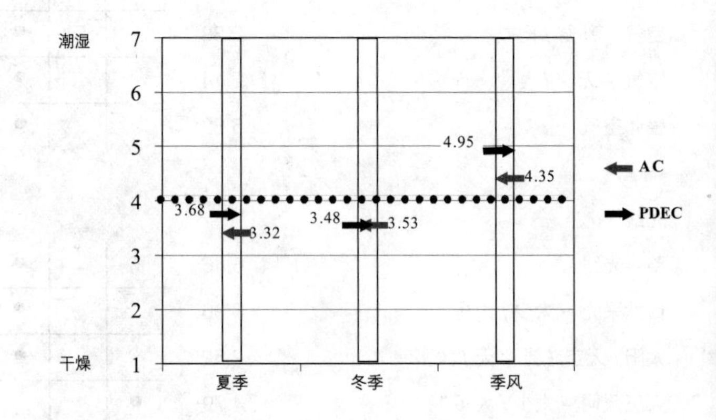

用户对该建筑的看法

总体反应

2004 年 12 月，该建筑由托伦特研究中心的工作人员进行管理。除了标准调查问卷中通常涉及的变量之外，该调查还包含了有关季风气候的舒适性、温度和空气问题。共发放了 292 份调查问卷，返回了 164 份，其中 64 份来自空调 (AC) 建筑，100 份来自被动下沉式蒸发制冷 (PDEC) 系统大楼。两组受访者主要为男性 (空调大楼中占 92 %，PDEC 系统大楼中占 89%)，并且大多数在 30 岁以下 (AC 大楼中占 80%，PDEC 系统大楼中占 70%)。大部分受访者曾在该建筑中工作超过一年 (AC 中占 54 %，PDEC 中占 53%)，并且大约 1/4—1/3 的受访者临窗 (AC 中占 23%，PDEC 中占 30%)。办公室主要呈开放式布局，高级管理人员的办公室除外。在使用 PDEC 系统的建筑物中，47% 的受访者需要和 5—8 位同事共享办公室。同样的，在使用 AC 系统的建筑中，43% 的受访者需要和超过 8 人共享办公室，另有 30 % 的需要和 5—8 位同事共享办公室。

托伦特大楼是在印度使用此种调查方法的第 2 栋建筑。虽然所比较范围存在一定的局限性，但是托伦特中心的被动下沉式蒸发制冷 (PDEC) 系统和空调 (AC) 系统大楼为建筑物性能的比较提供了一个独特的机会，同时克服了背景差异所导致的问题，比如不同国家受访者的人口结构、工作条件、态度和雇员期望。

重要因素

表 31.1 和表 31.2 分别列出了 PDEC 大楼和 AC 大楼每个调查问题的平均得分，并且显示了员工对该建筑各个方面的感知评分与基准分以及 / 或中间值的比较情况，分为显著高于、相似或者低于三种不同的情况。在 PDEC 的案例中 (表 31.1)，有大约 26 个方面的得分显著高于基准分，只有 2 个方面的得分显著低于基准分，其余 17 个方面的得分与基准分大致相同。在 AC 的案例中 (表 31.1)，有大约 30 个方面的得分显著高于基准分，只有 4 个方面的得分显著低于基准分，其余 11 个方面的得分与基准分大致相同。

可以看出，托伦特中心的工作人员对这两类建筑 (PDEC 和 AC) 所有关键变量的看法非常积极。所反馈的 PDEC 楼整体舒适度的平均得分为 5.03 分，生产力增加了 13.66 %；AC 大楼的整体舒适度的平均得分为 5.72 分，生产力增加了 20.88 %。

同时 AC 大楼的平均分数在一定程度上高于 PDEC 大楼

的分数，有必要注意到后者的得分一直比相应的基准分和中间值更高。

此外，两类建筑物形象的平均得分均为最高，其他大多数运行因素的得分也比基准分高。

在环境条件方面，两类建筑的光线得分最高。更为详细的分项得分表明了采用大小窗户战略的明智之举，并且与中央走道的日光扩散器和办公室附近的空气进 / 出塔配合使用；尽管有一个建议表明人工照明太多。

无论是 PDEC 大楼还是 AC 大楼，其冬季、夏季和季风季节的整体温度和整体空气的得分均高于各自的基准分。温度和空气的进一步详情见图 31.11（同样见 Thomas and Baird，2006）。如图 31.11（a）所示，空调建筑的用户一直认为温度偏于较冷的一侧或者 4.00 分（7 分制评级 "太热 / 太冷" 的中间值）。与 PDEC 建筑中（比平均室外温度低大约 5℃）更适合的温度范围相比，这些建筑的全年温度大约在 22—24℃左右。季风季节 PDEC 建筑的相应分数均接近中间值，在冬季和夏季期间分别位于偏冷和偏热的两侧。在所有的 3 个季节中，整体温度的用户反馈普遍良好，这是尤其显著的，因为室内温度范围高于空调下的可接受温度以及西向的环境温度。

在该建筑被使用了 5 年之后，由于用户注意到了 "闷热的环境"，开始安装吊扇（Dutt，cited in Majumdar，2001）。 图 31.11（b）表明，在季风季节，虽然用户对湿度有些关注，但是他们对空气的评分与其在夏季的评分相近。

虽然受访者对整体噪声条件一致表示满意，但是托伦特中心位于城市郊区，并且在其周围布置了大量的绿地，意味来自外部的噪声很少或没有。

虽然对于采暖、通风、光线、制冷和噪声的控制只有一个意见，但是只有 14%—25% 的工作人员认为个人控制重要。然而，如上所述，这些低分数对整体舒适度和生产力的影响较小，从而证实了利曼（Leaman）和博尔达什（Bordass）的研究结果（2005），当建筑性能更好时，个人控制和生产力之间的相关强度有所下降。

在 2 个案例中，工作人员对所有满意度因素（设计、需求、整体舒适度、生产力和健康）的评分显著高于基准分。

用户意见

总计，共收到来自员工大约 497 条反馈意见，受访者可以在 12 个标题下面添加书面意见——占总 1968 条潜在意见的 25% 左右（164 位受访者，12 个标题）。表 31.3 表示正面、中立和负面评论的数量——在这个案例中，约 50.7 % 的正面评论、8.3% 的中立评论以及 41.0% 的负面评论。

一般来说，评论的性质和类型反映了所得分数的高低。有趣的是，许多工作人员表达了在此类建筑中工作的自豪感，这些建筑采用了气候响应和低能耗方法。虽然有关设计、健康和舒适度的评论主要是正面的，但是关于 PDEC 建筑在夏天的不舒适、气味及闷的问题也存在一些意见。鉴于不断增加的内部得热和增加用户的潜负荷，今后在这方面需要进一步的调查。尽管整体噪声条件的评价正面，但是一些工作人员反映了来自其他同事和设备的噪声。阻碍方面所涉及的大多数意见是关于工作空间所增加的拥挤度，以及空间和存储的相关问题，虽然有少数人抱怨（自然）光线不足。

整体性能指标

舒适度指数是以舒适度、噪声、光线、温度以及空气质量的得分为基础，结果为 +2.19 分，而满意度指数则根据设计、需求、健康和生产力的分数计算而来，结果为 +2.38 分，均高于中间值（注意这些情况下，-3 分到 +3 分范围内的中间值为 0）。

综合指数是舒适度指数和满意度指数的平均值，结果为 +2.29 分，而在这种情况下，宽恕因子的计算结果为 0.99，

针对 12 项性能影响因素所提供正面、负面和中立评论的受访者人数

表 31.3

方面	受访者人数			
	正面	中立	负面	总数
整体设计	48	8	12	68
整体需求	16	5	21	42
会议室	21	0	16	36
储藏空间	11	3	18	32
办公桌 / 办公区域	12	4	37	53
舒适度	24	2	4	30
噪声来源	16	3	22	41
光线条件	26	2	8	36
生产力	8	9	6	23
健康	18	5	11	34
工作良好	52	—	—	47
阻碍	—	—	49	54
总计	252	41	204	497
百分数	50.7	8.3	41.0	100

表明员工可能对个别方面的小瑕疵相对宽容，如冬夏季温度、空气质量、光线和噪声等（因子 1 表示通常范围 0.8—1.2 的中间值）。

可能正如预期的那样，AC 建筑和 PDEC 建筑的相关指标之间存在明显的差异，前者的舒适度指数、满意度指数和综合指标分别为 2.73 分、2.93 分和 2.83 分，而后者则为 1.87 分、2.04 分和 1.95 分。

从十影响因素评定量表来看，这些建筑（不论是共同考虑或单独考虑）在 7 分制评级中均位于“杰出”的建筑物之列，计算百分比为 100%。当考虑所有变量时，计算百分比为 85%，处于“良好”的前列。

其他报道过的性能

托伦特中心大楼的一项重要标准是最大限度发挥其低能耗的成果。在这方面，该建筑有出色的表现。在 2005 年，6 栋建筑的总能耗量为 647000kWh/（m^2·a）（包括其中两栋建筑的灯光、设备和空调），基于 12000m^2 的面积。Torrent 中心的能耗量远远低于所报道过的典型印度商业建筑的能耗量 280—500kWh/（m^2·a）（Singh and Michealowa，2004）。

托伦特中心的能耗性能及其积极的用户反馈在一定程度上强调了无论在任何地方采用气候响应方法来进行建筑设计的价值。正如其他地方所讨论的那样（Thomas and Baird，2006），在全球环境问题的背景下，这也突出了低能耗方法对目前发展迅速的次大陆所采用的能源密集型空调玻璃盒的战略价值。

致谢

用户后调查是在悉尼理工大学的资助下完成的。这项研究还借鉴了乔治·贝尔德教授早期的研究，包括那时候与尼米什·帕特尔（Abhikram 事务所）和肖福特建筑设计事务所（Short+Ford Associates）的访问调查。与托

伦特研究中心有关的许多人都曾给予了很大的帮助。我们想特别感谢 C・杜特博士，允许我们进入建筑、监测数据和进行用户调查。如果没有建筑师尼米什・帕特尔和帕鲁・扎韦里（Abhikram 事务所）的兴趣和参与，本研究将不可能完成，他们慷慨地参与访谈，并且提供了图纸资料和有关建筑物的设计开发信息。

参考文献

Abhikram (1998) Torrent Research Centre, Entry for the Indian Architecture of the Year (Environmental Category) Award, 24pp.

ASHRAE (2001) *ASHRAE Handbook: Fundamentals, SI Edition*, Atlanta, GA: American Society of Heating Refrigerating and Air-Conditioning Engineers.

Baird, G. (2001) *The Architectural Expression of Environmental Control Systems*, London: Spon.

Chauhan, U. (1998) 'Rites of Initiation', *Indian Architect and Builder*, 11(11): 22–30.

Dutt, C. (2005) Personal communication discussing in-house metering and electricity bills.

Leaman, A. and Bordass, W. (2005) 'Productivity in Buildings: The Killer Variables', in updated edition of D. Clemence-Croome (ed.) *Creating the Productive Workplace*, London: Spon.

Majumdar, M. (2001) 'Torrent Research Centre Ahmedabad', in *Energy-efficient Buildings in India*, New Delhi: Tata Energy Research Institute, MNES, pp. 155–60.

Singh, I. and Michealowa, A. (2004) *Indian Urban Building Sector: CDM Potential through Energy Efficiency in Electricity Consumption*, Hamburg Institute of International Economics, available at: www.hwwa.de/Publikationen/ Discus sion_Paper/2004/289.pdf.

Thomas, L. and Baird, G. (2006) 'Post-Occupancy Evaluation of Passive Downdraft Evaporative Cooling and Air-Conditioned Buildings at Torrent Research Centre, Ahmedabad, India', in S. Shannon, V. Soebarto, and T. Williamson (eds) *40th Annual Conference of the Architectural Science Association ANZAScA – Challenges for Architectural Science in Changing Climates*. Adelaide, Australia, the University of Adelaide and The Architectural Science Association ANZAScA, November, pp. 97–104.

Thomas, L. and Hall, M. (2004) 'Implementing ESD in Architectural Practice – An Investigation of Effective Design Strategies and Environmental Outcomes', in M. H. deWit (ed.) *PLEA 2004, 21st International Conference on Passive and Low Energy Architecture, Built Environments and Environmental Buildings, Proceedings*, vol. 1, Eindhoven, The Netherlands, pp. 415–20.

译后记

我是一个不喜欢空调的人，一直非常讨厌办公室内临街面的玻璃幕墙。这个小小的外推窗，作为唯一的自然通风设施，带给人的噪音总是要比新鲜空气多许多。并且，每天下午三四点，电脑屏幕上的眩光也总能让人放弃继续工作的念头。夏季，三层的平均温度要比二层上多上好几度；冬季，相邻两间办公室的温差更是惊人……当我翻译到书中那些量化指标时，前面的感受便跃然纸上。于是，我开始真正思考这本书的价值。

虽然，“可持续建筑”早已不是个新词儿，但是从用户的角度来审视这个概念还真是件新鲜的事情。我们每个人，每一天，都身处各种建筑之中。正如本书总所引用的一句话“我们塑造了建筑，建筑有重新塑造了我们”。不管是对于那些“可持续”建筑也好，还是我们日常生活中所使用的“普通”建筑，深处这个时代的建筑师、工程师、开发商和研究人员都应该投入更多的精力去倾听用户的声音。毕竟，建筑的最初目的还是满足人的基本需求。

最后，在本书的翻译过程中，十分感谢家人和朋友所给予的支持和帮助：肖礼英、刘君杰、张冬阳、吴春林、吴蓉晖、刘作相、高启月和李吉涛。